民國建築工程期刊匯編

MINGUO JIANZHU GONGCHENG QIKAN HUIBIAN

30

《民國建築工程期刊匯編》編寫組 編

廣西師范大學出版社
GUANGXI NORMAL UNIVERSITY PRESS
・桂林・

第三十册目録

工程學報……14773
工程學報　一九四七年復刊第一期……14775
工程旬刊……14953
工程旬刊　一九二六年第一卷第一期……14955
工程旬刊　一九二六年第一卷第二期……14971
工程旬刊　一九二六年第一卷第三期……14989
工程旬刊　一九二六年第一卷第四期……15007
工程旬刊　一九二六年第一卷第五期……15025
工程旬刊　一九二六年第一卷第六期……15043
工程旬刊　一九二六年第一卷第七期……15061
工程旬刊　一九二六年第一卷第八期……15079
工程旬刊　一九二六年第一卷第九期……15097
工程旬刊　一九二六年第一卷第十期……15115
工程旬刊　一九二六年第一卷第十一期……15133
工程旬刊　一九二六年第一卷第十二期……15151
工程旬刊　一九二六年第一卷第十三期……15169
工程旬刊　一九二六年第一卷第十四期……15187
工程旬刊　一九二六年第一卷第十五期……15205
工程旬刊　一九二六年第一卷第十六期……15223
工程旬刊　一九二六年第一卷第十七期……15241
工程旬刊　一九二六年第一卷第十八期……15259

工程學報

工程學報

吳鼎新

要目

復刊辭	吳鼎新
中國之水利行政與組織	莫朝豪
緩和曲綫與縱曲綫	黃禧駢
短小跨度公路橋樑各種橋面之檢討	葉銳雄
小河流自流式灌溉	張履新
普通橋墩設計	梁楚冠譯
建築物避免災害之研究	李吐舉
磚石房屋建築	林朗懷
混凝土路面之研究	陳紹科
測斜儀之檢定與使用法	徐良
容積和表面積之關係	林聖柱
工程材料估計表	黃禧駢編
工學院近訊	編者
本校工學院歷屆畢業同學人名錄	編者
工程研究會組織章程	編者

私立廣東國民大學工程研究會編印

中華民國三十六年六月一日出版

工程學報序

——吳鼎新——

竊維六工詳於曲禮，土木爲先；八材載在周官，飭庀攸重。巧盡變態，千古祇數班輸；鏝鋙梓人，兩傳艷誇韓柳。是以申屠蟠爲漆，郭林宗見而稱奇；絳縣人疑年，趙文子因而謝過。飾以辨器，審曲直之勢形；工以化材，用高曾之榘矱。固不獨考工有記，居肆以成；始足輝映一時，聲名四海也已。

溯夫智者創巧者述之理著，弦栝長存；詎自道成上藝成下之說興，科學遂抑。加以宗匠或未暗詳撰，故日久而失傳；文豪多不解作工，故機妙而難達。甚或作技凌上，珍閟不以示人；旁觀妬能，誚諷謂宜縮手。即使季緒掎摭利病，縷縷奚裨；子雲辨別方名，空空自笑。方之美歐，瞠乎後矣。

廣州地脈發皇，風氣開展，匪惟鱗萃乎名士，抑且間鍾乎技師。方今大亂救平，廣厦多圮，雖康逵八達，燈火萬家，而僻陋數椽，瓦礫四角。從知雕琢粉飾，外觀豈得無關；于茅索綯，民事誠不可緩。但覓工師以勝任，深歎才難；欲正大木以榜槃，又慙力薄；於此而有不恤底戾，企周行者，殆非人情乎。

本校工學院，鐫發月刊，雖屢播遷，從未間斷。年前曾出八九集，裒然鉅觀。余坐擁皋比，多歷年所。忝一日之長，實半孔之儒。系統彌綸，原不止此一派；分齋講習，亦不專此一科。二三子極亭伯之紛縷，邁茂先之詳贍，頗殫心血，忍不揄揚，所錄在此也。

夫致遠恐泥，君子弗爲；鄙事多能，聖人自道。茲叙基於生徒固請，纂入工藝叢編。舉凡大功中功短功，古訓是式；斤者斧者鋸者，造作有程。方矩圓規，輙中繩墨，審曲面勢，各抽秘思。鉅細工程，全依乎法；中外制度，必折乎衷。罔不筆之於書，昭然可信。試從緣起，具遡源流。異日豐山之鐘，降霜遙應，北林之鳥，晨風疾飛。物曲人官，奇材蔚起；惪工勸學，中興可期。跂予望之，此其左劵。

中國之水利行政與組織

莫　朝　豪

第一章　各代水利行政

中國歷代水利行政多散見於史籍，然無詳細系統之說明，今以民國爲界，分別言之。

第一節：歷代水利行政

宇宙初成，水火無序，洪水頻發，史無可考，如燧人氏時天下多水。堯帝即位六十年(紀元前二二九七年)洪水爲災天下。

(一)堯舜時代：古時政府組織簡單，堯帝以天下水爲災，生民流離失所，據四岳(即諸方公侯)之荐舉，命鯀爲崇伯主持平治洪水之責，此爲我國有史以來，設官治水之嚆矢，惟鯀經九載之整理，終無成效。於堯帝即位七十二年(紀元前二二八六年)在舜攝政之時，卒爲所殛於羽山，並命其子禹繼任司空，禹受重命，捨身救世，餐風宿雨，三過其門而不入，終於堯位八十載時治水功成，萬民獲福，從此安居樂業，得享太平，禹聖爲我國水利始祖，其克苦耐勞公忠爲國之精神，足爲萬世景仰效法；但此時之水利，以疏導防洪爲主。

(二)三代：夏商周三代之水利，皆循堯舜之遺規，以水歸國家管理，在中央設司空爲掌理全國水土之官，並於各大川江河分置川衡澤虞及史胥徒等官以掌理各地修堤，開溝，防水等各地水政事宜。又如周禮所云：「遂人匠之治，夫間有遂，十夫有溝，百夫有洫，千夫有澮，澮注入川，溝洫脈絡，布於田野，旱則灌溉，潦則洫云。」此種井田之制，便爲我國灌溉工程雛形矣。

(三)春秋時代：春秋時代，列國皆設水管，惟以齊桓公及管仲執政時期最爲倡明定治水爲重要施政之一，專設大夫，以掌治川溝洫隄防等項。

(四)秦漢時代：秦朝在國中設水長丞(中央水利官名)主持灌溉及保衛河渠之事，並大開阡陌，發明引河川之水以灌農田之法，最有名者：如西門豹引漳水灌鄴以富衛之河內。四川太守李冰導泯江之水，穿成都南北二江疏河開渠，一利航運，並作江都堰引灌兩旁農田萬億畝韓國水工鄭國之鑿涇水，自中山西邸瓠口爲渠，並北山東注洛三百餘里而成爲大之河渠，農田之獲益十數萬畝。自此關中沃野遍地而秦亦富強，併滅六國，而歸一統，因以此渠命名鄭國渠。此爲我國農田水利史上之光榮的一頁也。漢則循秦之後，設司空以主管水利，明定賞罰章則，並於各地設官吏以佐之，如渭水平原之白渠，出源涇水，灌田四千餘頃，漢中平原之山河大堰，出源於褒水，灌田十萬畝，亦爲偉大農田水利工程。

(五)五代：五代爲魏晉齊陳隋也，雖在政治爭亂不寧之中，然水利行政仍爲重要的政治機構之一環，如魏設有河隄謁者晉則置水部。又設運漕，並設三十五個都水使者。齊設都水台使者，梁初設都水召使者，後改名大舟卿，陳亦設大舟卿，後魏北齊皆置水部，後周設司水大夫，隋初設有水部後改都水台名監或令，各代皆有水利專管之官吏，主理舟楫河渠之事，即現在所稱之航運，治河諸事也，惟無顯著之偉績。

(六)唐朝：唐朝文物昌盛，水利事業亦稍發達，立朝之初設有水部，主治全國水政，後併於工部，在工部尚書(即等如現在之部長)之下，設郎中，爲全國水政之長，至玄宗天寶十一年時代，(紀元前七五二年)設司水大臣，並於下設都水監使者二人，分兼舟楫署、河渠署水利行政，于各地分設官吏，司治水之事，體制已相當完備，如寧夏平原之秦渠，出源於黃河，於唐代整治完成，灌田二百萬畝，亦鉅大工程也。

(七)宋朝：宋繼唐業，亦倣唐制，於工部內設司水郎中，或都水監，皆以員外郎以上之人充任，(其官職等如現在簡任以上之官)，曾設僉判監事一人，奉朝庭(中央)之命，往各地巡治水政，(即如今之視察制度之督察工程師或專員視察之類)，惟行之不久，此官便廢，各地水政，則置南北外都水丞各一人，分區設都提舉官八人，監埽官一三五人，雖爲時不久，然亦有都水監之設，掌川澤河渠舟楫之事，後又命沿河縣官兼理勾漕河事，此即利用地方官協辦水利之意也。

(八)元朝：元朝立基，亦倣中原之制，於工部之下設都水監二人，並於各處設行都水監，下置河防提舉司，專司巡視河道，及設地方都水庸田使，司興辦水利或漕運事務。

(九)明朝：明建都東南，自經五代及唐宋各朝，人民東遷，從事墾澤鑿井，築塘之後，東南各地之農田水利已相當發達，生產增加，所謂東南富甲天下，故明代之水政，却轉以航運爲主，尤以運河爲中心工作。組織方面，將工部轄下之水部改爲都水清吏司，同時分派大員巡察河道，並兼總督河道大臣。至萬歷三十年後(紀元一六○二年)則河漕分立，另各設一大臣爲之矣。

(十)清朝：滿族雖入主中國，然政制多隨大明，工部尚書漢滿各設一人，下設都水清吏司，爲掌理全國水政之官，其水利多重防洪修隄工事，於順治年間，設總河一人。雍正二年(紀元一七二四年)添設副總河一人，雍正七年(紀元一七二九年)施行治河分區制度，改派總河，專司江南各河道，副總河治理河南，山東等河道，後一年則於各河道下設同知通判，州同，州判，縣丞，巡檢主簿等水政官，分別專理河渠事務。除管河知縣爲兼職之外，其餘皆爲專任官職，歷代水利行政組織，實以清代爲最完備。

以上爲歷代水政之大概情形，概言之，五代以前，水利事業興辦於西北，唐宋之後，則發展於東南，而中原關中西北諸方反日形荒落，生產漸減，旱澇並侵，今後急待振興水利事業，俾得救民富國也。

第二節：現代水利行政

現代水利行政之演變，可分階段有四：一則爲民國初年至民十五年爲一期，二則爲國民政府成立至統一水政時期，三則爲中央機關調整時期，四爲現在之水政。

(一)民國初期之水政(民元——民十五年)：民國初建，中央與各省未能收與正統一效，故政令紛歧，組織各別，且遭軍閥之割據，軍政難入正軌，水利事業之興辦無從，雖然各省間有設置水政機關，惟因屢受政變之影響而名存實亡，在此期內，水政行政在中央政府內政部之土木司及農商部之農林司，皆有經辦者，於民三年間(紀元一九一四年)、曾組有全國水利局設總裁一人，直轄機關祇有江蘇導淮測量處，而各省亦有水政機關，如民初之廣東治河督辦，民六年之順直水利委員會，民七年之督辦運河工程總局，民九年之督辦江蘇運河工程局，督辦江浙太湖水利工程局，民十一年之揚子江水利討論委員會。然各機關之事業成績，皆無足稱述者也。

（二）國府成立初期之水政（民十六年——民廿五年）：自國民政府統一，奠都南京之後，惟內變外患之未已，對於水政之大計，仍未及整理，如內政部之土木司主管水災防禦，實業部內之農林司掌理農田水利，交通部掌航運疏浚，行政院建設委員會掌理水利建設，他如各河流域，因省別之不同，分別設置會局，分屬於各省，或中央各有關部會者，系統紛歧，權責不分，既無整個施政方針，更兼糜費公帑。

至民廿二年（紀元一九三三年）國府准國民黨中央執委會全體會議提請統一水利行政，以利建設案後，始於同年七月公佈統一水利行政及事業辦法綱要，並明定全國經濟委員會主管全國水利機關，該會下設一水利處，專管水利事宜，至此我國現代水政始達一元化，直轄中央之水政機關有廣東治河委員會，黃河，導淮，揚子江，華北等委員會，江漢，涇洛，兩工程局，各省縣之水政，歸省政府縣政府分別掌理。

民廿四年（紀元一九三五年）冬，經委會創設中央水工試驗所，民廿五年（紀元一九三六年）冬該會頒佈統一黃河修防辦法，將河南，河北，山東，各省黃河河務局改爲修防處，直轄於黃河水委會，廣東治河委員會改組爲廣東水利局，改隸於廣東建設廳。民廿六年（紀元一九三七年）十月，廣東水利局仍改隸經委會，改名爲珠江水利局，掌珠江及韓江興利防患事務。此爲國府成立初期水政之演變沿革。

（三）抗戰初期之水政：民廿六年（紀元一九三七年）七七事變，我國爲求自由獨立平等，奮起作全面抗戰，中央政府爲適應戰時需要，並將各級行政機關加以調整，原有經委會之水利處併入經濟部內，改爲水利司，並明令以經濟部爲全國水利行政主管機關，經委會原轄之導淮，黃河，揚子江，華北等委員會，及珠江水利局，江漢工程局，涇洛工程局，與中央水工試驗所等一律移交經濟部管轄。

（四）現在之全國水政：國府鑑於我國以農立國，水利之興衰，關係於國計民生至鉅，旋於民卅年（紀元一九四一年）九月創設全國水利委員會主管全國水利事宜，直轄于國民政府行政院，將原日經濟部水利司撤銷，所屬各會局所統撥歸水委會管轄，該會職權專一，地位與行政院各部會相等，足見國府重視水利之至意。同年九月該會呈由行政院頒佈管理水利事業暫行辦法，民國卅一年（紀元一九四二年）七月七日呈由國民政府明令公佈中國創舉的水利法，此法國府明令于卅二年（紀元一九四三年）四月一日起施行，民卅二年（紀元一九四三年）三月二十二日再由行政院令發水利法施行細則。從此水利機關滙集於中央，職權劃一，指揮裕如，今後能集中人力，針對事實，水利前途，正未可限量也。

緩和曲綫及縱曲綫

黄 禧 駢

1外軌超高度

（1）汽車或電車通過路線之曲綫部時，因遠心力作用，有將車輛向外拋出之勢，爲安全計，恒將曲綫部之外側軌道略爲升高，使車輛微向曲綫內方偏倚以平衡之，此內外兩軌條面之高差，謂之外軌超高度或簡稱偏高 (Super Elevation or Cant)。

如第一圖，設W爲車輛重量，M爲車輛質量，g爲重力加速度，（以每秒每秒980 cm計）P爲遠心力，v爲車輛之行駛速度，R爲曲綫半徑，則車輛在曲綫上以v速行駛時，其遠心力爲

$$P=\frac{Mv^2}{R} \quad \cdots\cdots\cdots\cdots\cdots\cdots (1)$$

式中 $M=\frac{W}{g}$，今設G爲兩軌之中距，C爲外軌超高度 θ 爲兩軌道面連結綫與水平綫之交角，則

$$\theta=\tan^{-1}\frac{C}{G}$$

欲P與W之合力R作用於兩軌間之中點，使R平均分佈於兩軌條上，則C之值須滿足次之條件。

$$\tan\theta=\frac{C}{G}=\frac{P}{W}=\frac{v^2}{gR}$$

或

$$C=\frac{gv^2}{gR} \quad \cdots\cdots\cdots\cdots\cdots\cdots (2)$$

上式v係以每秒公尺計，設命V以每小時公里計，則 $C=\frac{GV^2}{127R}$

若C以mm計，G及R以m計，則

$$C=\frac{GV^2}{0.127R} \quad \cdots\cdots\cdots\cdots\cdots\cdots (3)$$

由（2）式可知曲綫之半徑愈小，或車輛行駛速度愈大，則C之值愈增，事實上在同一曲綫中，欲各種車輛以一定速度行駛，實不容易，設預計各車輛之最大速度爲 V_1，最小速度爲 V_2 其平均速度爲V，均以每小時公里計；並設C之最高值爲K，則

$$C=\frac{GV_1^2}{0.127R}\leqq K \quad \cdots\cdots\cdots\cdots\cdots\cdots (4)$$

式中 $V=\sqrt{\frac{V_1^2+V_2^2}{2}}$ K之值視軌距之大小定之，普通以在 150 mm 以下爲宜。日本國有鐵路，於豫定最大及最小速度之下，規定如次：

$$\frac{V_1^2-V^2}{127R}\cdot\frac{H}{G}=\frac{V^2-V_2^2}{127R}\cdot\frac{H}{G}\leqq\frac{1}{8}\qquad(G=1.067\ m)$$

或

$$\frac{V_1^2-V_2^2}{127R}\cdot\frac{H}{G}\leqq\frac{1}{4}\qquad\cdots\cdots\cdots\cdots(5)$$

式中H爲車輛重心至軌條面之垂直距離，以m計。

外軌超高度之使用，已往多限於主要幹綫，近日列車行駛速度日增，爲求乘客安全減少出軌危險，其他支綫，亦應按車輛行駛情形，有規定平均速度及外軌超高之必要，近代代公路，亦於半徑300公尺以下之曲線部，將路面向內傾斜，以策安全。

表1　外軌超高表（mm）平均速度以每小時公里計

平均速度＼半徑(m)	150	200	300	400	500	600	800	1000	1200	1400	1600	2000
20	22	17	11	8	7	6	4	3	3	2	2	2
25	35	26	17	13	11	9	7	5	4	4	3	3
30	50	38	25	19	15	14	9	8	6	5	5	4
35	69	51	34	26	21	17	13	10	9	7	6	5
40	90	67	45	34	27	24	11	13	11	10	8	7
45	113	85	57	43	34	28	21	17	14	12	11	9
50		105	70	53	42	35	26	21	17	15	13	11
55			85	64	51	42	32	25	21	18	16	13
60			101	76	60	50	38	30	25	22	19	15
65				89	71	59	44	35	30	25	22	18
70				103	82	69	51	41	34	29	26	21
75					95	79	59	47	39	34	30	24
80					108	90	67	54	45	38	34	27
85						101	76	61	51	43	38	30
90						113	85	68	57	49	43	34
100							105	84	70	60	53	42

2 擴　寬

鐵路車輛之輪軸，無論爲2個或2個以上，其輪軸距爲固定的，不能個別移動。故車輛通過半徑較小之曲綫部時，軌條與車輪之突緣，恒相接觸磨擦，不特損壞軌條，甚或有脫軌危險，宜將兩軌條署爲擴寬以容納之，此增加之寬度，謂之擴度（Slack）。其值視輪軸距，軌條與車輪間之容許間隙及曲線半徑而異，不易確立一適合於上述各種情形之公式。普通惟有根據各種假定，作實驗式，以供使用。設輪軸距在4.6 M以下，曲綫半徑在80 m以上時，則由實驗知擴度以在30 mm以內爲宜，或以次式表之。

表2　軌距擴寬表（mm）

曲线半徑(m)	175以下	175 185	185 200	200 215	215 230	230 250	250 275	275 300	300 335	335 375	375 430	430 500	500 600	600 700	700 800
擴寬(mm)	30	28	26	24	22	20	18	16	14	12	10	8	6	4	2

$$S=\frac{6000}{R}-S\leqq 30\ mm\qquad\cdots\cdots\cdots\cdots(6)$$

式中S爲擴度，以mm計，曲線半徑R以m計。但有時R之值雖在800 m以上，亦有酌增擴度2 mm以內者，是爲例外。若半徑在500 m以下，則用次式計算之。

$$S=\frac{\left(l-\frac{l}{n}\right)^2}{2R}\times 1000-8 \qquad \cdots\cdots\cdots\cdots\cdots(7)$$

式中l爲固定輪軸距以m計，n爲係數，若R>300 m 則n=4，若R<500 m則n=3∽4，

3 緩和曲線之目的及其必要條件

列車以高速在軌道上行駛，至軌道直綫部與曲綫部接合處，將有下列情形發生：

（1） 因曲率半徑由無限大遽變爲一定值R，遠心力急激發生，車輛外傾，外側軌條頓受重壓，使乘客不安，路軌損壞。

（2） 如前所述，在曲綫部應將外軌超高及兩軌距擴寬，今若同時將直綫與弧綫結合點之外軌遽升高，內軌遽降低，事實不可能。

爲避免上述缺點，於直綫與弧綫連結處，插入一種特殊曲綫以緩和之．此種曲綫，謂之緩和曲綫（Transition Curve）。在複曲綫或反向曲綫，其結合處之情形與上述同，均有加入緩和曲綫之必要，至緩和曲綫之形式，因其介於圓弧與直綫之間，故於其兩端結合點處，須各有公共切綫，其曲率半徑ρ於始點（B.T.C.）當爲∞，於終點（E.T.C）當爲圓弧之半徑R，至曲綫中間各點之曲率半徑，當由∞漸減至R爲最理想。因在此曲綫上，假定列車行駛速度V不變，則外軌超高度當與曲綫半徑成反比，即在始點處C之值爲O，離始點愈遠，則曲率半徑ρ愈減，而C之值漸增，至終點則R之值爲一定，故C之值亦爲一定。此種綫形，對於外軌超高度之分配（值綫的遞增）如第二圖，在施工方面，較易實行。然列車行駛速度日增，此種分配方法，是否常保安全，尚屬疑問。近世學者，有主張外軌超高作曲線的遞增於緩和曲線上，如第三圖，使路軌更加圓滑。但實際列車在曲線上經過時，速度恒漸減，故亦有主張仍用直線分配者。最理想爲於兩切線間完全不用圓弧，而用兩對稱的緩和曲線 如第三圖之（d）。此時曲線半徑由∞以ρ曲率漸減至一定值R，復以ρ曲率漸增至∞，其公切點爲兩曲線之連結點，使曲線全部均作緩和屈曲，則半徑變化較緩，由遠心力引起之衝擊可減少，運輸較爲安全。惟此項曲線計算麻煩對於外軌超高之分配亦不容易，故未見諸實用。

4 緩和曲綫之綫形

（1） 緩和曲線之長度， 外軌超高度之分配率，視緩和曲線長度L而定，今假設B.T,C與E.T.C之間，外軌超高度爲直線的遞增，則

$$\text{遞增率}=\frac{1}{n}=\frac{C}{L} \qquad \text{緩和曲線長}=L=nC \qquad \cdots\cdots\cdots\cdots(8)$$

L之值可按實際經驗，及路線之重要程度，先定適宜之n值，由上式求之。或按列車通過曲線時，每秒可能上升超高3至6公分，由外軌超高度及列車行駛速度以定L。又或由列車在曲線上之向心加速度變化率（W. H. Shortt 氏定 $1^{ft}/_{sec^{(2)}}$）決定之。

上述三法中，第一法之n值，普通在300至600之間。日本國有鐵路規定甲種線用600以上，乙種線用450以上，丙種線及支線用300以上，在第二及第三法則因 $L \backsim V^3$，須顧慮列車行駛之安全，乘客心理，路線保養等採用合理有效之長度。近日列車行駛速度劇增，則緩和曲線之長度亦應增加，但於已成路線若按車輛進步，時常改建則費用不貲，惟就外軌超高之分配方法，加以研究改善，以適應時代需要而已。

設列車行駛速度爲一定，曲線半徑亦爲一定則外軌超高度亦爲一定，卽外軌超高度全部逐漸分配於緩和曲線上，已往學者，將外軌超高按緩和曲線長比例的遞增，其遞增距離，等於緩和曲線之全長，惟最近研究結果，認爲於 B. C. 及 E. C. 處升外軌超高之一半，餘一半則由其前後曲線及直線部分担，對於軌道變形之實際情形，較爲合理，尤其在複曲線，恒將兩外軌高差300倍以上之遞增距離，置於半徑較大之曲線中，至擴寬則以遞增於緩和曲線全部爲原則，在圓弧部則擴寬距離相同，無外軌超高之曲線，則由圓曲線之一端向直線部每隔5m至6m距離將擴寬逐漸減之。

（2） 理想的緩和曲線方程式：

設外軌超高度由 B. T. C. 至 E. T. C. 爲直線的遞增，則理想的緩和曲線當爲螺旋曲線(Clothoid)，可由下法導出之：

如第四圖，$\widehat{AB}$ 爲緩和曲線，$\widehat{GG'}$ 爲半徑R之圓弧，x.y 爲曲線上任意點P之坐標，A爲起曲點 (B. T. C)，C爲終曲點 (E. T. C)，ρ 爲曲線上P點之曲率半徑，l爲由起曲點至P之曲線長度，L爲緩和曲線之全長，ϕ 爲對P點之中心角 θ 爲對 E. T. C. 之中心角，亦卽爲緩和曲線之中心角，由上述緩和曲線之條件，其曲率半徑應爲 $\rho = \frac{1}{l}$，但

$\rho l = RL$，故 $\frac{1}{\rho} = \frac{d\phi}{dl}$。

卽
$$\frac{d\phi}{dl} = \frac{l}{RL}$$

積分之，在 B. T. C 處 $l = 0$，$\phi = 0$，得

$$\phi = \frac{l^2}{2RL} \equiv kl^2 \qquad \text{式中} \qquad k = \frac{1}{2RL} = \text{常數} \cdots\cdots\cdots\cdots (9)$$

是爲理想的緩和曲線方程式，次因

$$dx = dl\cos\phi = dl\cos(kl^2) \qquad dy = dl\operatorname{Sin}\phi = dl\operatorname{Sin}(kl^2) \cdots\cdots\cdots\cdots (10)$$

將三角函數展開作無限級數，並積分之，得P點之坐標如次。

$$x = l - lE, \qquad y = lc$$

$$\text{式中}\ E = \left\{\frac{1}{10}(0.017453)^2\phi^{\circ 2} - \frac{1}{216}(0.017453)^4\phi^{\circ 4} + \frac{1}{9360}(0.017453)^6\phi^{\circ 6} - \cdots\cdots\right\}$$
$$C = \left\{\frac{1}{3}(0.017453)\phi^{\circ} - \frac{1}{42}(0.017453)^3\phi^{\circ 3} + \frac{1}{1320}(0.017453)^5\phi^{\circ 5} - \cdots\cdots\right\} \quad (11)$$

14783

$$\phi = \phi^{\circ}\frac{\pi}{180} = 0.017453\phi^{\circ}$$ （ϕ為弧度 ϕ°為角度）

如圖設曲線上G及D點之坐標為$(x\ ,y\ )$及$(x\ ,y^2)$則

$$x = x_1 - R\,\mathrm{Sin}\,\theta\ ,\qquad y = y_1 - R(1-\cos\theta)\ , \quad \cdots\cdots\cdots\cdots(11)$$

次命由A至P點之偏角為δ，則 $\tan\delta = \frac{y}{x}$按(10)式之關係展開之

$$\delta = \tan\delta - \frac{1}{3}\tan\delta + \frac{1}{5}\tan\delta - \cdots\cdots$$

得 $\delta^{\circ} = \frac{1}{3}\theta^{\circ}A - B$

式中 $A = \left(\frac{l}{L}\right)^2 = \frac{\phi^{\circ}}{\theta_0} \equiv n^2$ (12)

$$B = 0.00002322\left(\frac{\theta^{\circ}}{3}\right)^3 n^6 + 0.00000000153\left(\frac{\theta^{\circ}}{3}\right)^5 n_{..}$$

（3） 實用的緩和曲線

用螺旋綫作緩和曲線，其計算相當麻煩，為實用計，採用性質相同，而計算較便之之他種線式，其重要者如次：

a. 3次螺旋線（Cubic Spiral） 由(10)式若命 $\mathrm{Sin}\phi \fallingdotseq \phi$，則 $dy = dl.\ \phi = \frac{l^2 dl}{2Rl}$

，積分之，得3次螺旋線式為 $y = \frac{l}{6RL} \cdots\cdots\cdots\cdots\cdots(13)$

設置曲線時，因弦長殆等於曲線長命P點對於B.TC之切線支距為y，更利用弦長及δ按偏角法測定曲線，其δ之值為：

$$\delta \fallingdotseq \frac{\phi}{3} \fallingdotseq \frac{l^2}{6RL} \cdots\cdots\cdots\cdots(14)$$

b. 三次拋物線（Cubic Parabola） 由(13)式若命 $l = x$ 得三次拋物線式為

$$y = \frac{x^3}{6RL} \cdots\cdots\cdots\cdots\cdots\cdots\cdots\cdots(15)$$

上式之L若以x_1代之，得E T.C點之縱座標為，$y = \frac{x^3}{6Rx^1}$. $\cdots\cdots\cdots(16)$

上式均係按外軌超高與曲綫長成比例遞增之理誘導而成者，三次拋物綫雖與螺旋綫相近似，但精度則畧遜，然公式簡單，設置方便，現一般多採用之。

c. A.R.E.A螺旋綫 為美國鐵路工程學會螺旋曲綫小組委員會所創立，此種曲綫不特近似螺旋綫，且公式簡明，適切實用，美國殆均採用之，此項曲綫與(13)(15)式

之形狀極相似，乃將曲綫全長分爲等長且互相啣接之弦10分，各弦與過B.T.C點之切綫所成偏角依次爲$\frac{\theta}{300}$之1.7.19.37.61.91.127.169.217.271.倍，θ爲對E.T.C之中心角，與各弦長之和之二乘方成比例。

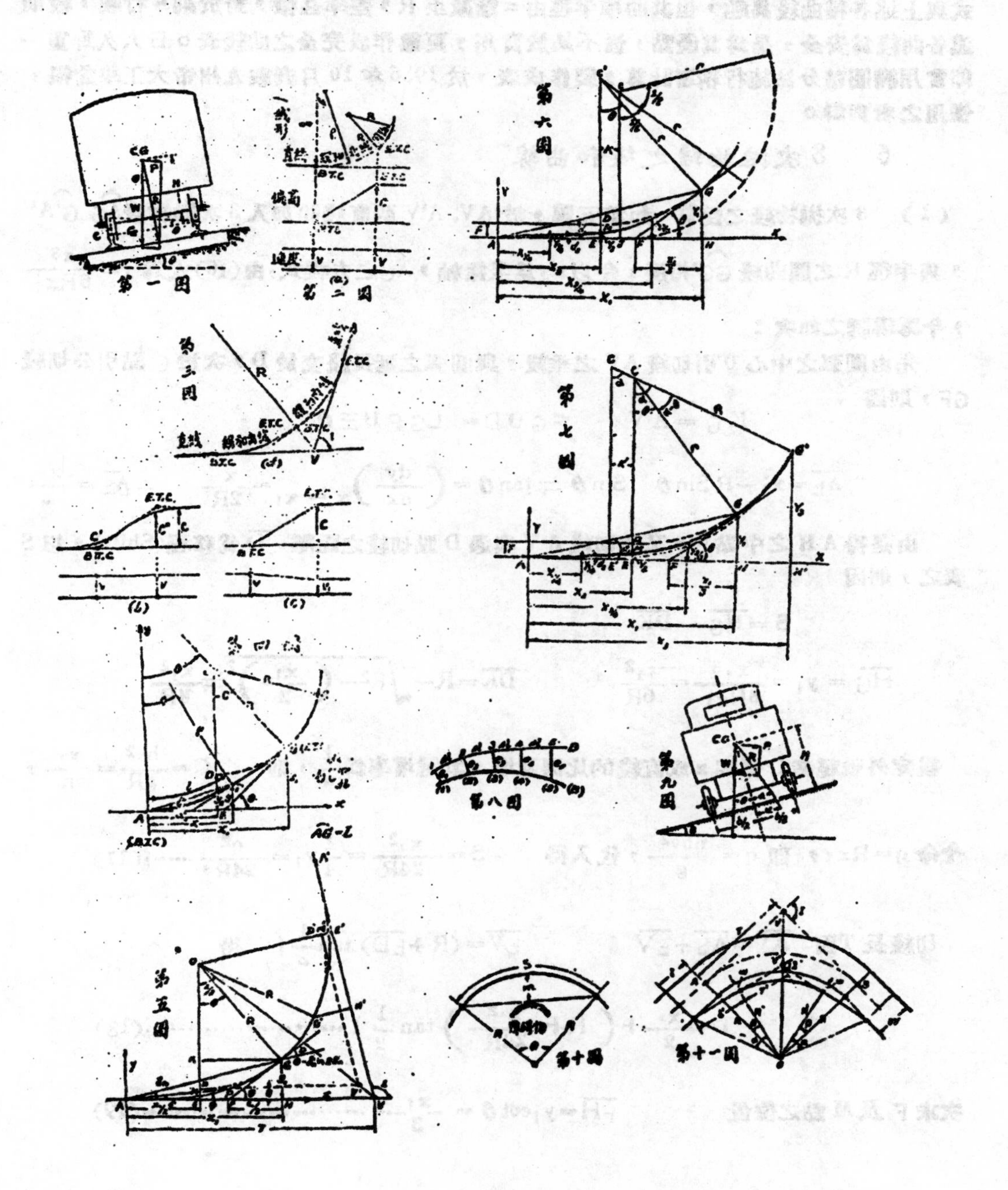

d. Searles 螺旋綫 爲多心複曲綫，其各段之弦長相等，且鄰接兩圓弧之度數差均等於第一圓弧之度數，此項曲綫之形狀，頗似3次拋物綫，其優點爲於B.T.C處曲率甚小，但能與所定之圓弧迅速接合，美國鐵路恆用之。

e. Lemniscate 曲綫 此種曲綫之曲率半徑，由B.T.C起，與曲綫弦長成反比，其形式與上述各種曲綫異趣，但其曲率半徑由∞漸減至R，差率甚微，對於列車行駛，較前述各曲綫爲安全，是爲其優點，惟不易於實用，更難作成完全之曲綫表。日人久野重一郎曾用橢圓積分法施行精密計算，製作成表，於1936年10月刊載九州帝大工學彙報，惟用之者尙鮮。

5 3次拋物綫之緩和曲線

（1） 3次拋物綫之性質 如第五圖，於AV, A'V兩直綫間加入3次拋物綫$\widehat{AG}$ $\widehat{G'A'}$，與半徑R之圓曲綫$\widehat{GG'}$相接，今以x.y爲坐標軸，$\widehat{AG}$之方程式，由(16)式爲 $y=\frac{x^3}{6Rx_1}$，今再導誘之如次：

先由圓弧之中心O引切綫AV之垂綫，與圓弧之延長綫交於D，次於G點引公切綫GF，則因

$$\overline{KG}=\overline{AV} \qquad \angle GOD=\angle GFH\equiv\theta$$

$$\overline{AE}=x_1-R\sin\theta \quad \sin\theta\fallingdotseq\tan\theta=\left(\frac{dy}{dx}\right)_{x=x_1}=\frac{x}{2R} \qquad \therefore \overline{AE}=\frac{x_1}{2}$$

由是得AH之中點E，又命切綫AV與過D點切綫之距離$\overline{ED}$爲移程(Shift)，以S表之，則因

$$S=\overline{HG}-\overline{DK}$$

$$\overline{HG}=y_1=\frac{x_1^3}{6Rx_1}=\frac{x_1^2}{6R} \qquad \overline{DK}=R-\sqrt{R^2-\left(\frac{x_1}{2}\right)^2}\fallingdotseq\frac{x_1^2}{8R}$$

假定外軌超高C係與x成直綫的比例遞增，其遞增率爲$\frac{1}{n}$，則 $C=\frac{bv^2}{gR}=\frac{x_1}{n}$，

今命 $q=Rx$，即 $q=\frac{nbv^2}{g}$，代入得 $S=\frac{x_1^2}{24R}=\frac{1}{4}y_1=\frac{q^2}{24R^3}$ ……(17)

切線長T因 $\overline{AV}=\overline{AE}+\overline{EV}$ $\qquad \overline{EV}=(R+\overline{ED})\tan\frac{1}{2}I$ 得

$$T=\frac{x_1}{2}+\left(R+\frac{x_1^2}{24R}\right)\tan\frac{1}{2}I \text{ ……(18)}$$

次求F及M點之位置 $\overline{FH}=y_1\cot\theta=\frac{x_1}{3}$ ……(19)

$$\overline{CM}=\left(\frac{x}{6Rx}\right)x=\frac{x}{2}=\frac{S}{2}\quad\cdots\cdots\cdots\cdots\cdots\cdots(20)$$

普通於兩切綫間插入圓弧及圓弧兩側之緩和曲綫時，須先知三個獨立任意值，（例如交角I，圓弧半徑R 及切綫長T，）其他各值，則由上式求出之，（使用此法，若緩和曲綫甚長，則因 $\tan\theta=\sin\theta$ 亦生相當誤差，若精密計算之，E點畧偏於 $\overline{AH}$ 中之右，其偏值爲 $\Delta=\frac{x_1}{4}\tan^2\theta$。）

（2） 3次拋物綫之設置法　測設時，先參照實地情況，於I. R. T. x . y 各值中，實測或假定其中三個數值　再由上式求其他二個數值，再如第五圖，求得

$$\overline{VE}=\left(R+\frac{y_1}{4}\right)\tan\frac{1}{2}I\qquad \overline{HE}=\overline{EA}=\frac{x_1}{2}$$

$$\overline{DE}=S=\frac{y_1}{4}\qquad \overline{EM}=\frac{S}{2}$$

$$\overline{HG}=y_1=4S\qquad \overline{HF}=\frac{x_1}{3}$$

若曲綫甚長，上式須加修正，V. E. A. H. D. M. C. F. 等點，可於實地順次設置，至中間各點之測設，則用下法爲宜。

（a） 切綫支距法　用 $y=\frac{x^3}{6Rx_1}$ 式求任意x相當之y值，以之作切綫支距，得曲綫上各點，今若將 $\overline{AH}=x_1$ 作n等分，則各分點之支距d，可由下列簡式求之。

$$d_1=\frac{y_1}{n^3},\quad d_2=2\ d_1=8d_1,\ \cdots\cdots\cdots,\ d_n=n^3d_1=y_1\quad\cdots\cdots\cdots(21)$$

（b） 偏角法　命曲綫上任意點P與切綫AV之偏角爲δ，過P點之切綫與AV之交角爲ϕ，則

$$\tan\delta=\frac{y}{x}=\frac{x^2}{6Rx_1},\quad \tan\phi=\frac{dy}{dx}=\frac{x^2}{2Rx_1}=3\tan\delta,\ \cdots\cdots(22)$$

因 $\tan\delta$，$\tan\phi$ 均與 x^2 成比例，在G點則 $\tan\delta_n=\frac{1}{3}\tan\theta$，又因緩和曲綫爲有限長，$\delta,\phi,\theta$ 諸角均甚小，可作爲 $\delta=\phi/3\propto x^2$，$\delta_n=\theta/3$，設將 $\overline{AH}=x_1$ 作n等分，則各分點對於B T.C 及AV切綫之偏角爲

$$\delta_1=\frac{\delta_n}{n^2}=\theta/(3n^2),\quad \delta_2=4\delta_1,\ \cdots\cdots\quad \delta_n=n^2\delta_1=\frac{\theta}{3},\ \cdots\cdots\cdots(23)$$

測設時，置紀緯儀於A點，以切綫之方向爲零方向，測取 δ_1，$\delta_2\cdots\cdots\delta_n$ 諸方

各與過 $\overline{AH}$ 上各分點與 $\overline{AH}$ 成垂直之方向依次相交，其交點之連結線卽緩和曲線。

由起點起，按追加距離設置曲線上各中間點時，普通假定沿 x 軸之距離與沿曲線之距離相等．事實上二者之長度不同：此種假定若曲線愈長誤差愈大，今試就每樁相距一測鏈(20公尺或100英尺)其可能發生之影响研究之，因曲綫長 l 與橫距 x 之關係爲

$$y=\frac{x^3}{6Rx}=\frac{x^3}{6q} \qquad \frac{dy}{dx}=\frac{x^2}{2q}$$

由積分式 $$l=\int_0^X\sqrt{1+\left(\frac{dy}{dX}\right)^2}dX \doteqdot \int_0^X\left\{1+\frac{1}{2}\left(\frac{dy}{dX}\right)^2\right\}dX$$

得 $$l=x+\frac{x^5}{40q^2} \qquad L=X+\frac{X^5}{40q^2} \quad \cdots\cdots\cdots\cdots(24)$$

上式爲沿曲綫之距離，以其X之值，按(a)或(b)方法設置曲線．此法計算較簡，普通將微小項 $\frac{x^5}{40q^2}$ 作爲 $\frac{l^5}{40q^2}$，則

$$X=l-\frac{l^5}{40q}$$

(5) 設置緩和曲綫之特殊問題

如第五圖，即曲綫之兩切綫 Dv'．D'V'，係就原切綫 AV，A'V 向內側移動，其移程爲 $S=\overline{DE}$，設於兩切綫間原已設有圓曲綫，若欲改良之，使圓曲綫兩端各接以緩和曲綫，勢非將原圓曲綫全部向內方移動實無法插入緩和曲綫，此種情形不特改良費用浩大，有時並爲實地情況所不許，最好將原來之圓曲綫不動，兩端略縮短，剩餘曲綫中央一部份，其兩側先接以半徑 R'(比原圓曲綫 R 略小)之圓弧，使成一部份複曲綫，由此至原切綫之間插入緩和曲綫．大可減少改良路綫時之困難，R'/R 之值，以在 0.95 左右爲宜．或以次式表之。

$$\left.\begin{aligned} R' &= R-\frac{1}{20}(R-100) \quad &(\text{R.R' 以 m 計 R' 爲 5 m 之整倍數})\\ \text{或}\quad R' &= R-R/20 \quad &(\text{R'之值至 10 位止})\cdots\cdots\cdots\cdots \end{aligned}\right\}\cdots(25)$$

圓曲綫與緩和曲綫之接合，除上述方法外，尙有其他特殊問題，以不常見故略之。

複曲綫或反向曲綫之與直綫部接合點及 P. C. C 或 P. R. C 點，均應插入緩和曲綫，已往祗在 P. C. C 或 P. R. C. 處插入一部份之直綫，今後列車行駛速度日增，當有插入緩和曲綫之必要。

(4) 緩和曲線設置例

設緩和曲綫之綫式爲 $Y=ax^3$，於 E. T. C 處之曲率半徑與圓弧之曲率半徑相同，按第六圖記號及三次拋物綫之理，以定係數 a，並得綫式如次：

$$Y = X^{\prime} / (6RX \cdot \cos^3\theta) \quad \cdots\cdots\cdots\cdots\cdots\cdots\cdots\cdots (26)$$

上式與前述三次拋物綫式 $y = x^{\prime} / (6Rx_1)$ 稍異．若嚴密計算之，E點應略偏於 $\overline{AH}$ 中點之左，但相差甚少，可不必顧及，上式可豫列成表，以供應用，今舉其計算例如次：

如圖 $X_{\frac{1}{4}}$，$X_{\frac{3}{4}}$ 爲曲線長 $\widehat{AM}$，$\widehat{MG}$ 中點之横距，今就插入緩和曲綫時原圓曲線移動與不移動兩法分別述之。

第一法　原圓曲線內向移動　本用法測設緩和曲線時，先將原圓曲線之兩切線向曲線內方移動F距離，乃於圓曲線與原切線間插入緩和曲線，今設曲線半徑爲 r (m)，外軌超高爲 C (mm)，由下式先計算 k 之值。

$$k = \frac{Cn}{1000r}$$

n之值，視路線之重要程度而異，通常由300—600，次由第三表檢與k相近之 l，得所需之緩和曲線長及 θ. f, x_1, y_1, x_2, y_2, 各值，並由下式求其他各項。

$$L = lr \qquad X_1 = x_1 r \qquad X = x_2 r \qquad X_{\frac{1}{4}} = x_{\frac{1}{4}} r \qquad X_{\frac{3}{4}} = x_{\frac{3}{4}} r$$

$$F = fr \qquad Y_1 = y_1 r \qquad Y = y_2 r \qquad Y_{\frac{1}{4}} = y_{\frac{1}{4}} r \qquad Y_{\frac{3}{4}} = y_{\frac{3}{4}} r$$

上列各值均以公尺計，r 爲曲線半徑，亦以公尺計，若將 AH 分作 n 等分，求其第 m 點之位置，則

$$X m/n = \frac{m}{n} X_1 \qquad Y m/n = \left(\frac{m}{n}\right)^3 Y_1 \qquad \tan d\, m/1 = \left(\frac{m}{n}\right)^2 \frac{Y_1}{X_1}$$

及

$$FH = \frac{1}{3} X_1 \qquad K = F \tan\frac{I}{2}$$

G 點及 M 點之偏角，d 及 d 可由第三表查得之。

第二法　圓曲線不動　已設曲線之軌道，欲插入緩和曲線，而圓曲線頂部不便移動時，可用本法，卽於原圓曲線之兩端，先加入一段半徑較小之圓曲線，然後插入緩和曲線，其較小半徑，可由下式求之。(如第七圖)

$$r = R - \frac{1}{20}(R - 100)$$

式中 r 爲每5公尺之整倍數，或由第四表求得之，次如第一法由 $k = \frac{Cn}{1000r}$ 式求 k 之值，於第3表查與 k 相近之 l，以求其相當之 θ, f, x_1, y_1, x, y_2, 各值，並如第一法所列各式，以 r 乘之，得所要之各值。

由第五表查與 (R—r) 相當之值，以 r 乘之，得 Vers α 卽 $1-\cos\alpha$，由是求得 α 角，次由下式算 X_3, Y_3, K', AE', $\widehat{GG'}$ 等，俱以公尺計。

$Y_3 = R\ \text{vers}\ \alpha$ $X_3 = X_2 + r\ \text{Sin}\ \alpha$ $K' = (R-r)\ \text{Sin}\ \alpha$

$AE' = X - (R-r)\ \text{Sin}\ \alpha$ $\widehat{GG'} = \pi\ \dfrac{r(\alpha-\theta)}{180}$

例 1. 設曲線半徑 r=300 m，外軌超高度 C=115 mm，n=800，求緩和曲線之各值。

解由上式 $k = \dfrac{115 \times 800}{1.000 \times 300} = 0.30667$

由第三表選得 l=0.305978 及 θ = 9° 0′0″ 並計算下列各值(俱以公尺計)

$L = 0.305978 \times 300 = 91.793$ $F = 0.0038019 \times 300 = 1.141$

$X = 0.305212 \times 300 = 91.564$ $F = 0.0038019 \times 300 = 1.141$

$X = 0.148777 \times 300 = 44.633$ $Y_1 = 0.0161136 \times 300 = 4.834$

$X_{/4} = 0.076303 \times 300 = 22.891$ $Y_2 = 0.0018664 \times 300 = 0.560$

$X_{/4} = 0.228909 \times 300 = 68.673$ $Y_{1/4} = 0.0002518 \times 300 = 0.076$

$FH = \dfrac{1}{3} \times 91.564 = 30.521$ $Y_{3/4} = 0.0067979 \times 300 = 2.039$

例 2 設曲線半徑 r=1200 m，外軌超高度 C=35 mm，n=800，如第六圖，求 F. X_1，Y_1，X_2，Y_2 及緩和曲線長 L

解 $k = \dfrac{35 \times 800}{1000 \times 1200} = 0.02333$

由表三選得 l=0.023268 及 θ =0°49′ 其他各值(俱以 m 計)如次：

$L = 0.023268 \times 1200 = 27.922$ $F = 0.0000225 \times 1200 = 0.027$

$X_1 = 0.023267 \times 1200 = 27.920$ $Y = 0.0000902 \times 1200 = 0.108$

$X = 0.011632 \times 1200 = 13.958$ $Y = 0.0000112 \times 1200 = 0.013$

例 3 有未設緩和曲線之曲線軌道，其半徑爲 300m，C=115mm 今欲增設 n=800 之緩和曲線，如第七圖。

求 L, F, X_1, Y_1, X_3, Y_2, 及 $\widehat{GG'}$ 各值。

「解」由第四表查得 R=300 時 r=290，如第 1 例

$k = \dfrac{115 \times 800}{1000 \times 290} = 0.31724$

由第三表選 l=0.322002之相應值得 θ =9°30′ 由是得下列各值(以 m 計)

$L = 0.322002 \times 290 = 93.381$ $F = 0.0041970 \times 290 = 1.217$

$X = 0.321103 \times 290 = 93.120$ $Y_1 = 0.0179114 \times 290 = 5.194$

次由第五表按 R−r=10；θ=9°30′ 查得 0.0004197，以 290 乘之得

$\text{Vers}\ \alpha = 0.1217130$ $\alpha = 28°33'49''$

$\operatorname{Sin}\alpha=0.4781342$　　　　$Y_3=300\ \operatorname{vers}\alpha=36.514$

$X_3=X+r\operatorname{Sin}\alpha=(0.156055+0.478134)\times 290=183.915$

$\widehat{GG'}=290\times 0.3327428=96.490$

$K'=(R-r)\operatorname{Sin}\alpha=10\times 0.4781342=4.781$

曲線長之決定，若原圓曲線不移動求大小兩半徑之關係，以用上述方法爲便，若緩和曲線爲 $y=x^3/(6Rx)$ 形者，用切線支距法可省計算之煩。

緩和曲線函數表　　表 3

θ	l	f	x_1	y_1	x_2	y_2	$x_{1/4}$	$y_{1/4}$	$x_{3/4}$	$y_{3/4}$	d_1	d_2
0° 30	.017452	.0000127	.017452	.0000508	.008725	.0000063	.004363	.0000008	.013098	.0000214	0° 10′ 00″	0° 02′ 30″
0 40	.023268	.0000225	.023267	.0000902	.011632	.0000112	.005817	.0000014	.017451	.0000381	13 20	03 20
0 50	.029082	.0000358	.029082	.0001410	.014538	.0000176	.007270	.0000024	.021811	.0000595	16 40	04 10
1 00	.034895	.0000587	.034894	.0002030	.017442	.0000258	.008728	.0000032	.026171	.0000856	20 00	04 59
1 15	.043630	.0000792	.043609	.0003172	.021794	.0000396	.010902	.0000050	.032707	.0001338	25 00	06 15
1 30	.052322	.0001140	.052318	.0004567	.026141	.0000569	.013080	.0000071	.039249	.0001927	30 00	07 30
1 45	.061077	.0001550	.061020	.0006214	.030482	.0000775	.015255	.0000097	.045765	.0002677	35 00	08 44
2 00	.069723	.0002023	.069714	.0008115	.034815	.0001012	.017249	.0000127	.052286	.0003424	40 01	09 59
2 30	.087089	.0003154	.087073	.0012672	.043053	.0001575	.021768	.0000198	.065305	.0005346	50 02	12 28
3 00	.104714	.0004531	.104386	.0018236	.052050	.0002261	.026097	.0000283	.078290	.0007693	1 00 03	14 56
3 00	.121687	.0006148	.121642	.0024800	.060593	.0003065	.030411	.0000388	.091232	.0010463	1 10 05	17 23
4 00	.138902	.0008002	.138834	.0032361	.069077	.0003987	.034709	.0000506	.104126	.0013652	1 20 07	19 50
4 30	.156049	.0010085	.155952	.0040912	.077493	.0005020	.038990	.0000639	.116964	.0017260	1 30 10	22 16
5 00	.173119	.0012395	.172987	.0050448	.085831	.0006162	.043247	.0000788	.129740	.0021283	1 40 12	24 41
5 30	.190106	.0014923	.189930	.0060961	.094084	.0007410	.047483	.0000953	.142448	.0025718	1 50 18	27 04
6 00	.207002	.0017661	.206773	.0072442	.102244	.0008758	.051693	.0001132	.155080	.0030561	2 00 23	29 27
6 30	.223795	.0020603	.223505	.0084884	.110302	.0010203	.055876	.0001326	.167629	.0035810	2 10 30	31 48
7 00	.240481	.0023738	.240119	.0098276	.118250	.0011739	.060030	.0001536	.180090	.0041460	2 20 37	34 07
7 30	.257050	.0027058	.256605	.0112609	.126079	.0013358	.064151	.0001760	.192454	.0047507	2 30 46	36 25
8 00	.273494	.0030552	.272945	.0127871	.133782	.0015056	.068239	.0001998	.204716	.0053946	2 40 56	38 35
8 30	.289306	.0034210	.289160	.0144051	.141351	.0016827	.072290	.0002251	.216870	.0060772	2 51 07	40 55
9 00	.305978	.0038019	.305212	.0161136	.148777	.0018664	.076303	.0002518	.228909	.0067979	3 01 20	43 07
9 30	.322002	.0041970	.321103	.0179114	.156055	.0020560	.080276	.0002799	.240827	.0075564	3 11 34	45 17
10 00	.337871	.0046047	.336824	.0197971	.163176	.0022509	.084206	.0003093	.252618	.0083519	3 21 49	47 25

表 4

R(m)	r(m)
300	290
320	310
340	330
360	345
380	365
400	385
420	405
440	425
460	440
480	460
500	480
520	500
540	520
560	540
580	555
600	575
700	670
800	765

表 5

θ \ R−r	10 m	15 m	20 m	25 m	30 m	35 m
0° 30′	.00000127	.00000085	.00000064	.00000051	.00000042	.00000036
40	225	150	113	90	75	64
50	352	235	176	141	117	101
1° 00′	507	338	254	203	169	145
15	792	528	396	317	264	226
30	1140	760	570	456	380	326
45	1550	1033	775	620	517	443
2 00	2023	1349	1012	809	674	578
30	3154	2103	1577	1262	1051	901
3 00	4530	3020	2265	1812	1510	1294
30	6108	4099	3074	2459	2049	1757
4 00	8002	5336	4001	3201	2667	2286
30	10085	6723	5043	4034	3362	2881
5 00	12395	8263	6198	4958	4132	3541
30	14923	9949	7462	5969	4974	4264
6 00	17661	11774	8831	7064	5887	5046
30	20604	13735	10302	8241	6868	5887
7 00	23738	15825	11869	9495	7913	6782
30	27058	18039	13529	10823	9019	7731
8 00	30552	20368	15276	12221	10184	8729
30	34210	22807	17105	13684	11403	4774
9 00	38019	25346	19010	15208	12673	10863
30	41970	27980	20985	16788	13990	11991
10 00	46029	30699	23025	18420	15350	13157

(R−r)之値若不在本表內時可以其10之倍數乘表中(R−r)之10m値即得

6 曲線設置新法及歪曲之整正

因列車之行駛速度，日益加增，爲適應速度之進展，乘客之安全，及減少車輛之損壞等起見，將來緩和曲線須加改良，使曲線部軌條之舖設更加合理，目下不鮮學者專家從事研究外軌偏高之插入方法及緩和曲線必要長度，將來或有採用與三次拋物線等不同之另一種新緩和曲線之傾向，此種新曲線係就設置計算及已成路線之歪曲情形等加以研究，爲一種高次曲線，此高次曲線於192,7年由 Naleng—Hofer 氏提倡，經 Chappellet Dema dt 等解析，復由 Sehramm 及日人伏島信九郎，立花次郎，山崎愼二等加以圖解，日臻完善，不日可出而問世，以供交通界採用，此項曲線，於1939年由山崎氏登載於土木工學不特設置便利，對於曲線歪曲之修正，亦甚容易，今述其大要如下：

從前研究緩和曲線者，對於曲線之設置，恆於切線上作橫距，以定曲線上各點，此項新法，則於任意基準曲線上作橫距如第八圖，於基準曲線 B 上以等間隔△l作 1. 2 3. …… 等分點，由此等分分作基準線之垂線，引 e e e…… 縱距，得(1)，(2)(3)……各點，連結之得所求之曲線(B)，於(B)曲線上舖設軌條，此法不論基準曲線爲何種曲線或直線均可，故在已舖設圓曲線之路線，欲插入緩和曲線可由原切線或原圓曲線推算，更無須將原圓曲線向內移動，又此項曲線，縱發生歪曲，其歪曲係在曲線本身，與他部無涉，故整正亦甚便利，各縱距經 Chappellet 及伏氏島就B及(B)線計算成表，並由 Schramm 及立花氏將各項 B 及 (B)線中心角之變化製成圖表，以供使用。

7 公路之偏高擴寬及安全視距

(1) 偏高 (Superelevation)

公路之直線部，其橫斷面因排水關係，恒作成左右對稱之金字形，在曲線部，則因遠心力關係，須如鐵路將路面外側升高若干平衡之，尤其在高速度車輛通過時，偏高設備更不可缺，又車輛在公路行駛，不若汽車有軌道限制，其在曲線部不特有傾覆作用，且有向外橫滑作用 (Skidding) 發生，加以車輛種類，大小構造載重與速度等各各不同，欲制定一合理的公路偏高度，殊不易易，今先就理論上個別研究之如第九圖，命 M 爲車輛質量 g 爲重力加速度，則車輛重量爲 $W=Mg$，又以 v 爲車輛速度，R 爲曲率半徑，則遠心力爲 $P=Mv^2/R$，路面傾斜爲 $\tan\theta=i$，設車輪與路面間之摩擦係數爲 f，則

(a)橫滑： 車輪與路面間，輪軸方向之摩擦力至少與遠心力相等時，方不致發生橫滑作用，故其必要之條件爲：

$$P\cos\theta-W\sin\theta \quad (W\cos\theta+P\sin\theta)f$$

$$\therefore \quad V^2\leqq gR\frac{f-i}{1-fi} \text{ 及 } R\leqq\frac{V^2}{g}\times\frac{1-fi}{f+i}\cdots\cdots\cdots\cdots\cdots\cdots\cdots\cdots (27)$$

式中 fi 之比 1 值爲小可省畧之，則

$$V^2\leqq gR(f+i) \qquad i\leqq V^2/(gR)-f \quad (\text{m}-\text{s 單位})\cdots\cdots\cdots\cdots(28)$$

摩擦係數 f，經 Agg 及 Royal Dawson 諸氏實驗結果，約爲 0 33 至 0 25，日本內務省道路構造令則定爲 0.2。

14792

(b) 傾覆(Overturning) 如第九圖，傾覆之限界為 $u=b/2$，故欲不致引起傾覆，其條件為 $v\leqq b/2$，及 $\tan(\theta+\alpha)=P/W$，$\tan\theta=i$　$\tan\alpha=u/H$，由是得關係式為

$$V^2=\frac{gR(Hi+b/2)}{H-\frac{1}{2}bi}\qquad R\geqq\frac{V^2}{g}\cdot\frac{H-\frac{1}{2}bi}{Hi+b/2}\cdots\cdots\cdots\cdots(29)$$

遠心力與車輛重之合力，其方向若與路面垂直，即路面因偏高關係，與遠心力平衡，故以命 $u=0$ 為宜，由鐵路之外軌超高式 $C=\frac{bv^2}{gR}$ 得

$$i=V^2/gR=V^2/(127R)\cdots\cdots\cdots\cdots\cdots\cdots(30)$$

上式 v 以每秒公尺計，V 以每小時公里計，R 以公尺計，實際上偏高大小之決定其最要因素為車輛速度，而車輛因構造及行駛情形，速度自難一致，因速度不同，易引起路線運輸量減少，交通混雜，甚或發生意外事件．故宜規定車輛之最高最低及平均速度 $\left(\text{普通定}\ V_{mean}=\sqrt{(V^2_{max}+V^2_{min})/2}\right)$，以為設計之根據，以平均速代入(30)式，以求路面坡度 i 至最高速度之限制，可由(28)計算得之，又(28)式之 i 值，係假定橫滑之安全率為 1 者，日人久野重一郎於 1934 年土木學會誌曾發表主張該式之安全率應改為 2 或 2 以上，各國之工業法令，對於此項規定，類均參照 Wiley，Tucker，Reiner，Bruce，Leeming 諸氏公式及本國情形制定之，日本則將緩急兩種車輛分別規定，由(29)算定安全速度及路面傾斜如下表。

表 6

半　　徑	路 面 傾 斜
110 m以下	6%
110 m —— 150 m	3% —— 6%
150 m —— 200 m	2% —— 3%
200 m —— 300 m	1.5% —— 2%

(2) 擴幅(Widening)

為期高速運輸之安全，道路之曲線部除偏高傾斜外，路面寬度亦應略為擴大，其理由為(1)車輛在曲線部經過時，其前後輪之軌跡不在同一圓弧上，視速度及路面傾斜之大小，後輪軌跡恒偏於前輪軌跡外側或內側，路面傾斜愈大或半徑愈小．則兩輪之方向較之圓弧方向愈向內側偏倚，車輛遂有橫滑之傾向，(2)於曲線部作急用度轉灣時，駕駛人為抵抗遠心力起見，恒有將車駛向曲線內側之勢，(3)在曲線部若與直線部同速度行駛時，兩車輛間之間隔，在曲線部較大：

擴幅之大小，視曲線半徑，車輛構造及速度等而異，各國對此項規定，不外採用下列諸式：

單列車路線：

Leeming 公式　　$w=R-\sqrt{R^2-L^2}\cdots\cdots\cdots\cdots(31)$

Wiley 公式　　$w=l^2/2R\cdots\cdots\cdots\cdots(32)$

雙列車路線：

Voshell 公式　　$w=2\left(R-\sqrt{R^2-L^2}\right)+35/\sqrt{R}\cdots\cdots(33)$

式中W爲擴幅(雙列車線用2W) R爲曲線半徑，l爲車輛之長度L爲車輛之軸距，俱以英尺計，速度以每小時35哩半徑由50 m至300 m時適用， ‥umaun 及 Platts 氏等，曾就各種因素，製成擴幅公式，然未見普遍應用，普通半徑在300 m以下時曲線內側之擴幅如，下表，但路面寬在9 m以上者，不在此限。

表 7

半 徑(m)	擴幅(m)
15 以下	2.7
15—20	2.2
20—30	1.7
30—50	1.2
50—75	0.8
75—100	0.5
100—150	0.4
150—300	0.3

（3） 安全視距 (Safe Sight distance)

當兩車輛在曲線部相遇時，爲避免衝突計，須在相當距離處彼此變更行駛方向，或停車以避之，此必要之距離，謂之安全視距，以S表之 其與曲線半徑R視野廣度m之關係，如第十圖得

$$\theta=\frac{S}{R} \qquad m=R(1-\cos\tfrac{1}{2}\theta)$$

$$\therefore\quad m=R\left[1-\cos(\tfrac{1}{2}S/R)\right] \cdots\cdots\cdots\cdots(34)$$

故知視野廣及m因S及R而定，而必要之半徑R，亦因m度S而定。

規定安全視距，宜按行車速度閃避及制動距離定之，至m之值爲以路面上1.4 m處由中心線之直角方向至道路屈曲部之內側或障碍物之最短距離，曲若線半徑在30 m以下，反向曲線半徑在20m以下得按第八表之規定。

表 8

種 類	安 全 視 距 (m)		
	平坦地	丘陵地	山岳地
國 道	100 以上	100 以上	60 以上
省 道	100 以上	90 以上	55 以上
縣 道	100 以上	80 以上	50 以上

8 公路之緩和段(Transition Section in Highway)

（1） 概說

道路之直線與曲線接合處，爲求行車安全，橫斷面形狀及行駛方向逐漸變換，恒有插入緩和段之必要，此項緩和段乃就道路之中線使曲率半徑與偏高成反比例，形成緩和曲線，其擴幅量由B. T. C遞增至E. T. C，以達至所需之全擴幅量，不特鐵路採用此法，最近公路亦漸有採用之勢，不鮮學者，就汽車在曲線上行駛之各種情形 加以研究，以期決定合理的緩和曲線長度，蓋因公路不若鐵路之有一定軌道 公路是否應如鐵路之必需緩和曲線，尙屬疑問，現時所用者，除高速汽車路須加入緩和曲線外，普通車路將內側曲線徑增大，使路面逐漸擴寬，由直線部至擴寬後之內側曲線間謂之緩和段，在此段內，橫斷面之形狀逐漸變化，至達到必要之路面擴寬及傾斜爲止，今就常用之各種設置方法分述如下：

（2） 緩和段之線形

（a） 如第十一圖，爲用直線與擴寬後之內側曲線連接法，今命l爲緩和段之長l'

爲緩和切線長，若 R. W. W. l（或 l'）爲已知，則其他諸量可由次之關係算定，以設置曲線。

$$\left.\begin{aligned}&R'=R-W/2-W \qquad T'=R'\tan\tfrac{1}{2}I'=R'\tan(\tfrac{1}{2}I-\beta)\\&\alpha=\tan^{-1}\left(l'/R'\right) \qquad \beta=\tan^{-1}\left(l'/R'\right)-\tan^{-1}\left(l/2-W/2\right)\\&l=\sqrt{l^2+R'^2-(R-W/2)^2}=\sqrt{l^2-W(2R-W-W)}\end{aligned}\right\}\cdots(35)$$

上法最簡單，應用最廣，緩和段之長度，普通規定如第九表至緩和段之線形，則由設計者選定之。

表 9

曲線半徑 (m)	緩和段長 (m)
20 以下	30
20——50	25
50——100	20
100——300	10

（b） 如第十二圖，內側曲線爲半徑較大之圓弧，其中央部之擴幅 W 爲已知。

$$\left.\begin{aligned}&\text{則}\quad l=\overline{A'A}=W\cot\tfrac{1}{2}I\\&R'=O\overline{A_1}+l\cot\tfrac{1}{2}I=R-W/2+W\cot\tfrac{1}{2}I\cot\tfrac{1}{2}I\end{aligned}\right\}\cdots(36)$$

故 W. l 之值．若已知其一卽可決定其他，以之算定內側半徑 R'，此法計算及設置均甚便利。

（c） 如第十二圖以複曲線代 R' 段圓弧，此法德國有採用之。

（b） 如第十二圖，以拋物線代 R' 段圓弧此法更有時命 l=o，使 A' 與 A_1 點一致，於計算及設置均甚容易。

（c） 以 3 次拋物線代擴寬部內側之圓弧，則用緩和曲線與直線部連接，此法近代道路多用之．德國更將擴寬部置於曲線之外側，日本及美國則將外側及內側曲線均向內偏，使於曲線部保持二列車路之擴幅，如第十三圖，係於直角相交之兩直線間插入 3 次螺旋線之緩和段。

（3） 摺曲(Runoff)

由直線部左右對稱之金字形橫斷面逐漸變化至曲線部外側偏高之橫斷面，在此逐漸變化部謂之摺曲，普通於緩和段內行之，沿外側曲線，約每隔 10 m 變化路面橫斷傾斜 01 m 爲宜，上述緩和段之長度，須顧慮摺曲之圓滑與否，至摺曲之施工方法 Reiner Leeming Criswell Jenning 等各家所提供者畧有出入，不外以實施容易，行車安全爲原則，第十四圖爲其一例。

9 縱　線(Vertical Curve)

（1） 縱曲線之目的及形狀

路線之兩傾斜線相交時，其交角若超過一定限度，則車輛遞受衝擊，不特損壞路面或有出軌危險，爲減輕衝擊計，於兩傾斜線間用一種曲線連絡之，使車輛圓滑通過，尤其道路在山岳地區上坡與下坡間之頂部，更須將頂點畧修平緩，使增大安全視距，此項曲線，謂之縱曲線，其線式普通有下列數種：

（a） 拋物線(Parabola) 爲縱曲線中最多用者，以其設置及計算均較簡單，於一定距離間，傾斜之變化率爲一定，採用之者至普遍。

（b） 圓曲綫(Circular curve) 此種線德國及日本之國有鐵路曾採用之，其理由爲圓弧之半徑甚大時，與拋物線相差甚微，而圓弧之曲率，到處均爲一定，計算及設置均甚容易。

（c） 緩和曲線(Transition curve) 用3次拋物線作縱曲綫，與水平曲線之緩和曲線同，此法曾由 Royal Dawson 氏提倡，但因傾斜變化率不一定，計算麻煩，亦有主張於拋物綫之兩端，更加入緩和曲綫，使傾斜變化率逐漸增減者，其效果如何，尚有待實地試驗。

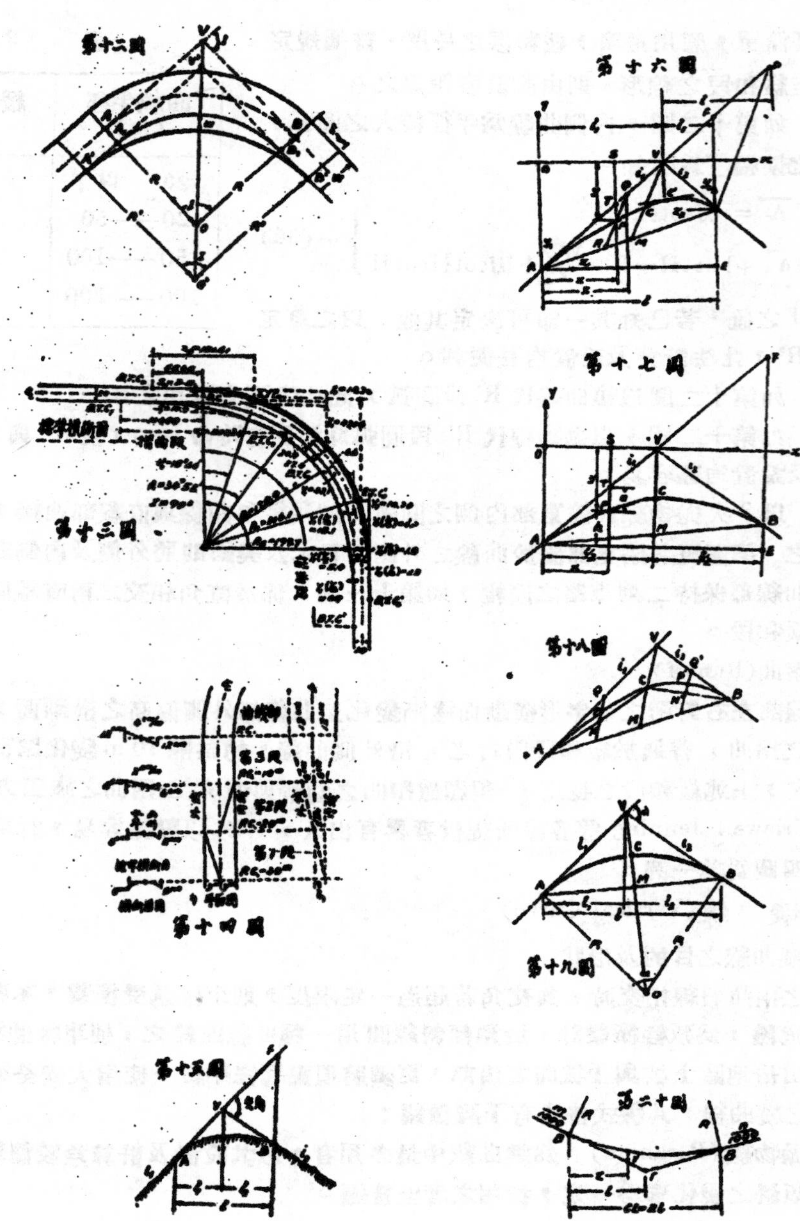

（2）縱曲線之長度

設兩傾斜路線之坡度爲 i_1 及 i_2，均以百分數計算，如第十五圖得。

$$\angle BVF = i_1 - i_2 \qquad (37)$$

上式 $\angle BVF$ 以弧度示之，i 之值上坡爲正，下坡爲負，普通 (i_1-i_2) 在 0.01 即 34′20″以上時，須加入縱曲綫，或規定幹綫在 $10/1000$，支線及公路在 $5/1000$ 以上，即須加入。

設每中間樁相距 20 m，每樁距間傾斜變化率爲 r，則縱曲綫之水平長度（以樁距計 l 爲：

$$l = \angle BVF/r = (i_1 - i_2)/r \qquad (38)$$

故若 r 之值爲已知，可算得縱曲線之水平長度，r 及 l 值之規定如下：

（a）鐵路規定之 r 值，因行車及地形而異，普通按路綫種類行車情形及地形規定如第十表。

表 10

種　　類	山地	平地
側線及支線	0.4%	0.2 %
幹線	0.3%	0.15%
快車行駛之幹線	0.2%	0.1 %

（b）公路爲減輕衝擊防止傾覆起見，除規定 r 及 l 之值外，更須設備安全視距，關於 l 之最小值，各家規定如下：

Royal—Dawson 氏式：$l = 200V(i_1 - i_2)$ …(39)

（l 以英尺計 V 以每小時英里計）

C.A. Hart 氏式　$l = 10000(i_1 - i_2)$ …(40)

（l 以英尺計）

Blockman 氏式　$l = (i_1 - i_2)V^2/3.6$ …(41)

（l 以 m 計　V 以每小時公里計）

R A Powell 氏式　$l = (i_1 - i_2)V^2$ …(42)

（l 以英尺計　V 以每小時英里計）

近日 Neumann，[illegible]erlach 等氏對此項規定，亦有研究發表，惟應用尚未普遍，日本則採用(41)式，並規定時速在平坦地，丘陵地及山岳地爲60，55，50公里，計算 l 之值如第十一表

表 11

$i_1 - i_2$ (%)	縱曲線長		
	平坦地	丘陵地	山岳地
0.5 —— 3	20m 以上	15m 以上	10m 以上
3 —— 5	40m 以上	30m 以上	20m 以上
5 —— 7	60m 以上	50m 以上	20m 以上
7 —— 10	90m 以上	70m 以上	30m 以上
10 —— 13	100m 以上	90m 以上	40m 以上
13 —— 16	——	——	60m 以上
16 —— 20	——	——	70m 以上

8. 拋物線之縱曲線

（1）拋物線之性質及方程式。

（a）一般性質　如十六圖，爲與 AV. BV 兩傾斜線相切之拋物線，今命拋物線上任一點爲 P，AB 之中點爲 M，則 VM 爲拋物線之直徑，引 RPQ，及 BD 直線與直徑平行，並過 P 及 B 點引 PTS 及 BF 垂線，則由拋物線之通性，得次之關係：

14797

$$\overline{VC}=\overline{CM}=\overline{DB}/4 \qquad \overline{VM}=\overline{DB}/2 \quad \cdots\cdots(43)$$

$$\overline{PT}=l(i_1-i_2)Z^2/(2l_1)^2 \qquad Z-x=(l_1-l_2)Z^2/(2l_1)^2 \quad \cdots\cdots(44)$$

$$y=-l_1i_1+xi_1-l_2(i_1-i_2)Z^2/(2l_1)^2 \quad \cdots\cdots(45)$$

如圖若以 O 爲原點作座標軸，得拋物線之方程式爲

$$(y+l_1i_1-xi_1)^2\frac{B^2}{4Al_2}+(y+l_1i_1-xi_1)\left(\frac{Bx}{2l_1{}^2}-1\right)+\frac{Al_2}{4l_1}x^2=0 \quad \cdots(46)$$

式中　$A=-(i_1-i_2)$　$B=l_1-l_2$

若使直徑爲垂直，作二拋物線，使各與 AV, BV 相切，且在 V 點之垂直下方 C' 處引兩拋物線之公共切線，則此時兩座標軸爲 $(A-x_1y_1)$，$(B-x_2y_2)$，兩拋物線之方程式如次：

$$\left.\begin{array}{ll}\widehat{AC'} & y_1=i_1x_1-\overline{VC'}\cdot x_1^2/l_1^2 \\ \widehat{BC'} & y_2=-i_2x_2-\overline{VC'}\cdot x_2^2/l_2^2\end{array}\right\} \cdots\cdots(47)$$

式中　$\overline{VC'}=\frac{1}{2}l_1l_2(i_1-i_2)/(l_1+l_2)$

（b）　上列各式係在山間道路不易使兩拋物線等長（即 $l_1=l_2$）時用之，普通若地形許可，則以 $l_1=l_2$ 爲便，如第十七圖，設拋物線之直徑爲垂直，$Z=x$，$B=l_1-l_2=0$，則(a)項各式變更如次：

$$\overline{VC}=\overline{CM}=\frac{1}{8}l(i_1-i_2),\quad \overline{VM}=\frac{1}{4}l(i_1-i_2),\quad \overline{FB}=\frac{1}{2}l(i_1-i_2),\quad \cdots\cdots(48)$$

$$\overline{PT}=a=(i_1-i_2)x^2/(2l), \quad \cdots\cdots(49)$$

$$y=(x-l/2)i_1-(i_1-i_2)x^2/(2l) \quad \cdots\cdots(50)$$

此時(47)式之兩拋物線，變成單一拋物綫，其綫式爲

$$y_1=i_1x_1-4\overline{VC}\,x_1^2/l^2,\qquad y_2=-i_2x_2-4\overline{VC}\,x_2^2/l^2) \quad \cdots\cdots(51)$$

式中　$\overline{VC}=\frac{1}{8}l(i_1-i_2)$；

（2）　拋物綫之設置

（a）　最普通者如十六圖，直徑非爲垂直，先就切綫 $\overline{AV}$ 上作 n 等分，由各等分點上分別作橫距，今設 P 爲曲綫上一點，其橫距 x 及 $\overline{PT}$ 可由（44）式計算得之，乃沿切綫按 x 及 $\overline{PT}$ 之值，設置 P 點，其他各點仿此，$\overline{PT}$ 之值，謂之切綫改正值或稱切綫偏距(Tangent correction or deflection)。

欲求計算簡便，可如十八圖，命 M. C. P. P'……爲 $\overline{AB}$. $\overline{VM}$. $\overline{NQ}$. $\overline{N'Q'}$ 之中點，按相當大之比例尺，繪畫拋物綫，由圖上量出曲綫上各點之 x 及 y 值，可省計算之煩，又若如(47)式於過 V 之垂直軸下方，用兩拋物綫連續作縱曲綫，可如下(b)法設置之。

（b）　如第十七圖，作有垂直軸之拋物綫，若 A. B 之位置已定，則 $\overline{BF}$ 之值可以求出

，再由(48)式求$\overline{VC}$. 設將$\overline{AV}$及$\overline{BV}$各作 n 等分，各分點間之水平距離爲 $d=\frac{l}{2n}$，則由(49)式算得各分點之切線改正值如次：

$$\left.\begin{aligned} a_1&=\frac{i_1-i}{2l}d^2=\frac{i_1-i}{4n}d=\frac{i_1-i}{8n^2}l=\frac{\overline{VC}}{n^2} \\ a_2&=2^2a_1,\cdots\cdots, a_r=r^2a_1,\cdots\cdots, a_n=\overline{VC}=n^2a_1, \end{aligned}\right\}\cdots\cdots\cdots\cdots(52)$$

由起點A起計算與A相距x處之曲線上P點之高度，其普通式爲 $h=xi_1-a$，由此得各分點之高度如次：

$$\left.\begin{aligned} &h_1=di_1-a_1,\cdots\cdots\cdots\cdots,\quad h_r=rdi_1-r^2a_1,\cdots\cdots\cdots\cdots \\ &h_n=h_c=ndi_1-n^2a_1\cdots\cdots\cdots\cdots\cdots\cdots \\ &h_{2n}=h_B=2ndi_1-(2n)^2a_1=\overline{EF}-\overline{BF}=\overline{EB} \end{aligned}\right\}\cdots\cdots(53)$$

若由終點B計算各點之高度，可將(53)式右邊之 i_1 代以 $-i_2$ 卽得，至曲線上各段弦之坡度，由左邊起，順次如下式。

$$\frac{h_1-0}{d}=i_1-\frac{a_1}{d},\quad \frac{h_2-h_1}{d}=i_1-3\frac{a_1}{d},\quad \frac{h_3-h_2}{d}=i_1-5\frac{a_1}{d},\cdots\cdots(54)$$

由上可知每一定距離 d 之傾斜變化率 $2\frac{a}{d}$ 亦爲一定。

旣計算曲線上各點之距離及高度，可由A或B點起，以切綫爲準，設置曲綫，因各點之距離爲一定，(20公尺或100英尺)，若兩切線之傾斜爲已知，可將縱曲綫各點高度預列成圖表，以供使用。

(3)　安全視距

公路在山岳地帶，必須保持相當之安全視距，以期安全，今設必要之安全視距 S 爲已知，可由下法求必要之縱曲線長，但須與由(39)(40)(41)(42)各式因減輕衝擊力需要之縱曲綫長比較，取其較大之值用之。

(a)　若　$l<S$　$l=(i_1-i_2)S^2/(8h)$ …………………………………(55)

　　若　$l>S$　$l=2S-8h/(i_1-i_2)$ …………………………………(56)

上式之 h 爲由路面至駕駛人之眼之垂直距離，通常定爲1.4公尺。

S 之值，如前所述，由曲線半徑，閃避及制動距離而定。此種因素，在水平曲線，已因車輛之構造，速度，路面之狀態而異，在縱曲線更因切線傾斜及坡度變化率等亦有影响，不能純以數理推算。近日 Hart, Powell, Gerlach 諸氏方作實地試驗，以期得一實際必需之長度。美國向來採用安全視距約在550英尺左右，近日汽車速率日增，主要幹綫，已增至1000英尺，日本及我國採用之縱曲線安全視距與水平曲線之安全視距同。

10　以圓曲線作縱曲綫

(1)　德國向用圓曲線作縱曲線，日本亦有用之，其計算法如下：

如第十九圖，因 i_1、i_2 之值恒甚小，若用甚大之半徑 R 作圓弧，則弧線殆近於拋物線，其近似的關係式如下：

$$\tan\frac{\alpha}{2}=\frac{i_1-i_2}{2} \qquad \therefore\ \alpha\doteqdot i_1-i_2\ \text{（以弧度計）}\cdots\cdots(57)$$

$$\overline{AV}=\overline{B}=R\tan\frac{\alpha}{2}\doteqdot\frac{R}{2}\tan\alpha\doteqdot\frac{R}{2}(i_1-i_2)\cdots\cdots(58)$$

$$V=l+l\doteqdot 2R\sin\frac{\alpha}{2}=2R\tan\frac{\alpha}{2}\doteqdot F(i_1-i_2)\cdots\cdots(59)$$

$$\left.\begin{aligned}&\overline{VC}=R\left[\tan^2\frac{\alpha}{2}-\left(1-\cos\frac{\alpha}{2}\right)\right]\ \frac{\overline{VA}^2}{2R}\\&\overline{CM}=R\left(1-\cos\frac{\alpha}{2}\right)\qquad R=(S^2-4h^2)/8h\end{aligned}\right\}\cdots\cdots(60)$$

式中 S 爲安全視距，h 爲由路面至駕駛人之眼高，至縱曲綫長 l，雖由 (59) 式可以算出，但亦須與 (38) 至 (42) 諸式比較，取其大者，以策安全，至 R 之值若曲線半徑在 800 m 以下者，則用 3000 m 至 4000 m 爲宜，今舉德國國營公路及地方公路之限制如第十二表。

表 12

類　別		R (m)	
		山　地	谷　地
國營公路	第一種	16700	5000
	第二種	9000	3000
	第三種	5000	3000
地方公路		4200以上	1000以上

圓曲線之直徑 VOC 若非垂直而欲精確計算，相當麻煩，實施亦不容易，但因 R 之值甚大，i_1 及 i_2 則極小，故 VOC 可作爲垂直亦無甚影响，或可逕作爲拋物線計算之。

（2）縱曲線挿入法

（1）步驟　如第二十圖，兩傾斜線相交於 T，設交角超過一定限度，須加入縱曲線時，先由 T 算至 B 之距離 l，以之決定 B 點，次由 B 計算各橫距 x 之 y 值，由之設置縱曲線。

（2）l 值算出法　由兩傾斜線之交點 T 至 B 點之距離 l（以 m 計），可由次式求得之。

$$l=\frac{R}{2}\left(\frac{m}{1000}\pm\frac{n}{1000}\right)=\frac{R}{2000}(m\pm n)\cdots\cdots(61)$$

式中 R 爲縱曲線半徑，以 m 計，可照第十二表之規定選擇之，照日本鐵道省建設規程則

兩傾斜線交點在半徑 800 m 以下之水平曲線內時　$l=2\times(m\pm n)\cdots\cdots(62)$

其他則用　$l=1.5\times(m\pm n)\cdots(63)$

式中(＋)號爲兩傾斜線異方向時用之，(－)號爲同方向時用之，由上式算出 l 之值，算至 m 位止，m 位以下，四捨五入，若 R 之値爲一定，可就 m±n 預列成表，(第十三表)，以供使用。

第13表

$$l=\frac{R}{2}\left(\frac{m}{1000}\pm\frac{n}{1000}\right)\quad \begin{matrix} R=4000\ m & l=2(m\pm n) \\ R=3000\ m & l=1.5(m\pm n) \end{matrix}$$

m±n	l (m)		m±n	l (m)	
	R=4,000	R=3,000		R=4,000	R=3,000
10	20	15	41	82	62
11	22	17	42	84	63
12	24	18	43	86	65
13	26	20	44	88	66
14	28	21	45	90	68
15	30	23	46	92	69
16	32	24	47	94	71
17	34	26	48	96	72
18	36	27	49	98	74
19	38	29	50	100	75
20	40	30	51	102	77
21	42	32	52	104	78
22	44	33	53	106	80
23	46	35	54	108	81
24	48	36	55	110	83
25	50	38	56	112	84
26	52	39	57	114	86
27	54	41	58	116	87
28	56	42	59	118	89
29	58	44	60	120	90
30	60	45	61	122	92
31	62	47	62	124	93
32	64	48	63	126	95
33	66	50	64	128	96
34	68	51	65	130	98
35	70	53	66	132	99
36	72	54	67	134	101
37	74	56	68	136	102
38	76	57	69	138	104
39	78	59	70	140	105
40	80	60			

又上式算出之 l 係切線長，在實用上以水平距離表之，亦無大碍，因在最急傾斜 $^{35}/_{1000}$ 時，其誤差亦僅 $^{6}/_{10000}$ 左右而已。

(3)　y 值之算出法　縱曲線上各點至傾斜線間之縱距 y (m)可由下式算得之。

$$y=x^2/(2R) \cdots\cdots\cdots\cdots\cdots\cdots\cdots\cdots\cdots\cdots(64)$$

上式代 R 及 x 以種種之值，可將 y 預計成表(第十四表)表中 x 及 y 之小數值，可按相鄰兩數字比例求之，本表雖按拋物線計算，但用於圓弧亦無大差異：

計　算　例

(例1)　有上坡 $^{4.5}/_{1000}$ 下坡 $^{35}/_{1000}$ 之兩傾斜線，相交於半徑 1000 m 之水平曲線內，求於交叉處插入縱曲線。

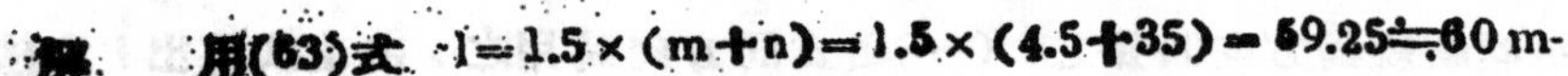
解　用(63)式 $l=1.5\times(m+n)=1.5\times(4.5+35)=59.25\fallingdotseq 60\,m$

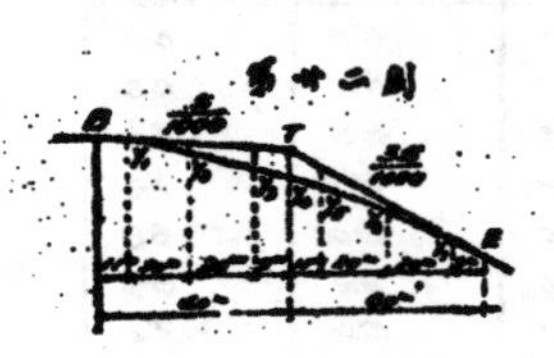

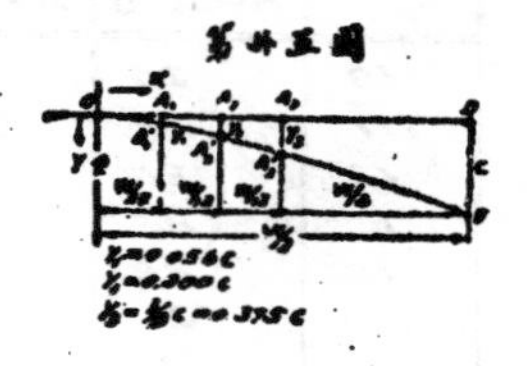

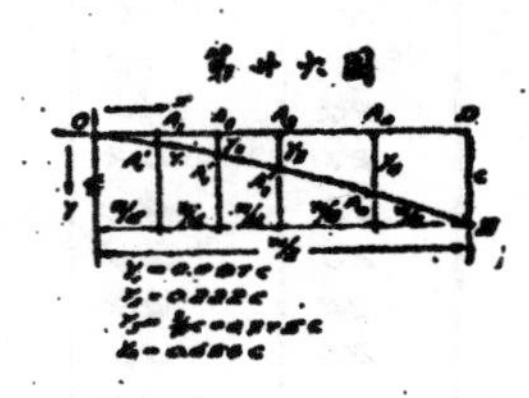

命 $R=6000$　　則　$y=x^2/6000$

由第十四表查得　$y_1=67^{mm}$　$y_2=267^{mm}$　$y_3=600^{mm}$

$y_4=267^{mm}$　$y_5=67^{mm}$

（例2）下坡 $5/1000$ 下坡 $35/1000$ 之兩傾斜線，相交於半徑 400 m 之水平曲線內，求於交叉處插入縱曲線。

解　由第十三表　$l=2.0\times(m-n)=60\,m$　　$y=x^2/8000$

由第十四表查得　$y_1=15^{mm}$　$y_5=300^{mm}$

$y_2=120^{mm}$　$y_6=105^{mm}$

$y_3=325^{mm}$　$y_7=10^{mm}$

$y_4=450^{mm}$

（例3）水平線與下坡 $30/1000$ 之傾斜線相交於半徑 600 m 之水平曲線內，求於相交處插入縱曲線。

解　由第十三表得 $l=60$ m. 至 y 則因 x 係含小數，須由第十四表相鄰兩 y 值比例求之，(以mm計)。

$y_1=8+(10-8)\times0.75=9.5\fallingdotseq 10$

$y_2=98+(105-98)\times0.75=98+5.25\fallingdotseq 103$

$y_3=288+(300-288)\times0.75=288+12\times0.75=297$

$$y_4 = 450$$
$$y_5 = 325 + (338 - 325) \times 0.25 \fallingdotseq 328$$
$$y_6 = 120 + (128 - 120) \times 0.25 = 122$$
$$y_7 = 15 + (18 - 15) \times 0.25 \fallingdotseq 16$$

第14表　　$y = \frac{x^2}{2R} \times 1{,}000$

x (m)	y (mm)		x (m)	y (mm)		x (m)	y (mm)		x (m)	y (mm)	
	R=4,000	R=3,000		R=4,000	R=3,000		R=4,000	R=3,000		R=4,000	R=3,000
1	0	0	36	162	216	71	630	840	106	1405	1873
2	1	1	37	171	228	72	648	864	107	1431	1908
3	1	2	38	181	241	73	666	888	108	1458	1944
4	2	3	39	190	254	74	685	913	109	1485	1980
5	3	4	40	200	267	75	703	938	110	1513	2017
6	5	6	41	210	280	76	722	963	111	1540	2054
7	6	8	42	221	294	77	741	988	112	1568	2091
8	8	11	43	231	308	78	761	1014	113	1596	2128
9	10	12	44	242	323	79	780	1040	114	1625	2166
10	13	17	45	253	338	80	800	1067	115	1653	2204
11	15	20	46	265	353	81	820	1094	116	1682	2243
12	18	24	47	276	368	82	841	1121	117	1711	2282
13	21	28	48	288	384	83	861	1148	118	1741	2321
14	25	33	49	300	400	84	882	1176	119	1770	2360
15	28	38	50	313	417	85	903	1204	120	1800	2400
16	32	43	51	[illegible]	434	86	925	1233	121	1830	2440
17	36	48	52	338	451	87	946	1262	122	1861	2481
18	40	54	53	351	468	88	968	1291	123	1891	2522
19	45	60	54	[illegible]	486	89	990	1320	124	1922	2563
20	50	67	55	378	504	90	1013	1350	125	1953	2604
21	55	74	56	392	523	91	1035	1380	126	1985	2646
22	61	81	57	406	542	92	1058	1411	127	2016	2688
23	66	88	58	421	561	93	1081	1442	128	2048	2731
24	72	96	59	435	580	94	1105	1473	129	2080	2774
25	78	104	60	450	600	95	1128	1504	130	2113	2817
26	85	113	61	465	620	96	1152	1536	131	2145	2860
27	91	122	62	481	641	97	1176	1568	132	2178	2904
28	98	131	63	496	662	98	1201	1601	133	2211	2948
29	105	140	64	512	683	99	1225	1634	134	2245	2993
30	113	150	65	528	704	100	1250	1667	135	2278	3037
31	120	160	66	545	726	101	1275	1700	136	2312	3083
32	128	171	67	561	748	102	1301	1734	137	2346	3128
33	136	182	68	578	771	103	1326	1768	138	2381	3174
34	145	193	69	595	794	104	1352	1803	139	2415	3220
35	153	204	70	613	817	105	1378	1838	140	2450	3267

11　公路之路頂高及橫斷面型

（1）　路頂高(Crown height)

公路之橫斷面，乃根據路面排水及運輸安全兩要素決定之，故其形狀當因車輛及路面之種類構造，路線之線形，縱斷面傾斜及雨量之大小等而異，其選定方針，大體如次：

（1）　路面圓滑，則排水容易，路頂高可減少，又用不易磨耗之材料舖砌路面時，其耐久性較大，路頂高亦可減少，若用容易磨耗之材料，則橫斷面形狀易於變化，雨水不易排去，路頂高宜畧大。

（2）　路面與車輪間之摩擦係數甚小時，則路頂高宜減少，使交通安全，除上述者外，對於交通量，雨量等亦有關係，今列舉數家實驗結果如次：

藤井眞透式　　$i_c = 5.14\, r^{1.15} W^{0.65}$ ……………………………(65)

式中 i_c 爲橫斷面傾斜之百分數，r 爲糙率，係就路面水流按 Bazin 氏式計算，W 爲由 Dorry 氏硬度試驗之磨耗量。

Rose Water 式　　$c = W(100 - 4i_1)/1000C$ ……………………………(66)

式中 c 爲路頂高，以英呎計，W 爲路面舖砌寬度，亦以英呎計，i_1 爲縱斷面坡度，C 爲常數，在木塊或石塊舖砌路用 6，瀝青舖砌用 5。

Dare 式　　$$C=\frac{W(100+4i_1)}{6000+50i_1^2}\quad\cdots\cdots(67)$$

式中 c 係以柏油或三合土舖砌者爲主，若用塊片舖砌，則取上值之 5/6。

已往設計路頂高，多側重於路面排水，恒用較大之高度，近日路面舖砌工程，日益改良，汽車速度日增，爲交通安全計，已有將路面高減少之傾向，普通按路面之種類及傾斜之大小規定如第十五表。

（2）　橫斷面型(Camber)

路面之雨水，由頂部至兩側逐漸增多，故兩側之傾斜宜略增大，設欲使路面之水深爲一定，則橫斷面曲線以兩對稱的三次拋物線爲最理想，若交通頻繁，則路頂附近排水亦受影响，且磨耗過甚，路面陷落，亦有水深增大之虞，故設計時宜使路頂水深至少，至路側逐漸增加，此種橫斷面，較合實際需要，今舉常用之數例如下：

表　15

路面種類	橫斷面傾斜
舖砂路	4%——6%
碎石路	3——5
瀝青舖面路	2.5——4
瀝青碎石路	2——3
瀝青三合土路	2——2.5
磚塊或石塊路	2——2.5
三合土路	1.5——2

（a）　雙曲線 (Hyperbola) 爲 R. S. Beard 氏設計，一般道路，無論何種舖砌均合用，其式爲：

$$y=\frac{C}{16}\left(-7+\sqrt{49+1920x^2/W^2}\right)\quad\cdots\cdots(68)$$

如第廿五圖，以路頂 O 爲雙曲線之頂點，路寬 ¼ 處之高差爲 $\frac{3}{8}$C，普通將 OA_3 作 3 等分，由過 O 點切線及各點之高差定 A_1' A_2' A_3' 各點，$A_3'E$ 爲直線，或將 A_3 點之高差作爲 $\frac{3}{7}$C，使成雙曲線，各點之高差爲：

$$y_1=0.056\,C$$

$$y_2=0.200\,C$$

$$y_3=\frac{3}{8}C=0.375\,C$$

（b）　拋物線 (Parabola) 此種線適用於舖沙路或碎石路，其線式爲：

$$y=\frac{Cx}{W}+2C\frac{x^2}{W^2}\quad\cdots\cdots(69)$$

如第廿六圖，爲以路寬 ¼ 處之高差爲 $\frac{3}{8}$C 之拋物綫，路頂處之傾斜爲

$$\left(\frac{dy}{dx}\right)_{x=0}=\frac{C}{W}$$

此時橫斷面型爲中央凸起，由中線向兩側成對稱的拋物線，通常將 OA_3 作 3 等分 A_3D 作二等分，各點之高差爲

$$y_1 = 0.097\,C$$

$$y_2 = 0.222\,C$$

$$y_3 = \frac{3}{8}C = 0.375\,C$$

$$y_4 = 0.656\,C$$

（c） 圓弧(Circular arc)

將橫斷面兩端及路頂作成圓弧，若橫斷傾斜 $i_c = \frac{2C}{W}$ 小於 $\frac{1}{25}$ 時，此圓弧與 $y = C\left(\frac{2x}{W}\right)^2$ 拋物線極相似，可作爲拋物線計算，Besson 氏曾研究用相交於路頂二圓弧，作橫斷面曲線，其長度 $\frac{1}{4}$ 處之高差爲 $\frac{C}{3}$。

（d） 直線(Straight line)

將路頂與兩側端用直線結合，或於路頂附近用曲線，兩側則接以直線，此種橫斷面型以前多用於狹窄街道，近日鋪裝完善之汽車路亦有採用之，以其修理及鋪裝均較容易，惟安全與否，尚待試驗。

一般道路工程，大致裝砌完善之路，其橫斷面型採用雙曲線，砂或碎石路，路頂須較平坦，採用拋物線，日人久野重一郎於 1933 年曾於土木學會誌發表一指數公式，簡單易於記憶，其式如下。

$$y = c\left(\frac{2x}{W}\right)^n \quad \cdots\cdots\cdots\cdots\cdots\cdots\cdots\cdots\cdots(70)$$

式中 n 之值用 1 至 2，普通用 1.4 至 1.5，若選擇得宜，則所成之曲線與 (a)～(b) 各種曲線在實用上殆相同，頗爲便利。關於公路橫斷面型各國學者如 Leeming. Gerlach, Cnare, Goodrich 等近日更就鋪砌方便，計算容易，排水良好及交通安全等，實行研究，以求更合理安全之形式。

道路之行人道，則以便利行人容易排水爲目的，道面不作曲線而爲斜向車路作 $\frac{1}{30}$ 至 $\frac{1}{60}$ 傾斜之平面，並以三合土或磚塊鋪砌之，至偏高擴寬等是否需要，尚有待於實地研究也。

短小跨度公路橋梁各種橋面之檢討

葉 銳 雄

1 緒論 我國公路日趨發達，而公路每爲幽壑所阻隔，故欲越幽壑，跨河流，使兩地相連而完成道路之功者，必賴於橋梁矣。

橋梁之建築材料有木；土石；鋼筋混凝土；鋼鐵等，木橋與土石結成之橋，其載重量不大，且多屬臨時或半永久性質者。鋼橋載重雖大，然鋼材採自外國，原料既昂，運輸不易用於短小跨度之橋梁，更不經濟。至鋼筋混凝土橋，其材料乃用鋼筋，士敏土，砂，石等，其中鋼筋雖採自外國，然較爲輕微，而士敏土我國已可自製，不須仰給於人，砂石則隨地皆有，故鋼筋混凝土橋甚適於我國國情也。本論文所討論者亦祇限於鋼筋混凝土公路橋梁。

普通橋梁課本多用外國書籍，其中言論是根據作者所在地之國情立論，所得結果與我國多不相同。是篇討論乃以適應我國現情爲主，故用以討論之橋梁款式有塊面橋(slab bridge)，下向大梁橋(Deck—Girder bridge)；丁狀梁橋(T—Beam bridge)，所定材料價格亦依照我國平常時期之價錢以研究。

2 短跨度鋼筋混凝土公路橋梁橋面之利害。

(1)塊面橋 設計建造工作均極簡易，離水面純高度，較其他各種橋爲大，惟祇適用於短小跨度，載重分佈於橋台或其他支柱亦極平均。

(2)丁狀梁橋 設計建造較塊面橋爲繁，跨度較長者，由梁底至水面純高度，常不足所規定之數，而致將橋面升高，適用於二三十呎之跨度。若梁之排列較密，則塊面所需之厚度甚小，故其所需之材料亦輕。

(3)下向大梁橋 此種橋因有縱橫兩向之梁，構結極爲強固，而塊面所載重量，可由兩向分佈，而致其厚度減少，建造常較丁狀梁橋爲簡單，惟其設計則較繁。

(4)上向大梁橋 此種橋面祇適用於橋面寬度小於其跨度者，故其跨度在二三十呎以上者爲多。橋面構造方法(1)可爲塊面面直接由大梁承載者，(2)或由塊面承托於橫梁(Floor beam)而橫梁承載於大梁者，(3)或先由塊面承托於直梁(Stringer)，由直梁承托於橫梁，此橫梁分載於大梁各點。

上列各種最普通形式之公路橋梁祇對於建造設計，及其強度等各種研究，惟其最重要之問題則爲建築費。上列四種橋梁，除上向大梁橋其跨度必須在二三十呎以上無比較價值外，其餘塊面，丁狀梁及下向大梁橋，其最經濟之跨度皆有一定之限度，研究最經濟之跨度，其因素可有下列各種：

(1)各種材料之價值

(2)所用混凝土之種類(即1:2:4，1:1½:3，1:1:2)

（3）混凝土及鋼筋之定限應力

（4）載重之定限

（5）設計所用之規程

上列各項中以材料價值爲最要，因跨度短小之橋梁其靜重亦不甚大，故常用 1:2:4 混凝土爲最經濟，(3) (4) (5) 三項能影响於經濟跨度者甚微，現依下述章程研究之。

3 公路橋梁設計章程摘述　橋梁之設計，因各地之規程不同，則設計標準亦異，玆根據中國經濟委員會——公路橋梁涵洞工程設計暫行準則——及美國公路處 The U.S. Bureau of Public Roads, the American Association of State Highway Officials 所規定之章程爲設計標準，摘錄如下：

（1）車行道寬度　橋面車行道寬度應爲兩側護木緣石間之垂直凈距，其最小寬度規定爲 18 呎，(5.5 公尺)，但因特殊情形，得酌減爲 13 呎（4 公呎）

附註：　本論文所討論之橋梁爲行兩行車者，車行道寬度皆爲 20 呎 (6.1 公呎)

（2）載重及受力　橋梁各部份之計算，應以下列各種載重及可能同時發生之最大應力爲根據。

（甲）靜重　靜重包括建築物本身之重量及所受路面人行道，水管，電纜等固定設備之重量。

（乙）活重　活重包括橋上車輛人行等之重量，車行活重應根據標準貨車載重計算之。

（3）標準貨車　標準貨車之輪間距離及重量分佈規定如下圖，每貨車所佔橋面寬度（以下簡稱車道寬度 lane width）定爲 9 呎 (2,75 公呎)

凡橋梁用標準貨車設計時，其載重應以連續通過之貨車爲準，貨車之排列如第一圖。

圖示W 爲設計貨車之重量，每車道貨車排列情形，應以設計貨車一輛爲主車，其餘各車排列於前後，其重量均爲主車重之百份之75。例如 W 爲 15 噸，假定列車以三輛計，其排列得如下列三式之一。

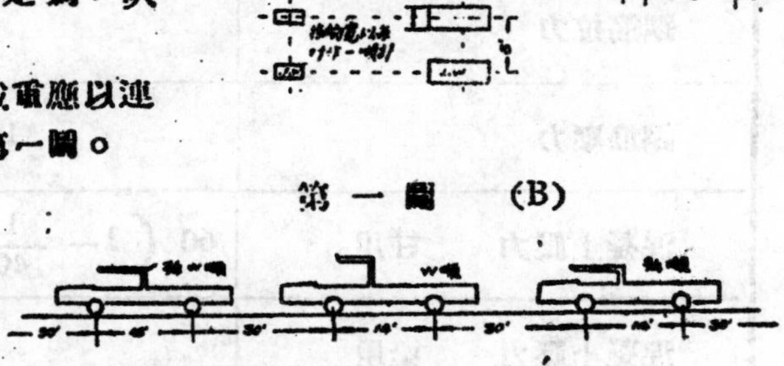
第一圖　(A)

第　一　圖　(B)

15—11¼—11¼　　　11¼—15—11¼　　　11¼—11¼—15

設計橋梁時，對於橋梁上併行之貨車應假定爲同向行駛

（4）貨車重量　凡重要幹綫之永久性橋梁，其設計貨車重量不得小於 15 噸。

（5）衝擊力　活重發生之衝擊力規定如下，但設計橋座或橋墩時，毋須計算衝擊力。

$$I = \frac{50}{L + 125}$$

I ＝ 衝擊力係數　　　　L ＝ 載重長度

（6）直接承載橋面之縱橫梁　凡計算縱梁之梁端剪力與反力時，其所載輪重均假定無縱向或橫向之分佈，但計算彎轉量時，則假定載重縱向分佈於縱梁上。

(7)鋼筋混凝土橋面板　凡計算鋼筋混凝土橋面板，因受輪重發生之彎轉量時，其與跨度平行之方向，不計輪重分佈。至與跨度垂直之方向，其與輪重平均分佈與橋面板相當寬度，此項寬度(E)稱為有效任重寬度，應照下列各式計算　其中

S = 橋板之跨度(呎)

W = 車輪之寬度(呎)

D = 自車中線至最近支點中線之距離(呎)

E = 有效任重(指一輪)寬度(呎)

(甲)主要鋼筋與車進行方向平行者

$E = 0.7S + W$ (E不得多於7呎)

如二車輪平行排列，致其有效任重寬度一部重疊時，則每輪之有效任重寬度應為$\frac{1}{2}(E+C)$，其中E為自上式求得之值，c為兩輪之中距。

(乙)主要鋼筋與車輛進行方向垂直者。

$E = .7(2D + W)$

(8)鋼筋混凝土橋面之剪力　照上列各條規定計算彎轉量而設計之鋼筋混凝土橋面板，可毋須再加剪力鋼筋。

(9)資用應力　鋼筋混凝土之資用應力規定如下表。惟混凝土資用應力之規定，係按照人工拌和土及1:2:4配合，如用機械拌和或較優良成份配合者 則各種應力得酌增加

種類		磅/平方吋
鋼筋拉力		18000
鋼筋壓力		15 倍混凝土
混凝土壓力	柱用	$60\left(1-\frac{1}{40}\times\frac{L}{D}\right)$不得大於 450 #/□"
混凝土壓力	梁用	600
混凝土拉應力		0
混凝土剪應力	無剪力鋼筋及彎鈎者	40
	無剪力鋼筋有彎鈎者	60
	有剪力鋼筋及彎鈎者	120
混凝土及鋼筋粘結力	無彎鈎者	60
	有彎鈎者	100

今根據上述章則，而用下列規定以設計各種公路橋面，并依照我國平常時期之材料價格以定各種橋梁之建築費，作爲詳細比較。

活重＝15噸標準貨車 H 15

路寬＝通兩行車者　即＝20呎

鋼筋單位應力　$f_s = 18000$ 磅/平方吋

混凝土單位應壓力　$f_c = 600$ 磅/平方吋

混凝土單位應剪力　$v = 60$ 磅/平方吋(無絡筋)

$v = 120$ 磅/平方吋(有絡筋)

混凝土及鋼筋粘結力　$u = 100$ 磅/平方吋

塊面橋塊面計算書

設　跨度＝20呎

路寬＝20呎

活重＝H15　　$P_r = 12000$ 磅　　$P_f = 3000$ 磅

應力　$f_s = 18000$　　$f_c = 600$　　$n = 15$　　$K = 88.9$

$P = .0056$　　$j = .889$　　$v = 60$　　$u = 100$

$$C = \frac{50}{125 + L} = \frac{50}{125 + 20} = 345$$

外　部

$$17\tfrac{3}{4}\text{'Slab} = 17.75 \times 12.5 = 221$$

$$1\text{"WS} = 13$$

$$234$$

$$M_D = \frac{1}{8} Wl^2 = \frac{1}{8} \times 234 \times 20^2 \times 12 = 140000$$

$$M_{L+I} = \frac{3}{7} PL(1 + c) = \frac{3}{7} \times 12000 \times 20(1.845) = 138500$$

$$278500$$

$$d = 17.75 - 1.5 = 16.25$$

$$\frac{M}{bd^2} = \frac{278500}{12 \times 16.25^2} = 88$$

$$\text{Reg } p = .0055$$

$$A_s = pbd = .0055 \times 12 \times 16.25 = 1.07$$

use $\frac{3}{4}$" ø @ 5"

$$LV = \frac{1}{25}\left[P_r + \frac{P_f(l-14)}{l}\right] = 5160$$

14809

$$IV = .345 \times 5160 = 1780$$

$$DV = \tfrac{1}{2}Wl = \tfrac{1}{2} \times 234 \times 20 = 2340$$

$$9280\#$$

$$v = \frac{V}{bjd} = \frac{9280}{12 \times 7/8 \times 16.25} = 54.5$$

$$u = \frac{vs}{o} = \frac{54.5 \times 5}{2.35} = 116 > 100$$

（用 特 別 包 藏）

內 部

設

$$19\text{''Slab} = 19 \times 12.5 = 238$$

$$1\text{''W S} = 13$$

$$251$$

$$M_D = \frac{1}{8}Wl^2 = \frac{1}{8} \times 251 \times 12 \times 20^2 = 129000$$

$$M_{L+I} = \frac{3}{5} \times 12000 \times 20 \times 1.345 = 195000$$

$$324000$$

$$d = 19 - 1.5 = 17.5$$

$$\frac{M}{bd^2} = \frac{32400}{12 \times 17.5^2} = 88.4$$

Reg $p = .0055$

$$A_s = pbd = .0055 \times 12 \times 17.5 = 1.16$$

use $\frac{3}{4}$" ø @ $4\frac{1}{2}$"

$$LV = \frac{1}{2.5}\left(P_r + \frac{P_f(l-14)}{l}\right) = 5160$$

$$IV = .345 \times 5160 = 1780$$

$$DV = \tfrac{1}{2}Wl = \tfrac{1}{2} \times 251 \times 20 = 2150$$

$$9090\#$$

$$v = \frac{V}{bjd} = \frac{9090}{12 \times 7/8 \times 17.5} = 49.5$$

$$u = \frac{vs}{o} = \frac{49.5 \times 4.5}{2.36} = 94.5$$

14810

橫　鋼　筋

$$A_{sl} = .002 \times bd = .002 \times 12 \times \frac{19 \times 17.75}{2} = .44$$

use ½" ø @ 12"

鋼筋(參看詳細圖)

鋼筋	度數	長度	條數	總共長度	磅/呎	共重
A	¾" ø	22'—2"	59	59×22.16=1310	1.5	1970
C	½" ø	5'—0"	72	72×5=360	.68	245
D	½" ø	20'—8"	6	6×20.66=124	.68	85
E	½" ø	21'—6"	20	20×21.5=430	.68	298
F	¾" ø	22'—0"	21	21×22=262	1.5	695
						3285 磅

混凝土

路面 $20 \times 21 \times \left(\frac{19+17.75}{2} \times \frac{1}{12}\right) = 645.0$

緣石 $\frac{27.75 \times 14}{144} \times 21 \times 2 = 113.0$

中柱 $\frac{8 \times 8}{144} \times \frac{26}{12} \times 2 \times 2 \times 2 = 7.7$

尾柱 $\frac{8 \times 10}{144} \times \frac{26}{12} \times 2 \times 2 = 4.8$

橫欄 $\frac{8 \times 11}{144} \times 16.66 \times 2 = 20.4$

合計 = 790.9立方呎

板模

路面 $\left(22.33 + 2 \times \frac{27.75}{12} + 2 \times \frac{10}{12}\right)21 = 605.0$

4尾柱 $\left[\frac{15}{12} \times \frac{10}{12} \times 2 + \frac{15}{12} \times \frac{8}{12} + \frac{26 \times 8}{144}\right]4 = 17.4$

8中柱 $\left[\frac{15}{12} \times \frac{8}{12} \times 4\right]8 = 26.6$

4 橫欄 $\left[\frac{11}{12}\times 21\times 24\ \frac{8}{12}\times 16.66\times 2\right]2=121.4$

2 末端 $\left[\frac{19+17.75}{2\times 12}\times 22+\frac{10\times 15}{144}\times 2\right]2=720$

合計 842.4 平方呎

塊面橋之設計及各種材料之數量，其計算方法如上，其詳細尺寸如第二圖所示。

至跨度 18 呎，16 呎，14 呎，12 呎，10 呎等之塊面橋，其計算方法亦如 20 呎跨度者如第三至第七圖，為得詳細比較起見，將各種跨度之塊面橋所得數量列成下表：

塊　面　橋　之　設　計

跨度(呎)	塊面厚(吋)		彎率(吋磅)		剪力(磅)		鋼筋			
	外	內	外部	內部	外部	內部	度數	外部	內部	橫筋
10	13	14	96800	126800	7435	7500	½" ø	@4½"	@3½"	@7"
12	13	14	122500	158700	7610	7675	5/8" ø	@5½"	@4½"	@7"
14	14	15½	153600	198000	7835	7970	7/8" ø	@8"	@7½"	@7"
16	15½	17	190000	23750	8300	8500	7/8" ø	@7½"	@7"	@9½"
18	17	18½	234000	293500			1" ø	@9"	@8"	@12"
20	17¾	19	278500	234000	9280	9090	¾" ø	@5"	@4½"	@12"

第二圖

塊面詳細圖　　跨度＝20'-0"

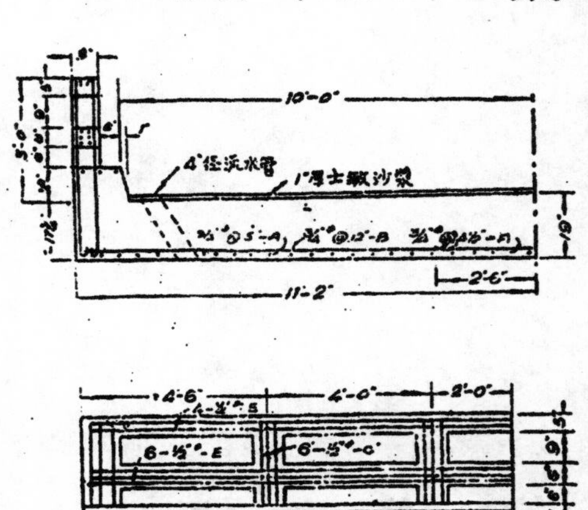

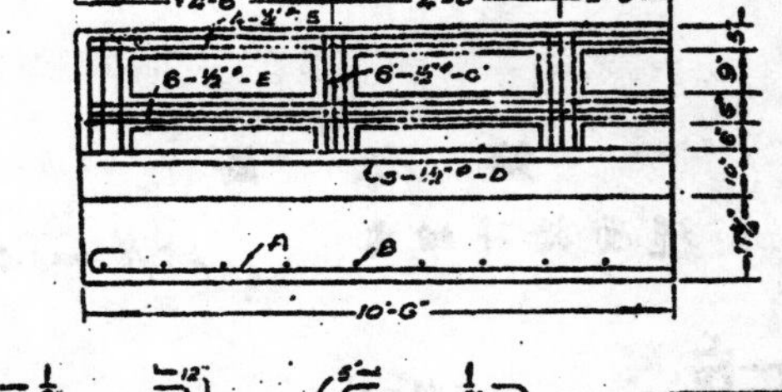

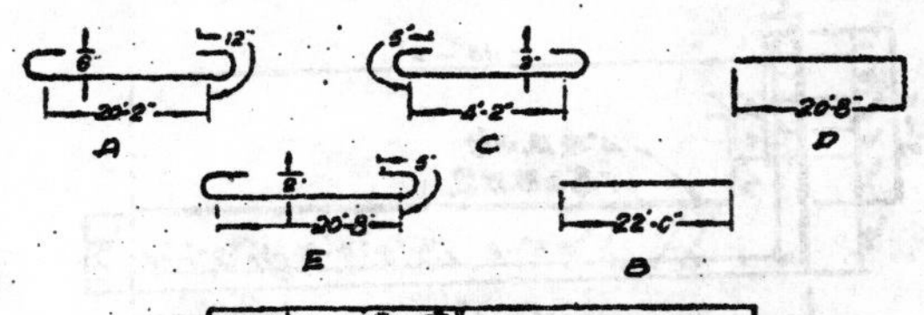

鋼筋	徑數	所需條數	材料數量	
A	3/4"φ	59	鋼筋	2285 磅
B	3/4"φ	21		
D	1/2"φ	6	混凝土	791 立方呎
C	1/2"φ	72		
E	1/2"φ	20	板模	842 平方呎

第三圖

塊面橋詳細圖　　跨度＝18'-0"

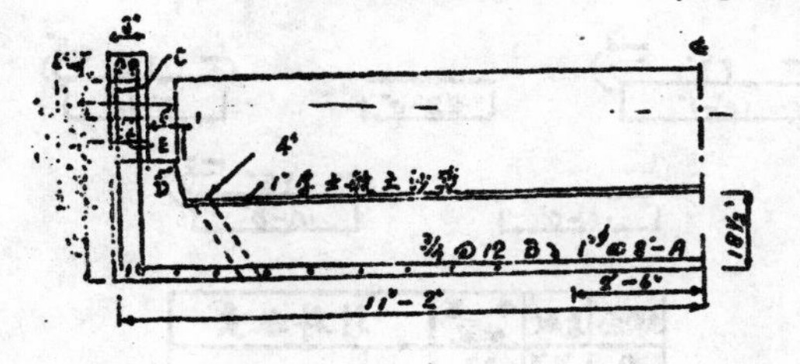

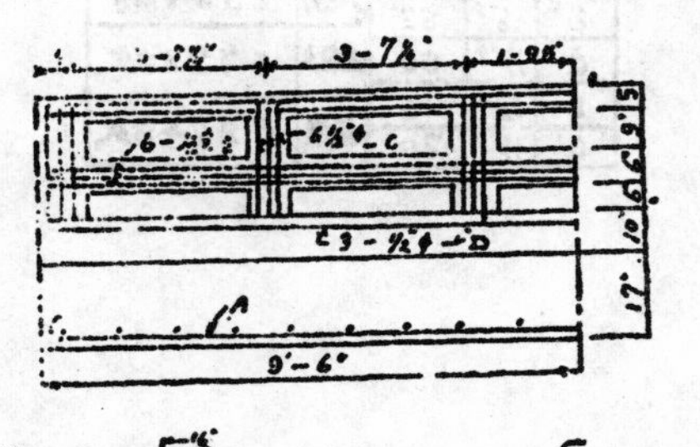

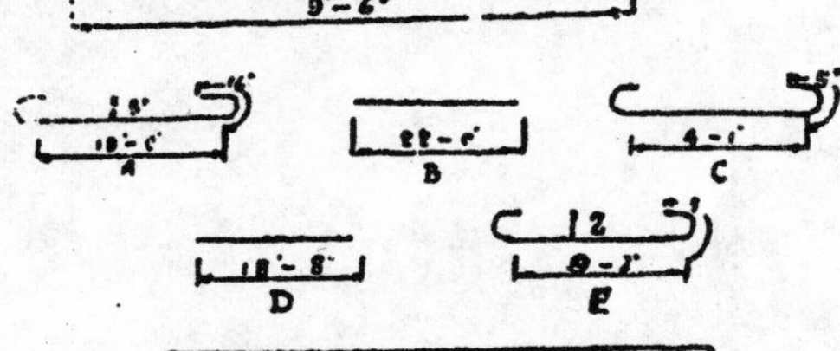

鋼筋	徑度	所需條數	材料數量	
A	1"φ	31	鋼筋	2931 磅
B	3/4"φ	19		
C	1/2"φ	72	混凝土	704 立方呎
D	1/2"φ	6		
E	1/2"φ	42	板模	788 平方呎

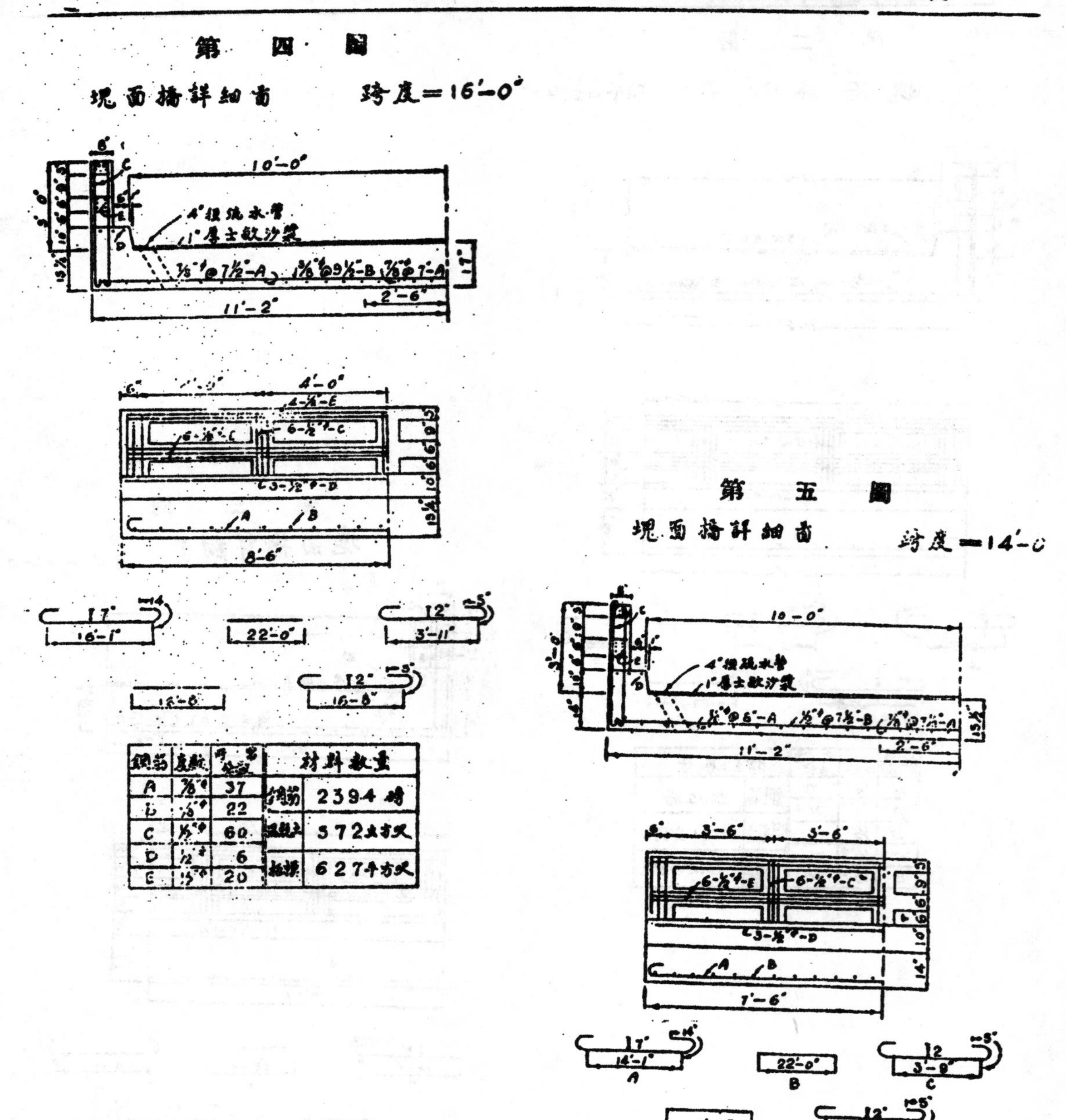

第四圖

堤面橋詳細圖　跨度=16'-0"

鋼筋	度數	每需條數	材料數量	
A	7/8"φ	37	鋼筋	2394 磅
B	5/8"φ	22		
C	½"φ	60	混凝土	572立方尺
D	½"	6		
E	½"φ	20	板模	627平方尺

第五圖

堤面橋詳細圖　跨度=14'-0"

鋼筋	度數	每需條數	材料數量	
A	7/8"φ	34	鋼筋	1964 磅
B	½"φ	24		
C	½"φ	60	混凝土	416立方尺
D	½"φ	6		
E	½"φ	20	板模	551平方尺

第 六 圖

塊面橋詳細圖　　跨度＝12'－0"

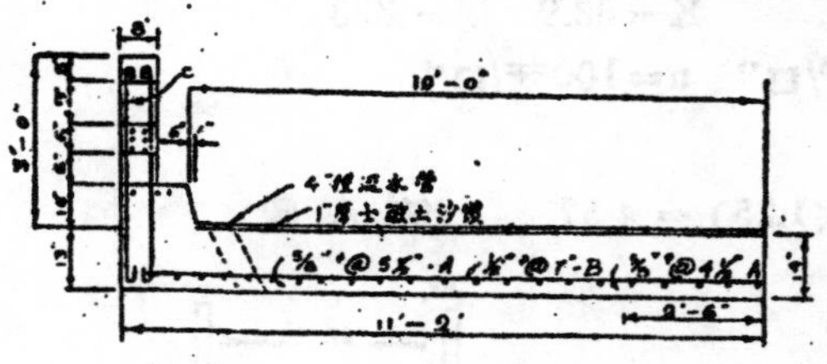

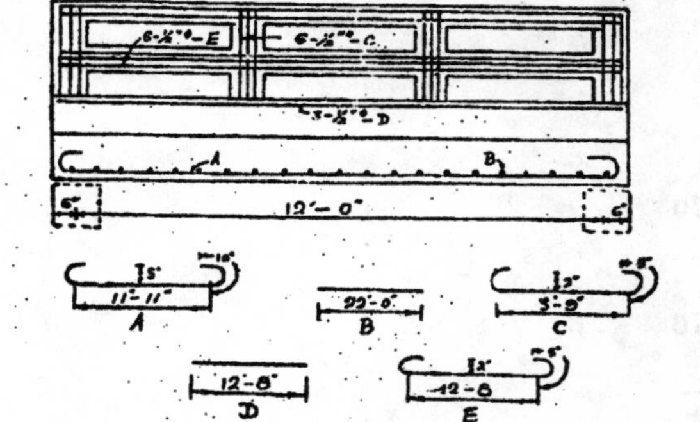

鋼筋	度數	所需条數	材料數量	
A	5/8"	51	鋼筋	1649磅
B	1/2"	22		
C	1/2"	48	混凝土	372立方呎
D	1/2"	6		
E	1/2"	20	模板	475平方呎

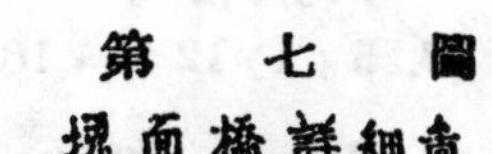

第 七 圖

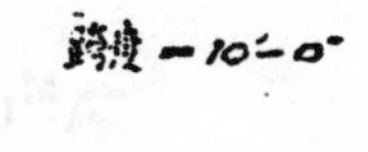

塊面橋詳細圖　　跨度＝10'－0"

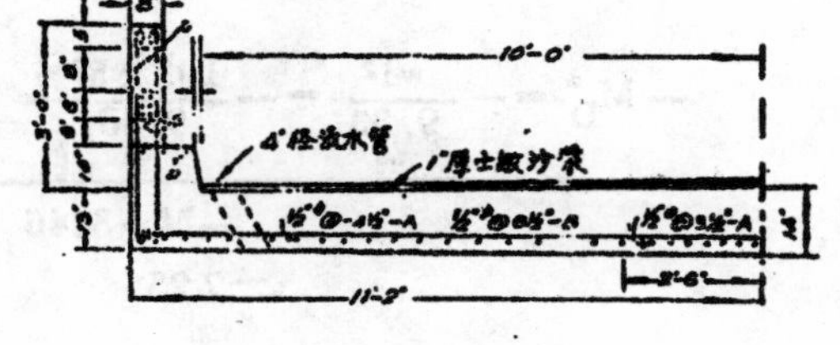

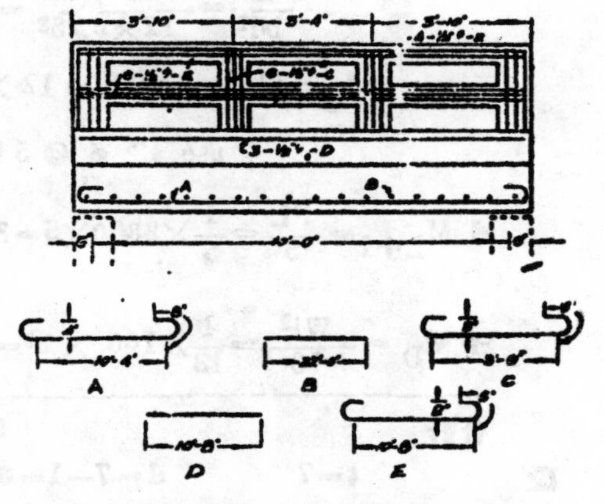

鋼筋	度數	所需条數	材料數量	
A	1/2"	64	鋼筋	1140磅
B	1/2"	19		
C	1/2"	48	混凝土	316立方呎
D	1/2"	6		
E	1/2"	20	模板	407平方呎

丁 狀 樑 橋

設　跨度=20呎　路寬 =20呎　活重 =H15　Pr=12000#
f_s=18000#/□"　f_c=600#　n=15　K=88.9　k =.333
p=.0056　v=60#/□"　u=100#/□"

塊面之設計

$E = 0.7(2D+w) = 0.7(2+2.5\times1.25) = 4.37'$　第八圖

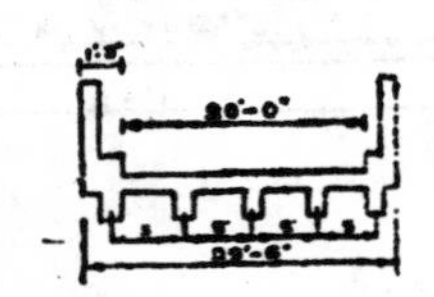

$$I = \frac{50}{L+125} = \frac{50}{5+125} = .385$$

$$P = \frac{Pr}{E}(1+c) = \frac{12000}{4.37}\times1.385 = 3800\ \#/,$$

假定塊面厚 $7\frac{1}{4}$"(內部), $6\frac{3}{4}$"(緣石)
則　平均厚度 $7\frac{1}{4}$"
塊面重 = (7.25+1) 12.5 = 103 /□'

$$-M_{L+1} = -\frac{Pl}{6} = -\frac{3800\times5}{6} = 3170$$

$$-M_D = -\frac{wl^2}{9.33} = -\frac{103\times5^2}{9.33} = 276$$

$-M = 3446$ '#

t=7.25　d=7.25−1=6.25

$$\frac{M}{bd^2} = \frac{3446\times12}{12\times6.25^2} = 88.4 \quad \text{Reg } p = .0055$$

$$A_s = pbd = .0055\times12\times6.25 = .413$$

use $\frac{1}{2}$" ø @ $5\frac{1}{2}$"　(頂筋)

$$+M_{L+1} = \frac{PL}{5} = \frac{1}{5}\times3800\times5 = 3800$$

$$+M_D = \frac{Wl^2}{13} = \frac{1}{13}\times106.\times5^2 = 198$$

合計　3998'#

設　t=7　d=7−1=6

$$\frac{M}{bd^2} = \frac{3998}{12\times6^2}\times12 = 111$$

$M_2(111-88.9)12\times6^2 = 9540$"#

$A_{s_1} = pbd = .0056\times12\times6 = .403$

$$A_s = \frac{M_2}{f_s(d-d'_1)} = \frac{9540}{18000(6-5)} = .106$$

$$A_s = .403 + .106 = .509$$ 用 ½"φ @4½"（底筋）

$$A'_s = \frac{A_{s2}(1-k)}{k-d'/d} = \frac{.106(1-.333)}{.333-\ldots} = .39$$ 已有 ½"φ @5½" 合

橫　向　鋼　筋

$$A_s = .002\,bd = .002 \times 12 \times 6 = .144$$

用 ½"φ @16"

內梁之設計

$$I = \frac{50}{L+125} = \frac{50}{20+125} = .345$$

$$P_r = \frac{\Sigma P_r}{4.5} = \frac{1}{4.5} \times 5 \times 12000 \times 1.345 = 18000\#$$

假定　stem $= 12 \times 18$　　stem Wt $= \frac{12 \times 18}{144} \times 150 = 225\#/,$

total Wt of beam $= (103 \times 5) + 225 = 740\#$

$$M_{L+I} = \frac{Pl}{4} = \frac{1}{4} \times 18000 \times 20 = 90000'\#$$

$$M_D = \frac{Wl^2}{8} = \frac{1}{8} \times 740 \times 20^2 = 36800'\#$$

$$126800'\#$$

$$d = \sqrt{\frac{rM}{.9\,f_s\,b'}} = \sqrt{\frac{60 \times 126800 \times 12}{.9 \times 18000 \times 12}} = 21.7"$$ use 21 ¾"

Min $b = \frac{1}{4} l = \frac{1}{4} \times 20 \times 12 = 60"$　　$\frac{t}{d} = \frac{7.25}{21.75} = .333$

$$\frac{M}{bd^2} = \frac{126800 \times 12}{60 \times 21.75^2} = 54$$ Req p = .0033

$$A_s = pbd = .0033 \times 60 \times 21.75 = 4.32$$

use 6—1"φ

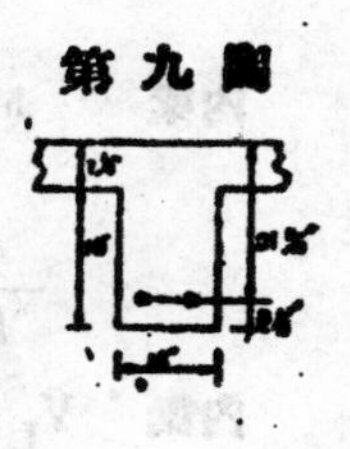

第九圖

$$V_{L+I} = P(1+I) = 12000 \times 1.345 = 16150$$

$$VD = \frac{1}{2} Wl = \frac{1}{2} \times 740 \times 20 = 7400$$

$$23550$$

$$V' \text{center} = V_c = \frac{P}{2}\left(1+c\right) = \frac{1}{2}V_{L+1} = \frac{1}{2}\times 16150 = 8100$$

$$v = \frac{V}{bjd} = \frac{25650}{12\times 7/8 \times 21.75} = 103 \qquad v_c = \frac{8100}{12\times 7/8 \times 21.75} = 35.5$$

三條鋼筋曲上 $\Sigma_o = 3\times 3.14 = 9.42$

$$u = \frac{vb'}{\Sigma_o} = \frac{103\times 12}{9.42} = 133 > 100 \text{ 用特別包攏}$$

$$Z_1 = \left(1-\sqrt{\frac{m}{m}}\right) = \frac{20}{2}\left(1-\sqrt{\frac{1}{6}}\right) = 5.95 \quad \text{use } 5'-0''$$

$$Z = \left(1-\sqrt{\frac{m}{m}}\right) = \frac{20}{2}\left(1-\sqrt{\frac{5}{6}}\right) = 2.49 \quad \text{use } 2'-6''$$

$$x = \frac{(v-60)l/}{v-v_c} = \frac{(103-60)10}{103-35.5} = 6.36 = 76.6''$$

用 ½" ø u. $S = \frac{3}{4}d = \frac{3}{4}\times 21.75 = 16.3$

$$S = \frac{A_s f_s}{b(v-60)} = \frac{.39\times 18000}{12(103-60)} = 9.15 \quad \text{use } 9''$$

$$S = 16 \quad y = x\left(1-\frac{S}{S}\right) = 76.6\left(1-\frac{9.15}{16}\right) = 33'' \quad n = \frac{33}{9} = 4$$

用 4 @ 9" = 36"

$$S = \infty \quad y = 76.6 \quad n = \frac{76.6-36}{16} = 2 \qquad 2@16''+36=68$$

外梁之設計

$$P = \frac{4.37P_r}{5} = .875\,W$$

第十圖

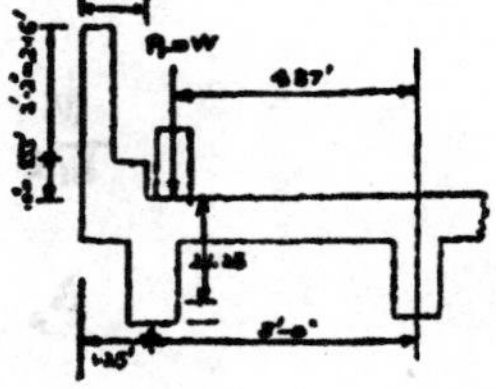

內梁 M_L $\quad P = \frac{5W}{4.5} = 1.11W$

$$\frac{\text{外梁}}{\text{內梁}} = \frac{.875}{1.11} = 0.79$$

內梁' V_L $\quad P = W$

$$\frac{\text{外梁}}{\text{內梁}} = \frac{.875}{1} = 0.875$$

塊面 $=(^{3}/_{2}+1.25')\times 103$ $=387$

梁腹 $=\frac{12\times 18}{144}\times 150$ $=225$

緣石 $=.333\times 1.25\times 150$ $=156$

欄杆 $=\frac{8\times 11}{144}\times 150+\left(\frac{8\times 8}{144}\times 150\times 2.16\right)\frac{1}{?}=130$

898 $\#/'$

D.L.　外梁：內梁 $=898:740=1.21$

$M_{L+I}=.79\times 90000=71000$

$M_D=1.21\times 36800=44600$

$M=115600'\#$

$V_{L+I}=.875\times 16150=14100$

$V_D=1.2\times 7400=8880$

$V=22980\#$

$b=1.25+\frac{5}{2}=3.75'=45''$　　$\frac{M}{bd^2}=\frac{115600}{45\times 21.25^2}\times 12=68$

$t/d=6.75/21.25=.318$　　Req　$p=.0042$

$A_s=pbd=.0042\times 45\times 21.25=4.02$　use　6—1" ϕ

V　center $=V_c=.875\times 8100=7100$

$v=\frac{V}{bjd}=\frac{22980}{12\times\frac{7}{8}\times 21.25}=103$　　$v_c=\frac{V_c}{bjd}=\frac{7100}{12\times\frac{7}{8}\times 21.25}=30.4$

將三條鋼筋分兩層曲上　　$\Sigma_0=3\times 3.14=9.42$

$u=\frac{vA}{\Sigma_0}=\frac{103\times 12}{9.42}=133$

$Z_1=\frac{l}{2}\left(1-\sqrt{\frac{m_1}{m}}\right)=\frac{20}{2}\left(1-\sqrt{\frac{1}{6}}\right)=5.95'$　　use　5'—10"

$Z_2=\frac{l}{2}\left(1-\sqrt{\frac{m_2}{m}}\right)=\frac{20}{2}\left(1-\sqrt{\frac{3}{6}}\right)=2.5'$　　use　2'—6"

$x=\frac{(v-60)\frac{l}{2}}{(v-v_c)}=\frac{(103-60)10}{103-30.4}=5.85'=70.3''$

use　½" ϕ u 鋼筋絡

14819

$$s=\frac{A_s f_s}{b'(v-60)}=\frac{.39\times 18000}{12(103-60)}=13.6$$

$$s=\tfrac{3}{4}d=.75\times 21.25=15.9$$

$$S=16 \qquad y=x\left(1-\frac{s}{s_1}\right)=70.3\left(1-\frac{13.6}{15}\right)\fallingdotseq 13.0$$

$$n=\frac{13}{12}=1.1 \qquad \text{use} \quad 2@12''=24''$$

$$n=\frac{70.3}{16}=3 \qquad 3@16+24=70''$$

鋼 筋	度 數	長 度	所 需 條 數	總 共 長 度	磅/呎	共 重
A	½" ø	23'—2"	47	47×23.16=1090	.67	730
B	½" ø	23'—2"	57	57×23.16=1320	.67	885
C	½" ø	21'—0"	34	34×21 = 714	.67	550
D	1" ø	23'—0"	3×5=15	15×23 = 344	2.67	920
D_1	1" ø	17'—10"	1×5= 5	5 ×17.83= 89	2.67	238
D_2	1" ø	22'—10"	2×5=10	10×22.83= 228	2.67	610
E	½" ø	6'—11½"	2(6+5)=22	22× 6.95= 153	.67	103
F	½" ø	22'—0"	6	6×22 = 132	.67	89
G	½" ø	4'—1"	72	72×4.08 = 294	.67	197
H	½" ø	21'—2"	20	20×21.16= 432	.67	290
						4617磅

混凝土數量

路面 $22.5\times 21.33\times \frac{7.25}{12}=$ 290.0

緣石 $\frac{10\times 15}{144}\times 21.33\times 2=$ 44.5

中柱 $\frac{8\times 8}{144}\times \frac{26}{12}\times 4\times 2=$ 7.7

14820

尾柱　$\frac{12\times8}{144}\times\frac{26}{12}\times2\times2=$　5.8

橫欄　$\frac{8\times11}{144}\times2\times1.6.6=$　20.4

梁　$\frac{18\times12}{144}\times21.33\times5=$　160.0

528.4 立方呎

板模數量

路面　$\left(22.5\times2+\frac{16.75}{12}+2\times\frac{10}{12}\right)21.33=575.0$

中柱　$\left(\frac{15}{12}\times\frac{8}{12}\times4\right)\times4\times2=26.6$

尾柱　$\left(\frac{15}{12}\times\frac{12}{12}\times2+\frac{15}{12}\times\frac{8}{12}+\frac{26\times8}{144}\right)4=19.0$

橫欄　$\left(\frac{11}{12}\times21.33\times2+\frac{8}{12}\times16.6\times2\right)\times2=122.6$

末端　$\left(\frac{7.25}{12}\times22.5+\frac{10\times15}{144}\times2\right)2=31.3$

梁　$\left(\frac{18}{12}\times21.33\times2+\frac{18\times2}{144}\times2\right)5=335.0$

1109.5平方呎

丁狀梁橋之設計及各種材料之數量，其計算方法如上，其詳細尺吋如下圖所示。

至跨度18呎，16呎，14呎，12呎，10呎等之丁狀梁橋其計算方法亦如20呎跨度者，爲得詳細比較起見，將各種跨度之丁狀梁橋計算所得數量列成下表

丁　狀　梁　橋

塊面之設計

14821

跨度	塊面厚		彎率		鋼筋			
	線石	路冠	一	十	度數	頂筋	底筋	橫筋
各種跨度相同	6$\frac{3}{4}$"	7$\frac{3}{4}$"	3446 '井	3998 '井	½"ϕ	@5½"	@4½"	@16"

內梁之設計

跨度(呎)	梁腹	總共彎率(呎磅)	剪力		鋼筋		
			末端V	中間V	主筋	曲點	絡筋
10	10"×15"	52400	19750	8200	3-1"ϕ		3@7" 3@12"
12	10×15	66600	20430	8200	4-$\frac{7}{8}$"ϕ		4@7" 3@12"
14	10×15	79900	21000	8160	3-1"口		6@6" 2@12"
16	10×16	95900	21690	8130	5-1"ϕ		5@6"2@10"1@15"
18	12×16	110000	22640	8100	4-1"ϕ		5@6¼"2@12"1@15"
20	12×18	126800	23550	8100	6-1"ϕ		4@9" 2@16"

外梁之設計

跨度(呎)	梁腹	總共彎率(呎磅)	末端V	中間V	主筋	曲點	絡筋
10	10×15	44250	18480	7190	3-1"ϕ		2@8" 2@12"
12	10×15	65450	19300	7190	4-$\frac{7}{8}$"ϕ		3@7" 2@12"
14	10×15	70400	20000	7140	3-1"口		5@7" 2@14"
16	10×16	83000	20640	7140	5-1"ϕ		4@6"2@10"2@14"
18	12×16	99600	22010	7100	4-1"口		4@6¼" 2@12"
20	12×18	115600	22980	7100	6-1"ϕ		2@12" 8@16"

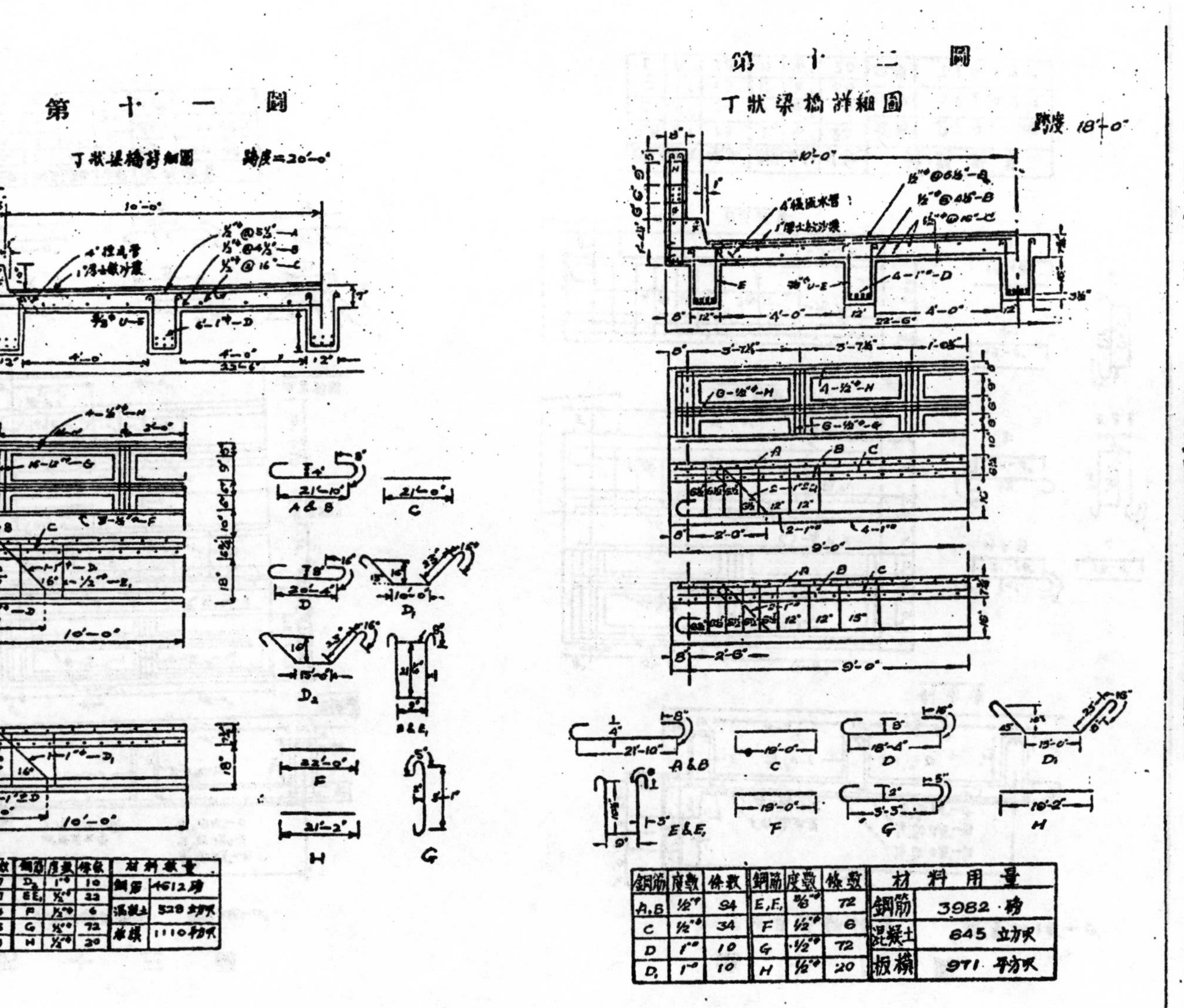

第 十 一 圖

丁狀梁橋詳細圖 跨度=20'-0"

鋼筋	度數	條數	鋼筋	度數	條數	材料數量	
A	1/2"Φ	47	D_2	1"Φ	10	鋼筋	4612磅
B	1/2"Φ	57	E,E_1	1/2"Φ	22	混凝土	528 立方呎
C	1/2"Φ	84	F	1/2"Φ	6	板模	1110 平方呎
D	1"Φ	15	G	1/2"Φ	72		
D_1	1"Φ	9	H	1/2"Φ	20		

第 十 二 圖

丁狀梁橋詳細圖 跨度 18'-0"

鋼筋	度數	條數	鋼筋	度數	條數	材料用量	
A,B	1/2"Φ	94	E,E_1	3/8"Φ	72	鋼筋	3982 磅
C	1/2"Φ	34	F	1/2"Φ	6	混凝土	645 立方呎
D	1"Φ	10	G	1/2"Φ	72	板模	971 平方呎
D_1	1"Φ	10	H	1/2"Φ	20		

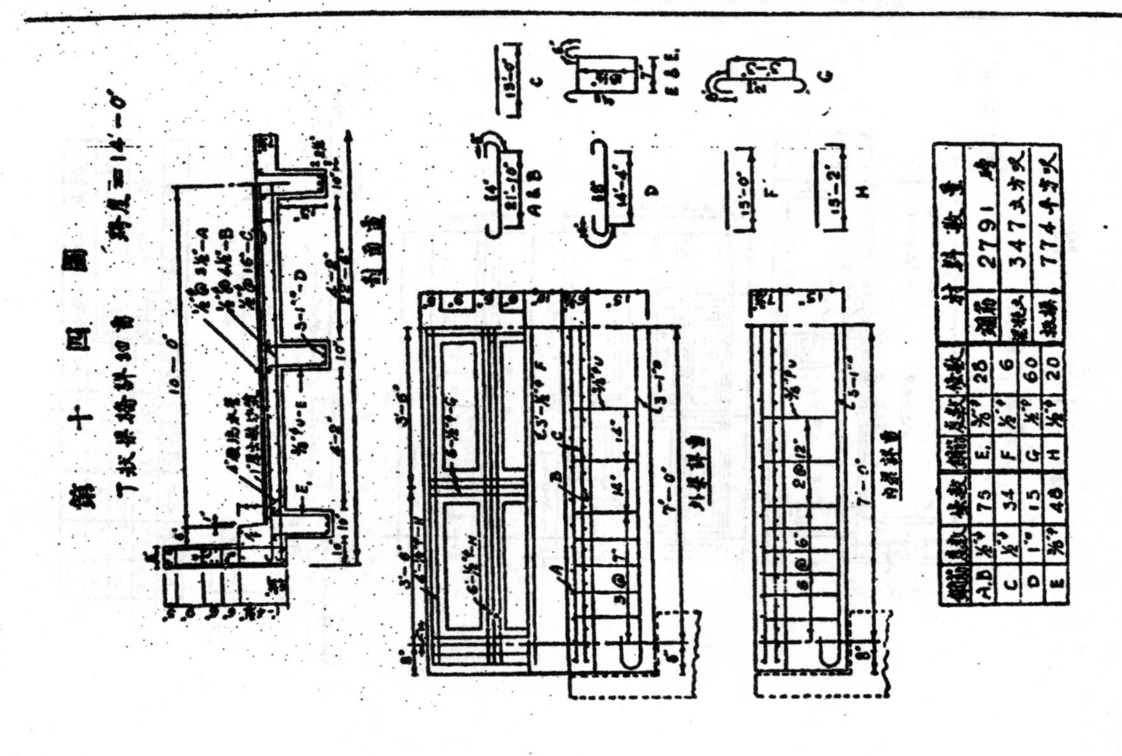
第十四圖
跨度=14'-0"

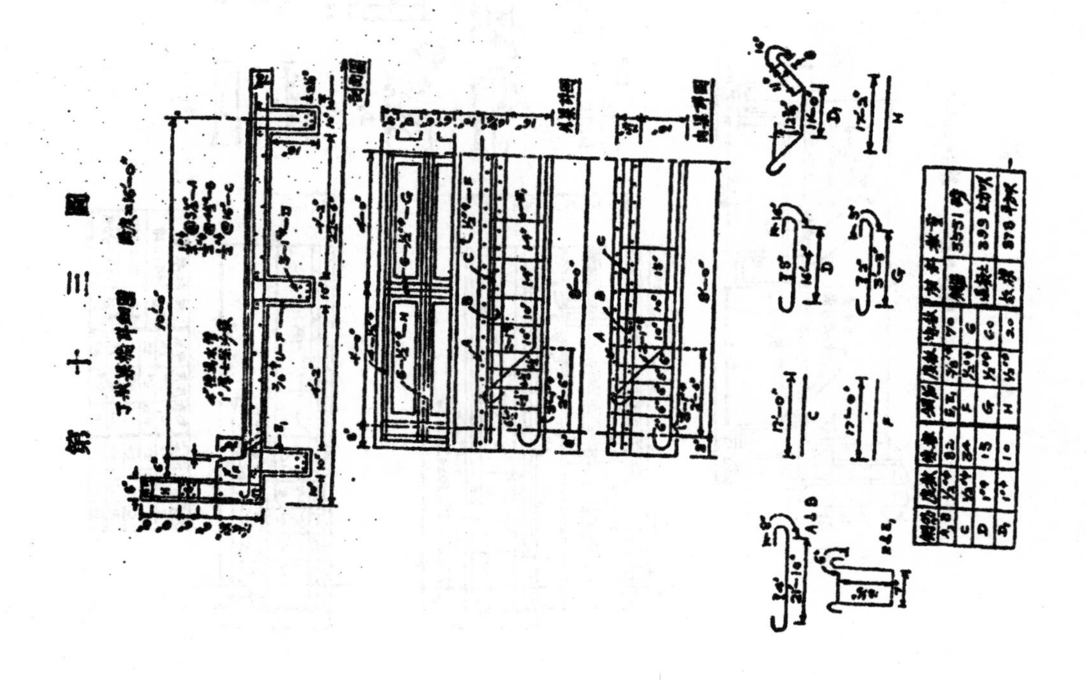
第十三圖
跨度=16'-0"

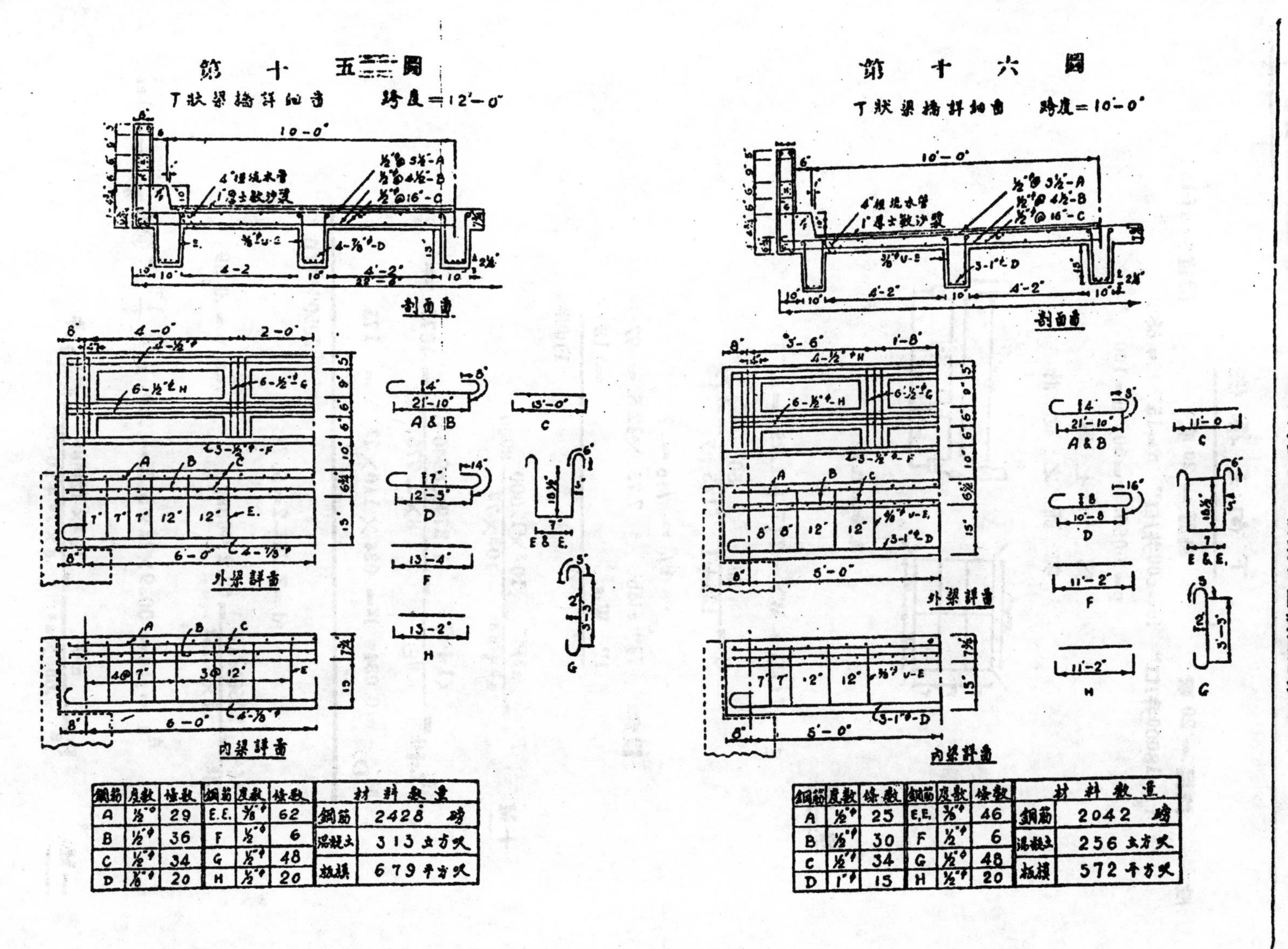

第十五圖

鋼筋	度數	條數	鋼筋	度數	條數	材料數量	
A	½"φ	29	E.E.	⅜"φ	62	鋼筋	2428 磅
B	½"φ	36	F	½"φ	6	混凝土	313 立方尺
C	½"φ	34	G	½"φ	48	板撐	679 平方尺
D	⅞"φ	20	H	½"φ	20		

第十六圖

鋼筋	度數	條數	鋼筋	度數	條數	材料數量	
A	½"φ	25	E.E.	⅜"φ	46	鋼筋	2042 磅
B	½"φ	30	F	½"φ	6	混凝土	256 立方尺
C	½"φ	34	G	½"φ	48	板撐	572 平方尺
D	1"φ	15	H	½"φ	20		

下向大梁橋

設 跨度＝20呎 路面＝20呎 活重＝H 15

f_s＝18000井/口" fc＝600井/口" n＝15 K＝88，

p＝.0056 v＝60 u＝100

第十七圖

塊面之設計

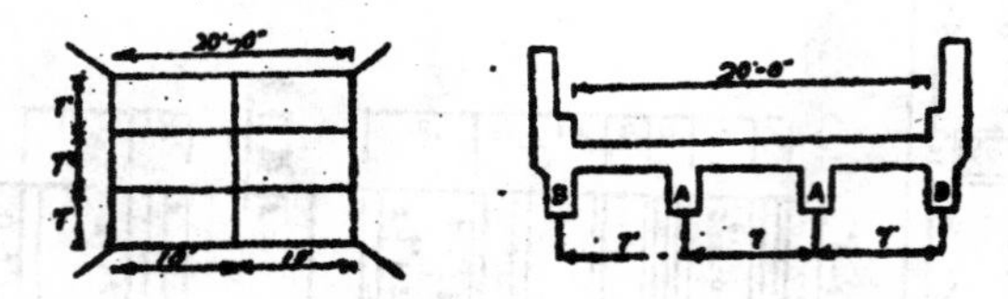

塊面之設計

短向

$$E = .7(2D + W) = .7(7 + 1.25) = 5.75'$$

$$C = \frac{50}{125+L} = \frac{50}{125+7} = .379$$

$$b/_0 = /_{10} = .7$$

假定 7¾" slab 7.75 × 12.5 ＝ 97

1" W.s. ＝ 13

110井

$+M$ $$P_s = \frac{a^3P}{a^3+b^3} = \frac{10^3\times12000}{10^3\times7^3} 8940$$

$$M_{L+I} = \frac{(1+e)}{8E} = \frac{1.379\times8940\times7}{8\times5.775} = 1875\ '井/呎$$

$$M_D = 0.034w\ l^2 = .034\times110\times7^2 = 175$$

2050'井/呎

$$d = 7.75 - 2 = 5.75$$

$$\frac{M}{bd^2} = \frac{2050\times12}{12\times5.75^2} = 62.2 < 889 \qquad \text{req. } p = .0\ 39$$

$$A_s = pbd = .0039\times12\times5.75 = .269 \quad \text{use } \frac{1}{2}" \phi\ @8\frac{3}{4}" \text{—A bar}$$

$-M$ $$P_s = \frac{a^3P}{.6b^3\times a^3} = \frac{10^3\times12000}{.6\times7^3+10^3} = 10{,}000\ 井$$

$$M_{L+1}=\frac{(1+c)P_s l}{E}(2k^2-k-k)=\frac{1.379\times10000\times7}{5.775}(-.147)=2450$$

$$M_D=.069Wb^2=.069\times110\times7^2 \qquad = 372$$

$$-M=2822\ \text{'井}/\text{仆}$$

$$\frac{M}{bd^2}=\frac{2822\times12}{12\times5.75^2}=85.5<88.9 \qquad \text{Reg} \qquad p=.0054$$

$A_s=pbd=.0054\times12\times5.75=.373$ use $\frac{1}{2}$"ø @6½"—B bar

長　向

$$E=.7S+W=.7\times10+1.25=8.25' \qquad \text{use } 7'$$

$$E'=\tfrac{1}{2}(E+c)=\tfrac{1}{2}(7+3)=5' \qquad \text{use } 4'$$

$$C=\frac{50}{125+L}=\frac{50}{125+10}=.37$$

+M　$P_l=P-P_s=12000-8940=3060$

$$M_{L+1}=\frac{P_l l}{8E}=\frac{1.37\times3060\times10}{8\times4}=1310$$

$$M_D=.014Wb^2=.014\times110\times10^2 \qquad =154$$

$$1464\ \text{井}/\text{廿}$$

$$\frac{M}{bd^2}=\frac{1464\times12}{12\times5.75^2}=44.3 \qquad p=.0027$$

$A_s=pbd=.0027\times12\times5.75=.186$ use $\frac{1}{2}$"ø @12"—C bar

−M　$P_s=\frac{a^3p}{1.68b+a^3}=\frac{10^3\times12000}{1.68\times7^3+10^3}=7600$ 井

$P_l=P-P_s=12000-7600=4400$ 井

$$=\frac{(1+c)P_l l}{E}(2k^2-k-k)=\tfrac{1}{4}\times1.37\times4400\times10(-.147)=2240$$

$$M_D=.038\times110\times10^2 \qquad =418$$

$$2658\ \text{井}/\text{仆}$$

$$\frac{M}{bd^2}=\frac{2658\times12}{12\times5.75^2}=80.5 \qquad \text{reg.} \qquad p=.0051$$

$A_s=pbd=.0051\times12\times5.75=.352$ use $\frac{1}{2}$"ø @6½"—D bar

第十八圖
主梁之設計

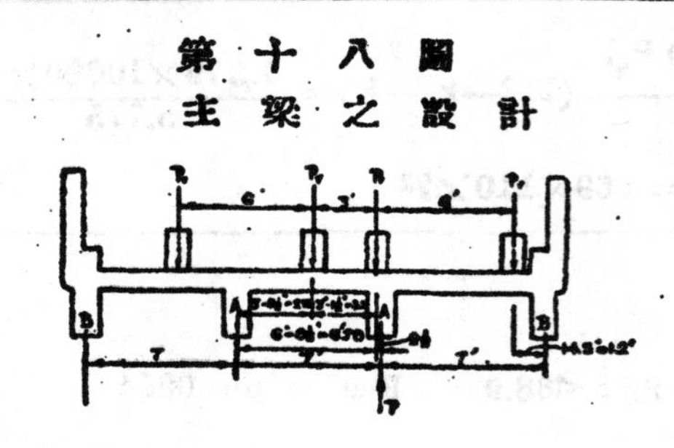

$$P=\frac{1}{7}(1.20+6.79+3.79)12000=1.68\times12000=20200\text{井}$$

$$C=\frac{50}{125+L}=\frac{50}{125+20}=.345 \qquad W'=110\times7=770\text{井}$$

$$M_{L+I}=\frac{Pl}{4}(1+c)=\frac{1}{4}\times20200\times20\times1.345\times12= \qquad 1630000''\text{井}$$

$$M_D=\frac{1}{8}W'l^2=\frac{1}{8}\times(110\times7)\times20^2\times12= \qquad 462000$$

$$M'=2092000''\text{井}$$

$$y=\sqrt{\frac{rM'+3.75r(b'L)^2}{18000\ b'}}-\frac{t}{2}=\sqrt{\frac{60\times2092000+3.75\times60\ (14\times20)^2}{18000\times14}}-\frac{7.75}{2}$$

$$=20 \qquad \text{用}\ 20''$$

主梁腹 $\Delta W=\frac{20\times14}{144}\times150=292\text{井}/'$

橫梁腹 $\Delta P=\frac{8\times20}{144}\times150\left(7'-\frac{14}{12}\right)=975\text{井}$

$$\Delta M=\frac{1}{8}\Delta wL^2+\frac{\Delta Pl}{4}=\frac{1}{8}\times292\times20^2+\frac{1}{4}\times975\times20=19400'\text{井}=234000''\text{井}$$

$$M=M'+\Delta M=2092000+234000=2326000''\text{井}$$

$$\min\ b={}^{l}/_{4}l=\frac{1}{4}\times20\times12=60 \qquad d=27\frac{1}{4}-2\frac{1}{4}=25''$$

$$\frac{M}{bd^2}=\frac{2326000}{60\times25^2}=62.5 \qquad t/d=7.75/25=.302$$

$$\text{req}\quad p=.0039$$

$$A_s=pbd=.0039\times12\times25=5.85$$

6—1"□——Ebar

$$V_{L+I}=\left[P_r+\frac{P+(l-14)}{l}\right](1+c)=\left[12000+\frac{3000\times 6}{20}\right](1.345)=17350$$

$$V_D=\left(\frac{w'+\Delta w}{2}\right)l\times\frac{1}{2}\Delta P=\frac{1}{2}(770+292)20+\frac{1}{2}975 \qquad =11388$$

$$V=28248\#$$

$$V_c=\frac{Pr}{2}(1+c)=\frac{1}{2}\times 12000\times 1.345=8070$$

$$v=\frac{V}{bjd}=\frac{28248}{14\times 7/8\times 25}=94 \qquad v_c=\frac{V_c}{bjd}=\frac{8070}{14\times 7/8\times 25}=26.8$$

$$x=\frac{(v-60)}{v-v_c}\left(\frac{l}{2}\right)=\left(\frac{94-60}{94-26.8}\right)\frac{20}{2}=5.06'=61''$$

用 $\frac{3}{8}''\ \phi$ U 絡筋　　$S=\frac{3}{4}d=\frac{3}{4}\times 25=18.7''$

$$S=\frac{A_s f_s}{b'(v-60)}=\frac{.22\times 18000}{14(94-60)}=8.3''$$

$S_1=12$　　$y=x\left(1-\frac{s}{s_1}\right)=61\left(1-\frac{8.3}{12}\right)=1.88$

$$n=\frac{18.8}{8}=3 \qquad 3@8''=24''$$

$$n=\frac{61-24}{12}=3 \qquad 3@12''+24''=60''$$

外梁之設計

欄杆	$\frac{8\times 11}{144}\times 150+\frac{8\times 8}{144}\times\frac{2\ 16\times 150}{4}$	$=136\#/'$
緣石	$\frac{14+15}{2}\times\frac{10}{144}\times 150$	$=152$
塊面	$110\left(\frac{7}{2}+\frac{14}{12}\right)$	$=514$
梁腹	$\frac{14\times 20}{144}\times 150$	$=292$
		$1094\#/'$

橫梁腹　$\Delta P'=\frac{1}{2}\times 975=485\#$

$$M_{L+I}=\frac{2}{3}(\text{主梁之}M_{L+I})=\frac{2}{3}\times1630000 \qquad =1087000$$

$$M_D=\frac{1}{8}Wl^2+\frac{1}{4}\triangle Pl=\frac{1}{8}\times1094\times20^2\times12+\frac{1}{4}\times485\times20\times12= \ 657900$$

$$M=1744900''\#$$

$$d=(20+7+10)-2\frac{1}{2}=34\frac{1}{2}''$$

$$\frac{M}{bd^2}=\frac{1744900}{14\times34.5^2}=104 \qquad \text{req} \quad p=.0089$$

$$A_s=pbd=.0089\times14\times34.5=4.32 \qquad \text{use} \quad 6\text{—}1''\phi \text{ G bar}$$

$$V_{L+I}=(V_{L+I}\text{ of main G}) \qquad =17350$$

$$V_D=\frac{1}{2}Wl+\frac{1}{2}\triangle P'=\frac{1}{2}\times1094\times20+\frac{1}{2}\times485 \qquad =11182$$

$$V=28532\#$$

$$v=\frac{V}{bjd}=\frac{28532}{14\times{}^7/_8\times34.5}=67.5$$

$$v_c=(\text{主梁之梁中剪力}\ v_c)=26.8$$

$$x=\left(\frac{v-60}{v-v_c}\right)\frac{l}{2}=\left(\frac{67.5-60}{67.5-26.8}\right)\frac{20}{2}=1.84'=22.1''$$

用 $\frac{3}{8}''\phi$ U 絡筋 $\qquad S=\frac{3}{4}d=.75\times34.5=25.8''$

$$S=\frac{A_sf_s}{b(v-60)}=\frac{.22\times18000}{14\times7.5}=40.4' \qquad \text{use} \quad 2@10''$$

將三條鋼筋分兩次曲上 $\qquad \Sigma o=94$

$$Z_1=\frac{l}{2}\left(1-\sqrt{\frac{m_1}{m}}\right)=\frac{20}{2}\left(1-\sqrt{\frac{1}{6}}\right)=5.93 \qquad \text{use} \quad 5'\text{—}0''$$

$$Z_2=\frac{20}{2}\left(1-\sqrt{\frac{3}{6}}\right)=2.5 \qquad \text{use} \quad 2'\text{—}6''$$

橫 梁 之 設 計

$$C=\frac{50}{125+L}=\frac{50}{125+7}=.379$$

塊面 $=110\times6 \qquad =660$

梁腹 $=\frac{8\times20}{144}\times150=167$

$827\#/$,

14830

$M_{L+I} = \frac{1}{4} P_r l(1+c) = \frac{1}{4} \times 12000 \times 7 \times 1.379 \times 12 = 348000''\#$

$M_D = \frac{1}{8} Wl^2 = \frac{1}{8} \times 827 \times 7^2 \times 12 \qquad = 60800$

$M = 408800''\#$

$b = \frac{1}{4} l = \frac{1}{4} \times 7 \times 12 = 21 \qquad t/d = 7.25/24.5 = .296$

$\frac{M}{bd^2} = \frac{408800}{21 \times 24.5^2} = 32.4 \qquad \text{req} \quad p = .002$

$A_s = p\,bd = .002 \times 21 \times 24.5 = 1.03 \qquad \text{use } 2-\frac{7}{8}''\phi \text{ —H bar}$

$V_{L+I} = \frac{P}{2}(1+c) = \frac{1}{2} \times 12000 \times 1.379 = 8270$

$V_D = \frac{1}{2} Wl = \frac{1}{2} \times 827 \times 6 \qquad = 2480$

$10750\#$

$v = \frac{V}{ojd} = \frac{10750}{8 \times 7/8 \times 24.5} = 62.5$

鋼筋數量之計算

鋼筋	度數	長度	條數	總共長度	磅/呎	共重
A	½"ø	23'—0"	29	29×23=667	.67	446
B	½"ø	23'—0"	41	41×23=945	.67	633
C	½"ø	22'—0"	16	16×22=352	.67	236
D	½"ø	22'—0"	31	31×22=682	.67	456
E	1"□	23'—0"	12	12×23=276	3.4	940
F	⅜"ø	5'—9½"	24	24×5.8=139	.38	53
G	1"ø	23'—0"	8	8×23=184	2.67	405
G1	1"ø	14'—7"	6	(2×14.56+4×19.56)=107	2.67	286
H	$\frac{7}{8}$"ø	19'—7"	72	6×23.58=142	2.04	288
J	½"ø	23'—7"	12	72×4.1=298	.67	200
K	½"ø	4'—2"	20	20×21.5=430	.67	289
M	½"ø	21'—2"	6	6×21.16=127	.67	85
						4352磅

14831

混凝土數量之計算

路面　$20\times 21.33\times\frac{7.75}{12} = 275.0$

緣石　$\frac{17.75\times 14}{144}\times 21.33\times 2 = 73.6$

中柱　$\frac{8\times 8}{144}\times\frac{26}{12}\times 4\times 2 = 7.7$

尾柱　$\frac{12\times 8}{144}\times\frac{26}{12}\times 2\times 2 = 5.8$

橫欄　$\frac{8\times 11}{144}\times 16.66\times 2 = 20.4$

主梁　$\frac{20\times 14}{144}\times 21.33\times 4 = 166.0$

橫梁　$\frac{20\times 8}{144}\times(5.833\times 3)3 = 58.5$

607.0 立方呎

板模數量之計算

路面　$\left(22.416+2\times\frac{17.75}{12}+2\times\frac{10}{12}\right)21.33 = 577.0$

尾柱　$\left(\frac{15}{12}\times\frac{12}{12}\times 2+\frac{15}{12}\times\frac{8}{12}+\frac{26\times 8}{144}\right)4 =$ [illegible].0

中柱　$\left(\frac{15}{12}\times\frac{8}{12}\times 4\right)8 = 26.6$

橫欄　$\left[\frac{11}{12}\times 21.33\times 2+\frac{8}{12}\times 16.66\times 2\right]2 = 122.6$

末端　$\left[\frac{7.75}{12}\times 22.416+\frac{10\times 15}{144}\times 2\right]2 = 34.2$

主梁　$\left[\frac{20}{12}\times(21.33-2)\times 2\right]4 = 255.0$

橫梁　$\left[2\times\frac{20}{12}\times(5.833\times 3)\right]3 = 175.0$

1209.4 平方呎

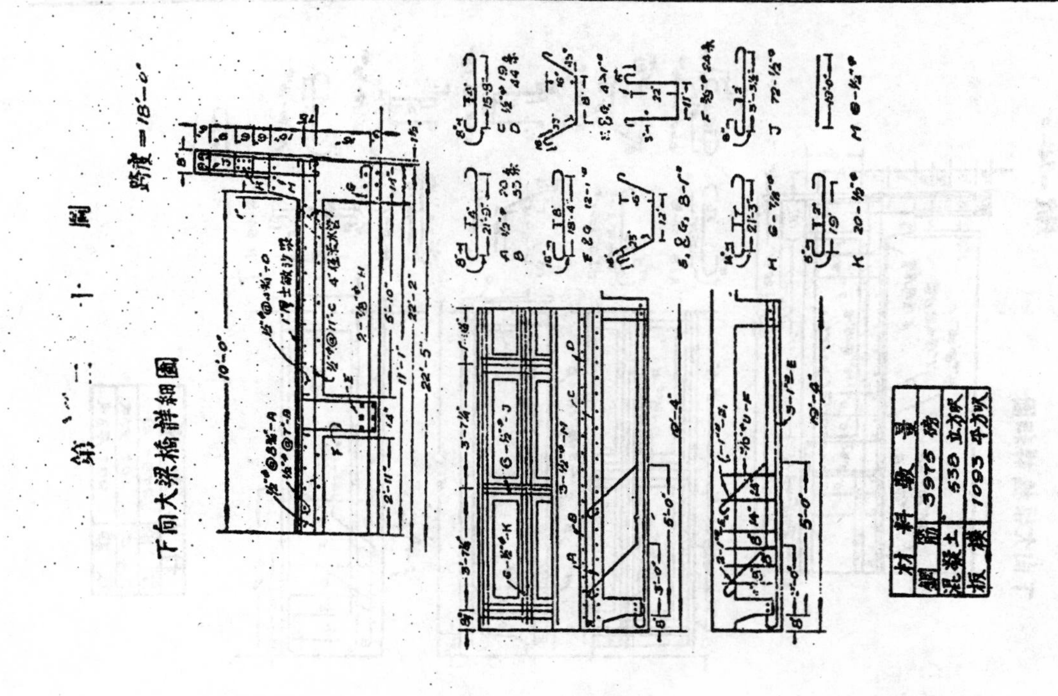
下向大梁橋詳細圖
跨度=18'-0"
材料數量
鋼筋 3975 磅
混凝土 530 立方呎
板模 1093 平方呎

第二十圖

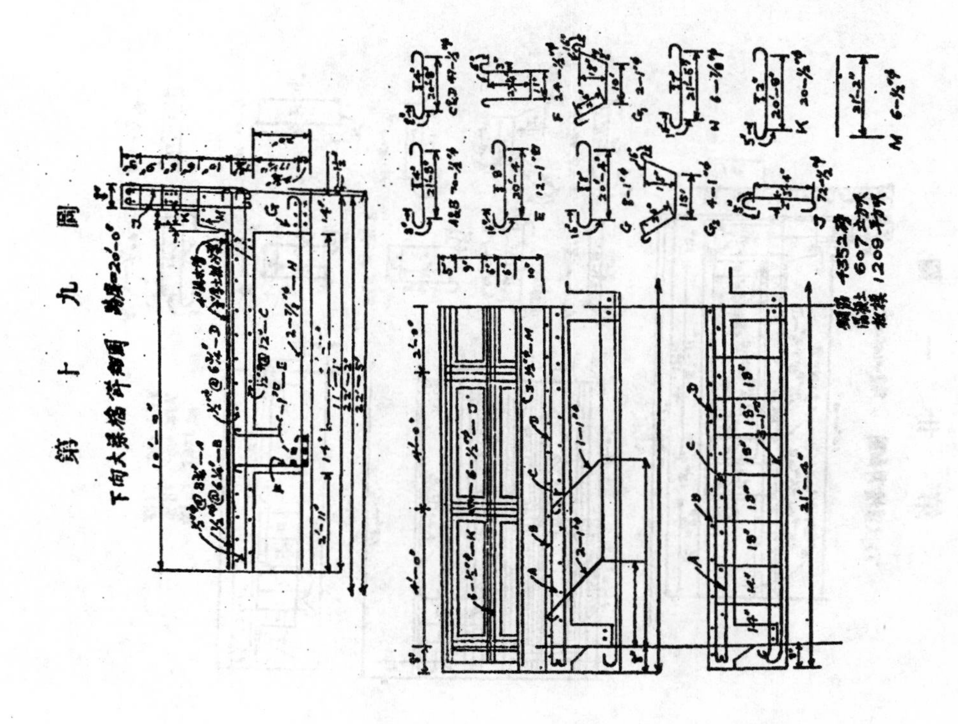
下向大梁橋詳細圖
跨度=20'-0"
鋼筋 4352磅
混凝土 607立方呎
板模 1209平方呎

第十九圖

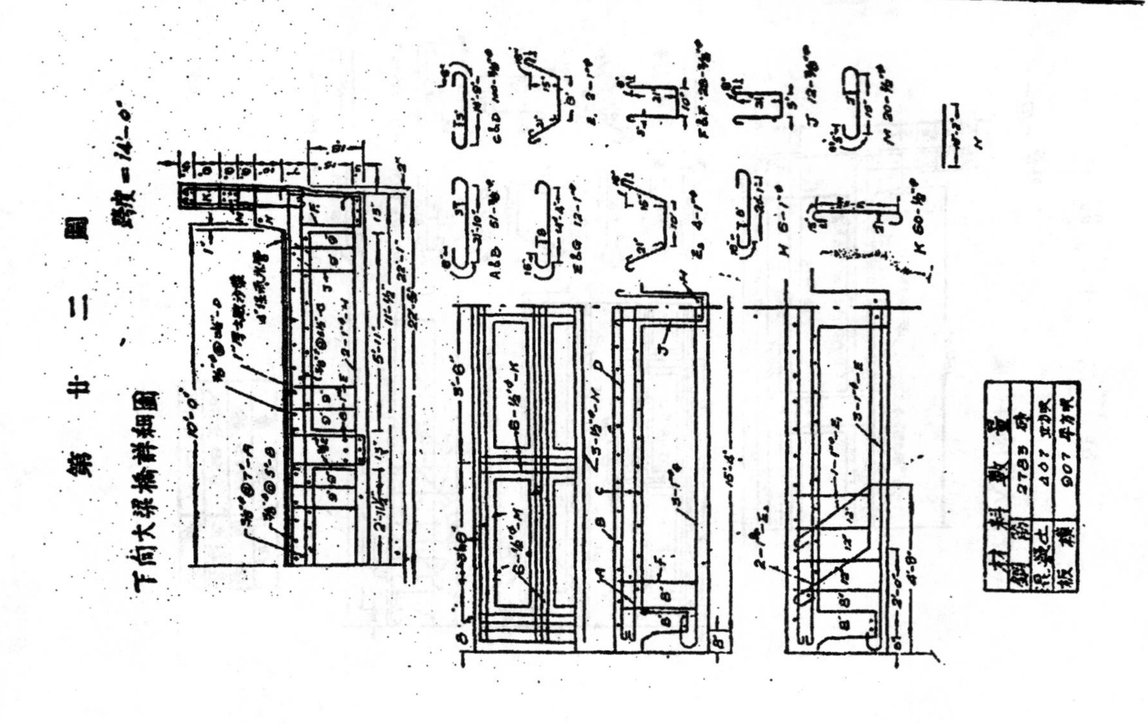
第廿二圖
T向大梁橋詳細圖 跨度=14'-0"
材料數量
鋼筋 2783 磅
混凝土 407 立方呎
板模 907 平方呎

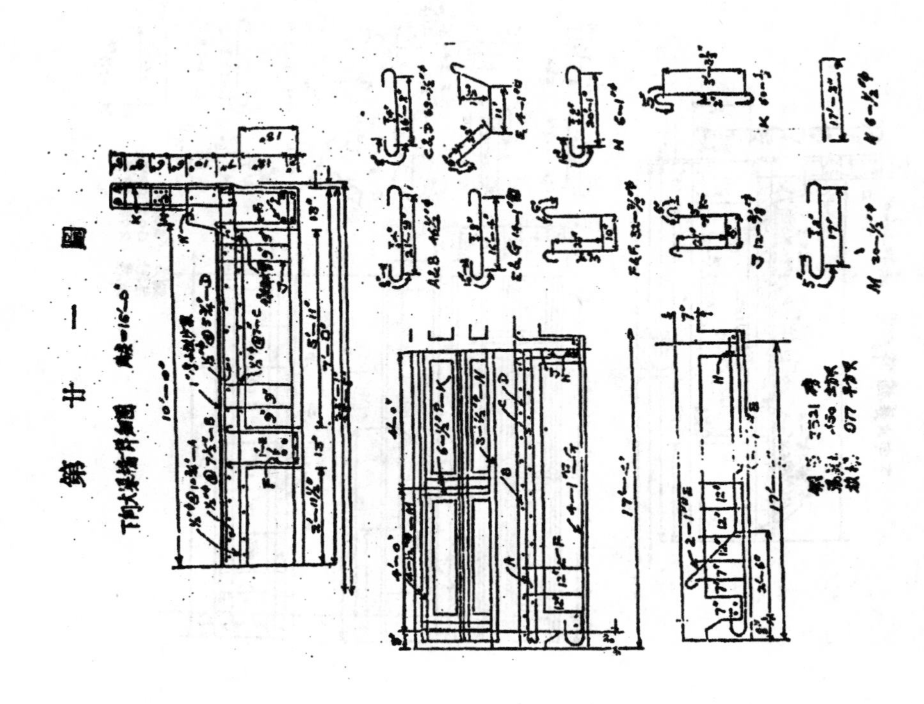
第廿一圖
T向大梁橋詳細圖 跨度=16'-0"

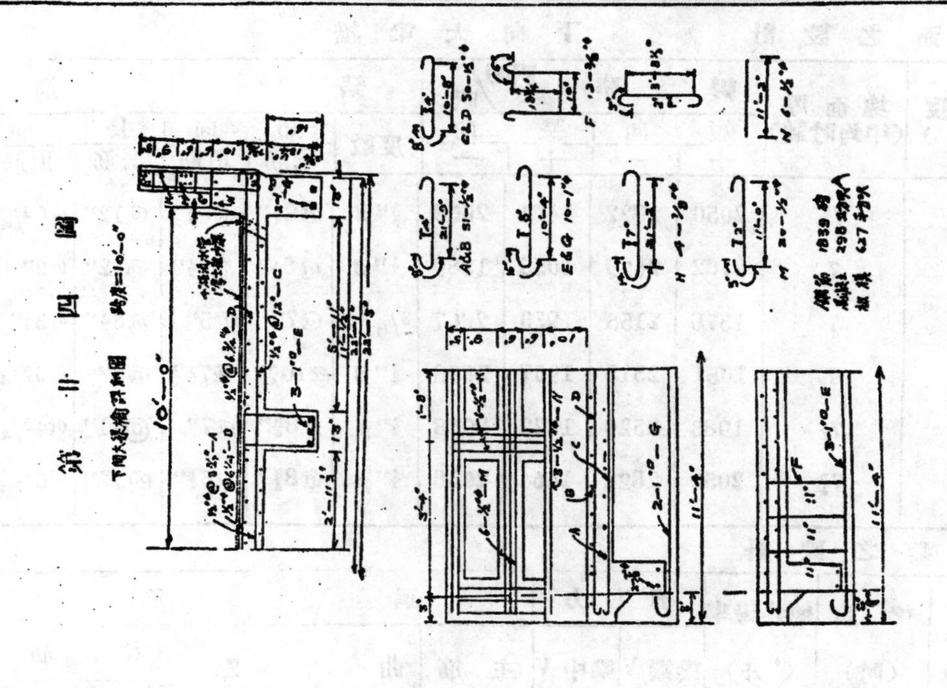

第卄四圖

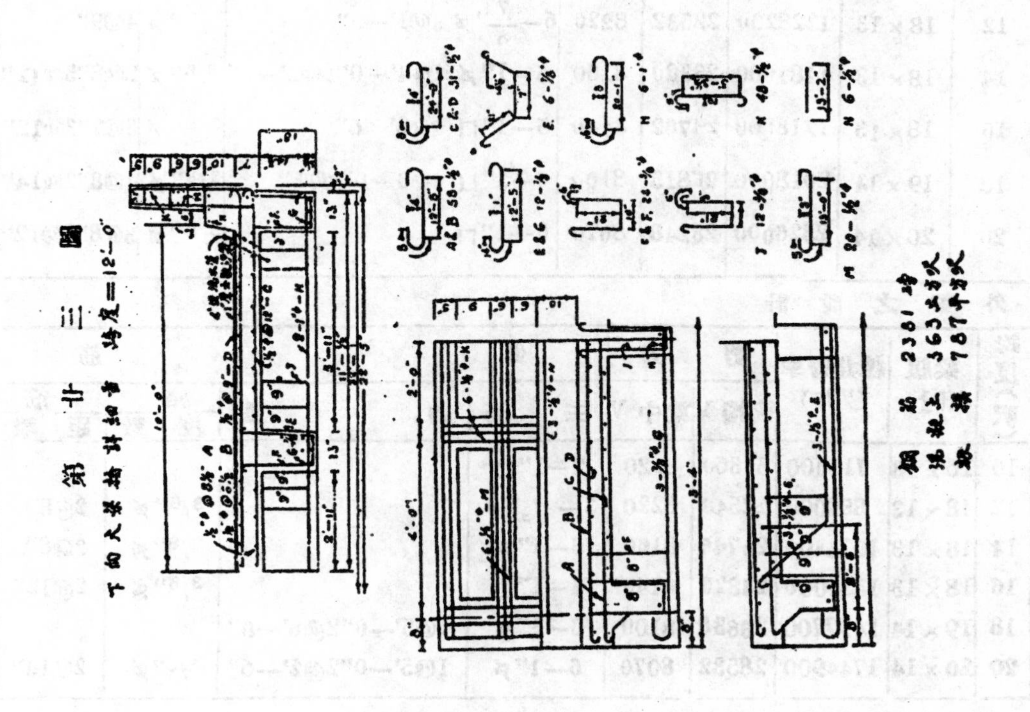

第卄三圖

塊面之設計 下向大梁橋

跨度(呎)	塊面厚(平均吋數)	彎率 呎磅/呎				鋼筋				
		短向		長向		度數	短向		長向	
		+	−	+	−		底筋	頂筋	底筋	頂筋
10	$7\frac{1}{4}$	2050	2822	1464	2658	$\frac{1}{2}$" ø	@$8\frac{3}{4}$"	@$6\frac{1}{4}$"	@12"	@$6\frac{3}{4}$"
12	7	2162	2879	1055	1889	$\frac{1}{2}$" ø	@$8\frac{1}{2}$"	@$6\frac{1}{2}$"	@12"	@9"
14	7	1578	2155	1983	2607	3/8" ø	@7"	@5"	@$5\frac{1}{2}$"	@$3\frac{1}{2}$"
16	7	1651	2515	1967	2868	$\frac{1}{2}$" ø	@$10\frac{3}{4}$"	@$7\frac{1}{2}$"	@7"	@$5\frac{3}{4}$"
18	$7\frac{1}{2}$	1983	2526	1622	2968	$\frac{1}{2}$" ø	@$8\frac{3}{4}$"	@7"	@11"	@$4\frac{3}{4}$"
20	$7\frac{3}{4}$	2050	2822	1464	2658	$\frac{1}{2}$" ø	@$8\frac{3}{4}$"	@$6\frac{1}{4}$"	@12"	@$6\frac{3}{4}$"

主梁之設計

跨度(呎)	梁腹(吋)	總共彎率("#)	剪力		鋼筋			
			梁端V	梁中V	主筋	曲點	絡筋	
							度數	距離
10	16×13	977600	21330	8220	3—1"口		3/8" ø	3@11"
12	18×13	1228200	22532	8220	6—7/8" ø	[illegible]@1'—[illegible]"	[illegible] ø	4@9"
14	18×13	1481000	23380	8160	6—1" ø	1@4'—0"2@[illegible]'—[illegible]"	3/8" ø	2@8"3@12"
16	18×13	1718[illegible]00	24762	8140	5—1"口	2@2'—6"	3/8" ø	3@7"3@12"
18	19×14	2018000	2[illegible]815	8100	6—1"口	1@3'—0"2@5"	3/8" ø	4@8"2@14"
20	20×14	2326000	26248	8070	6—1"口		3/8" ø	3@8"3@12"

外梁之設計

跨度(呎)	梁腹(吋)	總共彎率("#)	剪力		鋼筋			
			梁端V	梁中V	主筋	曲點	絡筋	
							度數	距離
10	16×13	713000	31360	8220	2—1"口			
12	18×13	889000	22540	8220	3—[illegible]/8" ø		3/8" ø	2@8"
14	18×13	1074[illegible]00	25746	8160	3—1" ø		3/8" ø	2@8"
16	18×13	138[illegible]000	24826	8140	4—1"口		3/8" ø	2@12"
18	19×14	1497700	26838	8100	6—$\frac{3}{4}$" ø	1@5'—0"2@3'—0"		
20	20×14	1744900	28532	8070	6—1" ø	1@5'—0"2@2'—6"	3/8" ø	2@10"

橫梁之設計

10	16×8	382000			2—$\frac{7}{8}$"ø			
12	18×8	402000	10503	8300	2—1"ø		$\frac{3}{8}$"ø	2@9"
14	18×8	402000	10530	8300	2—1"ø		$\frac{3}{8}$"ø	2@9"
16	18×8	402000	10530	8300	2—1"ø		$\frac{3}{8}$"ø	2@9"
18	19×8	406000	10670		2—$\frac{7}{8}$"ø			
20	20×8	408000	10750		2—$\frac{7}{8}$"ø			

各種橋梁之設計，既如上述，至各欵式之橋梁，所需用材料，則因跨度之長短而有增減，今將各種橋梁所需材料數量統計之，列成下表：

各種橋梁所需材料數量比較表

表　1

跨度(呎)	橋之欵式	鋼筋(磅)	混凝土(立方呎)	板模(平方呎)
10	塊面橋	1140	316	407
	丁狀梁橋	2042	256	572
	下向大梁橋	1839	298	627
12	塊面橋	1649	372	475
	丁狀梁橋	2428	313	679
	下向大梁橋	2381	363	784
14	塊面橋	1964	416	551
	丁狀梁橋	2791	347	774
	下向大梁橋	2783	407	907
16	塊面橋	2394	572	627
	丁狀梁橋	3551	399	878
	下向大梁橋	3521	450	977
18	塊面橋	2931	692	704
	丁狀梁橋	2982	465	971
	下向大梁橋	3975	538	1093
20	塊面橋	3285	791	842
	丁狀梁橋	4612	528	1110
	下向大梁橋	4352	607	1209

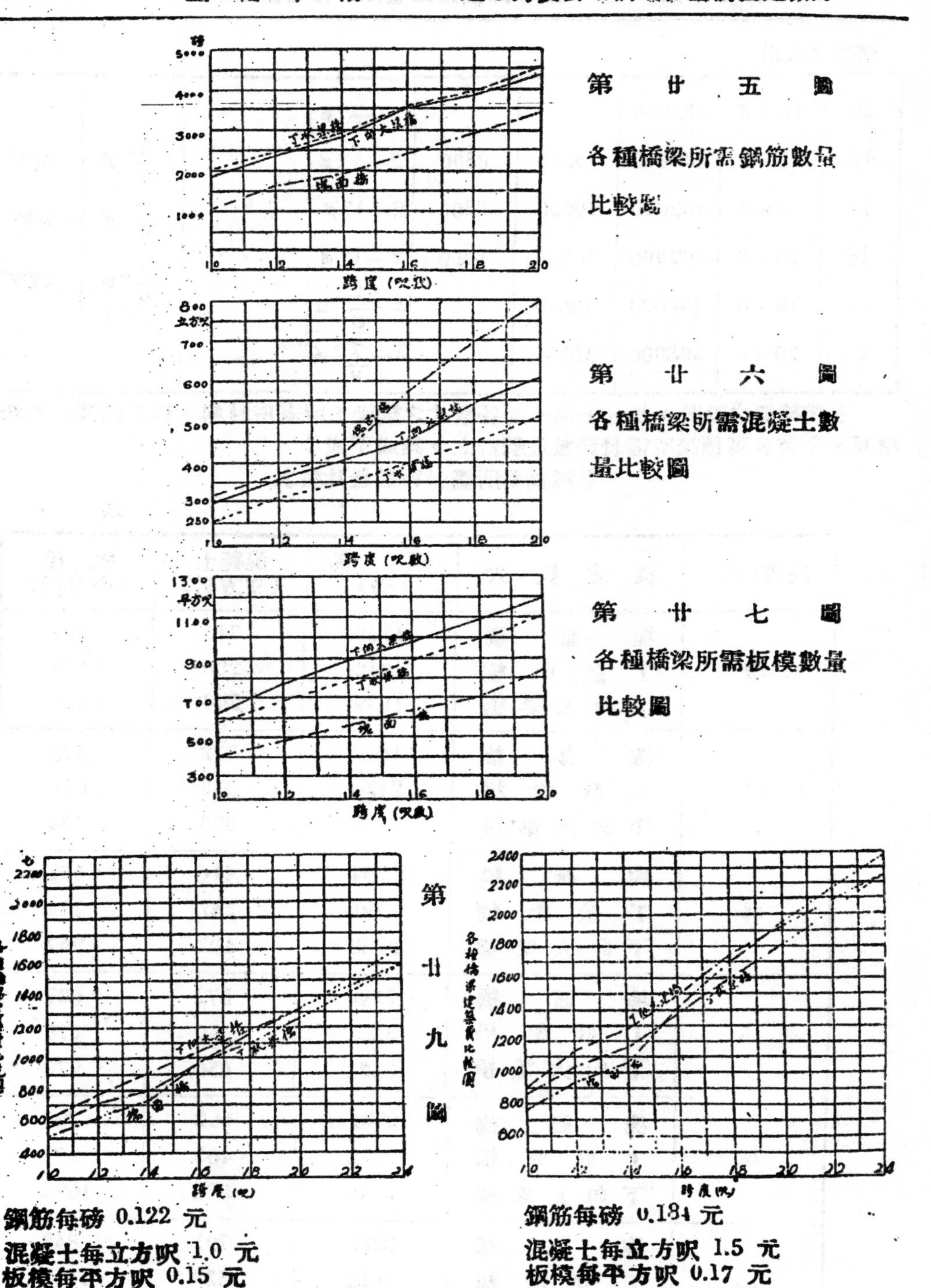

第廿五圖

各種橋梁所需鋼筋數量比較圖

第廿六圖

各種橋梁所需混凝土數量比較圖

第廿七圖

各種橋梁所需板模數量比較圖

第廿八圖

第廿九圖

鋼筋每磅 0.122 元

混凝土每立方呎 1.0 元

板模每平方呎 0.15 元

鋼筋與混凝土價格比率 $r=\frac{.122\times490}{1}=60$

鋼筋每磅 0.184 元

混凝土每立方呎 1.5 元

板模每平方呎 0.17 元

鋼筋與混凝土價格比率 $=\frac{.184\times490}{1.5}=60=r$

第 三 十 圖

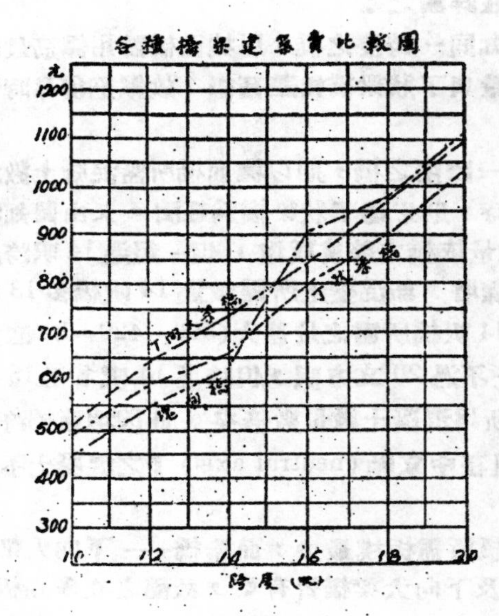

鋼筋每磅 0.92 元

混凝土每立方呎 0.90 元

板模每平方呎 0.12 元

鋼筋與混凝土價格比率 $r = \frac{.92 \times 490}{.90} = 50$

第 卅 一 圖

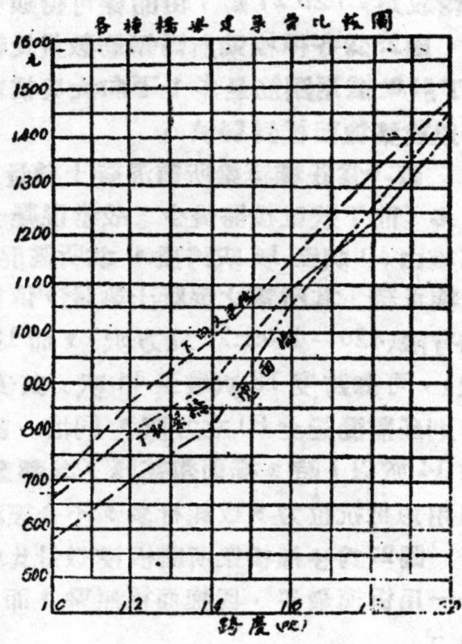

鋼筋每磅 0.15 元

混凝土每立方呎 1.05 元

板模每平方呎 0.15 元

鋼筋與混凝土價格 $r = \frac{.15 \times 490}{1.05} = 70$

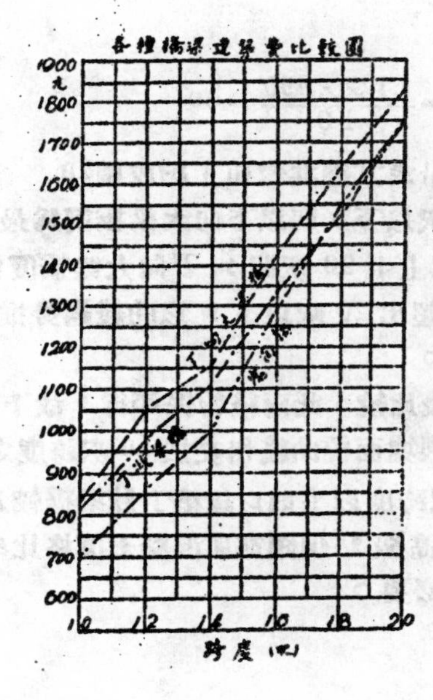

第 卅 二 圖

鋼筋每磅 0.20 元

混凝土每立方呎 1.23 元

板模每平方呎 0.17 元

鋼筋與混凝土價格比率 $r = \frac{.20 \times 490}{1.23} = 80$

7. 各種橋面所需材料數量之研究　綜上設計各種橋梁所需之材料，列成第一表，再繪成第25 26 27圖，由曲線可得顯明比較，茲詳論之：

圖25為各種橋梁所需鋼筋數量比較，由圖知同一跨度之橋，以塊面橋需用鋼筋最少，丁狀梁橋用鋼筋最多：下向大梁橋需鋼筋數量與丁狀梁橋相差甚微，故鋼筋價昂時，則以建築塊面橋為經濟。

圖26為各種橋梁所需混凝土數量比較，同一跨度之橋，則以塊面橋所需混凝土數量最多，而丁狀梁橋需最少，故當混凝土價格貴時，則以建丁狀梁橋為經濟。又由圖知塊面橋由10呎至14呎跨度，其所需混凝土之數量依橋之跨度緩增，但一超過14呎跨度之塊面橋，其所需之混凝土數量，依橋之跨度驟增，即混凝土所需數量14呎橋多13呎橋有限(420—400=20立方呎)，而15呎橋多14呎橋所需之量甚大(500—420=80立方呎)，可知跨度13呎增至14呎，其多需混凝土不過20立方呎，但跨度14呎增至15呎，則多需混凝土80立方呎，同增一呎跨度而所增混凝土數量數倍矣。此因塊面橋跨度達14呎以上時，橋面須甚厚，其靜重極大，且在中立軸(neutral axis)下之混凝土不能利用以抵抗拉力，致耗材多，不合經濟。

圖27為各種橋梁所需板模數量比較，塊面橋所需板模最少，而舵橋——下向大梁橋——用板模最多，因塊面橋無梁，而丁狀梁橋及下向大梁橋皆有梁，故隨之亦多用板模也。

統而言之，塊面橋需鋼筋及板模少，但用混凝土多，丁狀梁橋需混凝土少而用鋼筋及板模較多，究在何限度內，何種跨度時以何種橋梁為經濟，亦應再行研究也。

8. 各種橋面所需建築費之討論　今以平常時期之材料價格（非常時期物料價格不能作標準）以討論各種橋梁之經濟與跨度之關係：

A　設鋼筋每磅價 0.122 元

混凝土每立方呎價 1.0 元

板模每平方呎價 0.15 元

則鋼筋與混凝土價格比率 $r=\frac{.122\times490}{1.0}=60$

將上列單位價格乘所需材料數量求其總共價值，繪成圖28

今將圖28分析之：跨度在16呎以下，則以下向大梁橋價為最昂，丁狀梁橋次之，而以塊面橋為經濟。跨度在16呎以上至20呎間，下向大梁橋價仍為最昂，塊面橋次之，而以丁狀梁橋為最經濟，跨度超出20呎以上，以曲線趨勢推之，則以塊面橋為最不經濟，而仍以丁狀梁橋為最經濟。

由下向大梁橋與丁狀梁橋兩曲線比較，此兩綫約係平行，故下向大梁橋常較丁狀梁橋價為昂，由圖得知丁狀梁橋曲綫與塊面橋曲綫相交於16呎跨度之點，故在16呎跨度以下以建築塊面橋較合算。在16呎跨度以上則以建築丁狀梁橋較為合算。

再進一步討論，若材料價同時高漲，但鋼筋與混凝土價格比率(r)仍為60，則對經濟跨度究有何關係，實有研究之必要。

B　設鋼筋每磅價 0.184 元

混凝土每立方呎價1.5元

板模每平方呎價0.17元

鋼筋與混凝土價格比率 $r=\frac{.184\times 490}{1.5}=60$

將上列單位價格乘所需材料數量，總求其共價值繪成第29圖，所得曲綫趨勢，及經濟跨度與第28圖相同，不過橋之總額價較高於第28圖所表示，此因物價貴使然也。

由第28及第29兩圖可知鋼筋及混凝土之價雖不同，但其比率 r 仍爲 60，則其經濟跨度不受影响也，故根據 r 以討論橋梁經濟跨度，已甚的確矣。

C　又設　鋼筋每磅價 0.092 元

混凝土每立方呎價 0.90 元

板模每平方呎價 0.12 元

鋼筋與混凝土價格比率 $r=\frac{.092\times 490}{.9}=50$

將上列單位價格乘所需材料數量求其總共價值，繪成第30圖，由製知當 r ＝ 50 時，橋跨度由 10 呎至 14 呎，以建塊面橋爲經濟。跨度達 15 呎或 15 呎以上，則建丁狀梁橋爲最經濟。下向大梁橋因用材料較多，需費亦昂，15 呎跨度內不適用之。

D　再設

鋼筋每磅價	0.15 元	及 0.20 元
混凝土每立方呎價	1.05 元	及 1,23 元
板模每平方呎價	0,15 元	及 0,17 元

鋼筋與混凝土價格比率

$r=\frac{15\times 490}{1.05}=70$　及　$r=\frac{20\times 490}{1.23}=80$

分別如上法繪成第31圖及第32圖。若 r ＝70，塊面橋之經濟跨度增至17呎，17 呎以上則用丁狀梁橋較相宜。若 r ＝80，則 17 呎以內之跨度用塊面橋爲經濟，17 呎以上建丁狀梁橋微廉於塊面橋，但相差甚小。

9. 各種橋梁之經濟跨度與鋼筋及混凝土價格比率之關係　歸納上述討論，各種橋梁之經濟跨度與鋼筋及混凝土價格比率 r，有直接關係。r 小，表示鋼筋廉，而混凝土貴，由 25，26 兩圖可見丁狀梁橋雖比塊面橋用鋼筋較多，但在 14 呎以上之塊面橋，其所需混凝土數量突增，而混凝土價貴，兩者比較，則 14 呎以下建塊面橋，14 以上建丁狀梁橋，可得經濟結果，下向大梁橋不適用。r 在普通情形內，表示鋼筋與混凝土價格適中，則跨度在 16 呎以下用塊面橋，16呎至24呎用丁狀梁橋，24呎以上用下向大梁橋，可得經濟結果。若 r 大，表示鋼筋貴，而混凝土廉，由第25圖及第26圖可見塊面橋雖用混凝土多，但需鋼筋極少，丁狀梁橋適得其反，故其經濟跨度增至17呎，如r再大，塊面橋之經濟跨度可增至20呎，下向大梁橋未見適用。

10結論　本文所研究之建築費，以我國平常時期之物價立論，若在非常時期，物價畸形發展，且起跌無常，不能用作討論標準，如欲加以探討者，可根據各種橋梁所需材料數量比較表或比較圖（即表1，及圖25，26，27）之數量，分別乘以現時各種材料之單位價格，求其總值，繪成曲綫，自得顯言之比較矣。

但有一情形，在討論時應加注意者，厥爲鋼筋與混凝土之來源問題，我國尚未有若何工廠製造鋼筋，故鋼筋仍需採自外國，價值當然不廉，但士敏土之出產，我國已可自行製造，且士敏土廠各地多有，不用賴外人供給，故成品較爲經濟，因此，建築橋梁時，或者多用混凝土而減少鋼筋——即將橋面厚度及梁之尺吋增大，以減少所需鋼筋面積——或可得經濟結果，此須視乎鋼筋及混凝土來源與市上供求程度而異也。

小河流自流式灌溉

張　履　新

第一章　緒論

第一節　引言

引水灌田，以自流式者爲最合理想，因其既可以免去機力畜力等之耗費，運用亦復簡便。

自流式中，又以引用河流之水爲最可靠，因其較蓄水池式者，固可以持久，亦較自流井工程易於成功。尤以能擇河流小而流量充足，可以減少工程，且減輕興辦費者更佳。蓋目前農村貧困，旱災頻仍，鉅帑難籌，偉大工程興辦殊難故也。

吾人能控制河流，使水自流灌溉，乃補天然甘霖不足之最善良方法，當力爲提倡，俾普益農事，以助民生。用敢稍陳管見，作小河流自流式灌溉之研究，藉以引起廣大注意。

第二節　古法灌溉

考控制河流使成自流式之灌溉法，我國古已沿用。秦李冰父子鑿江都堰爲其著例，餘如鄭國渠，秦渠等，不勝枚舉，惟以無科學方法爲之解决疑難，或則堰堰構造失宜，或則進水不得其法，又或渠水不失之過緩，致澱淤積生，則失之過急，冲刷渠道。爲用不久，即須修治。又如操縱失宜，致因渠而招水患。或有開鑿既成，水走地面之下，須爲提引，始能達灌田之目的者，他若配水之未能合理化等，更罔論矣。

第三節　現代灌溉法

古法既未能滿意，吾人理當努力尋求，因而獲得現代灌溉法焉。其法之實施，係悉依工程之設計，因地制宜，使更臻完善之境，既能收便利使用之效，復得節帑而省人工之利。故興辦工程，其主事者，宜統籌全局，初則舉凡與工程有關之地區，地形，地質，水文，工程材料，農作物種類，最適宜之灌水法等均先詳爲測載，以資參考。繼即演算灌溉能量，定渠系，擬水位，設計製圖，從而估計工程費，衡量得失，然後嚴依設計方法施工，方克達預期之效果。

第二章　調查與測量

第一節　水文紀錄及調查

水文紀錄及調查之目的：一爲明瞭雨量分佈多寡情形，以便推測水量。二爲明瞭河流最大流量，及最小流量，用以計算灌溉能量。三爲偵知洪水期及最高最低水位，俾能設計堅固及完善工程。

水文紀錄及調查之方法，重要者爲紀錄雨量，可於欲施工程之區域及河流流域內，均勻配設量雨站，將測得種種結果製成圖表，俾知雨量及其分配情形。

其次爲蒸發滲透之測查，其工作較繁，可設置若干測驗站於灌溉區內實測之。因蒸發與滲透爲决定灌溉水量損失，及灌水量之主要因素也。唯吾人多依成例或估定其數值。下文灌溉能量一段中，將再作說明。

又其次爲河流流量之測查。當雨水降至地面，一部分蒸發而去，一部分滲漉入地中，餘一部分流瀉入河中而成爲河水。故河流流量不能因雨量而以公式準確算出。下式祗屬理論上之關係耳。

式爲：　　Q＝AIR

上式中
- Q爲流量（呎^3/秒）
- A爲流域面積（哩^2）
- R爲雨量（吋/小時）
- I爲不透水之百分數如下表

式中之I值由實驗得次之結果

情況	瓦面	瀝青路面	碎砂路面	空地曠場	園林草場	木林	城市
I＝	70%至95%	85%至90%	25%—60%	10%至30%	5%至25%	1%至20%	70%至90%

最簡便之流量測定法爲，擇河道之修直處，設立測站，測各個時期之流量及水位，即洪水水位亦爲查出，製成圖表，以供參考。

測站之設，一爲標立水尺，尺之建造，宜便於觀察，基礎宜堅，設置宜固，各水尺之零點高應相用，可永久應用者爲佳。一爲設置測計最小流量之缺口，在連續最旱月時期臨時設置之。缺口之選擇，宜審察情形，最小可用三角形缺口，較大者可用矩形或梯形，若較此尤大時，可用淹沒之缺口以測量之。

本文所述，爲基於流量之小者，故缺口之選用，以三角形矩形或梯形爲多。以上所述，依工程法之規定行之。各種圖表製成後，移供設計之參考，能並作流水含沙量測載更好。

第二節　　灌溉之能量

灌溉能量者，每秒鐘單位體積之水（如呎^3/秒）所能灌溉之面積數也。

灌溉能量之決定，關係事業之成敗頗大，苟不詳爲計算，日後所供之灌水量將有不失之過多，即感不足之虞。過多猶易擴展灌區，不足則與未建立此項工程無異矣。

灌溉能量之決定，除上述水文紀錄爲重要參考資料外，尚有若干事亦當先爲明瞭者，今述如下：

灌溉用水量係隨（1）作物種類，（2）土壤之性質及含水多寡，（3）氣候之寒暖，（4）雨量多之寡，（5）灌溉時期次數方法等項而異。其中（2）（3）（4）三項尚非人力所能左右者，故吾人當詳究（1）（5）兩項以求灌溉用水之節省。

關於作物種類，吾人有下列資料可資利用，請閱表一。

表一 作物用水表

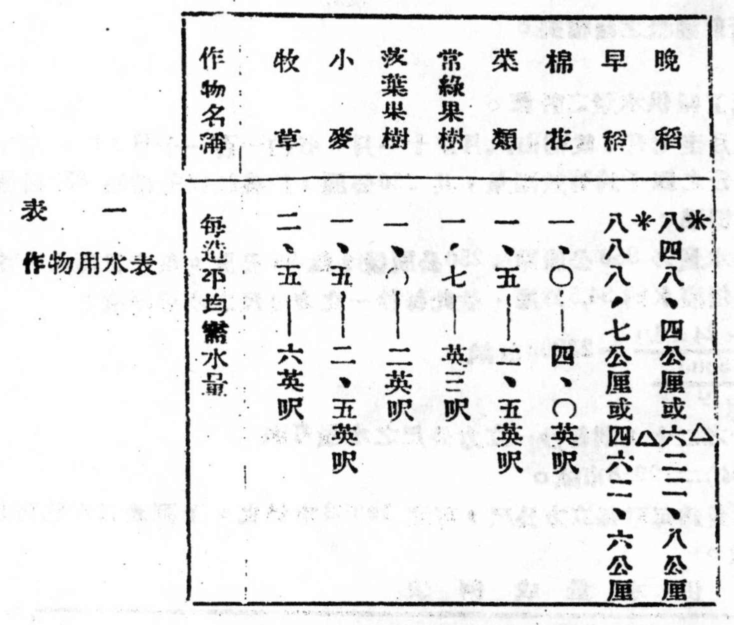

作物名稱	每造平均需水量
晚稻	*八四八、四公厘或六二二、八公厘△
早稻	*八八八、七公厘或四六二、六公厘△
棉花	一、〇——四、〇英呎
菜類	一、五——二、五英呎
常綠果樹	一、七——英三呎
落葉果樹	一、〇——二英呎
小麥	一、五——二、五英呎
牧草	二、五——六英呎

〔註〕有*號者為吳江試驗場試驗結果(33年)
有△號者為廣州中山大學試驗結果(17年)

關於第五項灌溉時期次數方法，據經驗所得，除水稻在分秧時期特別外，皆可實施輪灌制，每隔一定時間灌水一次，至作物成熟為止。至所隔時間，有十日，七日，或每日灌水若干時者，視其需要而定。故作此項之決定時，事先須作作物之調查及特殊灌水法灌水時之詳細記錄。

又吾人常將灌溉需水量及此水量之去路列成數學式以研究之，其式為：

灌溉需水量＝葉面蒸發＋科間蒸發＋滲漏＋地面損失，

〔例〕南京建設委員會模範灌溉管理局吳江試驗場於民國23年試驗結果如下表：

	灌溉需水量(公厘)	=	葉面蒸發	+	科間蒸發	+	滲漏	+	地面損失
早稻用	888.7		268,22	+	194 65	+	429,83	+	〇
晚稻用	848,4	=	238,25	+	244,29	+	365,80	+	〇

此灌溉需水量之取給，一部份為降水，另一部分即須人工供給，故此又可推演成立一公式如次：

人工灌水量＝灌溉需水量－有效雨量，

人工灌水量又稱淨供水量，淨供水量加上水渠損失之水量（此損失約占百分之二五至五十，）即得總供水量，總供水量即為由河流流入水渠之水量矣。

水文紀錄及上述資料如搜備齊全，即可從事計算該河每單位時間之流量所能灌溉之

14845

面積，從而計得該河流所能灌溉之面積矣。

今設例以明之：

〔例〕柳州鳳山河灌溉工程供水量之計算。

(甲)資　料：早稻由四月至七月，晚稻由八月至十一月。各約一百一十日，晚稻期中雨水百分之四十爲有效雨量，共 250公厘，以吳江試驗結果 850公厘爲計算標準。

(乙)計算方法：晚季供水量乃 850 公厘除去250公厘後，餘600公厘。每十日灌水一次，每次須灌水約 54,5公厘，故此每秒一立方公尺之水可淨灌：

$$\frac{1\times 60\times 60\times 24\times 10}{0.0545\times \frac{5000}{9}}=23806\text{市畝}$$

假定渠道損失爲百分之二十，則每秒一立方公尺之水量可灌

23860×(100%—20%)=19088市畝。

即柳州鳳山灌溉之能量爲每秒每立方公尺，可灌 19088 市畝也。下列表二爲已有成例，設計時可供參攷。

表二　供水量成例表

灌區名稱	面積(市畝)	供水量	
		供淨水量	總供水量
四川三台鄭澤堰	45200	初每日7.5公厘 後每日14公厘	每萬市畝1.7 m^3/秒
綿陽龍西渠	14500	每日14公厘	
綿陽天星堰	13000	每萬市畝0.8 m^3/每秒	每萬市畝2.5 m^3/秒
青神江馬化堰	20400	每萬市畝1.5 m^3/每秒	每萬市畝3.2 m^3/秒
洪雅花溪渠	34500	每日12公厘	每萬市畝4.5 m^3/秒
雲南宜良文公渠	36000		每萬市畝 m^3/秒

第三節　踏勘渠道與堰址

河流之灌溉能量決定後，灌溉之總面積亦已決定，於是可以進行踏勘之工作矣。

設所灌溉之區域，係廣大遼闊之耕地，或此耕地之一部份，其地形並不複雜，且與河流毗接或相距不遠，河流係來自山谷等之較該地爲高地帶時，則踏勘不難，可從事測量工作，惟此種情形殊爲難得，常因灌溉區爲零碎斷段致踏勘麻煩，須隨時估計灌溉之面積，且由較遠較高旱地開始進行觀察，能帶粗測儀器施行測量更佳，總之，能詳審

地勢記述各種與測量有關及應注意之事項，俾便利測量之進行為妙。

又當勘尋地址，須勿忘地質之記載。蓋工程之堅固與否，與地質有莫大關係也。踏勘渠道宜使施工容易灌溉便利，故何處可掘隧洞，何處可架渡槽，何處用跌水等，宜記入册中，以備比較。相度堰址，須注意者有五：(1)河身宜微曲初直，渠可設於凹岸之處，(2)河身之較窄較淺處，(3)地質堅實處，(4)施工便利處，(5)上游水力工程及耕地，對其所生有害影响最小之一處。

堰址之勘選，其數目不防稍多，但何者最適合應用，則須待測量完竣，詳加比較後，方能決定。如水位可用，且上列五項皆屬有利者，必為良好之壩堰基址矣。

第四節　初　測

上述種種設已順利進行，其結果認為滿意時，則進一步之工作為初測。

初測之工作，須極謹慎從事，尤以等高線之測量為最，蓋此一步之工作，若稍有錯誤，則以後之設計必受其影响。甚或於施工之際，須將全部計劃改變者，費時誤事，莫過於是矣。故欲免誤事者，對此當深注意之。

大灌溉工程之初測，有須測量三角網者，但三角網之測量，需多費時日及人工，故本文之小工程，可免用三角網測量。

測量時，一如鐵路測量，一面參攷踏勘記錄，一面作導線，水準，及地形之測量。作此等工作之人員，亦分三組，一如鐵路測量者。

鐵路測量係在狹長地帶進行，對曲線坡度等較為注意。而作此灌溉工程之初測，則既須測量廣大灌溉區地形地物，更須描繪更精密之等高線，需精細詳確。又須多留較永久之標樁，故其工作較鐵道測量更繁。

在導線測量時，導線每邊之長須大於三十公尺，但不得超過六百公尺，須往返各量一次，其差誤不得超過五千分一。樁號能保留或採固定物體最佳，在重要工程物附近，必須保留至少三個測站，以備複測及施工測量之用。

水準之測量，至少每公里設水準標點一座，各以記錄紙一頁以詳記其號數，高度，及與之相隣之固定物距離，以資查考。測量時前視與後視之距離各不得超過一百公尺，又前視距及後視距之相差不得超過十公尺，往返施測之閉塞差須在：$0.006\sqrt{K}$（K為距離以公里計）內，以準確至0.05至0.10公尺為度。至前後視之距離皆係指水平距離，當化算並準確繪於圖上。

地形測量，凡工程區域內之房屋村莊山川道路橋樑堤岸坟墓及宅地經界等。皆應測繪於一千分一至二千五百分一之地圖內。等高線以0.5公尺為宜，曲線間隔不得超過一公尺。近渠道堰址處應加測二百五十分一至五百分一詳圖，等高線以0.25公尺為宜，最多勿超過0.5公尺一條。過高山大嶺時，測至洪水高度之上五至十公尺，但山嶺之分水線宜詳細繪出之。由0起每隔五條等高線，線條宜較粗。測量時，以已知導線點及水準點為依據，用平板儀及水平儀隨測隨繪。

繪製按現行標準，以公尺制為主，地形圖紙須用平直整幅，勿大小不一。在地形彎曲情形中，可以分段繪圖。在同一圖幅，若有急彎變曲，勢將繪圖出紙之外者，則當擇適宜處用轉角法，將彎段改成正向描繪，分段處成三角形裂口。正北宜在圖之上方，稍斜不妨，但不宜在下方。渠線縱剖面圖之横坐標比例尺，與地形圖同，縱坐標比例尺用一百分一或五十分一。渠首在左，渠尾在右，應横向。每幅以繪二十五公尺，五十公尺，或一百公尺之距離爲佳，文字之註記，須用仿宋體。

上述初測之工作已告完畢時，即可開始下述之估算及設計之工作。

第五節 農產增量之估計

已有初測之地圖，乃能正式决定渠水所能灌溉之地段。吾人可估計此等地段所能增加之地價及增加所出產之利益，以比較其有無興建工程之價值。

地價之增加量，係將工程完畢時，可能獲得之總地價，減去目前總地價值之結果。

增產利益之算法同上，茲不並述。

第六節 工程之估計

工程之估計，亦能依初測圖行之。蓋此時已可作得工程物之初步設計，工程數量亦能定出，更可因此估得工程所需之費用矣。

此項估計係工程初步計劃書中之重要項目，因工作至此有工程初步計劃書之製作，以便核定者也。

設核定工程可以進行，應再行詳細設計及估算，必要時應施行複測，使確定

估計之事項包括：（1）材料數量，（2）土方數量，（3）工數，（4）各種費用，（5）人工之分配能作某一部分所需工作日數之估計更佳。

第三章 設計

第一節 概說

設計者，工程物之種類，大小，強度，應用等之策劃與計算也。在小灌溉工程中之工程物有：

(1)屬壩工者爲：滚水堰，横河壩，洩水堰等。

(2)屬閘工者爲：進水閘，冲刷閘，節制閘，排洪閘，分水斗門等。

(3)屬渠工者爲：主要渠，分水渠，涵洞，隧洞，虹吸管，倒虹吸管，平交道，急水槽，跌水，渡槽，座槽，水管等。

設計之目的，係求工程之經濟，合用，耐久，前已述之。故作設計者，宜先依已有料資，詳加考慮，作初步之設計，以爲詳細設計之依據。

初步設計者，比較水位，以定主要渠道之位置，坡度，何處應有特殊工程，及工程之種類，壩堰之高度，壩堰之方式，及此種種工程之大約尺寸等之工作也。

此時當注意者爲下列數點：

1. 當使澆水處之渠底，高於澆水處之地平面，俾分水斗門開放後，水即流趨需要澆水之處。

2. 比較堰處與用水處之水位，若水位相差不大，渠道務求其直，轉彎處無須若鐵道需用曲線，所以求水位損失較小以減低因加高水位建築費也。在此情况，常有須開隧洞，虹吸，等裝置者。

3. 若比較所得之水位差極大，則渠道中必有急水槽或跌水處。此時如不用跌水而接以輸水管，則除可行普通澆水法外，且能作散布法，(柑橘塢用之)，帆布管法等特殊澆水

法矣。

4. 壩堰完成後，對上游影响如何，防害上游水利工程否？浸沒地畝數目若干？最大洪水時是否增加上游危害？（如水滾過堤等）防害涉水而過之程度若何？此等問題皆應注意及調查之。如認爲害大於利，則取其上游之勘得地址比較之。

5. 過去之水利情形如何？

6. 當注意當地文明程度，如農民之知識，工人之技能等。

如初步設計滿意，則可按下列各節詳爲設計。

第二節　壩堰設計

壩，堰等皆用以擁塞水流，使水位提高。但壩之設，當令水流永遠不滾流過其頂頂，而堰則否，經常或於洪水期有水由頂上滾流而過。

有種特殊壩堰，不由此岸橫達彼岸，而祗由一岸斜向河心及上游而行，塞其流水之一部分者，最宜用於河身坡度甚大，流水湍急處，此種堰祗能集中其一部分之水流耳。

本文之小工程，係假定不設船閘，而採用臥箕式（Ogee）或箕臥箕類似之形式者。因此爲小工程最佳之設計形式也。所用材料以磚石混凝土等爲主。今先述壩堰處之重要佈置，然後分述設計方法。

堰壩之重要佈置爲：

堰之位置，當在河之上游彎曲，下游較直之淺窄處，渠則位於河之凹岸，如流水永不混含泥沙，則有堰及進水閘與渠即可運用，如恐流砂爲患，則宜於堰之一端或兩端設置冲刷閘，且令渠之進水閘與其中之一閘緊隣，並設閘門等較爲妥善。（參看下圖）

重要佈置已定，乃事尺度之計算。玆分述之。

（甲）　重力式混凝土堰設計。

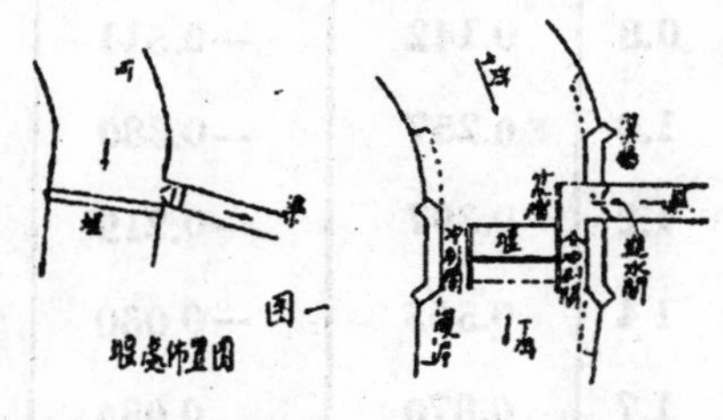

重力式混凝土堰須抵抗三項情形：(1) 傾覆，(2)滑動，(3)剪斷。又防止沉陷，亦屬重要。設計方法雖多，但小型工程依下法設計之，皆可得相當之安全也。今以八個步驟敘明設計方法。

第一步，當堰長已定，堰頂高度定出，乃將此二值及最大洪水流量與冲刷閘可能洩去流量之差值，代入淹沒缺口流量式，以求滾過堰頂水流之水位，其法如下：

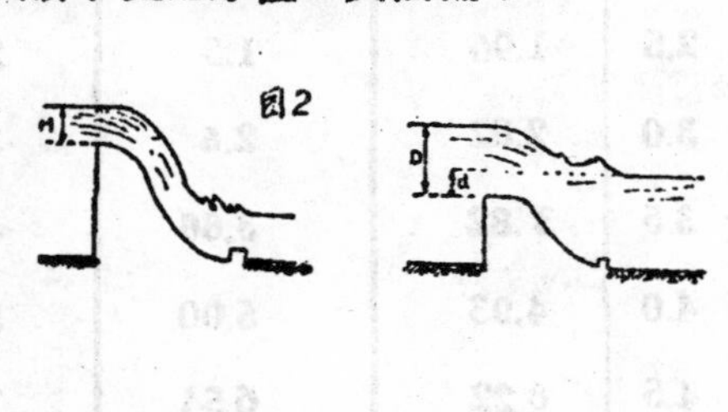

上圖中：

w ＝過堰流量（立方呎/每秒）

B ＝堰之長度（呎）

D ＝淹沒堰頂上之水面離堰頂呎數。

H ＝上游水面高出堰頂呎數

d ＝下游水面高出堰頂呎數

則 $H=\sqrt[3]{\frac{W^2}{7B^2}}$

$D=H+d$…………（近似）

$=H+d-d\left(1-\frac{1.25d}{H}\right)$

水位值已求得，乃可依下三表繪製如4圖之曲線，作爲堰頂面曲度之形式。

y	x後頂曲線垂直者			x後頂曲線傾斜45°者		
	前額曲線	原理上水趨流時之上表面界線	原上理水趨流時之下表面界線	前額曲線	原理上水趨流時之上表面界線	原理上水趨流時之下表面界線
0.0	0.126	—0.831	0.126	0.43	—0.781	0.043
0.1	0.036	—0.803	0 036	0.010	—0.756	0.010
0.2	0.007	—0.772	0 007	0.0	—0 724	0.00
0.3	0.000	—0.740	0	0.005	—0.689	0.005
0.4	0,007	—0,702	0.007	0.023	—0.643	0.023
0.6	0.060	—0.620	0.063	0.090	—0.552	0.090
0.8	0.142	—0.511	0.153	0.189	—0.435	0.193
1.0	0.257	—0.380	0 267	0.321	—0 293	0 333
1.2	0.397	—0.219	0·410	0 480	—0.121	0.500
14	0.565	—0 030	0 590	0.665	0.075	0.700
1.7	0.870	0.035	0.920	0.992	0 438	1.05
2.0	1.22	0.693	1.31	1.377	0.86	1.47
2.5	1.96	1.5	2.1	2.14	1.71	2.34
3.0	2.82	2.5	3.11	3.06	2 75	3 39
3.5	3 .82	3.66	4.26	4.60	4.00	4 61
4.0	4.93	5.00	5.61	5.24	5.42	6.04
4.5	6.22	6 54	7.15	6.58	7,07	7 61

第三表　〔註〕堰冠溢流於單位水頭時之坐標值，用時以實際水頭乘之

第四圖之曲線，將來須接成5圖之形式。在後圖之前額及後頂曲線即前圖之曲線也。

繪製曲線時，後頂曲線依表繪成相當長度後，可酌視情形繪成各種安全式樣。餘外曲線繪法觀圖自明。

製作此項曲線之原理，係依稜形水口作用之公式： $y=\frac{X^2}{4H}$

改良，所得數值如表所列以減免流水使堰面形成飛機翼上類似之眞空，致堰失敗之用者，堰面曲綫應注意繪製。

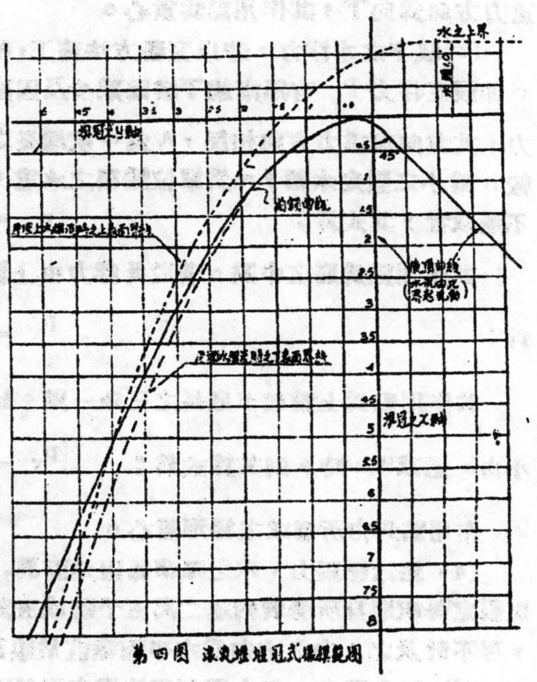

第四图 滾流堰堰冠式樣範圖

第二步，計算堰截面底線之長。

設：　H_1＝堰上下游之水位差（呎）。

L＝堰底線之長（呎）。

C＝因基礎地質而異之（Bligh）氏係數。在沉泥處爲18，細砂處爲15，粗砂處爲12，卵石與砂處爲9，蠻石卵石夾砂處爲6。

則：　$L=CH_1$（呎）

第三步，將前額及後頂之曲線與高度等，用同一比例繪於一圖上，再繪上底線。如底線未與前額後頂曲線相觸，當因勢接以直線於曲線上，使得如第五圖之形式。（與第八步參看。）

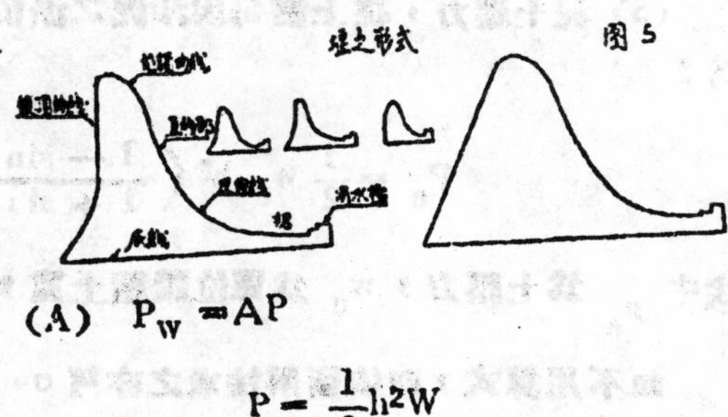

第四步，力之計算，係求出堰所受各力之大小方向，及其作用點位置工作。

力之作用於壩堰者有八：

(1)堰所受之水壓力，其公式爲

(A)　$P_W=AP$

$$P=\frac{1}{2}h^2W$$

(B)　$P_W=A\cdot\frac{1}{2}W\left(h^2-h_1^2\right)$

式中之：

A＝堰沿長軸垂直平面受

才壓之面積（呎²），

W＝水每呎³重（量磅）

水壓方向為水平，(A)式求出之力作用於$\frac{1}{3}$h處，(B)式者作用於$\frac{1}{3}(h+h_1)$處。

(2)壩堰本身之重力，以截取沿長軸一呎長計算之。設W為堰重，V為體積，W為材料比重，A為截面積。則

$$W = Vw = Aw$$

重力方向為向下，其作用點為重心。

(3)堰下之水浮力，若以完善方法施工，可以減少。其計算法因假定力之作用點而異。即假定浮力P_v有無漸趨下游而減少及因減少程度之差別而異其算式。設p_v為水浮力，其方向與重力方向相反，A為一呎堰長之底面積，以呎²計，h為堰上水頭，h_1為較h為小之假定水頭，w為單位體積之水重，則假定堰底所受浮力由上游起至下游止全不遞減者，其式為；

$$p_v = A h w$$

其作用點為底之中點。若設此浮力由上游界起至下游界止，才力遞減至零者，其式為：

$$p_v = A\frac{hw}{2}$$

其作用點為上游起至底長之三分二處。如設此浮力由上游界起至下游界止，力之大小由h遞減至h時，則其算式為：

$$p_v = A\left(\frac{hw + h \cdot w}{2}\right)$$

作用點為力所形成之梯形重心。

(4) 結冰膨脹力，冰之厚薄係因地而異，故其作用力不能以公式表其大小。在寒帶，恒假定每呎堰身所受者約達二萬五千磅或五萬磅，建築時須注意及之。在不結冰之地帶，可不計及之，力之方向為水平而垂直於堰面，作用點可假定在堰頂。

(5) 泥土壓力，在上游每因沙泥之淤積而須計算土壓力，計算土壓力之公式常用者為：

$$P_e = \frac{1}{2} w_e h^2 \left(\frac{1-\sin\theta}{1+\sin\theta}\right)$$

式中p_e為土壓力，w_e為單位體積土重，h為積土厚度，θ為土息角。

如不用算式，則依圖解法求之亦可。

(6) 地震動力，甚少地震之處，可不計及。或稍變材料應力以應付之。在實際上，亦難以準確算出其大小。下式只理論上之公式耳。設F為作用力，以磅計，W為堰重，g為重力加速率，a約等於$3/4$至$1/10$，則：$F = \frac{W}{g} a$

作用點經過堰之重心，方向水平，在堰無水時向上游，水滿時向下游。

(7) 風浪衝擊力，小型工程，可以不計。

(8) 地基之應力，視上述諸力之合力所在而不同此力之作用，係被動而生，能生極大被動應力之地基，方能支持壩堰安全。堅固岩石可達每方呎30噸，軟土則在每方呎十噸左右。

第五步，力矩之計算。先截取一呎長之堰身，次分此堰身爲若干層，能令每層之高度爲整呎數最佳。分成之形式如第6圖。然後取其最上一層如(b)者研究之；驗其是否安全合用，若安全合用，則加入其次一層如(c)所表者研究之，若此段亦安全合用，再取其更下一層與之疊置如(d)者研究之，如此繼續至全部研究完畢爲止。

至研究每一段之工作，可分爲下列數點。即：

(1) 求出第四步所得之諸力，將每力化成垂直與水平二分力。

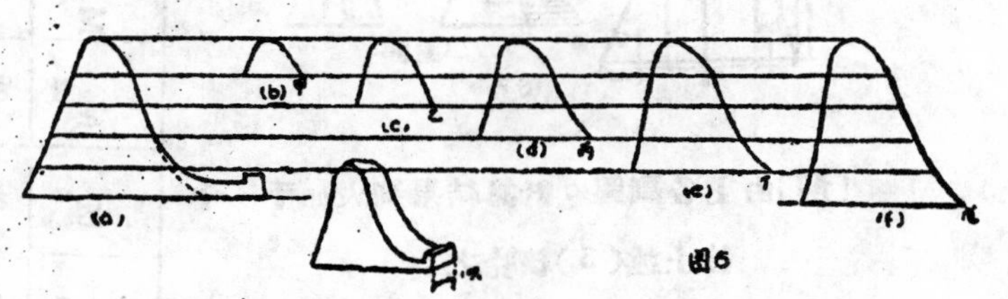

(2) 記出此等力之力臂長，此等力臂即諸力線或其延長線與堰趾（6圖之甲.乙.丙.丁.……等點）間之最短距離。

(3) 將力與力臂演算力矩。

(4) 驗其是否合於下式：$\left(\frac{\Sigma M}{\Sigma H+\Sigma W}\backsim\frac{l}{2}\right)<\frac{l}{6}$ 式中∽號表互減。

ΣM表所有力矩之和。　ΣH表所有水平諸力之和　ΣW表所有堰身自重之和

l表堰底長度。

如合於上式，則此堰安全。因此時堰之最後力矩施力點，當在堰底長三分之一至三分之二之間。

「最後力矩施力點」在水力不幾及堰時，則近堰上游，反之則在下游。如能使堰無論等受外力或不受外力時其最後力矩施力點能在上述安全三分一線，爲最經濟，因既安全，亦省材料也。

(5) 混凝土壩堰，更須合於下述之規定：

$p_1=18000\,\#/_{\square}$，在壩堰之跟部之容許垂直應壓力。

$p=25000\,\#/_{\square}$，在壩堰之趾部之容許垂直應壓力。

$f=0.75$磨擦保數

$$p_1\text{或}p=\frac{\Sigma w+\Sigma V}{L}\left(1\pm\frac{6\left(\frac{\Sigma M}{\Sigma H+\Sigma W}\backsim\frac{l}{2}\right)}{L}\right)\qquad \begin{matrix}p\text{用}+\text{號}\\ p_1\text{用}-\text{號}\end{matrix}$$

$$f=\frac{MH}{\Sigma V+\Sigma W}<0.75$$

上式中ΣV爲堰受諸垂直外力之代數和。V之值向上爲負，向下爲正。

14853

上述諸點爲研究每段之必需工作，在不同諸段中，所受外力或有不同○然其計算法則無異○今舉一段之研究爲例：

〔題〕設壩之一截面如第7圖，長一呎，用混凝土爲之○問壩安全否？

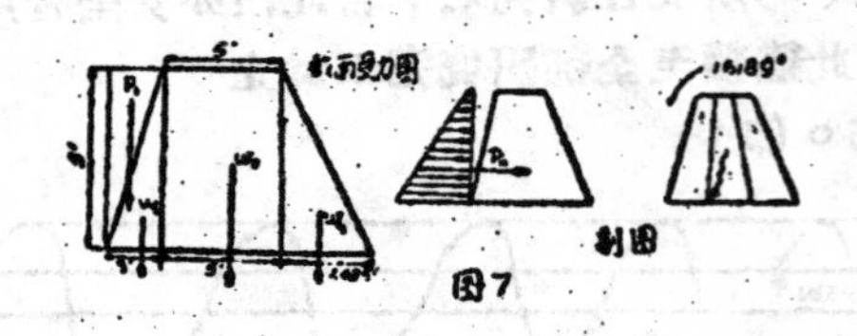

剖面

图7

〔解〕由上各副圖○計算結果列表如下，今按上述(5)核驗之：

$$p=\frac{4471}{6.92}\left\{1\pm\frac{6\times(-16)}{6.92}\right\}=$$

$\left\{\begin{array}{l}723\ \#/口,\ \text{趾部垂直壓力} < 25000\ \#/口,\\ 547\ \#/口,\ \text{跟部垂直壓力} < 18000\ \#/口.\end{array}\right.$

$$f=\frac{78}{4471}=0.00224<0.75$$

$$\frac{\Sigma M}{\Sigma H+\Sigma W}\backsim\frac{1}{2}=016,$$

$0.16<\frac{1}{2}$ 即 $0.16<1.15$. 故安全，

Sec	P_V	P_H	W_1	W_2	W_3	a_V	a_H	a_1	a_2	a_3	$\overleftarrow{M_V}$	$\overrightarrow{M_H}$	M_1	M_2	M_3	ΣV	ΣH	ΣW	ΣM
說明	水壓之力垂直	水壓之力水平	壩重之一	壩重之二	壩重之三	P_V之力臂	P_H之力臂	W_1之力臂	W_2之力臂	W_3之力臂	即$P_V a_V$	即$P_H a_H$	即$W_1 a_1$	即$W_2 a_2$	即$W_3 a_3$	P_V之和	P_H之和	壩共重數	各M之和
1有水時	78#	78#	180#	3600#	513#	6.758'	1.67'	6.592'	3.625'	0.95'	+526	−130	1185	14120	488	78#	78#	4393#	16189#'

〔註〕祇不受水力時之計算法同，如所受外力向有多個，可多加數欄以列算之。如不安全時，須加大截面横向呎度以計算之。

第六步，消水檻之設計。消水檻，在設備完全時，可由實驗定其形式及尺寸。我國採用之尺寸如九圖所示。又下式亦可以應用：

$$x = H + \sqrt[3]{H}\sqrt{d}$$

上式中之符號如第八圖。

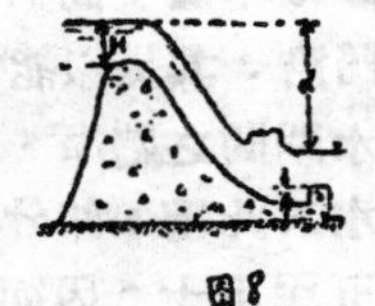
圖8

第七步，反曲線之設計，反曲線之起點，順接於直線之末，(如堰不高，則順接於前額曲線)其終點接於一水平之直線，(此水平直線切於曲線者)，反曲線之曲度，中部爲圓形，其半徑爲：

$$r=\left(\frac{1}{2}\infty\frac{1}{3}\right)H_0$$ 參看5圖。

消水檻　圖9

第八步，全部之整理，此一步驟，實爲第三步驟之接續。其工作爲(1)將計算安全之堰身正置，使跟部接於底線之起點。(2)安置堰裙面線於底線上方，而與底線平行。(3)插入反曲線，曲綫首尾宜接符匯滑，(4)置消水檻於裙尾，(5)如底線不足，可加長之。務令堰下有反曲線及相當長之裙。但有時裙非必要者可視其情況而決定之。

低矮之堰，當令前額曲線與反曲線妥爲接續。

（乙） 印度式壘石壩堰。

印度式壘石壩堰，初無設計公式，參閱下列數圖再依經驗或視情形決定之卽得，其中核牆以混凝土爲之。令無水流由堰身透過卽得，堰面延長，使水溢流過堰面時可緩緩流下，以減殺其冲刷下流之能力。

（丙） 仿上述(甲)式砌磚堰

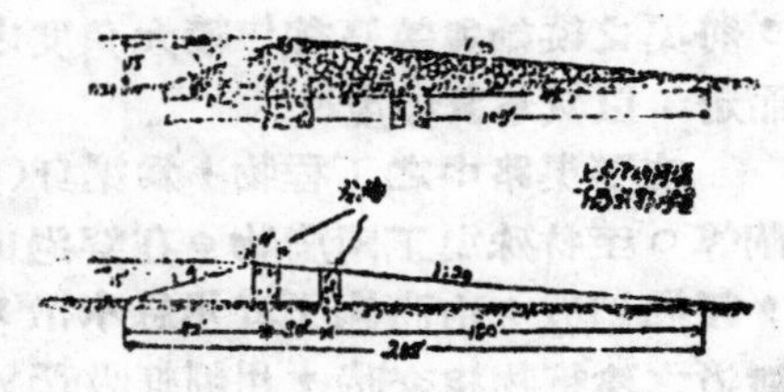

此式之形狀，與上文(甲)所述形式相似，計算方法亦相同。但磚之比重較小，每立方呎110至130磅。允許之P, f值亦較小，(其值視所用之磚而定)，膠接材料當用洋灰砂漿，前額曲線部宜用洋灰砂漿批盪成應有之形式。以免磚材受水刷蝕。

此種仿上述(甲)式堰，如用石材砌成，亦無不可。

（丁） 填石土壩或堰

填石土壩或堰之建築原理，如印度式壘石堰，亦用核牆使水源隔斷，以杜工程因水蝕空之失敗，其形式如右圖所示。

圖11

上述各式壩堰，皆屬經濟安全者。採用時，可參酌實地情形而決定其當用之式樣。

與堰相連者爲冲刷閘。其設計應注意之點如下。

冲刷閘之閘門在堰軸處，閘孔以能宣洩灌溉季節之常流量爲度。能宣洩常洪量更佳。閘門處建墩一或數座，(或不建之)劃分閘門處過水水槽成數孔，使能集水以冲去積砂。墩寬爲閘孔跨徑0.21至0.31，作成門槽两道，近上游一道者，備搶修之用。近中間一道內，安設閘門板以司啓閉。

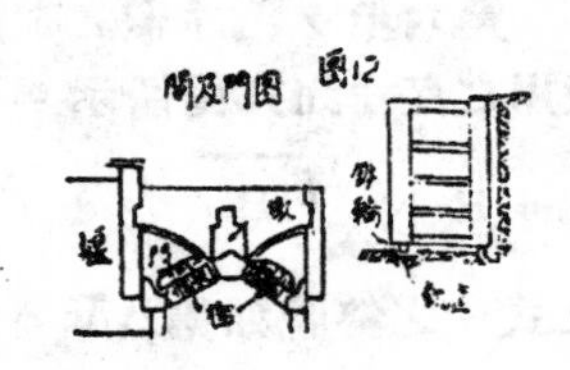

至於進水閘，其位置緊鄰於冲刷閘，其閘之口建成如護土牆之牆岸，牆岸之端有翼牆，如普通橋台。閘口正對一分水牆，該分水牆牆高與堰齊，能高與洪水位齊更佳。一端起於冲刷閘門沿，其長以能達進水閘上游門沿正前方為佳。此分水牆與進水閘間之牆岸，即形成一水槽，此水槽與冲刷閘上閘槽相接。水入此槽，即分流入進水閘及上閘槽，上閘槽之流量，每比進水閘之流量大百分之二十五至五十。因而上閘槽之流速較大，使流沙隨之流於堰外而不入進水閘。

進水閘之門檻，應較閘槽（冲刷閘者）高出三呎許。閘槽底可與堰基齊平或更低，乾砌或實砌坦面，以免急流蝕刷。底槽脚亦當砌乾坦較堰脚坦長 50%。 令保護下流更為有效也。

堰之上下游兩岸及堰脚可砌乾坦或砌實坦。以保護之，如地質堅實，則砌否可酌視經費之多少而定。

堰之上下游各建水位尺以記測水位，以資其他研究之用。

第三節　主要渠道設計

渠道之為用，為導水使分布於需要灌溉之處。

渠道之大小，以其橫截面之大小或輸水能力之大小表之。

渠道之橫截面，由進水閘處起為最大，漸走則因分流面而變小，在最小渠道前之所有各渠道，吾人稱之為主要渠道。或稱幹渠。

至最小渠道，多置有斗門，用以分水於灌區者。常稱分水渠道。

主要渠道之長度，視灌區與渠之距離而定。主要渠道中之水，必入分水渠，分水渠之渠底必須高於灌區地平面方獲便利，故主要渠渠底常須高出地面甚多，此可於設計時，將渠之縱軸與等高線作較大角度之相交至水可以在地面下流動時，再令其沿近等高線而走，以減小其坡度。

主要渠路中之工程物，為渠身（渠床），進水閘，冲沙閘或排洪閘（或排洪堰），節水閘等。至特殊渠工附屬物。在穿過山嶺時用隧洞，沿山而走時用座槽，渡過低地用渡槽，經過斜坡，由高趨下者用急水槽，其趨勢過急，類於懸崖者，用跌水，與鐵道或類於鐵道之建築物相交時，用倒虹吸管，或涵洞等。有時更需用橋梁，平交道，水管等當視其所宜而用之。

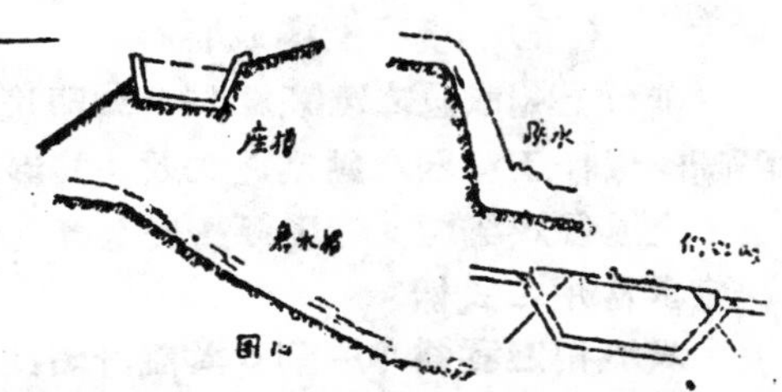

設計主要渠道，本當在設計分水渠道之工作完畢後，但，設計工作可不為本文次序所限，故今仍由大至小說明之。

在設計主要渠道時，有一事須完全了解者，即輪灌制之一切之熟習也。

輪灌制者，灌區各部在不同時間下輪流灌水之制度也，故在同一時間內，大多數之渠係在緊閉其閘門，使保留不流動之水。祇值灌之若干渠道（此若干渠道成為一組）在滿之狀態下輸水及分水耳。

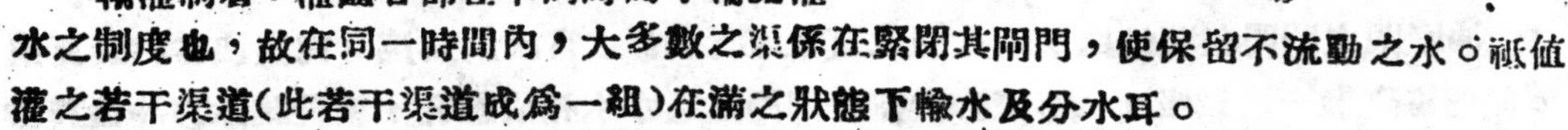

故主要渠道之系統，其製定時，須極注意，宜依據地圖，將分水渠分為若干組。分組之法，係視輪灌所隔時間而定，設每日灌完一組，七日灌完全灌區，則共得七組矣。

在每組之幹渠定出主要之渠線，此等線路，或於組中聯成一個配水口，或不聯合之。然後初步使各組聯絡，而得全渠之初步系統。

渠之初步系統已定，乃可從事渠身之研究。

渠身之研究，包括渠之橫截面形狀及坡度之決定，以輸水能力爲其對象。

輸水能力之大小，視灌溉區用水多少而決定其等級。等級之分法，視所需渠之全量，及某一分渠之情形如何而定。但不論其等級爲何，其設計皆須注意下列數點：

(1) 渠之截面宜加大，使渠能輸送較預定流量多百分之二十五至五十之水量。

(2) 坡度宜均勻。使水流速度常在一定範圍之內。水流速度以不淤不刷爲佳。在土渠約在每秒2呎至$3\frac{1}{4}$呎左右，又由實測所得。冲刷流速如下：

沙土爲：	0.45—0.60 m/sec.
沙質壤土爲：	0.75 m/sec.
普通堅土爲：	0.90 m/sec.
硬粘土或卵石夾土爲：	1.20 m/sec.
石砌渠床或礫石夾礫砂爲：	1.5—1.8 m/sec.

至於冲刷力之強弱，則以流量及渠水含砂量爲斷，設計工作分述之如下：

(1) 定坡度及重定渠線，其法先將各組配水處之標高與壩堰處之標高，及各配水口處與堰距離長度(約)記出，次演算各渠之坡度。坡度求得，乃取其最小者定爲渠之初步標準坡度。

此等之初步標準坡度不能得到相當之流速，則改直渠線以視其情形，如改渠線不可能時，則改高壩堰以觀察之。若此二者，皆無良好結果，則移堰址於更上游，重行演算之。若仍無良好結果，則當拋棄此項計劃(改爲提引式之研究)。如改渠與移堰址皆屬可行，則比較而擇其廉宜者。

若渠之標準坡度本屬甚大，則無何問題，祗視地質而定一確定坡度卽得。坡度之調整，卽以急水槽，跌水等設備之。

至此，吾人更可依確定坡度而重定渠線。使得一確定之標準渠線，再於此確定之標準渠線中途，用觀察或兩脚規定法（如鐵道定線者，其目的相反，卽使坡度不致小於某一定值）以制定全渠之各路線，而得渠道全系統之確定路線。至此，重定渠線之工作已算完成矣。

(2) 複測與證驗，渠線旣經重定，卽須依圖及標椿等複測之以證驗其坡度，位置等是否正確。複測工作，茲不贅述。

(3) 設複測之結果認爲滿意，則可設計各段剖面之尺寸。卽按渠之等級以下法設計並表列之，以便繪製施工圖表。

設計剖面之公式，可用客斯，葛泰，伯森或滿寧氏式，英美各國多用葛泰公式，法國則喜用伯森公式。若渠之流量較小時，以採用伯森公式爲精確，其較大者，則任何各式皆可應用，惟滿寧公式之運用，則以有補助或參考圖表爲便。

設計之公式爲：

$$V = C\sqrt{rs} \quad \cdots\cdots\cdots\cdots(1)$$

$$又\ Q = AV \quad \cdots\cdots\cdots\cdots(2)$$

上(1)式中之C爲一係數，其値視各氏之公式而定。

吾人如利用上式以求渠之剖面，則當先約定渠之截面形式，及水流所占截面積，並求其比例例如有梯形截面之渠道如十四圖，岸坡爲 2：1，水高達渠深之三份之二，則若以D表渠深，該梯形之 r 値爲 r = 0,67 D 再自一假設之 r 値求 c，又自比例中

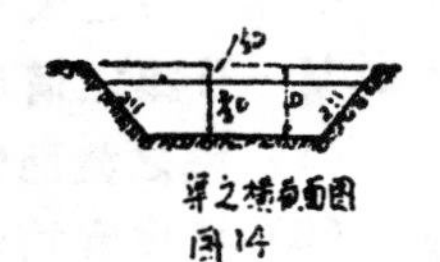

渠之橫剖面圖

圖14

知 $V = \frac{Q}{A} = \frac{Q}{5C^2}$ — 代入葛泰氏公式則D求得矣。若 r 之値初次設過大，可再假定並演算之。

渠剖面之形式最佳爲半圓形，次爲倒梯形（正六角形之下半部）其兩岸成 60° 者，復次爲矩形或其他形式，可因其宜而採用，

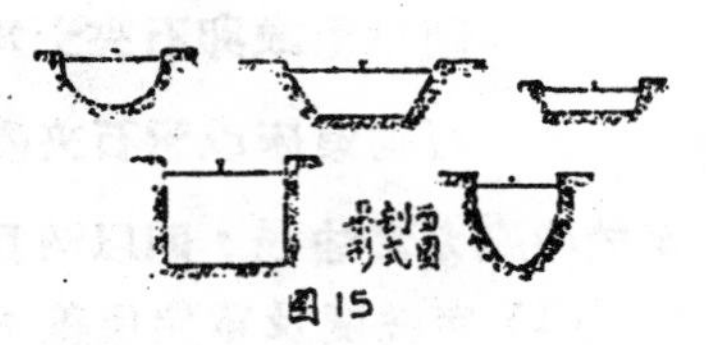

圖15

第四表爲一較佳之設計表，設計時可供參攷之用。表中所列，係指渠在滿流狀況。

表四　優良水渠剖面表

每秒輸水（呎³）	計算部分					設計部分			
	平均流速 呎/秒	水力平均深度	河底寬度	水深（呎）	水面坡度（呎/哩）	河底寬度（呎）	水深（呎）	水面坡度（呎/哩）	兩岸坡度
50	2	2	2.5	4	15	2	4 5	16.5	1：1
100	2.25	2 5	4.5	$4\frac{3}{4}$	$14\frac{1}{2}$	4	[illegible]$\frac{1}{4}$	1[illegible]	1：1
250	2.5	$3\frac{1}{3}$	15	5	$13\frac{1}{2}$	$13\frac{1}{2}$	$5\frac{1}{2}$	$14\frac{5}{6}$	1：1
500	$2\frac{3}{4}$	$4\frac{1}{4}$	27.5	$5\frac{1}{2}$	13	25	6	$14\frac{1}{3}$	1：1
1000	3	5	50	6	13	45	$6\frac{2}{3}$	$14\frac{1}{3}$	1：1

2000	$3\frac{1}{4}$	6	77.5	7	13	70	$7\frac{3}{4}$	$14\frac{1}{3}$	1.5：1
3000	$3\frac{1}{2}$	7	95	8	$12\frac{3}{4}$	85	$8\frac{4}{5}$	14	1.5：1
4000	$3\frac{1}{2}$	$7\frac{1}{2}$	121.5	8.5	$12\frac{3}{4}$	110	$9\frac{1}{3}$	14	1.5：1
5000	$3\frac{2}{3}$	$7\frac{2}{3}$	147.5	8.5	12.5	130	$9\frac{1}{3}$	$13\frac{3}{4}$	1.5：1
6000	$3\frac{3}{4}$	8	170	$8\frac{3}{4}$	12.5	150	$9\frac{3}{4}$	$13\frac{3}{4}$	1.5：1

(4) 渠道剖面計算完畢，可以規劃渠道中必要之工程物矣。

必要工程物之首要者爲進水閘，進水閘之位置於設計攔堰時已畧述之。進水閘之大小，以能使渠滿流輸水爲度。至進水閘之目的，一爲防洪，次爲防砂。防砂之法爲使砂有去路而不積塞，故渠當緊鄰冲刷閘，又入渠道之砂，可提高進水閘門檻以減阻之。故若屬可能，可造一堰式之較高門檻，俾水溢流入閘，而令含沙量減少。至於防洪，不外在洪水高時緊閉閘門，使水不入渠道即得。進水閘之裝置，宜極注意，務使靈活合用。

如遇洪水高漲時，或因管理不周，則防洪之補助設備不可或少，即尙須於渠道間建造排洪之閘或堰等之工程物。

排洪閘或排洪堰可建於渠道之離開進水閘不遠之近河道或近低凹而易於排水處，該處地質當擇佳良者。其建造方式如屬攔堰式，則一如攔河堰設計。屬閘門式則兼有冲沙閘之功用。此排洪裝置所採用方式，可視渠水含沙量之多少而定，此一工程完成，渠水當可保持一定之流量矣。其功用不特可以調勻水量，且保護渠道不至被洪水冲刷，此項工程，不可草率爲之。

節制閘之位置，於渠坡急激變化之起點處及各輪灌組之配水點處，在渠之分支處或渠與堤相交處，亦宜設置之。總以能使渠水專注任何一個輪灌組，而不致妄流爲準。

閘之形式以靈活易於操縱者爲宜。

(5) 至於特殊工程之設計，須注意者如下：

急水槽之兩岸及底之設計，務令堅固，使水在其上以臨界以上之速度流下，消殺水勢，以保護近槽脚處之渠身，跌水之製亦然。流水循臥箕式曲線下降，用以調整該處上下游渠道之水面坡度。

渡槽可以木或鋼筋混凝土爲之，多作矩形。如渡槽之欲改用土堤承托者，可暫建立一臨時木槽以應急需，俟土堤堅實後，再行更易。

座槽爲開山之基礎上之建築物，當令其開掘處有安全坡度，天溝之設置不可缺少，因山上雨水向下之冲刷力極大故也。

隧洞之建，必須有相當經驗。比較隧洞之價值，須參酌經費及水頭等問題。隧洞之設計有一定之安全方法，須注意爲之。

第四節　分水渠道設計

分水渠道，視所在地坡度及澆水方法而異。

今先述澆水方法，澆水方法分爲八類如下，

(1) 溢流法：卽灌溉區地面之上，灌水滿積而溢流之方法，如第十二圖

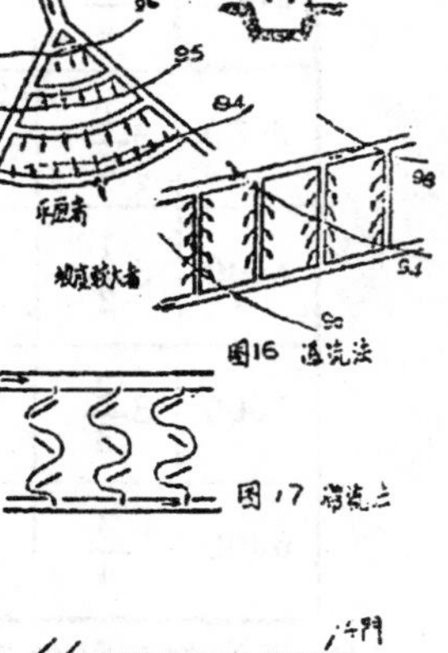

圖16 溢流法

圖17 滯流法

(2) 滯流法：（Forder method）係用比溢流法較少之水，使迂迴流動於灌區，此法在稻因不甚適用，可參看圖17。

(3) 閘流法：Contown check method）其法係將分水渠身一側製作較低。渠成水平。於渠中或末端具閘門，閉其閘門，水卽溢入灌區。如圖18。

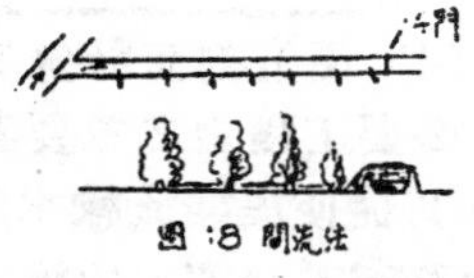

圖18 閘流法

(4)水盤法：(Bosin method) 水適於果樹之根部灌水應用，圖19示之。

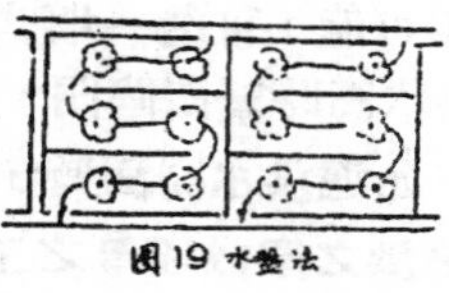

圖19 水盤法

(5) 浸潤法：(Furrow method)，水在畦間流動之方法圖20 示之。

(6) 帆布管導水管或木槽分水法：此法適用於來水有較高水頭處。圖 21 示之。

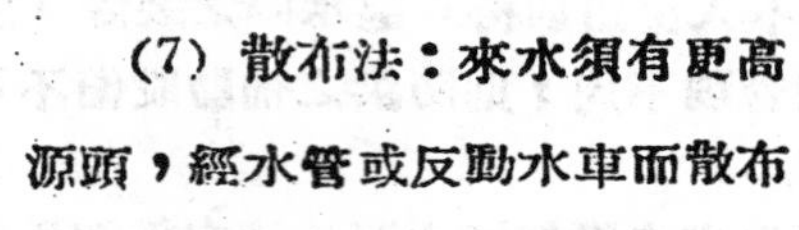

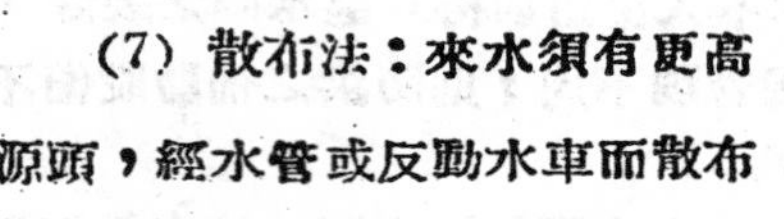

(7) 散布法：來水須有更高源頭，經水管或反動水車而散布之。最適於柑橘等之澆灌，圖22示之。

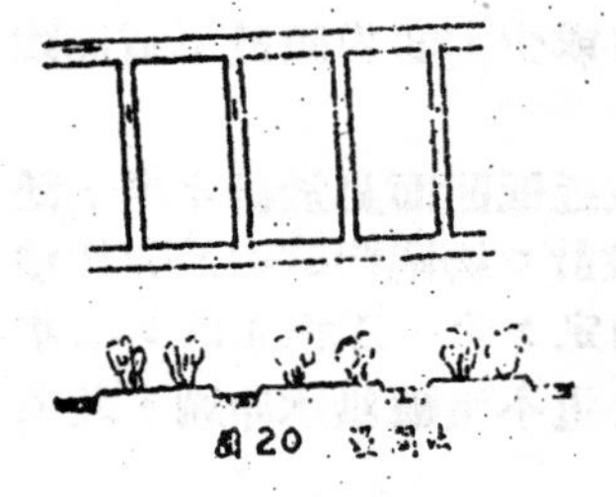

圖20 浸潤法

圖21 帆布管法

圖22 散布法

圖23 地下水管法

(8) 地下水管法：埋瓦筒於灌區，水由隙間流出潤灌之方法，圖23示之。

分水渠之走向，一爲與等高線平行，一爲與等高線相交者、故其布置安排，極易從事，先依地圖繪出渠線，次由經驗或地主之需求加以取捨卽得，但須使與此等分水渠聯接之主要渠道有條不紊幷能使主要渠道最短爲佳。

分水渠之剖面，其設計原理及方法與上述主要渠道者同，玆不贅述。

建築材料，以採用耐水沖刷者爲佳，因斗門及溢流之設置，水之侵蝕力強大故也。

斗門之形式，普通如圖所示(圖24)，

第五節 附設工程

附設工程之與渠水流量有關者，爲蓄水池工程；與交通有關者，爲橋梁工程，或涵洞工程；與渠中動物有關者，爲魚道；利用多餘之水以事生產者，爲水力工程；今畧述其要點如下：

(1)蓄水池工程，蓄水池之位置，宜近於堰壩之上流之

河道或近渠之高側處，可設用以聯絡。池之容納量甚大時，取其每日可能放出之水量加河之最小流量，以計算灌溉能量及渠剖面。壩之形式，可任擇土壩石壩等而採用之，求其廉宜可也。

（2）橋梁或涵洞此等工程，視交通情形而定。如因本灌溉工程防害交通致感不便時，當設置之。其地址之選擇，在河身之橋梁，勿於堰脚之坦上。在渠道之涵洞，當在與道路相交之處。涵洞形式有管式及箱式等，擇其對渠水之流動不致發生變異或防碍最小爲原則。

（3）魚道魚道之設，爲使水流動不因堰壩之阻碍而斷絕交通，其構道爲於堰身造成階級形水道，使水流下時，按級有流勵較緩處，俾上溯之魚類等可以按級休息始再前進。級與級間，以二三呎之距離爲佳，過疏則魚類等上溯將感困難，過密則設置工作較繁。

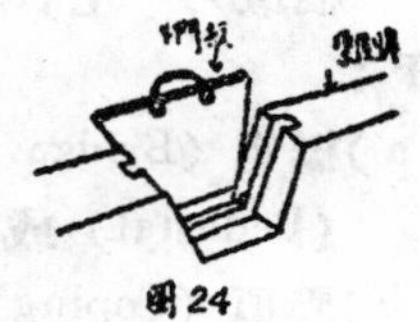
圖24

（4）水力工程，如所得水位差頗大，且有餘剩之水量可資利用時，可附建水力工程。水力工程所用之渠，最好爲另外開成，或利用灌溉而將之擴大加固亦好。將近水力廠之平水槽（Forebay），灌水即須分流而去，以免水流之互相影响。

第六節　臨時工程

壩堰地基，常常在水中，故工程進行時，須有相當之設備，將工程物基礎圍出，俾工作容易可靠。此種設備，即臨時壩堰等是也。

臨時壩堰分土袋式，單板式，夾板式各種。水淺地質佳良處宜用前者，水深并多砂之地則用後二者較佳。

臨水水壩之折去，須先使該壩兩邊水面齊平，始得全部折去。

至其他需要之臨時工程物，可酌視情形而設置之。

普通橋墩設計

梁楚冠譯

節譯 Jacoby 與 Davis 二氏所着 (Ordinary Bridge Piers)

第一節　橋墩各部之名稱

橋墩乃一土石結構，用以將橋樑上部之荷重傳至基礎者。至橋墩各部份之名稱如下：

(a)橋座 (Bridge Seat)——乃一塊石材或混凝土，擱置於橋墩頂端，以支托承軸臺 (Pedestal) 或底板 (Base Plate)者。

(b)壓頂 (Coping)——乃橋墩之頂層，常伸出於其他各層之外。

(c)帶飾層 (Belting Course)——此層乃配在壓頂層之下者。

(d)大方脚層 (Footing Course)——係位於橋墩之底部，比較橋墩其他重要部份爲寬。

(e)墩身 (Body)——乃橋墩之主要部份，係在帶飾層及大方脚層之中間。

(f)掠鳥 (Starling)——乃配設於墩身，在高水位以下之部分，其水平斷面乃在橋墩兩邊所成之最大矩形之外邊處。

(g)掠鳥壓頂 (Starling Coping)——乃約在高水位處之向外直伸層，此直伸層造成掠鳥之頂層(Top Course)。

(h)斜度(Batter)——乃橋墩兩邊與上下流墩端所配設之斜度也。

壓頂之作用，係保護橋墩因天氣而生之影响。若以土石建築時，則石材須良好堅實，且須劈成小接縫；如用混凝土建築，則士敏土務有充分之混合比例。橋墩之頂面，中部須畧高漸向兩邊斜落，且常須塗抹防水物以防濕。混凝土橋墩對防水設備尤須特別注意，爲預防雨水滴落墩身及改善橋墩外貌起見，習慣上將壓頂層向外伸出六吋至十二吋，使雨水向外流去。

帶飾層之主要作用，乃增大壓頂向外直伸部份之強度與增進橋墩之美觀，在特殊情形，帶飾層常有用二層或三層者，但有時却全不配設。

至大方脚層之作用，係將荷重分佈於一較墩身爲大之面積上。如爲純混凝土建築，則大方脚不能與垂直面作超過 30° 之角。但有鋼筋配設時，則須先假定向外伸出之大方脚層之作用與懸樑相彷，以决定鋼筋與混凝土之應力。但其斜坡之強度，須畧與此安全應力相同。

掠鳥之作用，係減少水流之騷動使其順利通過，因騷動減小則流冰及漂浮物對橋墩所生之壓力亦小，且渦流對航行上之危險亦因而減少。

第二節　橋墩之形式大小及材料

橋墩之基本需要有二：(一)將橋樑荷重傳遞至基礎上，(二)須盡量減少對水流之阻擾。橋樑之荷重乃作用於橋架或大梁之支承點，最經濟之方法，可用兩個圓柱體分置於每荷重之下，以滿足上述之第一要求，此種橋墩容於別章論列之，如欲滿足第二要求，，則橋墩之形式可砌成船形以增加其對抗流冰及碎石之穩定性，且亦足使建築費用爲之經濟。橋墩之通用形式爲四方形，於上下流之端末或僅於上流端末砌成三角形或弓形。若上下流端末均有此掠鳥設備時，則基礎得與荷重對稱，此足以避免壓力於基礎有上分配不均之弊，且可減少作用於河牀而圍繞於基礎之旋流。掠鳥之設備，僅於高水位以下需要之。

頂角爲 90° 之三角形墩首，其建築費用，實較弧形墩首爲廉，但由試驗得知其對水流之抵抗較大；基拉氏 (Cresy) 之實驗結果，各種形式不同之橋墩對水流之抗拒，有如下列次序：先序其抗拒小者，(一)橢圓形水平剖面者，(二)長方形墩身而附有與兩邊相切之圓弧所形成之掠鳥者，但此兩圓弧之交點及兩弧與墩身兩邊之交點之連綫，係成等邊三角形者，(三)長方形墩身而附以頂角爲 60° 之三角形掠鳥者，(四)長方形墩身而附以半圓形掠鳥者，(五)長方形墩身而附以頂角爲 90° 之三角形掠鳥者，(六)僅爲長方形墩身而全無掠鳥設備者。

美國土木工程師學會，用小形橋墩實驗之報告，對於附有下列各種不同墩首及墩尾之橋墩之効率如下：(一)圓形者 0.923，(二)頂角 45 度之三角形者，0.916，(三)頂角 90 度之三角形者 0.893，(四)方形者 0.861， 最大効率者爲一近似橢圓形之剖面，至於墩首爲一半徑等於三倍墩身厚度之弓形及墩尾爲一魚尾狀之反向曲綫，而其長度爲二倍墩身厚度之橋墩，其効率爲 0.939。

如一強度不足及掠鳥太大之橋墩，用於一冰流急速之河川中時，則掠鳥必須添置舊車軌或其他建築鋼，以增大其強度。採用弓形墩首時，其曲綫與橋墩外緣相切，且其半徑須畧大于橋墩厚度之半，以成一尖頂， 現有許多墩首之曲綫半徑係採用摩利臣氏(G. S. Morison) 所規定之數值， 卽爲橋墩濶之四分之三是也。在高水位以上，橋墩兩端可成方形，但爲求美觀起見，多採多半圓形；至以直綫及圓弧二者組合而成之墩首，間亦有採用之。如橋墩在超出高水位有相當高度時，習慣上將其剖面稍爲減少。

橋墩之尺度——普通橋墩之大小，須視所承荷重之大小，上部結構(卽橋樑)之種類，橋墩之高度，基礎之形式及橫力之大小等而定。

橋墩頂部之尺度，係等於兩橋架或大梁之距離，再加一適當尺吋，以防止由承軸臺(Pedestal) 傳來之荷重有過於接近橋墩在壓頂下之邊緣之弊。格連那氏 (Greiner) 謂橋墩之寬度不能小於 4 呎，亦不能小於橋樑荷重所需之支承尺度再加一呎之數目，且亦不能小於其穩定程度所需之尺寸。至穩定問題容于第四節詳論之，格連那氏對橋墩在壓頂下之長度亦有規定，卽不能超過兩橋架外邊至外邊之距離，再加一又四分一倍橋墩之寬度。

斯基尼打氏 (C.C. Schneider) 對電車橋墩之尺度亦有所建議：在壓頂下之寬度不能小於 4 呎，「在實用上，常於頂部(在壓頂下)砌以土石，而此層土石在寬度方向須伸出底板 (base plate) 邊緣三吋，在長度方向則最小伸出底板邊緣 6 吋」，第四表乃示支持兩個跨度約畧相等之電車橋墩之最小尺度。

第三圖乃哈利文鐵路 (Harriman Lines) 橋墩之標準形式，第五表及第六表各示支承各種橋樑之橋墩在壓頂下之濶度與長度，第二表乃示此標準橋墩在不同長度，濶度及

高度之下，該墩所需混凝土之體積。

第三圖乃一郊外公路橋墩 普通橋墩之寬度□=3 呎時，則適用樑式（beam Span）混凝土塊面（Concrete Slab）及混凝土下向大梁（Concrete deck girder）橋者；□=3½呎時，則適用於普鋼橋（Steel Span）。鋼橋跨度較大時，則□值亦隨之增大，18呎樑距（beam Span）之公路橋，其T值須等於10呎；混凝土塊面橋，T爲11呎混凝土下向大梁橋，T爲9呎；鋼橋T爲12呎。

第三表乃T=12呎之混凝土體積，以立方碼計。

壓頂層（Coping Course）之厚度，普通爲1呎至2½呎，且常向外伸出，用混凝土爲壓頂時，格連那氏（Greiner）曾有下列說明：「壓頂之厚度不能小於1呎，亦不能小於在壓頂下所量得墩身厚度之六分一，壓頂應伸出墩身之長度約爲其厚度之三分一，此伸出部份之底部，須整飾塑造，上部所有角隅須塑成圓形」。古柏氏（Cooper）對公路及電車橋墩亦有下列規定：「壓頂向周圍最小伸出三吋，但最大不能超過其厚度之三分一」。哈利文鐵路規範則規定高度在10呎及10呎以下之混凝土及土石橋墩，其壓頂須向外伸出四吋，高度在10呎以上之土石橋墩，則須伸出6吋。至帶飾層之作用，非但改良橋墩之形式，且能協助壓頂層向外伸長，其尺度與形式並無規定。

上節對採用單帶飾層抑雙帶飾層甚或全不設置之問題已有論及。當採用帶飾層時，則帶飾之厚度通常約等於或畧小於壓頂層之厚度，其伸出墩身外長度約等於壓頂層伸出帶飾層之長度。在已知條件之下對於採用雙帶飾層抑單帶飾層一節，則須視乎所設計之壓頂層伸出墩身之長度爲準。

墩身各邊須配有1：24或1：12之斜度（Batter），在高水位以上，兩端亦須設有上列之斜度。普通高橋墩採用1：24，矮橋墩則採用1：12。配有此等斜度之橋墩，可增加其美觀穩定及適量之底面。

大方脚層（Footing Course）之作用，乃將墩身傳來之荷重再傳至基礎，故其須設備一較墩身底部爲大之水平斷面。

格連那氏（Greiner）對於大方脚層尺度之建議如下：「大方脚層可與垂綫作30°角成階級形，漸次降落，但亦可以30°角向下成等傾斜。每一大方脚層之厚度不能小於2呎，其最高一層伸出墩身之長度不能超過1呎。如大方脚層建築於樁基之上，則樁插入大方脚層之深度最小要有6吋，至任一樁心與大方脚層外緣之距離不能小於1½呎」。

第三節 橋墩之建築及材料

1830年以前建築橋墩，全用土石。現今則有全用混凝土者，亦有用混凝土爲心，而以石塊砌飾墩面者。其採用混凝土之原因有三；(一)士敏土之成本較廉，(二)士敏土及混凝土耐而可靠，橋墩強度增大，(三)石匠之價太昂。

美國於1881年建築 Medina 河橋樑時，開始使用混凝土橋墩；再過二年，(1883年)在 Nova Scotia 亦採用之。此二橋之所以採用混凝土橋墩者，乃因當時各該地附近缺乏石材，雖欲採購於遠地而運費又貴故也。1899年摩利臣氏（G. S. Morison）之演說畧謂：「美國初用混凝土時，一般偏見者以爲其僅能用於低劣之建築，但在可能範圍內，其能製成人造石，優點與耐用性能與天然石塊相媲美，其對於真正獨立之建築（如紀念碑之類），實為一最優良之材料。至一般偉大建築物之砌面，如當地無別種材料以代替上等石材時，亦多採用之」。

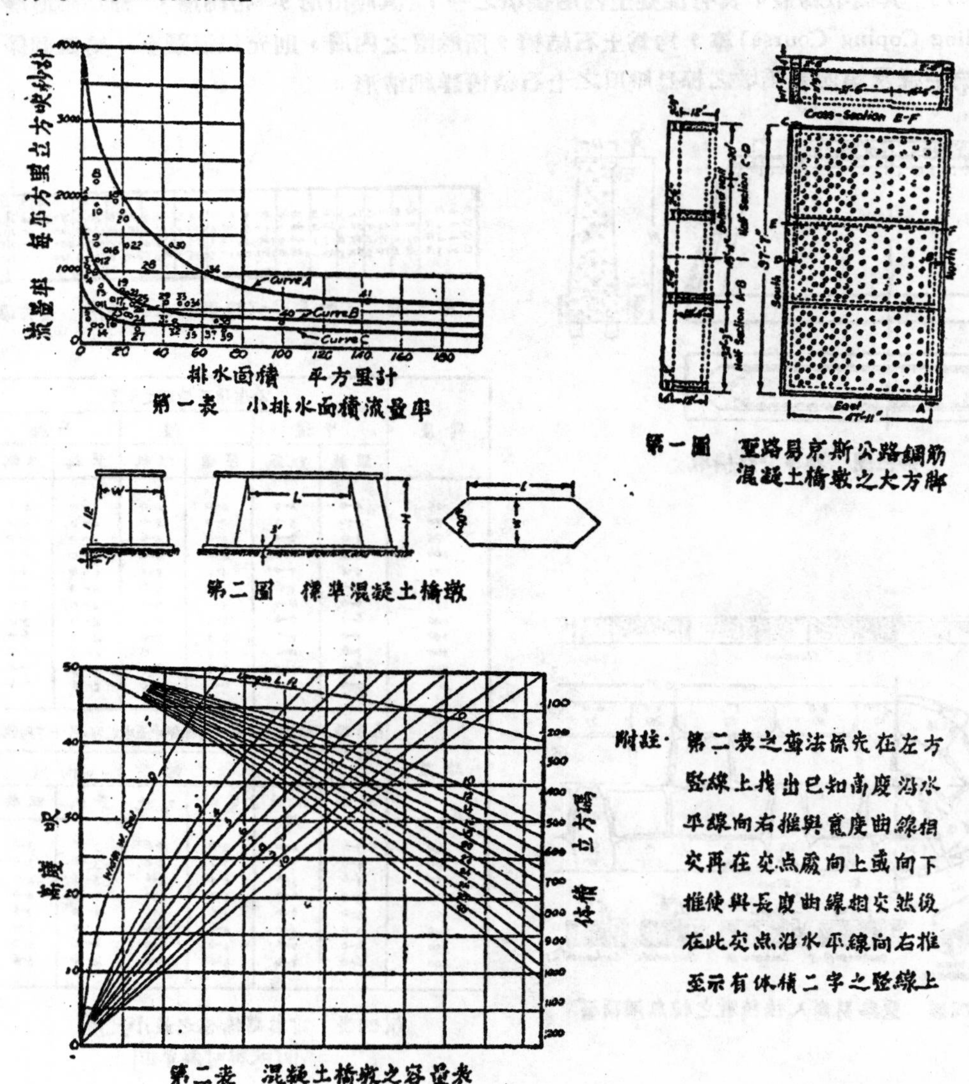

第一表　小排水面積流量率

第一圖　聖路易京斯公路鋼筋混凝土橋墩之大方脚

第二圖　標準混凝土橋墩

第二表　混凝土橋墩之容量表

許多摩利臣氏（Morison）所建大橋之土石橋墩，其表層之砌飾，多用琢成四方形圓之石灰岩；至用在上流墩首在高低水線中間各層之石材，則多以琢成方形之花崗岩充之，內層則多充以石灰岩與碎石之混合物；各層之間，有裝置層結(Coursed Joint)者，但有不裝置者，在 Bellefontaine 橋中，其內層石材之厚度，等於表層石材之厚度。至內層各大石間之間距，不能大于橋墩在表層內緣所匯體積五分之一，此間距中，須填以良好之碎石材料。

在聖路易（St. Louis）城跨過密西西河（Mississippi River）之商人橋（Merchant's Bridge），其橋墩爲最早具有混凝土內層橋墩之一，其壓頂層，帶飾層，椋鳥壓頂層（Starling Coping Course）等，均爲土石結構，所餘留之內層，則充以混凝土。第四圖係表示第一號及第四號橋墩之椋鳥壓頂之土石結構詳細情形。

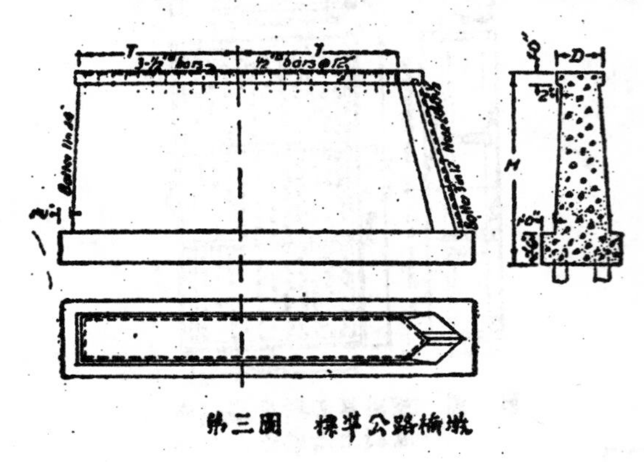

第三圖　標準公路橋墩

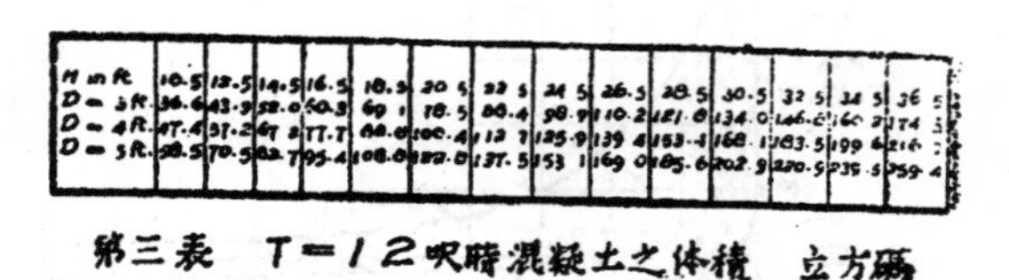

H in ft.	10.5	12.5	14.5	16.5	18.5	20.5	22.5	24.5	26.5	28.5	30.5	32.5	34.5	36.5
D = 3 ft.	36.6	43.9	52.0	60.3	69.1	78.5	88.4	98.9	110.2	121.8	134.0	146.6	[illegible]	[illegible]
D = 4 ft.	47.4	57.2	67.8	77.7	88.6	100.4	112.7	125.9	139.4	153.4	168.1	183.5	199.6	216.[illegible]
D = 5 ft.	58.5	70.5	82.7	95.4	108.0	122.0	137.5	153.1	169.0	185.6	202.9	220.9	235.5	259.4

第三表　T＝12吋時混凝土之体積　立方碼

跨度	在壓頂下橋墩之厚度					
	甲種		乙種		丙種	
	單軌	双軌	單軌	双軌	單軌	双軌
25	4-0	4-0	4-0	4-0	4-0	4-0
50	4-0	5-3	4-0	4-0	4-0	4-0
75	4-6	6-0	4-0	4-6	4-0	4-0
100	5-0	6-6	4-0	5-0	4-0	4-0
125	5-4	7-0	4-0	5-4	4-0	4-4
150	5-8	7-6	4-3	5-8	4-0	4-8
175	6-0	8-0	4-6	6-0	4-0	5-0
200	6-4	8-6	4-9	6-4	4-0	5-4
250	7-0	9-6	5-3	7-0	4-6	6-0
300	7-8	10-6	5-9	7-8	4-10	6-6
350	8-4	11-6	6-2	8-4	5-2	7-0
400	9-0	12-0	6-6	8-0	5-6	7-6

跨度	在壓頂下橋墩之長度＝兩橋架中至中之距離十下列數字					
	甲種		乙種		丙種	
	單軌	双軌	單軌	双軌	單軌	双軌
50	3-6	4-0	3-6	3-6	3-6	3-6
100	4-0	5-0	3-6	4-0	3-6	3-6
150	4-6	5-6	4-0	4-6	3-6	4-0
200	5-0	6-0	4-0	5-0	3-6	4-6
250	5-0	0-6	4-6	5-0	4-0	4-6
300	5-6	7-0	4-6	5-6	4-0	5-0
350	6-0	7-6	4-6	6-0	4-6	6-0
400	6-0	7-6	5-0	6-0	4-6	5-6

第四表　電車路橋墩之最小尺度
〔以呎與吋為單位〕

第四圖　聖路易商人橋橋墩之椋鳥壓頂層

混凝土之抗壓強度雖稍遜于石材，但因其較土石爲廉，且具有獨立性質，一般工程師均喜用之，但絕不能用之以砌飾墩面。1—2½—5或1—3—6混凝土，通常採用之以建築墩心；至建築壓頂層用之混凝土，其洋灰之含量須特別增多。

用土石砌面之橋墩，有以下各種利益：(一)建築費用較廉，(二)建築速率較大，(三)橋墩具有優美之外觀，(四)可免墩面發生龜裂。純混凝土之橋墩常有表面破裂之弊，此乃因混凝土外層受溫度變化而生張縮之影响所致。

設若以石材砌面及混凝土作內層之橋墩，承荷極大載重時，則其砌面石須與鋼筋互相繫結；如用純混凝土時，則其鋼筋須排列在近墩身處。此等鋼筋乃用以防止墩面因天氣變化而生龜裂，且因此等鋼筋在混凝土內抵受張力，故橋墩之安全程度因而增大，在壓頂與大方脚底部間之各水平鋼筋，乃用以傳遞荷重而使其平均分佈於橋墩及基礎者。

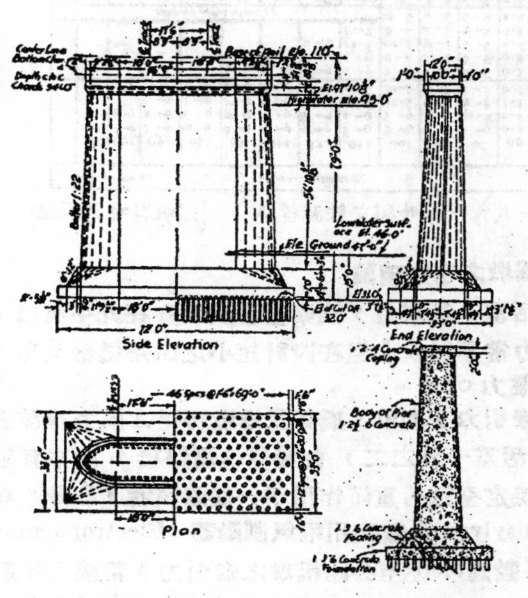

第五圖　旦尼斯河依利夸中央鐵路橋橋墩

格連那氏（Greiner）之規範謂：「所有在大方脚層以上之墩身面，除特別聲明外，應設置表層鋼筋網。此鋼筋網乃由圓形或竹節鋼筋構成，其網眼約爲垂直一呎，水平二呎；至此鋼網之重量在若用於鐵路橋墩者，則每平方呎墩身面不能少于 2½ 磅，用于其他橋梁者則不能小于 1½ 磅；此鋼筋網須包藏在混凝土內，但混凝土對鋼筋之保護層須有 2 吋，其水平鋼筋須在垂直鋼筋之外，並須以鐵絲繫緊之。至垂直鋼筋須伸入大方脚內有一適當長度，以增大其黏結力，而此垂直之鋼筋網亦應連續伸至壓頂層之表面，至其重量及網眼之大小，與用于墩身面者相同」。

	Deck plate girders									Through rivoted trusses				
Span	20	30	40	50	60	70	80	90	100	100	110	125	140	150
Length	8-4	9-2	9-0	9-2	10-0	11-0	11-0	12-2	12-2	20-0	20-0	20-0	20-8	20-8

	Through pin trussies				Through plate girders								
Span	150	160	180	200	30	40	50	60	70	80	90	100	
Length	21-2	21-2	21-4	21-6	16-8	17-10	18-2	19-0	19-10	19-6	19-8	19-10	

第五表　混凝土橋墩在壓頂下之長度　一九零六年哈利交鐵路標準

「如橋墩建在樁基上時，則其最下之大方脚層，應在離基脚6吋高處設置一水平鋼筋網，但亦有將此等鋼筋圍繞包藏在基礎層之樁頭。至鋼筋之重量，如用于鐵路時，則每平方呎鋼筋網不能小於3磅，用於別種橋梁時，則不能少于2磅。墩身亦應設置水平鋼筋網，其每平方呎之重量須與其表層垂直鋼筋網之重量相等。在壓頂之下一呎及基礎層之上一呎處，各設置此等水平鋼筋網一層，與在此兩層之中點處，但其最大間距，不能超過20呎。在屋頂層之頂面下2吋處，亦須埋置此等鋼筋一層，上述水平鋼筋網之網眼，均以丁方形者爲宜」。

Deck plate girders	20	2-4									Through plate girders	30	3-10	[illegible]						
	30	3-1	3-10									40	4-0	4-2						
	40	3-7	4-4	4-10								50	4-0	4-2	4-2					
	50	3-7	4-4	4-10	4-10							60	4-0	4-1	4-2	4-2				
	60	3-4	3-10	4-8	4-4	5-10						70	4-0	4-2	4-2	4-3	4-3			
	70	3-8	3-11	4-5	4-5	3-11	4-0					80	4-5	4-7	4-7	4-7	4-7	5-0		
	80	3-0	4-5	4-11	4-11	4-5	4-6	5-0				90	4-6	4-8	4-8	4-8	4-8	5-1	5-2	
	90	3-9	4-6	5-0	5-0	4-6	4-7	5-1	5-2			100	4-9	4-11	4-11	4-11	4-11	5-4	5-5	5-8
	100	3-10	4-7	5-1	5-1	4-7	4-8	5-2	5-3	5-4		Span	30	40	50	60	70	80	90	100
Through riveted trusses	100	4-0	4-9	5-3	5-3	4-9	4-10	5-4	5-5	5-6	5-8	Through plate girders								
	110	4-1	4-10	5-4	5-4	4-10	4-11	5-5	5-6	5-7	5-9	5-10								
	125	4-2	4-11	5-5	5-5	4-11	5-0	5-6	5-7	5-8	5-10	5-11	6-0							
	140	4-4	5-1	5-7	5-7	5-1	5-2	5-8	5-9	5-10	6-0	6-1	6-2	6-4						
	150	4-5	5-2	5-8	5-8	5-2	5-3	5-9	5-10	5-11	6-1	6-2	6-3	6-5	6-6					
Through pin trusses	150	4-2	4-11	5-5	5-5	4-11	5-0	5-6	5-7	5-8	5-10	5-11	6-0	6-2	6-3	6-0				
	160	4-3	5-0	5-6	5-6	5-0	5-1	5-7	5-8	5-9	5-11	6-0	6-1	6-3	6-4	6-1	6-2			
	180	4-5	5-2	5-8	5-8	5-2	5-3	5-9	5-10	5-11	6-1	6-2	6-3	6-5	6-6	6-3	6-4	6-6		
	200	4-8	5-5	5-11	5-11	5-5	5-6	6-0	6-1	6-2	6-4	6-5	6-6	6-8	6-9	6-6	6-7	6-9	7-0	
	Span in ft	20	30	40	50	60	70	80	90	100	100	110	125	140	150	150	160	180	200	
		Deck girders								Through riveted							Through pin			

第六表　混凝土橋墩在壓頂下之寬度　一九零六年哈利文鉄路標準　〔以呎與吋爲單位〕

第四節　橋墩之穩定理論

橋墩任一水平面支承之荷重，計有活重，衝擊力，橋梁重量及墩身在此平面以上部份之重量。在設計公路橋梁時，對衝擊力常不計及；但在設計短小之鐵路橋墩及高大之鐵路橋墩之上部時，則常須顧及此項衝擊力。

鐵路橋墩所受之側力，計有列車之牽引力，列車，橋架及橋墩所受之風力，水流及水之壓力等。至列車之牽引力習慣規定爲活重十分之二，如屬雙軌鐵路橋，間亦有定全數活重作用於兩路軌者，但有些機關則規定全數活重僅作用于一條路軌者，在此二種假設中，究以後者較爲普通。最近在 Pennsylvania 鐵路用電氣制動器 (Electropneumatic brakes) 試驗之結果，得一最大之牽引係數爲0.30。至公路橋墩之牽引力，常減去不計。

列車及橋架所受之風力，應與設計橋梁時之風力相等。此項風力，每平方呎橋架及列車之垂直面約等于30磅，或每呎橋梁側面所受之風力約等于150磅。此項風力乃假定作用于結點者，至列車所受者爲每呎車身 300 磅，但此力之重心係距離鋼軌7呎。至無椋鳥之橋墩，其末端所受之風力爲每平方呎30磅，如建有椋鳥者，其垂直投影面每平方呎之風力爲20磅。

至規範規定橋墩因水流所生之壓力，並非一明確之數值，可用公式：$P=(Kwv^2)/2G$ 以求得之，上式中之P表每平方呎垂直投影面所受之壓力之磅數，K爲一常數，V表水流速度，係以每秒鐘呎數計算，W表一立方呎水之重量，G表重力加速度（約爲32.2每秒每秒呎）。在格連那氏(Greiner)所著General Specifications for Bridge, Part III, Substructures and Concrete Bridges 書中，論及墩首如屬平面形者，$Kw/2G$ 之值定爲1.5，在其抵抗洪流時每平方呎平面所受之壓力最小爲 150 磅，對抗潮汐時則爲50磅，如墩首爲圓形時，可取上列各數值之半計算。

吾人由經驗得知水流速度與水之深度成正比，其最大速度乃在水面稍下處。至水之壓力中心，普通則定爲在水面下三分之一深度處，此假設極其穩健。

當冰流動極急時，若以其最大壓力衝過橋墩而奪得去路，則此種冰塊其質必韌；於上述規範中規定墩首如屬平面形者，則 10 吋厚之冰塊（每平方吋417 磅）對於每呎橋墩濶之壓力爲 50,000 磅；但墩首如屬圓形者，則僅爲上述數值之半，即每呎橋墩濶 25000

磅。至其他各種不同厚度之冰塊所生之壓力，可按比例以求得之。在 Pittsburgh Pa 之 North Side Point 橋之橋墩，其墩首設計爲圓形，以抵抗每呎橋墩濶 48000 磅之水平冰壓。在美國許多大水壩設計中，冰壓之數值，均以每呎濶 47000 磅爲標準。

許多工程師在設計橋墩時，對墩跟因水流衝擊而生之提升 (uplife)有所顧及；一九一七年美國鐵路工程學會，對此問題檢討之結果，約三分二之鐵路設計均有顧及者。

應力分析——欲求橋墩之穩定，對抵抗滑動與擠壓力必須安全，且在墩底及任一水平面對外界所施之拉力亦須能抵抗自如，單位之滑動力乃等于在剖面上之水平總合力與剖面面積之商數，最大之壓應力可以下式求之：

$$f=\frac{P}{A}+\frac{MC}{I}+\frac{M'C'}{I'}$$

上式中之P表總垂直力；A表剖面面積，M表與墩身長軸成直角之力所生之力矩，M' 表與墩身長軸平行之力所生之力矩；C表橋墩濶度之半，C' 表橋墩長度之半，I與I' 各表橋墩剖面對于長軸與短軸之慣性力矩。從上式觀之，如欲求最小應力時，可令方程式之「末」两項爲負數。在設計橋墩時，苟分析所得之最小應力爲負數，則橋墩之剖面積須增大至能得一正號數值爲止。

倘橋墩之剖面不能抵抗拉力，則上述公式不能適用，因從該式所得之最小應力爲一負數也。如遇此種情形時可以第七表整理之。此圖表適用於矩形大方脚之分解，至最大應力可以下式表之。

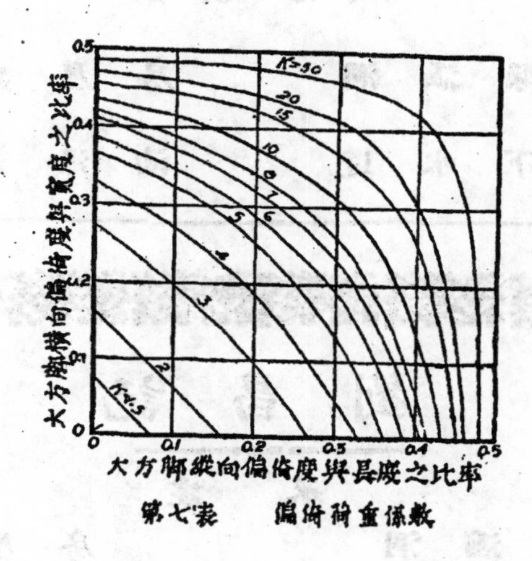

第七表　偏倚荷重係數

$$f=\frac{KP}{A}$$

$\frac{M'}{P}$ 乃縱向偏倚度 (lorgitudinal Eccentricity)；$\frac{M}{P}$ 乃橫向偏倚度 (Transverse Eccentricity)。若已知此两數值，則K可由上圖表求得。今舉一例以明之，設縱向偏倚度等

於0.3，橫向偏倚度等于0.4，則K由上圖表查得約為19。

計算矩形大方脚因受偏離心荷重而生之應力公式，讀者可參閱一九二零年九月九日工程新聞報，(Engineering News Record) 第85期第494頁 M. G. Findley 所撰之論文。

圬工橋墩抵抗滑動之力，為石與石間之摩擦力；混凝土橋墩，則為混凝土之剪力強度。至圬工混凝土橋墩，則為石與石間之摩擦力與混凝土之剪力強度。至各種石材之摩擦力與混凝土之剪力強度，在美國土木工程師手册中均有表列，吾人可查而得之。如橋墩頂部之大小尺度與第二節所示之標準實用尺寸相同，且墩邊並配有 1：12 吋或 1：24 吋之斜度時，則所有墩身之剖面對于滑動力之抵抗極其安全。

Douglas 氏介紹下列各種材料每平方吋之單位壓應力之磅數為：各種石材均以1—2士敏土膠沙為接縫，且接縫之厚度不超過半吋，則化崗岩之強度為700，硬石灰石650，中石灰石與大理石為600，軟石灰石與沙岩為500；如接縫之厚度超過半吋時，則所有各種堅實之建築石材均為450，1—2—4混凝土為450，1—3—6混凝土為350，及1—4—8混凝土為250。

建築物避免災害之研究

李吐聲

第一章　腐朽與腐蝕

第一節　木材之腐朽及其防治

造成木材腐朽之主因爲菌，菌中尤以派菌爲害最烈。派菌分泌液體，促進腐朽，在二三年內，每能將地龍地龍擱柵等腐朽至非換不可之程度。助成菌類之繁殖者爲微溫(16°—22°C)與潮濕(80%—84%)，在適於生存之溫度下，菌類之繁殖非常迅速，尤其是在初夏與早秋。

木材之腐朽，分乾腐與濕腐。乾腐由於通風狀況之不良，從木心處開始腐朽。木心被蝕，成赤色或茶灰色之木屑，漸次剝落，以致中空，故乾腐俗名抽心爛。濕腐由於忽乾忽濕，濕氣之循環的吸收與放散，木材經過變化太多，漸次開裂，水份從裂痕內侵，腐朽遂從外表漸及於木心。諺有「千年陳木海底松」之說，凡木材之常期浸在水中，與常期不着潮濕者，均保存時期甚長，而尤以常浸在水中者爲甚。使用未曾乾燥之木材而外表油漆，包護周密，或置木料於乾濕不定之環境下，均爲木材構造之大忌。

防護木材，使菌類完全無法侵蝕，爲不可能之事。目下所常用之法爲將藥品塗佈或注射於木料之外面，增加對於乾濕腐朽之抵抗。惟同時須注意不發惡臭，不損外觀，無碍於人畜及其他構造(如銅鐵)材料。防腐最簡單方法，爲在木材之外表，塗佈油漆之薄膜，使外面之濕氣無從侵入。此法須木料本身乾燥，方能有效。但如潮濕木料，則濕氣被包圍在油漆薄膜之下，濕腐雖免，乾腐之進行反速。比塗佈較完善之法爲注入，將木材密閉在不通氣之圓筒內，筒內空氣用唧筒抽出，此時空氣壓力減少，木材內之脂肪水分與空氣被迫出一部份，組織纖維間發生空隙，然後注入防腐劑，送進壓縮空氣，藉空氣之壓力，使防腐劑深入木材之組織內，如此經過一晝夜，先將防腐劑放出，然後取出木料，辦法自較妥善，惟須較大規模之設備與費用，爲工地或小型工程所不能應用者耳。介乎塗佈與注入之間，則爲浸潤。將木材浸在防腐液之內，經過三五天至七八天，使其自然吸收。浸入以前，如能將木材先用火焙乾，效力可以較佳，在塗佈以前如先將木料在沸水內煮過，使所有樹脂，受熱融解，所有菌類，被煮殺死，然後取出烤乾，結果可比直接塗佈，略勝一籌。

塗佈，浸潤，及注入所用之防腐劑，愈稀薄愈佳，柏油因其色臭關係，露出在外面之木料，每不用之。柿漆水，桐油，色淡防腐性強，用以浸塗，相當有效。至木油爲煤氣之副產品，價廉易得，色臭較淡，爲最普遍使用之品。昇汞，鹽酸鋅等價貴，且爲劇藥，非設備不周之工地所能使用。

塗佈至少須分三次，每次塗以極稀之溶液，每次所用塗料不必相同，其材料色澤，須依照塗料性質色澤，外觀與實用上之須要，妥爲支配。若在下層未乾燥以前，即用磁面漆，瑺瑯漆等厚密塗料，將最外層罩好，輕則捲皮剝落，重則抽心乾腐，非徒無益，抑且有害。鏡漆之類，每隔三五年，須改塗一次，塗時須將下層括去，逐層改塗。如祇塗外層，則其害亦與上述相等，蓋濕氣被包在內，且表面不平，附着不完全故也。

以上所述，爲防腐方法，此外尙須在構造方面，加以注意。木料構造，在房屋各部份中，以地板以下，天幔以上，或天幔與樓地板間，爲最易腐朽。其原因在濕氣停滯，不能發散。故在以上各處，應設通氣孔，以謀補救。然既已侵入濕氣之木料，固利其速放散，倘未被濕氣所侵潤者，則宜設法隔絕，使無從侵入。故勒脚宜高，至比地平面略高處，須敷油毛毡，隔斷從地土中上昇之濕氣，再行接砌昇高，支承木梁。木造地龍與勒脚闊着處，愈少愈好。地龍可不必全部臥着於勒脚上，於相接處，墊灰沙塊，使龍木與勒脚離開。勒脚磚石，宜擇吸收水分較少之材料。如因墊空之故，恐其搖動，可用坐盤螺絲帶固，如恐蛇蟲在隙縫處侵入，可用鐵絲網，及稻紗，各一層遮斷之。

室內臺度板等，不通空氣，最易感受潮濕，故以少用爲宜。其他室內須鑲板處，必須通風密縫，同時注意。爲通風之故，多留空隙，固事實所不許，因密縫之故，致引起乾腐，亦不相宜，施工上特爲注意。周密之臺度板安裝時，祇三面釘着，背面及上側並不加釘，使臺度有多少伸縮餘地，背面空五至七公分。臺度之一部份，挖空孔，起線脚使即有翹裂，可以不向前拱起，同時可略通空氣。

木造外墻面，魚鱗板較直板爲耐久，而刨成楔形之魚鱗板，保存尤佳。因雨雪之後，水滴，雪花無處存身。外墻面可乾燥較速。故一切向上之子口，爲木造工程之大忌不但受濕，在積受塵埃上，亦處于最不利之地位。包柱在保全上，不及露柱，尤其爲粉刷所包圍者，而粉刷之中，尤以石灰紙筋爲不宜用，蓋其對於水分，吸收速而發散遲，每易使內部腐壞而不覺。建築物外面，如必須用木造，則以用魚鱗板，爲最妥善，其次則用鋼絲網粉水泥沙，或「油毛毡，掛簿磚，粉水泥沙」之類，質輕而不易跌落，外表較爲美觀，且較耐久。

地板下，與其密封，不如任其露空。如有相當高度，使人可以勉強俯入地板下洒掃，同時用石灰三合土之類，舖砌滿堂，對濕氣白蟻等，均大可以減少。蓋造價廉，而修理易，如有腐朽，可以立被發見也。

第二節 鋼鐵之腐蝕及其防治

近來薄鐵板材料，不但在建築構造，即在家具製造上，亦占有相當之地位，因之防銹方法，益爲各方面所注意。鐵板防銹最普通方法爲鍍錫或鍍鋅，但鍍層太薄，則於折角或釘眼處，所鍍之保護層甚易脊銹。銹蝕開始後，漫延甚速。故用鍍錫或鍍鋅板，仍須加塗防護劑或防銹劑。此種藥劑製品甚多，如外觀上無甚關係，以臭柏油（煤焦油）爲最廉有效。在薄鐵板鍍銅，頗能防銹，且可以代替銅板，供蓋屋面，外墻面及室內台度板之用。鍍鉛亦相當有效，但不如鍍銅爲佳。

在鋼鐵之中，加入少量之銅或鎳或其他金屬，可以煉成各種防銹鐵。又有所謂銅精板者，對防銹亦頗有效。各種合金製品，價雖略高，但工作簡單，無須加塗防護材料，實際工費，所差亦不太多。

構造用鋼鐵材料之防銹，以塗鉛丹（俗名紅丹與土丹不同）爲簡單，施工亦易。惟市間所售鉛丹，大半均和入其他紅色粉末，如土丹之類，故使用時於選擇材料，須充份注意。露出之鋼鐵或其他金屬建築物，在鉛丹底層上，須再鍍鎊漆二三度，以保護之。

澆在混凝土之鋼筋，不宜鍍鉛丹，至多塗水泥漿，如可能則以用不着銹之鋼筋爲最妥。

第二章　蟻　蝕

第一節　白蟻之害

白蟻嚙木，雖內部已完全空鬆，而外面仍頗完好。故在有白蟻處，如平時失於檢點，構造材料，業已因被嚙不任外力，一旦遭風雨震炸等天災人禍，本可屹立不動之房屋，每致突然傾倒。故其他災害，以突發爲多，而蟻害爲潛伏性的，潛伏性之爲害，每較外露的突發的爲甚，此白蟻防治之所以爲一切防災中之最重要者也。我國黃河以南，直至海南，可說無處不有白蟻，附麗民居，根深蒂固，防治之策，實不可片刻緩。日人奪我台灣，積極治蟻，視爲庶政中之一種，其重要可知。

第二節　白蟻之防治

對白蟻「材料的防治法」亦與防腐相似，有塗佈，浸潤，注入三種。所用材料，以柏油同木油爲主。塗佈亦以分次，每次薄塗爲宜。用量每一立方呎約半磅，一囘塗足之後，有效期間，約二三年。注入之氣壓，爲每平方吋百磅至壹百柒拾伍磅。用油分量，因注入工具或方法而異，頗有出入。一囘注足後，可以維持二十五年至三十年。浸潤時須同時加煮，約煮十六小時至二十四小時，有效期約爲十五年。

對已被蟻害之材料或構造物之防治方法，爲施投毒粉，或用毒氣燻蒸。投毒，因白蟻習性好潔，伴侶間有交互吮刷習慣。吮時如甲蟲誤損乙蟲，非但不加以治療痊愈，且不即將乙蟲全部噬食，故病虫屍體常爲活蟲食料，故一蟲中毒可以絕滅全巢。据實驗，二百五十蟲之巢內，投入中毒蟲一隻，三天之內，全部死盡，故投毒對於白蟻甚爲有效。

毒粉之最佳者爲「巴黎綠」(即「砷酸銅」)或煉砷爐之爐屑，次之爲鈉或鋇之矽酸鹽類。施投毒粉之方法，可先在發見白蟻形跡（燥木蟲有多餘之木屑，推出洞外，故稍稍注意，不難發見）處，用鑽開若干小孔，徑約一公分，在隔約二公尺處，用小型唧筒（如脚踏車之打氣筒）將毒粉灌入小孔內，同時用木塞封牆，將所開之孔封固。此封口工作，非常重要，否則白蟻感覺巢已漏風，立卽他移。此不但於防治有礙，且白蟻如帶毒粉分散，對居住者頗有危險。毒粉性頗猛烈，故施投毒時，須十分小心，施毒者，穿防毒衣，罩口罩，工作中切勿飲食吸煙，工作後須沐浴漱口。唧筒之尖端，插入孔內，尖端與孔相接處，宜用橡皮圈以防漏氣。不用之孔，須嚴密封好，萬一工作者稍感不適，須使嘔吐，並延醫診治。曾經投毒之處，在一方碼內，須用顯明之標牌書明「此處有某種毒物」字樣，免影响人類安全（關於標誌，美國加省，在建築法規定內載有專條，可以想見其重要)。

毒氣燻蒸，不如投注毒粉之後，簡單有效，且白蟻不若穀倉內之米蛀蟲，不全住室內。施工時，不能密閉，故頗難見效。普通建築物，每年若能密閉燻蒸一二次，對於白蟻防止，亦有大效。所用毒氣，以前爲氰氣，對人畜毒害甚烈，燻蒸之後，房屋在短時間內，不能居住。施燻以前，要先將門窗縫用棉紙裱糊，使毒氣完全不外洩。氰氣因太毒，易生流弊。現有新製品，名「氯化苦劑」者，較爲妥善。使用時，仍以請化學師指導爲宜。

根治白蟻。用曾經加防白蟻處置之材料，固爲根本方法，如用固木油加煑浸潤，設備費用，亦不致太大。我國最多見之白蟻，爲燥木蟲。玆再分別記述其特性，同時提出對症之治法：

第一、白蟻必須有喜食之木材，供其嚙蝕，方能維持生命。至潛伏巢居地點，則以在(1)地板下，地龍柱或梁：(2)屋簷處，出簷椽子下；(3)簷頭瓦片下，盛土處之屋頂板：(4)洋臺市招等挑出部份爲多。嚙食途徑，往往先從木材縱斷面，次及橫斷面。同時白蟻最嗜食者爲松木，而最惡者爲沙木(福州杉又名建木產於閩沙兩江之上流)次爲普通杉木，樟、檜、扁、柏、又次之。故以後選用(1)地龍(2)屋架底梁(3)椽子(4)椽木材料，宜用沙杉。至洋台市招等，根本不宜用木材。池台障板等，如無絕對必要，以不用木料爲最好，可用鋼筋混凝土或鋼鐵等不燃材料代之。在建築規則中，每規定木製洋台市招出簷至某一限度時，在禁用之列。在防火地區，出簷木料，本不准任其露出也。

第二、爲斷其嚙食的途徑，如經費許可，椽梁之斷口，用銅皮或其他材料包裹，(我國宮殿建築曾採用此法)，構造接榫處，木料表面，所有一切縫隙，均用麵漆填嵌，(如因木紋裂痕深大，可先嵌竹片或硬木)，用鉛粉鎖漆打底，表面再覆以鎖漆。椽子間，如有空隙，用木板或粉刷封密。如須兼顧通風，則可用鐵絲窗紗及鐵絲網封遮。總之，一切燥木蟲飛殖時，可到之處均預先檔閉，使無從侵入。

第三、瓦下盛土，在防地震轟炸；及防瓦面生小樹雜草以及使屋面多受載重諸點上，均有害而無利。增加白蟻寄生地方，故以勿用爲宜。如因防風之故，不得已而採用，宜用煤渣石灰之混合物，代替泥土。

第四、斷絕白蟻從濕泥土處爬出之門徑，爲正本清源之法。白蟻在黑暗中，用木屑涎沫排洩物，造隧道，至生殖以前，或直接侵蝕地龍部份，或飛殖至簷頭椽間。此時地龍等一切木料應完全勿使與泥土接觸，離泥土愈遠，對於防治白蟻愈爲有效。如地平相平處，用混凝土澆厚九公分之滿堂，直至房基線外約一公分處爲止，滿堂外側澆同樣厚之混凝土明溝，寬十二公分，深倍之，溝內使常期積水。但混凝土所澆之滿堂，面積甚大，必須紮入相當鋼筋，以免開裂剪斷。如此則白蟻不能穿過混凝土侵入地龍。飛殖時，亦因係盲目飛行，向上直進之機會較多，不易轉向飛進，侵入爲順。故於白蟻最多之處，如浙東，鄂西，湘南，閩廣，如欲使白蟻絕跡，恐非用此法不可。如因經費或蟻害不十分明顯關係，不用上述之混凝土滿堂，可於地板下，舖石灰三合土滿堂，對白蟻防止，亦有若干效力。

第五、電桿木樁等，非入地不可之材料，應用固木油煑浸，至少高出地面一呎處爲止。如祇塗抹防腐劑，或燒根，或燒根後再塗抹防腐劑祇及於地面附近者，未必有效。

第六、心材乾燥之木料，爲白蟻所不喜侵蝕。故接近地面之構造材料，除選用沙杉樟柏外，更須注意將心材向下。

第七、離屋基線十呎範圍內，所有舊椿木屑等，須一律掘起棄去。如已被蟻蝕，最好焚去。

第八、因澆製混凝土基礎，所做板模。須完全折去起出。如拆起困難則預先砌磚代替。不宜留木料在泥土內，以資白蟻食糧也。板模以用松板爲多，故此層宜格外注意。

第九、如在多白蟻之地建屋，房基線十呎之範圍內，應勿使積水。將泥土挖開混和石灰後椿實，石灰固相當殺蟲，蟲之幼蟲，如見日光，亦自然死滅也。

第三章　火災

第一節　防火與遮斷

防火之要點爲遮斷及趨避，各城市建築規則中，所規定之防火牆，爲遮斷之最普通者，磚牆厚二十五公分以上，透出屋面七十五公分以上，伸出門面簷口二十公分以上，而一切易燃材料，均不准砌入牆身，此爲防火牆普通之規定，混凝土牆，如紮入相當鋼筋，而厚度在一十五公分以上，亦認爲防火牆。防火牆間之最大間隔，一般均規定爲十八公尺。合普通房屋適爲五間：防火牆自應完全遮斷，不應有門窗孔洞等開口。

火燄之通徑應遮斷者，有門窗孔洞，樓梯或電梯之梯井，屋頂窗等，遮斷之方法，，門窗用防火之門窗：樓梯或電梯圍以牆身，裝外開防火門，屋頂窗如無十分需要，可以勿用。

建築物內亦可縱橫區分以防火災，縱的區分，自爲防火之分開牆，而橫的區分，爲天幔樓地板。凡不必要之凸凹，能使區分失其効力，遮斷牆板之增加，能使火災時不易發見火源，趨避時發生混亂者，均宜避免。故防火分隔區太大則無效，太小則建築物之效能減低，救火趨避均發生困難。

第二節　防火與避難

避難道路在平面配置上，有垂直與水平之分，垂直避難路，如普通之室內外樓梯，專爲火災時用之太平梯，室內遮斷樓梯等。水平避難路，如走廊，（串堂大廳）及出入口等，火災時專用之太平門，實爲出入口一種。電梯之升降機，大商場所用之傾斜電梯，在平時雖相當方便，然災害時電之輸送往往停止，故不能作爲安全通路。走廊樓梯，即使置防火於不問，計劃構造亦相當困難，如再加入防火之要求，自更爲困難。

在危急時，除必須維持原有交通上之效能外，因失措慌張，交通量增加，一部份平時交通道路，（如電梯每因停電）之失效。故除經常樓梯走廊外，必須有專供避難用之「太平梯」，「遮斷樓梯」，「太平避難口」等之設備，此點在公共場所尤其重要。

第五章　震災

第一節　磚造之耐震

磚造之耐震，約言之，有下列各點須注意者：

（一）磚墻之最上，層爲須注意之處。

（二）磚須儘量用耐拉力較強者。

（三）灰沙用良質，（一：三比以上）者認眞砌築，絕對避免對縫，及砌縫中有空隙。

(四)最上層窗門楣與簷頂之間；各層上下層間，窗楣與窗台之距離，充分放大。又在窗或門之上下，不可減少墻身厚度。

(五)墻頂，用鋼筋混凝土臥梁箍緊，俾載重平均等佈于墻身，墻身加固上頗爲有效。又如在樓板地台口處，亦用臥梁，則須上下門窗開口間距離畧近，亦可無大碍。如墻身強度不及標準震度時，亦可用臥梁補強。

鋼筋混凝土平屋頂，或樓地板擱着於墻上時，如在墻上加以腦箍，結果更佳。

(六)上下層墻身厚度，不宜相差太多，即使減薄亦須漸次遞減。每次所減尺度，，不可太多，至多應勿超過十三公分。

(七)門窗之寬度，以勿使墻之耐剪強度受損爲凖，並勿宜太接近墻角。

(八)門窗上口，與其用磚砌拱或木楣，不如用鋼筋混凝土楣，且楣頭擱着墻身愈大愈好。

(九)屋頂及樓地板之大小梁，不可擱在門窗之上。

(十)山頭墻及屋頂以上之墻身，能不做最好。如不可省，則應設法加固。

(十一)墻身太長，門窗開口太寬，磚造墻身已決不相宜，即使用種種方法加固，亦費用多而收效不能相抵，故不如直接，用鋼筋混凝土構造爲宜。

(十二)附着於墻上之大小突出物，如旗竿座，搭樓，鐘塔，風向針，市招之類，往往使墻壁受其影响，如必不可省，以用鋼鐵或鋼筋混凝土爲宜。

(十三)壓簷線脚，簷頭挑出之飛椽，椽子，水落等，應以木料或其他輕質材料構造者，勿用石料彷製；如用鋼筋混凝土，亦應與墻身一氣呵成。凡磚墻內夾入一部石料之構造，對耐震強度祇有減少而無增加。如使用不得法，減少之程度愈大，尤其是在比較高的地位。

(十四)每塊石塊之高，愈低愈薄愈爲安全。縱橫深三方面之搭着，(俗名凖頭)不可小於砌磚厚度，(即頂磚之二分之一)。所謂愈薄愈佳，乃指高度而言，並非改砌磚爲貼面石之意。

(十五)條石之類必須有頂石一塊，每間一塊，應有錠榫鐵板之類，使石塊相互間，表墻與襯墻間，充分連繫，尤其是近於簷頭處，至下層勒脚墻之類，則比較關係畧少。

(十六)墻身砌入石塊，或用石塊砌獨立柱，在耐震上無法加固，以勿用爲宜。

(十七)用石料砌表墻，磚料砌襯墻時，墻身厚度至少應增加百分之二十至三十。每間石墻一層，襯墻厚度應相差半塊磚，石材相互間，表襯墻間，須用鐵件連帶。

(十八)石拱之周圍，須用鐵件與墻身連繫。

(十九)突出於屋面之烟通，爲最危險部分，以不同磚石，改用他種材料砌築爲宜。如必須用磚砌，則應用鐵件與屋架構造材料互相帶着。

第二節　木造之耐震

木材構造房屋若高度不十分大，其耐震力仍相當強，洋式構造中之斜撐牛腿等可自由使用。故使木造耐震，與使磚造耐火，均屬可能之事。但房屋層數愈多，耐震之困難程度愈甚。高至三層樓以上，則已幾乎無辦法。故各城市建築法規，均規定木造高度，限爲三層樓。木造房屋欲使能耐震應注意下列數點：

(一)木造房屋之破壞，以屋頂之重量爲其主因，故屋頂以用鍍鋅鐵板石綿板油毛毡等材料爲宜，尤其是瓦下盛土之屋頂重量，往往多至鍍鋅鐵板屋面之十倍，在地震地方勿用爲宜。

(二)地龍之使用，不但在房屋外圍之柱下，卽不在外圍之柱下，亦以有地龍串梁爲宜。如全部建築物之柱，能於最下端連成一體，對安全上自然有效。

(三)地龍相互間以多用水平斜檔爲妥。

(四)柱與地龍之接合，與其開做木榫，不如以鐵件加固。

(五)柱之配列，以左右前後，能對某一中軸成對稱爲宜。

(六)二樓或三樓之房屋，以多用總柱爲妥，至少四角支持非用總柱不可，其餘地位所用接柱，其上下柱間之連接，須充分注意。

(七)柱梁相接處，最易折斷脫榫，故開榫不宜太大；補強材料萬不可省，如本用大梁一枝，做木榫插入柱身者，能變更方法，將大梁開成二支，用鐵件夾在柱之兩側，較爲安定。

(八)分間墻，儘可能的多用。每墻均須爲堅強的構架，對角線材料萬不能省。

(九)屋頂做法如用立貼，則柱宜多。椽木與子柱(矮柱)之結構，與其子柱立在椽木上，不如子柱與椽木互相穿過，較爲穩固且耐風耐震。如用構架，則構架自身之斜檔矮柱，自應合適配齊，剪脚接榫，將軍柱頭尾之接榫，均須認眞構造。至屋頂構架間之串(枋子)；及與柱墻間之牛腿斜檔，其使命均在使各個小結構合成爲一個大結構，與全般之安全至有關係，决不可忽畧也。

近來習於偸安，甚至有在立貼柱上頂人字木，遂至有將桁條直擱在「並無底梁斜檔將軍柱之人字木上」之事。在材料之數目上，可以說是省至無可省，而構造上則簡直是「集二短鑄大錯」，至不宜也。

(十)各部份對角線材料愈多，對安全上愈爲有効。合式之木造宜增加耐震補強，所增費用，不過百分五至百分八，故耐震在柱架構造上所費不多。

第三節　鋼鐵與鋼筋混凝土結構之耐震

耐火耐震，爲鋼筋混凝土之特長，卽使純鋼鐵，而未有包護之構造，耐火雖不足，耐震却有餘。在今日用不包護之鋼鐵所造之房屋，已可謂絕無僅有。同時高四層之鋼筋混凝土房屋，下層柱梁，均採用鋼骨，如既使用此優越之材料，而結構上仍未達到耐火耐震之境地，則不但太不經濟，抑且辜負材料，分別的說有下列各點應注意者：

(一)基礎　以用聯立或滿堂基礎爲宜。

(二)柱　柱與基礎，須不僅安放支承，且須充分的連接固着。鋼筋之接長，以在每層之近乎中央部份爲妥，且至少須與鋼筋自身之作用，對整個匡構收加固之效。

(三)梁　梁與柱之接合，亦須用鋼節下爲抵抗震力之故，在接合處梁高均須增加，使形成「牛腿」，如梁材係鋼鐵，則梁之肢，應用鋼筋加固。

台口梁之高度，須儘可能增高，卽上層窗台與下層窗楣之間，如可能，以全部作

「梁」，計算決定爲宜。在墻面，除門窗開口之外，縱的方面使全面具柱之功用，（按即力墻）；橫的方面，使全部具梁之功用，則全框構之強度，自較穩固。

（四）墻，耐震墻　墻在建築物中，承受頗大之橫力，故如用鋼筋混凝土，並須相當之厚度，最少應爲一十五公分甚或三十公分至一十公分者。幕墻雖可防風雨霜雪，而以之耐震耐火，防禦寒温，則尙嫌不足。鋼筋除縱橫十字交叉外，尙須加入若干對角線鋼筋，在耐震之點上，則以全部加入對角線筋爲宜。房墻之內外面須各有鋼筋，以抵抗橫力。

在鋼筋構造之墻身中，亦須加入相當對角線，或縱橫方向之鋼筋，以維持原形之正確，增加保護材料之安全。

走廊，樓梯間，厠所，電梯間等，因防火災有包圍墻身之必要者，亦以用耐震墻爲宜。在平面計劃時，耐震分間墻，如成立「對稱」關係尤佳。

（五）樓地板，　樓地板對梁柱之關係，亦希望能團結成一體，故筋中亦以多用對角筋爲宜。

第六章　風災

第一節　風之災害

換氣通風，在建築設計上固屬重要。然正常之通風，雖可予居住者以清凉舒適之感，但窗縫門隙，或墻角屋瓦空隙所透入之賊風，實使人厭惡，尤其是在風沙較多之處，此等因裝修不嚴密，所引起之缺點，雖不至成災，然亦可使房屋之價值減低。

至風災之成，則由於風速。凡風壓加於垂直面之力，與風速自乘幕成正比例。如V爲水平風速$\left(m/_{sec}\right)$，P爲所加於垂直面之壓力$\left(Kg/_{m^2}\right)$，依Rankine氏之理論公式，應爲$P=\frac{V^2}{7.6^2}$。式中之V爲尋常的風速，而非最大風速，但房屋以被瞬間最大風速所破壞者爲多，此瞬息間最大風速，約爲尋常最大風之一、五至一、六五倍之間。因之在計算風壓時，應取二至三倍之安全率。

風之破壞力，以橫力爲主，此與地震相同。但地震時所受爲內力，即地震之力，使房屋自動，故本身愈重，則生之力愈強，愈輕則愈弱。至風災對於房屋，完全爲外力，愈輕則受害愈甚，故磚造對於地震與木造對於風災相同，均爲最易受害者。

鐵板烟　，不論孤立或附着於房屋，以及屋面之廣告裝飾，用屋頂窗附着於墻面之突出物，對地震風災，均爲最弱之構造物，以少用爲佳。

第二節　風災之防止

尋常因賊風所引起之不快，裝修上之線脚，如能稍稍注意，即不難避免，每堂裝修，如多費一二工人，若工作得法，所得之效果，已屬頗爲可觀。

至避免災害之意義下，則可分關係環境的；平面的；及構造的；三部份說明之。

（一）在基地廣濶，環境空曠之處，須於該地方之暴風，風向植防風林或其他之障礙物，使建築物減少風力襲擊。

(二)注意該地方暴風風向，選擇有利之形狀，以抵當強風。

(三)諸房屋中，以選擇比較耐火之房屋，配置於「上風」，對火災遮斷上亦較有利。

(四)對夏季酷暑期之風向，預為注意，以免因熱風所引起之不舒適。

(五)房屋之全平面切忌對風開口。

(六)與其高寧可低，除非用鋼骨鋼筋構造，三層尚可，四層卽不敢贊成。

(七)對各構股之組成，應充分注意，務使勿有局部的太強或過弱不相勻稱之事。

(八)對各構股之對榫搭接，應充分注意，務勿使有接長搭接，減小斷面減弱耐力之事。

(九)注意柱梁之尺度，尤其是孤立之柱身，凡柱與台口梁及柱與梁之接合處，為對於橫力最弱之部分，須注意補強，充分採用鐵件。

(十)橫架構股，在同一平面相交，例如縱橫地龍間，須用與構股相當斷面之水平斜檔，以維持框構之安定，接榫處仍酌加鐵件，以資補強。

(十一)高大之房屋，用分間墻壁，以增加框構之安全，所用分間墻須組成構架，插入充分之斜檔。

(十二)高大房屋之墻壁，以包柱做為宜，順柱斜檔，須充分使用。

(十三)地龍與勒脚間，須用坐盤螺絲，柱與地龍，不可祇用坐榫，須用鐵件緊結，此事每被疏忽，不可不注意。

(十四)門窗之裝置，除不漏風外，並須注意其堅牢。

(十五)出簷雨披等，與建築物之接連，須充分注意，在常有大風地方，出簷等以盡減淺為宜。

(十六)屋內材料須注意選定，桁椽屋頂夾椽等相互間之連接，須充分注意，必要處，應酌用對梢螺絲。

(十七)常被雨淋，與及通風狀況不良之處，應隨時檢查修理。

(十八)白蟻侵蝕每為風害之助因，在常有蟻害處，須常常檢查修理。

(十九)風力對整個構造物，有扭曲捲起之傾向，凡構造部分有扭曲捲起可能之處，均須事前加以注意。

(二十)位在懸崖之先端，海岸之突出處，以及市區兩廣濶街道相交處，為風力最強之地位，須特別注意。

總而言之而風力與震力之各種關係，有下列數點應注意者：

(一)風力為橫力，而有時為浮力，向某方向吹着之風，相反的為對某一方向吸出，地震之力因自重而生，而風力則完全受他力之影响故耐震宜輕，耐風宜重。

(二)磚造房屋耐震最弱，而對耐風則與鋼筋混凝土相差無幾用木造及鋼鐵構造，對耐風上，遠不如磚造。

(三)而就各種構造，研究耐風之力量，則耐震與耐風，所要求之細部注意，不相上下，故耐震工法，同時卽為耐風工法，所不同者，其局部重要性之程度上畧有輕重而已。

14879

第七章 雷擊

第一節 易被雷擊之地

雷擊雖不多遇，然亦時爲人畜房屋之害。凡接近高山峻嶺之高丘最易被雷擊，反之，高峰與山丘間之高地或山谷則極少被雷擊機會，高峻之建築物，較高山頂或高大建築物危險尤多。

第二節 避雷針之設置

各城市設置避雷針之高度限制，畧有出入，大都爲二十二公尺。但避電針之避雷，與其說是避雷，不如說是招雷。因空中之電流，不能無一出路，故用避雷針引空中電流，使從地中傳去，免其在空間爆擊。

裝設避雷針，原則上甚爲簡單，在建築物之頂，立鍍有不銹金屬之桿，同時在地中埋銅板，用銅線連接桿板，絕緣附着於建築物。雷電每與風雨同作，故裝置務須堅牢。

避雷針之有效範圍，爲圓錐形，一以針尖爲頂點，從針尖向地所作之線，爲直角邊，以夾頂角六十五度之邊，爲斜邊作直角三角形，再將此三角形以直角邊爲軸，旋轉三百六十度，所作成之圓錐形。此圓錐之大小，以直角邊長，(卽避雷針頂點之高度)。被包護之建築物，自應使完全包含在圓錐範圍之內。如建築物面積太大，非一個圓錐所能包含，則應設避雷針數枝，造成數個圓錐，使全部建築物，完全納入範圍之內。

避雷針設置之要點，(一)必須使電流最易通過。(二)針應鍍以不銹金屬，(三)針與埋在地下之銅板間，應連以直徑較大之銅線，且應以最短最捷徑之方法，互相接通，中途屈曲，應盡量避免。(四)銅線相互間；銅線與避雷針間，及銅線與地中銅板間；凡相接着處，均應鍍腊，且所鍍腊應十分完全。(五)地中銅板之最小面積爲 0.92m²，最小厚度爲 1.5mm，銅板必須埋至最低水位線之下，如地下水位太高，最低水位在地表起三公尺以內者，則須挖土至深度達三公尺以上，先以木炭塡充，椿築平整，然後埋銅板。(七)地線之電阻在 0.02 歐姆以上，地中銅板之電阻在十歐姆以下。

第八章 鼠害

第一節 鼠之災害

鼠嚙物偸食傳播病疫，生殖力特強。在任何孤立房屋，甚至停泊或航行中之船隻，均能於短期內，移殖孳生。故鼠疫地鼠類之清除，與特種建築物(如穀倉)之鼠耗，每爲國家地方行政上之大問題。

第二節 鼠災之防止

防鼠之法，自以捕捉撲殺爲簡單快捷。但此係警察與衛生當局之事。如祇就建築當局而言，則我人從縱的方面說，應分絕對與相對防鼠。如鼠疫地之房屋米倉等特種建築物須滅絕鼠患者，則非用絕對防鼠構造不可。如一般城鄉之普通房屋，則除鼠患外，應顧到的方面太多。勢不能不斟酌輕重，擇要防範。從橫的方面說，我人應先研究房屋，以何部份爲鼠類最多棲息最易侵入之處。如地板下；樓地板與天壚間；天壚以上，屋頂架構間；板條分間墻或斗之空墻空隙處；以及地下暗溝等，若隙而黑暗不見天日之處，均爲鼠類之良好棲息地。至檐直管裏，則更爲鼠類之良好通徑。

在建築構造上，防治方法爲：(一)使無託足之地，凡可以託足處，必擾之使不能安居。(二)使無通行之路，侵入之門。鼠類感覺甚爲靈敏，頗能識別生存是否適合與安全，如環境不良頗知趨避，故可以造成不良于鼠類生存之環境，以免其託跡。

在鼠疫地，建築法規中，均禁止不完善之吊天墁，及空鋪樓地板。防鼠之天墁，除非鋼筋混凝土所澆製，鼠無法穿孔嚙破，可不必顧慮之外。他如屋架爲木質材料構造，則天墁可直接做在桁條之下側，即在人字木或桁條上，先蓋相當厚度之屋頂板，併縫認眞，使緻密清潔，其上如爲增加耐力之故，可再擱椽子，椽子間用石灰三和土填塞，再蓋瓦片。屋瓦下僅土，每易繁生小樹雜草或窩鼠，故以改用石灰三和土爲宜。但鼠類仍能在石灰三和土層穿孔，故其防鼠力量，仍未充分。在簷頭滴水瓦處，應另行設法封閉如以鐵絲鋼，或用水泥沙封塞。以杜絕侵入之門。

，在天墁與樓地板間，防鼠方法，爲鋪實鋪樓地板。其襯地板，能用鋼筋混凝土固佳。否則用厚一吋以上之木板亦可。表層與襯地板之間，須用堅實材料填塞。大約與屋面下相同。

地板下，以用完全裸露之空鋪地板爲宜，地板線與地面之高差，至少須在一公尺半以上。使人類可俯伏在內洒掃，四周不砌勒脚墻，日光風雨任其侵入。此時如靠地面處做石灰三和土滿堂之類，則清潔乾燥鼠類自不光顧矣。

實砌磚墻，鼠類亦可穿穴潛伏。空斗如封斗磚破碎，更成爲鼠之良好住所。一切用順柱之木造墻，不論內外墻面，爲何種材料所做，表面一有空隙，內部幾乎無處不爲鼠類巢穴。鋼筋混凝土墻自最妥善， 但實際上有時因裏面襯有空斗磚， 突出部份，係用「成形磁磚」，亦往往反爲鼠類造機會。其他在屋內之台度板，通例均與內墻面間有些微空隙用以防木板伸縮撓裂者。在要求絕對防鼠之建築物，亦應斟酌採用或用石灰沙填塞。

有一部之防鼠方法，即上文所說「驚擾之使不能安居」之例。在屋架底梁之上側，或小梁之下側，排列附有鐵絲桿之泥丸多列，泥丸之相距甚密，鼠類通過時，泥丸全體擺動，可使驚惶遠避，不作生聚安居之想，所費不多，而收效相當之大。

鼠性多疑而惡擾，不規則突然發聲之品，均所畏忌。簷頭之鐵馬迎風叮咚，可使不在該部份築巢穴。

第九章　水與濕之爲害

第一節　水份與濕氣

從基礎沿地下墻，從屋頂沿屋面屋頂板封簷板；從墻面沿門窗隙縫砌縫：以毛細管現象，吸引滲潤者，在本稿內，謂之濕氣。從基礎或地下墻，滲滿湧出者，在本稿內謂之水份。濕氣之害無一建築物能避免：使木材加速腐朽，叫住者感受潮悶，墻脚地面，生黴腐，金屬之露出者，加速生銹。如構造細部能充分注意，自可以多少避免。水分湧漏之害，由于我人希望更多利用基地；由于基地地價高漲，建築物之最大面積，高度之被法規所限制水平垂直，均不能自由伸展， 於是不得不開地下層， 一層乃至多層不得不將地下室伸至與人行道側石相平。在有限之基地內，求更多之利用。但不論在海岸潮沙地，或在內地，地面若干呎下，不能無地下水。為遮斷此地下水，不使浸入室內。因此發生防水工程之必要。故防濕有三方面的，即(一)由下向上，(二)由上向下，與(三)由側旁向內。其來勢微，而時間長。所謂浸潤滲漏是也。而防水工程，則防由下向上及由側旁向內雙方面，但其來勢較猛，所謂湧噴者是也。

第二節 防濕防漏

均屬構造上之細目，分三方面記述之。

一、濕氣之從下向上昇者，磚牆最易吸收地下地面濕氣，使上昇為患，故在地面下二十公分處，應有防濕層。防濕層之做法，最普通者：(一)用一比零五水泥槳，調入防水劑，粉在墻身內外側厚約一公分半。(二)在砌縫，舖油毛毡，更沿外墻面，包至大放脚。並於油毛毡之上下或內側，坐或粉一比二水泥槳。(三)祇在砌縫舖油毛毡。(四)不用油毛毡，而用薄鉛板。但磚石墻身勒脚之防濕，較遮斷濕氣是否完全更應注意者為砌縫間是否因有防濕層之插入。失其粘着力，致對耐風與耐震上，失其安定。原砌叠工程，集小塊為一體，本不如澆鑄之完全。今於基礎相近處，插入整片內光滑之薄層，其不能無害於接脊，自不待言。油毛毡容易折斷，在橫縫中，插入凹突接榫，在理論上，對於墻身安定，雖頗有效，但施工上甚難實施。如祇上下層坐水泥沙粉刷，于表面不難劃條痕，使較為毛糙，便於接脊。現在國產防濕劑已有製品，做防濕層工法中以用第一法為宜。

鋼筋混凝土，為一體的，除有地下室之大建築物，在普通墻柱，自無插入任何防濕層之必要，做一般的勒脚墻部份，用良質混凝土或和入防水劑。除注意澆搗外，幾無別法。

木造房屋之勒脚部份，以用磚為多。勒脚與柱或地龍間，在新式構造，有用坐盤螺絲連帶。故木料下插入防濕層，相當有效，且不礙構股間之連繫。在舊式立貼構造，柱立在磉盤磉珠上，雖並不插入任何防濕層，但宮殿廟宇等較大之房屋，柱之下端，開有十字形之淮槽。對木柱腐朽，不無相當之裨益，在濕熱帶之木造房屋，實成價廉而成效良好之方法。混凝土倉庫住宅之類，是否可以仿照此方法，似亦值得攷慮之問題也。

二、水濕之由上下降者，承受上面所來水濕者，最大之部分自為屋頂。屋頂因瀉水狀況之不同，大別之可分為傾斜屋頂與平屋頂二種。

平屋頂，有木造與鋼筋混凝土造。前者在屋頂板之上，敷油毛毡，澆土瀝青石子，其做法與鋼筋混凝土平屋頂相近。但木板容易腐朽伸縮，容易下宕彎曲，以致表層漏裂，小則滲漏，大則梁桁腐斷屋頂跌下。故如須做平頂，除鋼筋混凝土外，無其他妥當之材料。如因外觀關係，必須用平頂，而又限於經費，不克用鋼筋混凝土者，則以改成極小傾斜之傾斜屋頂，而蓋鍍鋅白鐵或鋼板為宜。在內地竟有屋頂木板上，並不用油毛毡土瀝青，而祇直接澆做中國三合土者，祇求貌似，貪價廉而受實害，至可嘆也。

用鋼筋混凝土所澆搗之平頂屋，其傾斜度，最理想為五十分一。如事實因為平面外觀所限制則小至百分一，尚無大礙。如再平坦則易發生滲潤矣。至於陰角，均須塗成圓形，其半徑爲四公分上下。

屋面防水層之做法，如塗厚一公分半至二公分半之土瀝青灰沙，尚未可靠，雖間有採用，亦不免滲漏。最普通者，爲用土瀝青汁及油毛毡七層至九層，互相間隔，最上層爲做磨子石舖地磚等方便起見，以用土瀝青層爲宜。倘若不得已，而必須用天溝，則構造須注意，用七層至九層油毛毡土瀝青，同時天溝之傾斜，應較五十分一爲大，其斷面應爲V型，或拋物線型，應照水量設計，尺度勿令相同。

三、由旁側滲潤之濕氣　磚，石，混凝土，水泥，石灰沙，以及水泥沙，最常用以作墻垣材料者，均多少吸收水份，其中以石灰沙磚爲甚。對住居者健康，貯藏物保存上，可說是頗爲重大之問題。故磚面粉刷材料，其目的雖似爲粉刷外觀，而實際上，則對滲潤極有關係。

最普通防水法，爲塗防水水泥沙，如限於費用，則可在水泥沙之內，調入少量石灰(一、二、四之比)打底，補大小孔洞，然後再粉外層。在倉庫或地下層之墻垣，需要更高度之防濕設備，不能單靠墻面粉擦以防水氣。設模型澆六公分至十公分厚之混凝土，爲防止開裂之故，並可加入最小尺度之鐵絲。混凝土之調合以用二、三、五比爲相宜。由試驗結果，知用此種調合所澆製之水管，在厚度等於直徑之十分一之範圍內，可以絕對防止滲潤，如能調入相當之防水劑則更佳。

第三節　防水工程

如房屋之有地下層，而其深度祗一二公尺，則通例爲通風採光之故，須在勒脚墻之外側，砌築採光溝。此時除非地下水水位非常之高，不能不有防水工程。採光溝之防水，在其底及外側，施工方法，大抵與用于勒脚墻者相近似。如地下墻係用鋼筋混凝土一體澆成，則採光溝可從地下墻排出，彷彿墻之有排出洋台。但因所要徊水切水線脚相當之多，工程實施上不無相當困難，且在施工之初卽應攷慮若干必然的沉下，使雖稍有下沉，仍爲一體，不致開裂滲潤。防水工程有點滴之漏，卽全盤皆錯，不可不注意也。

以上爲地下室深僅一二尺或一層時之施工方法，若地下室有二層至三層以上，或基地水位非常之高，則地下部份，終年浸在水中，防水工程相當困難。其防水方法，因防水層在內外側之不同，有內側防水與外側防水之分。內側防水，先砌澆實質墻垣，再於內側貼粉油毛毡土瀝青，所佔面積較小，費用亦較省。但因內側無重物支持，水壓太大時，有時被壓破湧水之弊。普通用於基礎工程，以用外防水法爲多。因防水層在實質墻垣滿堂之外側，故偶有毛細小孔，不致立卽失敗。且墻垣滿堂施工時，如欠注意，防水層甚易破穿孔。尋常施工方法，先澆滿堂，(一、四、七比之混凝土)砌襯墻，在其內側舖做七層乃至九層之油毛毡土瀝青，與用於屋面工程者同。襯墻與滿堂，及滿堂自身之陰角，均須做成稜或圓弧，使油毛毡，不致折斷。在滿堂防水層上，舖篩淸之細沙，厚一吋上下。使架設內層型板，澆搗混凝土時，不致撞傷防水層。又防水層下，滿堂表面，墻內側，須平正無些許之突窪，內層混凝土澆搗工作，須注意勿使鶴嘴煤匙釘頭等撞破防水層。

防水材料，大別之可分爲物理的不透水層與化學的防水液層兩種。內防水，如用物理的不透水層，則須附加堅強耐壓的襯墻。塢用化學的防水層，則比較耐壓。

磚石房屋建築

林朗懷

第一章 緒論

建築物爲文明之徵象，人類文化之演進，恆多寄托於建築物表現之。我國對於房屋建築，遠在數千年前，即已稍具典型，彼時文化之盛，概可想見。嗣經數千年之改革，就建築形式而言，以別具作風，早經造成一種雍容華貴之美術，爲世人所珍視。然偏重於建築形式之鑑賞，耗費材料未完全切合實用。一切建築工程，側重法式制度，一任彼圬工木匠，因循舊法而承造之，鮮有能在技術方面加以改進者。今者，歐學東來，爭奇炫異，一般建造形式，亦且競尚西式，將我國固有之美術，淪越落伍，渠若敝屣，深可嘆也。

晚近國人之關心我國文物及建築藝術者，深知我國之固有建築美術，有從事保存發揚光大之必要，而對於建築技術，如結構學理及施工方法等，諸凡以科學爲根據者，則皆主張斟酌採仿西法，從而改善之。蓋科學之發達，歐西固駕乎我國之上，取人之長，補己之短，誠爲推進我國建築工藝之要圖。

我國房屋建築，多以木材爲主，土石磚瓦輔之。近百年來，歐亞交通開始，貨物大量輸入，工程材料亦隨之運至，故鋼鐵及水泥等，漸爲國人所採用，惟價格頗昂，且不敷供給，故反不知國產材料之普遍方便。

建築步驟，大概言之，爲設計與實施。設計之要旨，在經濟，在合用，在衞生，在美觀，其均有賴於構造安全則一也。安全云者，即取材之尺度宜充分，造形之佈置宜得當，各部之結構宜穩固是也。

第二章 設計之大要

第一節 房屋之種類

房屋之建築，其種類甚繁，如鋼筋三合土房屋，石砌房屋，磚砌房屋，木架房屋及茅屋等，其種類之選擇及其大小，全視經濟與環境而定。我國之房屋多磚石爲之，因其用料經濟，人工簡單，環境適宜，故人皆喜用之。

第二節 房屋之要素

房屋之要素有四，茲詳述如下：

(一)實用：房屋內各室及門窗等之地位，須佈置合宜，不致放廢空間，或使用不便。

(二)採光及換氣：房屋所需之光線，按其用途而定，每層窗門之面積，約占地板之面積 1/5，普通 1/8 亦可。光有滅菌之功，且爲起居操作所必需，倘不能有直接光線，應盡量利用間接光線，如門之上部裝配玻璃，或用氣屋，板壁上部留空，樓梯上裝玻璃，天棚或屋頂用屋面窗天窗等。

房屋之換氣，乃視窗戶面積之大小，及窗外有無遮蔽物爲依歸。然窗戶所面臨之地，必須爲空地或大道，如無多餘空隙，而欲採光與換氣，惟有設置通天以資補助。凡通天須由地面直至天面，中間不能有障蔽物掩蔽，惟天面准設透光物遮蓋，但其頂或四週窗扇，以能全部啓閉者爲限。

（三）美觀：房屋表面之美觀，指其各部之長濶高低相稱，門窗裝飾物之地位，及大小合式，各部之顏色調和，建築物全部外表與四週情形協調，方可稱善。

（四）堅固：房屋各部應同一堅固構築稱，外圍之門窗應宜配置穩妥，以防盜匪。

第三節　房屋式樣

房屋之式樣，按平面圖，可分爲獨立式，聯合式，及排立式。依其高度，可分爲七種：（一）平房，（二）高平房，（三）矮樓房，（四）二層樓房，（五）假三層樓房，（六）三層樓房，（七）三層以上樓房。其式樣之大小高低，按用途而選擇，如建商店娛樂塲，及工廠等，其式樣應廣濶高寬，倘平民住宅，則建四層以下足矣。

第四節　基地之選擇

選擇基地，爲建築房屋重要之條件，其應注意各事，分列如下：

（一）地勢：基地宜高燥平坦。

（二）地質：地質宜堅硬。

（三）地價：地價宜低廉。

（四）方向：房屋宜向正南，東南或正東。

（五）交通：房屋之出入交通，以便利而不耗費建築面積爲最理想。

（六）給水：如有自來水供給，固爲妥善，不然應考察該地之水源水量，及其水質，是是否可作飲料之用。

第五節　地盤之佈置

房屋之方向：通常以面南爲佳，東南，西南及正東次之，西北又次之，實則東南向較正南爲優，因朝東南之房屋，其四面房間內多得日光之射入，進風和緩，温度適宜，在春夏兩季，多東南風，秋冬之季西北風，故向東南之門戶宜多向西北宜少。

進出：屋外之交通，其進出之道，以近公路爲宜。出路之地位愈少愈佳。出路之佈置與基地之經濟，甚有關係。其兩邊所留之空地，應適合於各種用途，不宜破碎凌亂，以致將來用時，無可取材。

排水：穢水及雨水之排洩，佈置地盤時，當妥善構通，免使穢水滯積，致發臭氣，及生蚊蠅之害。

間格：房屋之間格，須視其用途而定。大概分有客廳，臥室自修室，餐室，儲物室，沐浴室，廚房，厠所等，其位置之分配，可依屋內之面積，因光線而選擇，設計時應，顧慮週詳妥爲計劃。倘若爲商店之用，舖內之間格，宜注意光線及美觀。

第六節　地基試驗

凡土木工程規劃時，必需知地基之安全載重如何。欲知其安全載重，乃有檢驗地基之必要。依照檢驗之結果，從而規劃其基礎之做法，庶全部載重，得安定穩固無傾側下陷之虞。是項檢驗，應注意於載重較大之處。如橋樑之橋墩橋臺，房屋之柱脚屋角等，倘某處地基在歷史上或環境上，可以切實證明其為堅實者，可免檢驗。

地基之分別，視土質之堅實與否，可分成下列三等：

(上等)地層堅實，雖承重壓，而無顯著之陷沈；而其厚度在二公尺以上者，如石層，結實之砂石層，或板巖層等是。此等地層，實足以承受壓力及剪力作用。

(中等)地層較鬆，在重壓之下，稍有陷沈，而其厚度在三公尺以上者，如普通黏土層及砂石與黏土之混合層等是。

(下等)地質之一經重壓，立即沈陷而向四周擠出者。如細砂層，潮濕之黏土層，或爛泥層等是。

地基載重力之檢驗方法，大別可分為二：一為直接檢驗法，二為間接檢驗法。後法由考查土壤之性質，及其組合情形，以測定地基之載重力。蓋地基土壤之性質及組合情形，一經明瞭，其載重能力，即可根據既往之經驗，與研究結果從而測定也。直接檢驗法普通又可分為二類：即直接載重試驗法，及打試驗樁法。茲分述如下：

(甲)直接載重試驗法：先在地面掘一方坑，坑底須平整，其深度約與建築物之基礎同高。在坑底豎立一載重試驗架，此試驗架之主要部份，為方柱一根，下端墊以約二十公分見方之木板一塊，上端設置平板一塊，約一公尺見方，板上堆置重物，坑之兩旁，則須用支柱及斜撐木等支持之，俾平板得維持平整，不致傾斜。載重平板上所堆置之物體，普通為鋼鐵磚石之類，其重量約為與支柱下墊板同面積建築基礎所應載重量之二倍至四倍，堆置後須於每隔一定時間，注意並記錄方柱下沈之尺寸，根據是項紀錄，以測定地基之安全載重。如經過七十二小時後，該方柱之下沈尺寸，在一公分以內者，則該地基之安全載重，可定為平板上所堆置重量之百分之四十。如下沈深度，小於三公釐者，則該地基之安全載重，可決定為與堆置重量時所假定之載重力相等。例如試驗架下之墊板為二十公分見方，建築物基礎之應有載重為每平方公分載重二公斤，堆置於平板下之重量，應為一六〇〇公斤，合建築物基礎應有載重之二倍。倘此試驗架之方柱於七十二小時後，下沈不滿三公釐者，則該基地之安全載重可決定為每平方公分四公斤。倘該方柱於七十二小時後，下沈一公分，則該地基之安全載重，可定每平方公分一、六公斤，即合平板上所堆置重量之百分之四十。此種直接載重試驗方法，甚為簡易，費用亦低，故工程界都樂用之。惟此法祇能行於陸地及基礎不深之處，若欲檢驗水中地基，及距離地面較深之基地，則不復適用。

(乙)打樁試驗法：如建築物之地基，以打樁為基礎者，則可在該地基上先打試驗樁，以直接測定每樁之安全載重，然後即以打樁試驗之結果，用為設計之根據。此種試驗法，河底及陸地，均可適用。

間接檢驗法，亦有多種，如探鑽法，掘試驗坑法，及錘打試探桿法等，茲簡述如下：

(甲)探鑽法：探鑽之法，可分數種：有錘擊探鑽法，水力探鑽法，金鋼探鑽法等。此數項探鑽方法，均係用鑽頭接連鋼管，鑽入土中，取出各層土壤，測知地層之結構，剛定地基之載重。探鑽之法，可鑽入地中至五十公尺以上。

(乙)掘試驗坑法：法卽掘一方坑或圓坑。直徑可自一丶五公尺至二公尺，地基土層之結構，卽由掘出之土壤，一覽無遺。

凡堅實土層，其厚度在三公尺以上者，可載重三層至四層高之建築物。此乃實驗所得之結果，可供參考。

地基試驗時，並須視察地下水之最高水位。因房屋地窖之地面，至少應高出地下水位三十公分。若地窖之地面，在地下水位之下者，則其地面及週牆，均須有特殊之構造(避水設備)。

第七節　規劃

工程之規劃，須思慮周詳，計算精確，庶幾設計能適合需要，工程能堅固耐久。凡房屋建築，須先根據用途，求內室有妥善之組織，深寬高度有合宜之支配。然後再測定地基之壓力如何，樑架及墻身之支持重量，從而作結構上之規劃。同時並須運用美術思想，以求其形式美觀。

至於圖樣之製繪，須準確詳明，所有尺度，除可詳細註明者外，每幅圖上均應繪一比例尺，以爲推算尺度之標準。倘祇註明若干份之比，或一公分作若干公尺等字樣，則因繪圖紙與曬圖紙均有伸縮性，曬洗之後，恆不能維持其原有尺度，致圖上與實物之長度無一定之比例。

又建築物之部位與方向，相互間有密切關係。故圖樣之校閱者，乃有先知該圖中所示方向之必要。故平面圖上，皆應繪一指北針，作圖時應注意及此。

又圖樣上除數目字外，均當用中文書寫，否則向工程機關請領營造執照時，將有不受理之虞。例如上海市工務局，己於民國二十年一月一日發出通告，凡請領執照之圖樣，不用中文書寫者，不予受理，作圖時應注意。

房屋建築，其建築界線，通常以產權所賦予之地基線或鄰宅之邊線爲標準。晚近勵行建設，都市村鎮，恆有整個建設計劃，路線之分配，路面之寬度，莫不有精確規定。故此項建築界線之確定，每因拓寬引直或新闢道路，不復依據業權界綫，而須退縮若干者。故當遵照各該地工程官署所訂定之界綫辦理。

第三章　施工前之準備工作

甲、佈置建築塲所

建築塲所應有適宜之佈置，俾工程實施，及工作進行上，得相當便利。否則需工多而耗費鉅，經濟卽蒙其影響。玆將工塲上各項應有設備，分述如下；

(一)塲上草木碎屑及其他各種垃圾雜物等，應先清除盡淨。

(二)遵照工程官署之規定，在全塲四週，圍以竹籬或柵板。

(三)預定各種材料之堆置塲地，其地位以便於運輸取用及保管爲宜。

(四)建築期間，需用多量清水。宜開鑿水井，或裝置其他水源之引導設備，如河水井水或自來水等。

(五)就適宜地點，建設木工塲，辦公室，工人住室厠所及厨房等。

(六)於適當處，建設材料儲藏室，以備堆置易受潮濕侵損之材料，如水泥石灰及鐵器等是。

（七）靠近石灰儲藏室，設置大小適可之灰沙池。

（八）擇場上易於避火並衝要地點，設置消防設備，如消防水喉及滅火器等。

乙、確定建築物地位

以上各項，既經妥備，然後確定建築物之地位，應就當地程工官署所指定之路界爲限。

如有不遵此項指定而建築者，一經發覺，須即拆讓，且受處罰，爲工程師者，不可不注意也。

建築界線，既經確定，第二步爲確定內墻及外牆之牆基線。其確定方法，除在地面上，依照建築圖樣，釘立樁位或劃定石灰線外，下列方法，尤較準確。

其法在建築物之四角，每角豎立高約一公尺之木樁三個，離外墻面約一公尺半。其上端訂以木板，互成直角。依據圖樣上牆基線之尺度，在板上刻以凹槽，幺線於相對之凹槽中，即得各牆基線之部位。此法既較準確，且便於工程師之復勘。

第四章　土工

坭土依施工之難易，可分二種：其一爲普通坭土，即不雜亂石磚瓦，而容易挖掘者；其二爲混雜坭土，即雜有亂石磚瓦，不易挖掘者。在土工開始之前，不論爲房屋建築或道路工程，須將施工場上多餘之坭土亂石及一切有妨工程進行之障礙物，先行清除，以利工作。

土方工程，依施工之性質，概分二類：其一爲挖土工程，即挖掘基地坭土，並包括將所填之土，移置於指定地點；其二爲填土工程，即取土填高基地，並包括將所填之土，樁打結實。挖土或填土之工價，皆以體積爲標準。其工程總額之計算，即以挖或填之體積若干立方公尺，各乘其每立方公尺之單價得之。倘填土較高，或挖土較深，或池塘低窪，或遠距取土，或土質堅硬，得將土方單價，酌量增加。填土應分層舖填，逐層椿實。池塘低窪之地，並須先將塘中積水，先行扯盡，然後填土，所費自昂。分層填置之法，每層所填厚度，應以三十公分爲限，俟樁實後，再行加填第二層。倘遇分段填築，則分段間各層交接處之接口，不應在同一垂直而上，每層至少須有一公尺之交錯。填土用坭，如遇坭塊，當先搗碎，並不得雜有草木樹根垃圾及其他可腐化之物，以防日後鬆軟下沈。至於挖土所應注意之點，爲挖去基地坭土後，四周之坡土，倘有不合，每易發生崩墮情事，損失至重也。

地面上層普通有腐殖土，其厚度約自二十至五十公分。是項土壤，不宜於任何建築基礎之用，應剷除之。但在房屋建築，則可利用此類坭土，鋪置於園圃中，以資種植。

房屋建築，如有地窖層者，其第一步工作爲挖掘基地土坑，挖至計劃中所需要之深度而止。惟應視土質之堅鬆情形，將四周土壁築成斜坡，以防崩墮。倘或因環境關係，不能建築此斜坡時，則須打板樁以圍之。土坑尺度，應較地窖層面積，畧爲寬大，以利施工。建築物如用樁基者，則於基地四周，圍成樁板後，乃依照建築圖樣，先打基樁，達應有之深度而止，然後掘挖基土。如普通建築物，其下無需基樁及地窖者，則逕即挖基礎溝，溝壁溝底，均須平直整齊，須用測量儀器校對，俗稱望平水是也。如遇溝底積水，須隨時抽乾，切不可任其積留。掘出之土，除剩留一部份以備將來還土之用外，其所餘土量，應隨時運離施工場所，拋棄於指定地點。

開挖墻溝既畢，然後搗製三和土爲普通墻基，搗築時先將碎磚傾入溝中，用石錘排椿堅實，每皮十吋，椿實至五吋爲度。同時並澆以排漿，使因三和土膠性而凝固。排漿成份爲一份石灰，二份黄沙。後於第五章內當詳述之。

第五章　牆工

墻爲建築工程結構上之重要部份，乃天然石料或人造磚塊，用灰漿或其他膠泥結砌而成，足以承載重量之堅實整塊。

第一節　磚砌墻垣

(一)材料：磚墻之主要材料爲磚塊。磚塊由人工造成置於窰中燒成者，稱爲土窰磚。有以機器造成者，稱爲機製磚。普通磚塊之外，更有硬度特高之火磚及煉磚，適用於墻基墻柱等處，又因其強大耐火性。故兩宅間之隔墻，防火墻及煙窗爐灶等均用之。又有空心磚及汽泥磚，質輕而不重壓，內室隔墻及外墻之不受承重部份用之。

磚之大小各地不同，我國所用之最普通者，長約十英寸，濶五英寸；厚二英寸，俗稱二五十磚塊。又有曰新三號者，長八又四分三英寸，濶四又八分一英寸，厚一又四分三英寸，爲近來江浙一帶所最適用，因其加灰縫及雙面粉刷後之厚度，適可造成五英寸，十英寸或十五英寸厚之磚墻。

此外尚有老三號磚(8"×4"×1½")，三號放磚(8⅞"×4¼"×1¾")，及洪溪磚(9¼"×4½"×1¾")等種類，亦爲建築界所採用。

(二)結砌方法：磚塊性質，乾燥居多，於砌墻前，應預先浸在水內，使之濕透，此磚塊俗謂浸磚。如因環境關係，上項手續，難於實行，則當應用噴桶，將水澆足，然後取用。蓋其於墻身之壽命，有莫大之關係，切不可或忽也。

磚牆結砌，有一定方式，不合法結砌之磚牆，足以減小其承重力量。故磚塊之長濶尺度，自有其相當規則。

爲求牆身作有規則之堆砌計，乃有應用四分之一，四分之二及四分之三磚塊之必要。是項磚塊，在歐西各國市場上，可以購得。我國磚窰，現尚無此出品，則須由瓦匠於應用時，將整磚砍截之。

磚牆堆砌，應遵守下列各點：

(一)每層磚，須成水平，牆面必需垂直，俾牆身載重，得以平均支配，而免傾陷之虞，故於砌墻時，沿墻恆用麻線緊拉，成一直線，然後依此而砌，卽俗稱拉線是也。

(二)兩層上下鄰接之直縫，不得在同一立面上，各層須搭砌，其搭頭至少應爲磚長四分之一，免易開裂。

(三)墻面灰縫，須作有規則之交替，橫砌層與頂砌層，須作有規則之變換。

(四)凡遇墻角於任一磚層上，磚塊之排列，其一牆如爲橫砌者，其另一牆則應頂砌。

(五)磚墻砌結，務須多用整磚。

磚牆牆面之不加粉刷者，俗稱清水牆。其牆面灰縫，為美觀及堅固計，均應作有規則之變換，於是有各種不同之砌法。大別之，可分四種：曰橫砌法，曰頂砌法，曰交砌法，曰十字紋砌法。玆分述如下：

(一)橫砌法：完全用橫向磚身堆砌之，牆身厚度，恆為半磚，計五英寸，各磚搭頭亦恆為半磚。

(二)頂砌法，為完全用頂砌層堆砌之，牆身厚度，恆為一磚，計十英寸，各磚搭頭，恆為磚長四分之一。惟是項砌法，通常不常應用。因同為一磚厚之牆身，儘可採用搭頭較大之(三)(四)兩法，其構造較為結實，並美觀也。

(三)交砌法：為橫砌層及頂砌層，互相交替堆砌之，牆身厚度，至少應十英寸。所有牆面頂縫，均相隔一層且互相垂直。各磚搭頭至少為磚長四分之一。

(四)十字紋砌法：亦為橫砌層及頂砌層，互相交替以堆砌之法。牆身厚度，至少應有十英寸。呈露於此種牆面之頂縫，其在頂砌磚之間者，均相隔一皮互相垂直，其在橫砌磚之間者，則每隔三層卻互相垂直。第一與第二橫砌層之頂縫，則相差半磚。各磚搭頭，至少亦為磚長四分之一。因牆面灰縫作十字紋，故稱之曰十字紋砌法。

上述四法，最為普通，可謂為牆工上之基本砌法。此外尚有哥梯式及荷蘭式，均因上下層灰縫有相蓋之處，故不足取。至於極厚之磚牆，則可用城堡式砌法以堆砌之。

磚牆厚度不同，各層交接方式亦異，故堆砌上，乃有一定規則，使灰縫作有規則之變換，以求結構堅固。

(一)牆之起端或終端，如發圈及門洞等處，為求適足之搭頭，及有規則之堆砌計，須用四分之三磚塊，卽俗稱八分頭者作起，牆之一磚厚者，祇需橫砌層以八分頭作起。牆厚一磚半者，各層均須用八分頭作起。一磚半以上者，則須在頂砌層之八分頭中間，嵌以整磚。

(二)牆與牆角相接，如隔牆與隔牆或隔牆與外牆之連接處是也。其結砌方法，各層應互相交接砌結。其砌結之一層，應為橫砌層，故於起端須用八分頭作起。內角磚塊之搭頭，至少應有磚長四分之一。

(三)隔牆與隔牆或隔牆與外牆之直角相交處，其結砌方法，各層輪換砌結。其砌結之一層，設為橫砌層。則同皮之在另一牆者，乃為頂砌層。牆角磚塊之搭頭，至少應有磚長四分之一。

(四)垂直相接之牆角，其結砌方法，各層應互相交換砌結。砌結之一層，其前應為橫砌層，並於起端用八分頭作起。

(五)鈍角相接之牆角，習見於房屋建築之突出部份。其堆砌方法，應以牆角之裏緣為準。同層上在一牆為橫砌時，則在另一牆，應為頂砌頂砌層之頂縫，應距離牆角。計磚長四分之一，如此各層互相變換堆砌之，使結構堅固一致。

(六)銳角相接之牆角，亦為牆工上習見之結構。其堆砌方法，應以牆角之外緣為準。同層上在一牆為橫砌時，則在另一牆應為頂砌。使各層互相變換。

方柱之砌法，與磚牆砌法相同，每層兩端以八分頭作起，各皮轉一直角而堆砌之。

(三)牆基做法：大方脚之下為牆基，牆基普通用灰漿三和土，其成份為一份石灰，二份黃砂，四份碎磚。倘在地下水位以下者，則須用水泥三和土，庶能堅結，其成份爲一份水泥三至四份黃砂，七份碎磚。碎磚夥塊 不可大於五公分，更不得攙有瓦片垃圾等物，用時當用清水冲洗，以求潔淨，並使預先吸收充足水量，以便與灰漿調和，而利凝結。其做法先置拌板於牆溝上，倒碎磚於板上，灌以灰砂漿而勻拌之。倘爲水泥三和土，則須先將黃砂及水泥，乾拌勻和，然後攙入碎磚，灑以清水而勻拌之。如此拌就後，乃卸入墻溝中，用木槌椿實之後，方可再行下卸，隨卸隨椿，至規定之高度爲止。每天停工時，在冬日須用稻草蓋好，以防冰凍；遇天雨則其上面應加澆濃三合土漿一層，以防冲散。水泥三和土墻基做就後，應隔十四天後，方可堆砌墻脚。

(四)墻面粉刷及灰縫：墻面粉刷，可分內墻面與外墻面兩種：內墻墻面之粉刷，其作用在使成平滑之面，以備加刷顏色或裱糊花紙，以求美觀。外墻墻面之粉刷，俾成平滑之面，並使能抵抗天氣之變遷，並防雨水之侵蝕，以保持建築物之安全。

墻面粉刷，須俟墻身全乾後行之。粉刷之前，須先將墻面用刷帚洗刷乾淨。粉刷時期，以春秋二季爲宜。炎夏粉刷，須先將墻面用水澆濕，使灰漿與磚面相黏着，不致日久脫落。隆冬季節，愼防冰裂。

玆分述最普通之牆面粉刷法若干種如下：

內牆牆面粉刷之最普通者爲紙筋石灰。其法先用柴泥打底(俗稱刮草)，是項柴泥，由沙土石灰及柴草配合而成，其中石灰無一定成份，至泥漿呈灰白色爲度，柴草例用稻柴以刀切斷， 長度約爲六至八公分， 入水浸軟後乃與泥漿勻拌之。柴泥粉刷旣畢，俟其全乾，然後粉紙筋石灰一層， 是項紙筋石灰，爲紙筋與石灰配合而成。 其配合成份，大約爲石灰一担加十吋方紙筋二捆，石灰每挑約重二百市斤，如此配合之紙筋石灰漿，每英方約可粉刷牆面二十一方，計所需材料爲石灰六担，紙筋十二捆。

爲求牆面淨白起見，待紙筋石灰乾後，刷以石灰漿二度。是項石灰於溶化後，用紗篩篩過，約三四日後，方可取用，否則難免有小粒石灰，未經化淨，粉刷後，將有起泡並脫落之虞。

亦有用老粉漿以代石灰漿者，其所成牆面，更爲潔白。是項老粉漿，爲老粉與雞脚菜配合而成。雞脚菜須先煎成液汁，冷後成凍，然後攙入老粉厚漿而勻拌之，並須經紗篩篩過然後取用。雞脚菜須於煎凍後一二日內用完，歷時過久，則黏性盡失，而不復生效矣。其配合成份，約爲老粉漿一擔，加雞脚菜半斤，則可粉刷牆面三英方，並可在老粉漿中加入顏料，以粉成各色牆面。

牆面之欲刷色粉者，須先用豬血和老粉滿批，無使凹凸，乾後用砂皮打過，使其平滑，然後刷以豬血，再擦香水油一度，乃將色粉加水調和後刷於其上，目前是項色粉，外貨爲多，俗稱粉牆用之來路貨顏色粉，每包可孌度粉牆面二英方。

牆面之欲油漆者，亦須先用豬血和老粉滿批，再用砂皮打過，然後漆以豬血再刷以油漆。如油漆中調入香水少許，可使漆色無光。

豬血之應用於牆面粉刷者，其製備之法如次：先將豬血用稻柴攪爛，經紗篩篩過，加石灰少許，徐徐勻拌之。豬血與石灰漿約爲50：1之配合成份，勻拌後越數小時，結成青黑色厚漿，卽須加清水調薄，以免堅結。如此做成之豬血，在炎夏須當天用完，在冬季縣於七八天內，亦可應用。

外墻墻面粉刷之最普通者，有下述數種：

(1)紙筋石灰墻面：其做法與內墻面粉刷相同。

(2)灰砂墻面：其做法先用紙筋泥灰打底。是項紙筋泥灰，由泥與紙筋加石灰漿配合而成。石灰漿成份，至泥灰呈灰白色爲度。紙筋亦無定量，大約泥灰一英方，摻用十吋方紙筋約六七捆。於紙筋泥灰層之上，粉以黃砂漿。是項黃砂漿之配合爲黃砂一方加石灰二担，約可粉刷墻面七至八英方。

(3)水泥墻面：其做法先用紙筋泥灰打底，其上粉以水泥漿。是項水泥漿之配合，爲水泥一份加砂三份；亦有用水泥紙筋灰先打底者，較爲堅固。是項水泥紙筋灰，爲紙筋石灰加水泥配合而成……

(4)洗石子墻面：其做法先用水泥紙筋灰打底，其上再粉水泥石灰漿，然後再粉以石子水泥漿。其配合以體積計，大約水泥四份，配以洗石子六份。粉上後，待其稍乾(約數分鐘)，用水洗刷至石子顆粒露出爲度。

(5)磨石子墻面：磨石子墻面，用於外墻面之勒脚及壓頂爲多。內室地坪或走廊亦用之。其做法與洗石子墻面相同，惟所用石子之材料不同。此種石子，稱爲磨石子。石子水泥漿粉上後，待其堅結，用鐵砂石或機器磨光之，使成平滑之面，並可在水泥中攙入色粉，以造成各色及各種花紋之磨石子墻面或地坪。亦可用白色水泥，以造成白色之磨石子墻面或地坪，其每英方包價不等。

(6)卵石墻面：於經砌就之墻面上，先用水泥石灰漿打底，厚約一公分。所用水泥石灰漿，係水泥一份，黃砂一份，及石灰二份，配合而成，然後立將卵石均鋪於石子板上，以板緊壓其上，待其乾燥後，可以黏牢，而不脫落，遂成卵石墻面。卵石於施用前，應將其洗滌清潔，直徑約在一至二公分間，每方卵石，可成十方墻面，此項墻面，卽俗稱搭石子是也。

墻面並不粉刷任何質料，而保留其原有狀態者，謂之清水墻面，反之則稱混水墻面。

清水墻面，爲防止雨水之侵損墻身及美觀計，其灰縫須另加嵌縫工作，恆在墻身砌成後行之，其法先用坭刀將灰縫挖進約半公分，用帚刷淨，並刷以清水，然後將灰漿嵌入，是項灰漿之材料，應採用有抗水能力者，通常用石灰漿，最宜者爲水泥漿，爲求美觀起見，亦可在嵌縫之灰漿中，加以色粉，以造成各色之灰縫。

第二節 石堆砌之墻垣

(一)材料：用於建築工程上之天然石材，應擇組織結實，能耐天時變遷之影響，不吸引濕性，且顆塊端正，而無罅隙裂痕者爲宜，普通採用者約有下列五種：

花崗石——此種岩石爲火成岩酸性之凝結物——乃石英雲母長石三種結晶體所成，山嶽海濱，出產至多，石英與長石色白，雲母或黑或白，間有雜以紅綠，花崗石色彩鮮美，有黃紅褐灰祥綠等斑點色，可以磨光，質堅耐久，以強硫酸點之，不起湧沸，爲石材中之堅緻者，用於墻面包皮，踏步，地板，門柱，窗臺等，均甚適宜。

閃長石——此石亦爲火成岩之凝結物，色黑，故俗稱黑花崗石。其異於花崗石者，以其含有角閃石而無雲母石，對於酸性，不起作用，冰霜烈日，亦足抵禦，爲石料中可稱最堅固者。琢磨後，光亮如鏡，用途與花崗石相仿，又如墓碑，紀念碑，櫃臺，桌面等均極合用。

玄武石——亦火成岩之一種，產於火山噴發而成之山巒，狀如木材，色黑，堅硬而細密，建築上亦常用之。

砂石——此種岩石，爲水成岩之一種，乃水中砂礫，沈澱而成．含有石英粒，原產於淺海．待海底上昇爲陸，故於陸上多山之地，可時見之，其堅韌及耐火性，因組織之疏密，而有不同，恒構成晶粒狀，在建築上用途亦廣，凡欄杆墻基，均可採用。

灰石——亦水成岩之一種，大都係由動物介殼沈澱而成；亦有化合沈澱而成者，故呈層次狀。常見者色灰白而不透明，亦有結晶而透明者，及含有雜質而作灰黑或雜色者。如大理石，質不甚堅，用於建築物之內墻墻面，踏步，地板等最爲適宜，但不合於露天之用。

(二)堆砌方法：石墻之堆砌，可概分爲亂砌，及整砌兩種：

亂砌石墻，用大小不均且未經琢鑿之石塊，堆砌而成。石塊與石塊間之較大空隙，常用小石塊填補之。其墻面必凹凸不平，灰縫作網膜狀，用於房屋建築之外墻勒脚及圍墻支墻等處，至爲美觀。惟在墻身轉角及盡頭處，或墻洞之兩側，則須用磚塊或人造石以接砌之。其接連處，應作鋸齒狀鑲砌，倘墻身較高，則可在每隔0.60至1.00公尺處，鑲砌人造石或磚墻一道，美觀而又堅固。

整砌石墻，應用稍加琢鑿之石塊成之，可得比較平正之面。因石塊大小不同，故其墻面灰縫，亦不作有規則之變換。有將石塊琢鑿成平正之面，而各石塊之大小高低，又復預爲支配，使墻面灰縫作有規則之變換，使石墻整齊堅固，橋墩堤壩支墻堡塞等多用之。惟因放熱容易，故不宜於住宅建築，常見公共建築物之外墻墻面，全用石塊堆砌者乃於磚牆之外，加鑲石塊之結構也。

磚墻外所鑲砌之石面，其厚者可合磚墻厚度，一併作爲可以承重之墻身；其薄者則祇可供墻面裝飾之用，是項裝飾牆面之石板，通常用人造或天然花崗石爲多。

石塊墻面之整砌者，頂砌石塊，嵌入磚墻之深度，至少應有半磚，即十二公分。其鑲砌方法，概分下列三種：

(1)在同一層上之石塊，橫砌與頂砌，作有規則之變換。

(2)各層石塊，互作橫砌與頂砌之變換，如第一、三、五層爲頂砌時，則第二、四、六層爲橫砌。

(3)石塊之高低不同，大小各異者，其堆砌法，當爲不規則的。

石塊與石塊之連絡，除用水泥漿外，並應用各種鐵器。並行連絡用鐵器鐵馬；上下連絡用鐵栓；用於石塊與磚墻前後相連絡者爲鐵杷。凡此鐵器，均須鍍鋅，以防銹蝕；並須於鑲嵌後，灌以水泥漿或鉛，以防鬆動。

第三節 木殼搗製之墻垣

建築物墻身之以木殼搗製者，其所用材料，大別爲黏土，灰砂，及混凝土三種，茲分述之：

(1)黏土——用黏土搗製之牆身，其下墻基須用磚石堆砌，並應高出地面五十至六十公分；其上屋簷須加倍伸出，爲之蔽護；以防潮濕及雨雪之侵損。門洞窗洞之四周及烟通，均須磚砌。墻面粉刷，須待墻身全乾後行之，大約自搗製完成之日起算，經一年後，方可粉刷。粉刷時，先在墻面遍劃凹痕，深可半公分，然後噴以清水，粉以灰砂漿，俾易於黏着，日久不致脫落。此項灰砂漿之配合，爲一份石灰，二份黃砂，三份黏土。待此層全乾，然後再粉以紙筋石灰漿。

(2)灰砂——凡墻身之以木殼搗製者，其易受潮濕部份，可用灰沙代替黏土。此項灰沙漿之配合，爲石灰一分，粗砂八份至十二份。粗砂恆攙有石子，其顆塊之大小，以三公分爲限。

(3)混凝土——墻身之用混凝土搗製者，其材料之配合，普通爲水泥一份，沙三份，石子六份。砂之質地，須尖銳而潔淨；石子顆，塊不得大於五公分，其配合方法，與做混凝土墻基相同。混凝土搗入木模，每高三十公分，卽用木槌椿實，至面上現水爲度。如墻垣不能一氣築成，則於每次開始搗築前，須將上次之面劃毛，並用水澆濕，使新層與舊層互相粘着。凡遇墻身太長，須分段搗築者，則其接頭處，當作成梯級形。

混凝土牆垣，用於承重較大之處，如墩子及牆基是也。

牆垣搗築之前，應於其前後，先設木殼各一道。木殼所用之板，大概採取二吋，十二吋之松板。每距一定尺寸，另設木柱連結之。木柱之旁，再佐以斜撐，使之穩固，俾於木殼中搗築時，不致有坍塌或走動之虞。

第六章 木工

第一節 樓板

樓板爲房屋上下層之間隔物。其對於上層之爲用，等於下層之有地板。樓板結構可分下列各部份：

(一)擱柵，(二)隔層，(三)樓面板，(四)底板（卽下層之天面），茲分述之：

(一)擱柵

(1)擱柵之部位：樓板之主要承重部份爲擱柵，以所置地位之不同，可分爲下列數種：

a擱柵置於外牆之旁者，謂之外牆擱柵。

d擱柵置於內牆之旁。此墻爲接通上下層之隔墻，墻之厚度在25 cm以上者，謂之內墻擱柵。

c擱柵於內墻之中。此墻係接通上下層之隔墻，而其厚度祗爲12 cm者，謂之隔墻擱柵。

b擱柵擱於內墻之上。此墻僅爲下層之隔墻，而不接通上層者，謂之墻上擱柵。

e擱柵位於a，b，c，d之中間者，謂之中間擱柵。

擱柵之佈置，應先確定a，b，c，d四種主要擱柵之部位，然後再分配其中間擱柵，擱柵間中到中之距離，應爲0.80至1.00公尺

靠於墻身之擱柵，不可緊貼墻面，應與墻面距離約二公分，以防木材之朽腐。

倘遇烟通，則與其有關係之柵端，應用橫擱柵接換之。是項橫擱柵及靠近烟通之擱柵，均須距離烟通約10公分，以防火險。

(2) 擱柵之尺度：擱柵尺度，應根據擱柵間之距離其長度，及應用上所需之載重而計算之。其寬與高之比，以5：7最爲合宜，因此剖面可受力最大也。

(3) 擱柵之接續：擱柵因長度不足而接續時，其下須有妥實之持物。接續方法，可分正接斜接兩種。在接合處，須用鐵馬釘住。倘遇尺度較大之擱柵，則須用鐵板及螺栓以釘合之。

(4) 擱柵之交接：是項交接，卽指橫擱柵與其他擱柵之交接是也，除應用筍頭外，更須釘以鐵馬。

(5) 擱柵之擱置：擱柵兩端，擱置於牆身上。其擱着之深度，應與擱柵之高度相等。擱着之面，應鋪油毛氈一層。其他三面，亦不宜與磚物緊靠，應留出空隙三公分。以防木材之腐爛。

(6) 擱柵之結連：是指擱柵與牆身之結連，所以防牆身之易於外傾也。其結連所用白鐵器曰鐵攀。用於擱置柵之牆身者，每隔擱柵三四根，釘攀一具， 長約0.80m，如用於與擱柵並行之墻身者，須搭連擱柵三根，長約2.0m ，此項鐵攀之鉤頭，有露於墻身之外面，亦有插於墻身之中間，其插於墻身之中者，須距離墻面，至少應有25cm。

(二)隔層構造

擱柵之間，另設隔層，所以隔絕上下層聲響及温度之傳播，其構造方法，分述如下：

(1) 用柴泥木棍而填以柴泥者：在擱柵之裏面，每邊各鑿凹槽一道，將包有柴泥之木棍，排列其間。木棍之上，再實以柴泥。

(2) 用剪刀撐而塡以砂土者：在擱柵裏面，每邊上下各鑿凹槽二道，將木條交叉支列於其間（是項構造，稱爲剪刀撐）其上鋪油毛毡一層。油毛毡上，塡以烘乾之泥土或砂，此項構造，用於尺度高長之擱柵，可以增加其承重能力。

(3) 用托板而塡以土者：在擱柵之裏面，兩邊釘以木條。在此木條上，鋪以托板。托板之上，刷泥漿或鋪油毛毡一層。其上塡烘乾之煤或砂。

(4) 用空心磚而實以泥凝土者：空心磚用於樓板隔層構造，對於隔絕聲熱之效，尤爲顯著。故高大建築物，恒樂用之。此項構造，可分有鋼筋與無鋼筋二類。

(三)樓面板

樓面板木材，以硬木如柚木柳安等爲上品，其次則用松板，均以擇乾燥而無節結者爲佳

(1) 粗鋪樓面板：用一寸厚，六至八寸寬之普通木板，鋪釘擱柵上。以其粗陋，故僅爲擱樓樓面板，或極簡單房屋之樓面板用之。

(2) 企口樓面板：用一寸厚，四至六寸寬之企口板，排緊而釘於擱柵上，鋪板之先，須預校準擱柵之水平，然後先釘靠墻一條；其他各條，乃用暗釘，依次排緊而舖釘之。釘之地位，應斜釘於企口筍上，使藏而不露，刨光時，不致損傷刨刀，刨後當即從事油漆。

(3) 細紋硬木樓面板：是爲最高貴之樓面板，以木板兩層舖釘而成。第一層爲普通企口板，用作底板；其上再舖以一寸厚，一尺五寸寬，一至二尺長之硬木細條，或一寸厚之方形硬木板。且可砌成各種花紋，至爲美觀。

(4) 踢脚板：爲求墻面與樓板之緊密起見，於樓板四周，沿墻脚釘木板一道。是項踢脚板之功用，可使洗掃樓板時，不致汚損墻面，以保護墻面之整潔美觀。

(四)天面(卽下層之平頂俗稱天花板)

天面在樓板之下，卽下層之平頂，亦可稱爲頂板。其做法可分灰頂及板頂二種：

(1) 灰頂：灰頂者，卽用灰漿粉飾之平頂是也。

(2) 板頂：板頂者，卽不加粉飾之木板房頂是也。

第二節 地板

地板做法，與樓板相同，惟擱柵尺度，可酌量減小。其斷面通常爲 8×16cm。中段置於一磚厚之地龍墻上。地龍墻上面須舖油毛毡一層。地板下之空間，應與外界空氣相通，故在地龍墻及勒脚墻上，恆酌留出風洞，以防止木材之腐爛。

出風洞口，槪裝以四方形或長方形之小鐵柵或多孔鐵板，以防動物之竄入，經營窟穴於其間。上項鐵板，俗稱滿天星。

此板亦有舖於磚地或水泥地上者。底層與板層間須澆柏油一度，以防止潮濕之侵損木板。

第三節 架桁結構

木樑架於跨距較大之空間者須成架樑或桁樑結構。就其性質，可分二種：一爲自下向上支撑者，曰支架；二爲自上將下部吊起者，曰吊架。

支架如撑木作三角形，可稱爲三角形支架，可架設於跨距自 7.5 至 9.00公尺之間，跨距更大者，則須用支架。中間支樑，用一根或二根橫檔木代之。因橫檔木與撑木構成梯形，故亦稱爲梯形支架。支架之應用於房屋建築，以廠棚爲多。

吊架有單繫及雙繫之分，於房屋建築上，應用甚廣。下部橫木上之全部承重，利用中間竪木以吊起之，使該橫木僅受拉力。

單繫吊架，可架設於跨度自 7.5自 10公尺之間。雙繫吊架，用以架設於15公尺以內之跨距上。

第四節 屋頂

(一)屋頂坡度：房屋之有頂蓋，所以使建築物之全部成局部不致曝露於風雪雨露及烈日之下，庶於天時之變遷，得有相當之蔽護。頂蓋坡度大小，視各地天時而定。氣候溫和及雨雪較少之地，坡度可少。酷暑嚴寒，及雨雪較多之地，則其坡度宜大。此外如蓋屋面，應採用何種材料，以及擱樑之有無，均與屋頂坡度有密切關係，設計時不可不預爲注意。

（二）屋頂形式：屋頂形式，種類繁多，而設計者，每又鈎心鬥角，作種種奇特之變化。茲酌畢普通所見之若干基本形式如下：

a 鞍狀屋頂　　b 環簷屋頂　　c 折角屋頂　　d 折面屋頂　　e 天幕式屋頂

f 單披屋頂　　g 鋸狀屋頂　　h 中式屋頂

（三）屋頂架結構　屋架爲屋頂架中之平面桁架，係屋頂架之主要荷力部份，其上桁木作適當坡度，斜支於外墻之上。惟此架一經外力之侵襲，卽向兩側推開，而使牆身有外傾之虞，故須用下桁木拉住之。是項下桁木，亦可直接擱置於墻上，人字式上桁木，卽可斜撑於其上。倘遇寬度較大之房屋，爲避免下桁木彎曲計，可在中間立一豎木，而用拉鐵將下桁木吊起，另設斜撑二根，爲支撐上桁木之用。

屋頂架之結構，其中設座架者，可分二類：用於無擱樓之設置者曰無擱屋頂：用於有擱樓之設置者，曰有擱屋頂。

（1）無擱屋頂架之構造，以桁木所構成之屋架爲主要部份。整個屋頂架之橫樑，均置於此桁木上。

簡單之無擱屋頂架，沿屋脊處設置横樑一根，是謂棟樑。此棟樑擱置於屋架之支柱上。又沿下桁之兩端，設置支樑各一根。椽子之上下端，卽擱置於此上下二橫樑上。

（2）有擱屋頂架之高架擱柵，至少應高於屋架下桁木二公尺。

（四）屋面之鋪蓋　鋪蓋屋面之材料，以質量較輕兼有抗水及耐火能力而又價廉耐用，易於修理者爲上品。其選擇對於建築物之用途，屋面之斜度，以及造價等，均有密切關係，是在設計者，妥爲酌定之。此外應以就近得有充分之供給者爲宜。整個建築，更應採用同一屋面材料。凡此皆所以求工程進行之便捷及造價節省計也。

屋面做法，大別有下列各種：　（1）瓦屋面。　（2）石片屋面。　（3）油毛毡屋面。（4）柏油屋面。　（5）金屬屋面。

第五節　門　戶

內室與外界及室與室之交通有門。門有單扇及雙扇之分。門之材料，普通爲洋松，亦有用硬木者，如柳安柚木等。門之構造，因其用度不同，繁簡懸殊，普通有下列各種：

（一）木條門，適用於有通風透光必要之處，如擱樓及地窖層等，木條厚度約爲 2.5 至 3.5 cm，其寬度約爲 5 至 6 cm，木條間之空距等於木條之寬，約爲5至6 cm。排釘於橫條上。是項橫條，厚約 3.5 cm，寬約 10 cm，釘頭須露出於橫條外；逆木紋敲彎之，使鈎結而不易鬆動。

（二）木板門，用厚3cm寬10cm之木板或企口板排釘而成。橫條厚3.5c，寬10cm，釘頭須露出於橫條外，逆木紋敲彎之，使鈎結而不易鬆動，木板與木板互相膠合，橫條與木板之結合，用筍槽而不用鐵釘，並可將斜條省去。

（三）夾板門，夾板門乃用雙層木板釘合而成，甲層與乙層之紋條，不可並行，須互相交疊，結合可較堅固，形式亦較美觀，用於貨棧或住宅之後門等，頗爲得宜。

（四）框構門，用門挺冒頭及門肚板三者鑲合而成。門挺及冒頭之側，鑿有筍槽，門肚板卽鑲插於此。互相接合，構成各種式樣。門肚板之上，並可加做各種線脚，以其結構堅固，且形式美觀，房屋之內外門戶都用之。是項框構門，因用途及構造之不同可分下列名種：

(1)單扇門　(2)雙扇門　(3)拉門　(4)玻璃門　(5)大門

而玻璃門又可分穿堂門，擺門，陽臺門等，茲畧分述如下：

穿堂(走廊之俗稱)中之交通門戶，在商店或公共建築中，都有用玻璃擺門者，取其於推開後能隨即自動關閉也。其擺動設備，乃用彈簧鉸鏈，種類甚多。

通常陽臺之玻璃門，其門梃寬度上下部應有大小之分。例如鑲門肚板之下半部寬十二公分者，則鑲玻璃之上半部，可減小至八公分；其厚度則同爲四公分是也。

屋內地板，應高出陽臺之面若干公分；門檻須向外稍作斜坡，門扇下冒頭之外面，須做避水及滴水設備；凡此皆所以防雨水之流入內室中也。

第六節　窗牖

窗牖之設，所以調劑室內之光線及空氣。其結構須使窗扇關閉後，空氣不得流通，雨水不能浸入。透光之面積，應儘量設法增大，卽窗扇之框木，儘可能範圍，設法減少之。他如結構務求堅固，開關務求靈便，皆窗戶構造上所應注意之要點。

製造窗戶之木材，普通用洋松，亦有用硬木，如柳安柚木等。其面積之確定視房間之大小爲衡，大約每室窗戶之總面積，須佔有該室地面積$\frac{1}{5}$至$\frac{1}{7}$。窗盤之高，通常爲 0.80至 0.90公尺。窗頂上牆身之高，通常須0.50至0.80公尺，故窗戶之最大高度爲房間高度減去上述兩高度之和。單扇窗之寬度，約爲0.40至0.70公尺；雙扇窗之寬度約爲 1.00至1.20公尺。在相當高度置橫檔木一根，將全高分爲上下兩截。上截可裝搖頭窗，或仍裝雙扇窗。窗戶寬度在 1.40公尺以上者，其窗扇之數，亦須增加至三扇或四扇。

普通窗戶之窗扇均向內開掩，使其便於揩洗，有時亦爲建築章程所規定者。

第七節　樓梯

樓梯乃用以貫通樓屋中上下之交通。形式如下：

(a) 有平臺之直梯。　(b) 無平臺之直梯。　(c) 直轉梯。　(d) 有平臺之迴梯

(e) 無平臺之迴梯。　(f) 螺旋梯。

其每級高度與寬度之比，有若干公式，可供推算，而尤以下列公式爲最普通：

$2h+b=63\text{cm}$　式中 h=每級之高　b=每級之寬。

在房屋設計時，對於樓梯之規劃，應先根據層樓之高度，以定樓梯之級數，然後在平面圖中，選定其適宜之位置。

建築樓梯之材料，須爲有耐火性者。故木製樓梯之用途，爲公衆安全計各地工程機關，恒有明文限制。普通只可適用於單幢住宅之祇供一家居住爲限。倘木製樓梯之後面，再加以粉飾，則其耐火效能，可因而增高。

木製樓梯之材料，通常都用洋松惟踏板或有用硬木。其結構方法，概分三種，茲分別如下：

(1)踏板插於側樑之凹槽中，兩側梁用螺栓旋緊，以防鬆散側梁之厚約5至8cm，寬23cm 28cm，踏板之厚約爲4至 5cm 寬爲 25cm。每級高度、通常爲 20cm 。上下踏板之距離，視樓梯坡度之大小而定，通常約17 至 20cm 。側梁之上下兩端，擱置於樓地擱柵

，其如此構造之樓梯，通常適用於擱樓及地窖層或極簡單之房屋中。

(2)梯級之結構，有踏板及踢板，鑲嵌於側梁間。深約2.5cm踏板厚約4至5cm；踢板厚2cm。踏鈑之前端，伸出於踢板外約4cm。沿口可做成綫脚。側梁厚約5至8cm。其寬度應等於踏鈑前後沿之垂直投影距離(垂直於樓梯斜坡線之距離)，兩邊各再加5cm。踏鈑之上端，鑲入踏鈑中，其下端則用鐵釘釘住。樓梯之第一級，應用整塊木料，以鐵器栓住於下面磚砌基礎中。梯之側梁即鑲嵌於其上，扶手之支柱，亦即插立於此整塊木中。

(3)側樑厚8cm。按每級之高度與寬度，將側樑截成鋸齒狀，於凹口內角處樑之厚度須有15至17cm，如是則側樑總寬應有31至33cm之譜。5cm厚之踏板，即擱置於此鋸齒狀之側樑上，用螺釘旋緊之。2cm厚之踏板，則鑲嵌於上下踏板之間，鑲口之外，再釘以線脚條子。

樓梯中段之轉折處有平臺，用擱柵及橫檔結構而成。上下截樓梯之側樑，即擱置於此外處之柵擱上。平臺下面，通常做成灰頂，藉以增加耐火效能，不獨美觀而已也。

樓梯之作直角轉折者，謂直轉梯。其平臺必作方形，每邊長度，即等於梯的寬度。此項平臺結構，不外三種：

(1)平台內角轉折處，支有方柱者。

(2)平台內角下，無支柱在轉折處，設有扶手方柱，此柱與平台之擱柵，用螺栓旋緊者。

(3)平台內角下無支柱，在轉折處，鑲有側樑之彎木。此彎木與平台之擱柵，有螺栓旋緊者。

直轉梯有因限於地位，而無平台之設置。在轉折處，踏步恆做成長三角形。此長三角形之踏步，俗稱踴步。

混凝土路面之研究

陳紹科

第一章 混凝土材料及其配合

第一節 混凝土材

水泥、砂、礫石或碎石，皆謂之混凝材，其混合水量，亦得視爲混凝材之一種。

(A)水泥 鋪路用之混凝土，必須強度大而硬化速，若如普通混凝土，混凝後非經四星期難得充分之強度時，勢不得不斷絕交通以待其硬化，實際上諸多不便。故於可能範圍內，宜選擇急硬性而強度大之水泥，以圖短縮其交通斷絕期間。因之常於普通水泥中，混合急硬劑，或使用特種之急硬性水泥。普通水泥之急硬劑，可於混凝土混合之際，加小量之鹽化鈣(Cacl)。

特種急硬性水泥(Quick Setting Cem^nt)，有礬土水泥 (Almina cement) 與急硬人造水泥(Quick Setting Portland Cement)系。

礬土水泥中，有如次列數種。
法國之 Cimentfondu
德國之Allkazement
日本之 Alumina Cement

普通水泥之礬土含有量約爲6%，而急硬礬土水泥之礬土含有量約爲40%。普通水泥需一個月所得之強度，若用礬土水坭時，則一日或二日卽能得之，但價極昂貴，乃其缺點耳。

當此種水坭使用之際，因其凝結時發生高温，易生膨漲龜裂 (Expansion Cracking)，故須特別注意灌水調劑。又混合普通水坭與礬土水坭而使用時，其硬化狀態，呈瞬刻硬化之現象，致有工作完全失敗者。

急硬性人造水坭(Quick setting portland Cement)，其組織與普通人造水坭，並無大差，僅於製造方法，多少加以改良而已，例如特別使其粉末度微細而促進其水硬作用等。

此種水坭，於其短期所生之強度，雖不及礬土水坭，但混合後，經過十日，卽能得普通水坭28日之強度，其價格與普通水坭亦無大差，乃現今之良品。

今將急硬人造水坭，普通水坭，礬土水泥等具有同一成分 (1:2:4) 之混凝土之短期強度，列表示之如下。

第1表 急硬水泥抗壓強度(kg/cm²)

材齡	A	B	C	D	E	F
1日	128	119	64	16	10	6
2日	204	162	97	46	26	16
3日	251	212	114	67	54	30
7日	273	196	173	137	161	89
28日	315	354	250	286	279	189
13週	314	382	——	382	311	320

上表中

A B.：礬土水泥

D. E.：急硬人造水泥

F.　普通人造水泥

(B) 砂　混凝土所用之砂，須不含粘土，石灰及植物性質者，以質地堅硬爲佳，雖以空隙小並不具酸性者爲良，但由硬性岩所成之難于風化者，亦有礙。砂之大度，以粗細適當混合爲宜。初見似粗，但由其密度大之點着想，則可知其空隙少。砂須使用全部通過0.635cm(1/4吋)至0.317cm(1/8吋)眼篩，且在387孔/cm²(2500孔/in²)篩上之殘滓有90%以上者，同一粗細粒者，不宜使用。

(C) 礫石及碎石，混凝土用礫石或碎石，須清淨而石質堅硬。例如花崗石，石灰石，砂岩等之良好者，且富於稜角，其細長扁平者，不得使用之。粗細適當混合，使空隙最小者爲宜，例如採用一層式時，可用通過2.54cm(1吋)眼篩而殘留於 0.653cm (¼吋眼篩者)，採用二層式時，下層即基礎層所用礫石稍大，可採用通過3.81cm(1½吋)眼篩而殘留於 0.653cm 眼篩上者，上層用礫石則與一層式者同，

(D) 所需水量　關於此點，當於後節詳述之。

第二節　混凝土材之成分比。

混凝材之成分之決定，因鋪道之爲單層式或複層式及所用礫石，碎石，砂等空隙之大小而不同。其於複層式者，普通其上層之成分常比較高。美國道路局所定之上層成分比，使用礫石時爲1：1.5：3，使用碎石時爲1：1.7：3。於賓塞凡尼亞州之公道局，採用 1：1.5：3，於俄亥俄州公道局，採用1：2：4：，於下層採用1：2.5：5，1：3：6等於上層採用1：2：5：者亦有之。

用單層式時之容積成分比，通例採用 1：2 ：4，1： 5：3等，與複層式上層用之成分比殆相同。

此處應須注意者，用砂過量則其強度顯著減少之一事是也。上述之成分比，依從來習慣，以各材料之容積表示之。但於實際，水泥容積之測定，實甚困難，易起差異。現今多採用重量比之方法，例如以水泥一立方公尺爲 1500 Kg 之類，指定其單位重量，或依法制，對於砂400公升，礫石800公升，而云水泥300 Kg或400Kg之類，此法比較不易發生差誤。

爲求造成最大密度之混凝土，應先篩分混凝材，再將各種大小混合材中，採用其能得最大密度者，依序而造成適當之成分比。美國加利福尼亞州某道路局，分混凝材爲四種，依重量而配合之如下表。

第二表　混凝土成分比

混凝材	粒度(mm)	單位重量(Kg/m³)	成分(%)
第一號	76——25	1.520	41
第二號	38——3 號篩	1.570	19

14901

第三號	19——10號篩	1.510	12
砂	———	1.580	28
混合物	———	1.730	100

關於水泥之配合比例，美國伊里諾斯 (Illinois) 大學教授托爾波特 (A.N. Talbot)氏之水泥空隙論發表以來，認定次說爲合理：即不問混凝材之空隙如何，混凝土中應含有之水泥量，爲一定量。故於最近，不拘混凝材之空隙之大小，於混合混凝土之一定容積中，使之含有定量水泥之方法。例如採用複層式時，上層混凝土，每一立方公尺，使用水泥 350 至450 Kg，下層可使用 200 至 275 Kg 之水泥。

依德國汽車道路學會1925年所制定之規則，於複層式之上層，或單層式之表面鋪裝厚 5. cm. 之處，混凝土每一立方公尺中，應含有水泥量，最少爲 350 Kg ，複層式之下層及單層式之表面鋪裝厚 5cm，以下之部份，須爲 250 Kg 。此時水泥之單位重量，假定爲 1500 Kg /m^3 ，則此水泥與混凝土容積之比，各與 1:4.3 及 1:6 相當。

又於美國加利福尼亞州某道路，混凝土每一立方公尺，使用約 350 Kg 之水泥，塌下度 (Slump) 於 1.9 cm 至 2.5 cm 之範圍內，28日之抗壓強度，其結果達於 350 Kg /cm^2，施工後二星期，即開放交通。

第三節　混凝土所需材料之計算

上節已詳述混凝土成分比，故應按此比例以決定混凝土單位容積中所需之水泥、礫石、砂等用量。然其合理之決定，極其複雜，計算困難，故可用次列之簡單實驗公式如下式：

成分比　1(水泥)：m(砂)：n(礫石)

假定水泥之單位重量爲1500kg /m^3

混凝土每一立方公尺所需之各材料如次。

$$\left.\begin{aligned} &\text{Cement}\quad \frac{2340}{1+m+n}\quad (\text{kg}) \\ &\text{sand}\quad \frac{1.55\,m}{1+m+n}\quad (\text{Cub,m,}) \\ &\text{Graval}\quad \frac{1.55\,n}{1+m+n}\quad (\text{Cub,m,}) \end{aligned}\right\} \cdots\cdots\cdots\cdots(1)$$

日本鐵道省業務研究資料記載之實驗公式如(2)式

$$A=g+\left\{(x+y)(1-B)-Cg\right\}\cdots\cdots\cdots\cdots(2)$$

上式中A＝混凝土之量(立坪)

X＝水泥之量(立坪)

Y＝砂之量(立坪)

g ＝礫石之量(立坪)

B＝砂之收縮率(普通0.21)

C＝礫石之空隙(普通0-40)

次用理論公式算出混凝土材所要用量如次。

$$W=(1+L)C+(1+B)S+(1+r)g \cdots\cdots(3)$$

上式中　C＝水泥之體積

S＝砂之體積

g＝礫石之體積

C_1＝水泥之空隙

S_1＝砂之周圍空隙

g_1＝礫石之周圍之空隙

$$L=\frac{C_1}{C}$$

$$B=\frac{S_1}{S}$$

$$Y=\frac{g_1}{g}$$

M＝混凝土之容積

$C_1\ S_1\ g$ 乃水與空氣應占有之容積。

依實驗結果，普通r＝0,08，砂係粗砂時，B＝0,34，細砂時，B＝0,67L普通取與B同值，故除微粒砂外，可由第(3)式得(4)式。

$$W=1{,}34c+1{,}34s+1{,}08g \cdots\cdots(4)$$

今使成份比為1：m：n，依此成分而成之混凝土之容積爲Q

使　C＝混凝土單位容積中之水泥容積。

G＝混凝土單位容積中之礫石容積(nc)

S＝混凝土單位容積中之砂之容積(mc)

V_1＝水泥之絕對空隙

V_2＝砂之絕對空隙

V_3＝礫石之絕對空隙

將上值代入(4)式，則得

$$Q=1.34(1-V_1)+1.34(1-V_2)m-1.08(1-V_3)n \cdots\cdots(5)$$

因之

$$\left.\begin{array}{l} C=\dfrac{1}{1.34(1-V_1)+1.34(1-V_2)m+1.08(1-V_3)n} \\ S=mc \\ G=nc \end{array}\right\} \cdots\cdots(6)$$

今使水泥之比重爲3.10，其單位重爲1500 Kg/m³，則

$$V_1=1-\frac{1500}{3{,}1\times1000}=1-0.48=0.52$$

若水泥之單位重量爲 1600 Kg/m³，則

$$V_1 = 1 - \frac{1600}{3.1 \times 1000} = 1 - 0.52 = 048$$

又砂之空隙，於普通砂，平均爲 0.46，即

$$V_2 = 0.46$$

礫石之空隙，普通爲 0.40 至 0.50，即

$$V = 0.40$$

將以上各值代入(6)式，則得

$$
\left.
\begin{aligned}
C &= \frac{1}{1.34(1-0.52)+1.34(1-0.46)m+1.08(1-0.4)n} \\
&= \frac{1}{0.6432+0.7236m+0.648n} \\
S &= mc \\
G &= nc
\end{aligned}
\right\} \cdots\cdots \cdots\cdots\cdots\cdots (7)
$$

又因水泥之成分比以重量計算，故欲知其重量時，可由(7)式計算之結果，乘以水泥一立方公尺之重量 1500 Kg 即得。

水泥 1.0 m³ 之重量，於外國以 1500 Kg/m³ 爲標準。今依(7)式，計算種種成分之所要量如下表。

第3表 混凝土每一立方公尺所需材料

水泥單位重量	成分		粗泥凝材空隙 45%			粗泥凝材空隙 40%		
	容積	複式	水泥 Kg	砂 (m³)	礫石 (m³)	水泥 Kg	砂 (m³)	礫石 (m³)
1500Kg./m³	1:1:2	水泥 600Kg.	585.0	0.39	0.78	562.5	0.37	0.75
	1:1½:3	400Kg.	425.0	0.42	0.85	401.0	0.41	0.81
	1:2:3	——	385.0	0.52	0.77	370.0	0.50	0.71
	1:2:4	300Kg.	333.0	0.45	0.89	318.8	0.43	0.85
	1:2:5	——	294.0	0.39	0.98	279.0	0.37	0.93
	1:2½:5	240Kg.	276.0	0.46	0.92	261.0	0.44	0.87
	1:3:6	200Kg.	235.0	0.47	0.94	225.0	0.45	0.90
	1:4:8	150Kg.	180.0	0.48	0.96	170.6	0.46	0.91

1500Kg./m^3	1：1：2	440Kg.	616.0	0.39	0.77	592.0	0.37	0.74
	1：1½：3	427Kg.	448.0	0.42	0.84	426.7	0.41	0.80
	1：2：3	——	405.3	0.52	0.76	389.3	0.50	0.73
	1：2：4	320Kg	352.0	0.45	0.88	336.0	0.43	0.84
	1：2：5	——	310.4	0.39	0.97	294.4	0.37	0.92
	1：2½：5	256Kg.	291.2	0.46	0.91	275.2	0.44	0.86
	1：3：6	213Kg.	248.0	0.47	0.93	237.3	0.45	0.89
	1：4：8	160Kg.	190.0	0.48	0.95	180.0	0.46	0.90

〔例〕　求1：2：4之混凝土1.0m^3所要各種材料之量。

解：用美國佛勃之公式，設單位水泥重量爲1500kg m^3。

則　水泥 $\frac{2340}{1+2+4}=334.4\text{kg}$

砂 $\frac{1.55\times2}{1+2+4}=44.3\text{Cub.m.}$

礫石 $\frac{1.55\times4}{1+2+4}=0.886\text{Cub.m.}$

如用日本鐵道省業務研究資料之實驗公式。

1立坪＝6.01m^3

$$A=g+\left\{(X+Y)(1-B)-cg\right\}$$

$$\frac{1}{6.01}=4x+\left\{(X+2X)(1-0.21)-0.4\times4X\right\}$$

$$\therefore x=\frac{1}{28.67}\text{立坪}=0.2097m^3$$

設單位水泥之重量爲1500kg/m^3，則

$$1500\times0.2097=314.5\text{Kg}$$

砂　$y=2X=\frac{2}{28.67}\text{立坪}=0.4194m^3$

礫石 $g=4x=\frac{4}{28.67}\text{立坪}=0.8388m^3$

第四節　混合水量

混合用水，須新鮮清淨不含油、酸、鹽基、有機物質，及其他有害之不純物質者爲

宜，又混凝土鋪道工事用水，除混合水之外，於施工後之保養(Hygiene)，亦需多量之水，故水之供給，必須充分準備，使無缺乏。混凝土所要用水量，於混凝土之強度，大有關係。當其決定之際，須依混凝材之溫度及濕氣，適當加減之。水量之決定，依混凝土之使用目的，成分比之高低，原料之性質等而不同。而表示水量之多少，則有堅混法，中混法，軟混法等之名詞。然其限界頗不明顯，大概分爲堅混者，其混合水量，約全材料重量之4%至6%；中混約7%至9%；軟混約10%至13%。普通舖路用之混凝土，常採用堅混法。

關於稠度試驗之方法，有塌下試驗(Slumptest)，流動試驗(Flom Table Test)等。

流動試驗，以高12.5cm，上部直徑17.cm，下部直徑25 cm之圓錐筒，置於圓板上，應用偏心輪，將其圓板持上於1.25cm.之高處而使下，如是約經15間連續施行；混凝土因之流動而擴大。用水量愈多，則流動之程度亦愈大，其含水之程度，以原來底部之直徑(25 cm)與擴大底部直徑之比表示之，例如其擴大底部直徑爲30.cm時

$$X=\frac{30}{25}=1.20$$

即稱爲20%之流動，然此方法雖稍正確，於施工場所行之稍覺困難，舖道用混凝土以20%之流動爲適度

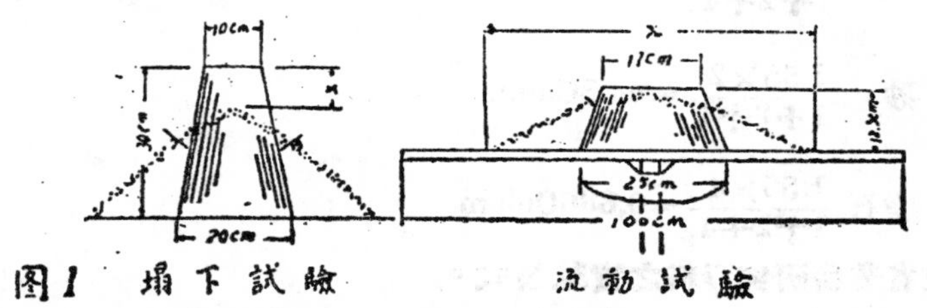

图1 塌下試驗 流動試驗

塌下試驗，一般多採用之。其法將混凝土緊實入於高30cm.上部直徑10cm.下部直徑20cm.之圓錐體之型中，突然將圓錐型直上拔出，而混凝土因之塌下；復測其圓錐體高之低下度，以表示含水之量。含水愈多，則其低下度愈大。例如稱爲塌下5cm.者，乃低下5Cm之意義，今依鋪道及其他構造物區別其塌下時，如下表，

第四表

混凝土之種類		塌下 cm	塌下 inch
塊狀混凝土	道路及基礎	5 0	2 0
	薄垂直斷面	15.2—178	6.0—7.0
	厚斷面	5.1—10.2	2 0—4 0
	薄部分的水平斷面	20.4	8.0
鐵道用混凝土	人工	10.2	4.0
	機械	2 5	1.0
床板(Slab)用	膠泥	5.0	2.0

第五節　混合法

混凝土混合前之準備，視人工混合（Hand Mixing)與機械混合，（MachineMix—ing）而異。對於人工混合，則先準備寬約 1.5m 長約 3.m 之鐵板及鐵鏟等，將各種材料配合後於鐵板上混合之，於小規模之混凝土工事採用之較爲有利。我國多用木板，笨重不便搬運，雖石灰嵌入板縫以防水漏，然水漏仍所難免，且水分不免浸入木質之中故混合水量，失其眞確，且混合時，木板每被鏟傷，其木質混入於混凝土中，有害於混凝土，故木板實不合於實用。機械混合適用於大規模之混凝土工事，較爲有利。其設備分有大規模與小規模者二種。小規模者，卽普通之混合機，大規模者，先搭木架，於其上置貯藏箱，以桶及昇降機引上配合用各材料，適當投入於混合機之裝置也。人工混合與機械混合之混和狀態，大不相同。人工混合，混和不均一，對於強度，較機械混和合有 30%之差，又機械混合有連續式與不連續式混和兩種，不連續式，投入時依成分比計量各材料之一定量於混合機內，經一定之混和時間後倒出之全材料投入後，以每秒 1.m.之迴轉速度，最小至 90 秒以上，至全材料全體成爲同色。爲止，迴轉混和之。此時每於一次混合之終，輕敲混合機，使混凝土落於出口下所置之手車中，但無殘餘，乃更投入次回之材料而混和之。連續式則連續由出口吐出混合材，其工作能率雖良，然於混和時間，因不能適宜加減，故未熟練時，較不連續式易生混和不均勻之弊。此等混合機所用之動力，有利用電氣或煤氣發動機者，各有利弊，若使用電力時，則需送電裝置等之手續。若使用發動機而不熟練時，則易生故障。於工作進行上，發生多大之影响，若在熟練時，則用發動機爲便。

當混凝土混合之際，最困難者，乃其稠度，卽混合用水量是也。對於此點，，雖於作業之先決定之，而實際難得所需之稠度，故于施工場上，宜以場下試驗決定之。爲謀省是等手續之繁雜與求強度之均一，可使用美國發明飽水計量器（Tnundator）。

由理論上所需之水量除去沙內之含水量，而混合之，雖屬合理，然此等含水量之測定，對於多量之砂，勢不可能。此飽水計量器，不必測定含水量，只加合理決定之一定水量而成之機械也。

第二章　混凝土路之排水

第一節　使路床軟化之有害水分

無論何種鋪道下之路床，俱有排水之必要。而於混凝土舖路，尤屬重要。若排水不完全，則易將路床軟化，而使支持力弱小，且路床吸收水分時，雖依土質而有多少之不同，但俱有澎漲收縮之作用，此時舖版因所負之載重，而生複雜之內力，遂致舖面發生龜裂。路床土質之最不安定者，爲含有細末之砂及爐滓等之土質，淡青色之黏土，尤不適當，其澎漲及收縮率，有達於50%者。

使路床軟化之有害水分，有下列數種。

(1) 由路面之破壞及接合部之破壞處而滲透之水。

(2) 路床下之水，依毛細管作用而上昇者。

(3) 依地熱由路床下蒸發之水，沉滯舖於板之下者。

屬於第一種之水，乃由舖面之破損而生，(2)及(3)二種乃由路床排水不完全而生者。後述二種，由實驗結果，知其影响頗大。例如於第(2)種之情形，鋪面之溫度愈低，其毛細管現象愈大。於第(3)種情形，鋪面之溫度低，則由地下蒸發之水蒸汽，與鋪面底部之冷體相接觸，液化爲露而沉滯於鋪板下，斯時路床起顯著之軟化，而減少其支持力，同時惹起澎漲及收縮，置鋪板於不安定之狀態，考慮上述之因果關係，故知有充分施行排水設備之必要。

第二節　排水溝

當混凝土鋪路築造之際，路床含有相當水分時，須於鋪板兩端之外側，造一較淺之縱斷暗溝(Longitudinal Blind Drain)以集水。此溝之深度，由鋪板底部掘下 20 cm 至25 cm，填以徑約 9 cm. 至 20cm. 之彈石或碎石。如斯集中於此縱斷暗溝之水，由橫斷路肩部之短橫斷溝(Crossing Drain)，導流於道路兩側之側溝而流出。此種橫斷溝之間隔，普通在30.m.以下。

若路上之水較多，而土質可依毛細管現象，將地下水分，由路床下約 30 cm.之處，而能上昇時，則於鋪裝部之一側或兩例，設置土管排水溝(Pipe Drdin)爲宜

於美國，綫膨漲率12%至14%之路床時，則混以砂，礫石，石灰，水泥等之材料，以減低其膨漲率。

其實驗結果，如下表

第五表

附加材料(%)	地盤綫膨漲率(%)
0	12—14
5	10
15	6
30	4
50	2

依實例，於粘土質不甚安定之處，可置砂或礫石一層厚約 8 cm. 至 10cm.。又於濕度較大之處，則可採用V形排水溝而構造之。此項V形排水溝，於混凝土板之下部中央約 30cm.至 46cm.之兩側掘下 10cm.至15cm，於其底部填徑約15cm.上部填徑約5cm.之彈石或礫石，碎石等而行輾壓，更於其上層以細碎石爲填隙材，輾壓以完成之。但如斯之築造法，除於石材多産之地方以外，即不經濟。

第三章　路床築造及其橫斷面

第一節　路床築造

混凝土，本非彈性體，因之路床發生不均一之膨漲或沉下時，，鋪板易生龜裂。故路床須使土質造成等質均一，且使之具同樣之硬度，混凝土鋪路之路床，有新築者，有用舊土砂路或礫石，碎石路加工而成者，今詳述此等路床之完成方法如次。

(1)新設路床，與新築土路之方法同樣，先行挖填平土及兩旁斜坡，除去彈石，樹根，雜草，及其他腐土等，用 10 噸重之輾壓機壓實之，若發現軟弱之處，則混以礫石等類，使之具有同一之密度。然一般新築路床，若僅如上述施工，倘未完美，更須以礫

石或碎石之類，薄布於其面，而行輾壓，使之具有充分之支持力。

(2) 以舊土砂路爲路床時，土路之中央部，久經車輛輾壓，比較堅硬，漸至兩側，每起漸次軟弱之傾向。於此種密度不均一之處，敷設鋪板時，於鋪板之縱方向，易生龜裂或不均一之沉下。故當輾壓之際，應於兩側逐漸置土，充分輾壓，依規定形狀完成之。又一般原有土路等，其橫斷坡度，類多甚大，苟於其上鋪設緩和坡度之砂路如混凝土板時，其兩端勢非填土不可。若中央部與兩端之硬度及高低差頗大時，則以掘土器(Scaiifire)等全部將路牀掘起，再將泥土均勻撒布，然後輾壓結實。若如此施工而路牀尚不確實時，則更撒布厚約 5cm 之礫石，再行輾壓。

第二節　路橫斷面

道路就行車之目的觀之，當以平坦路面爲佳，但由路面排水方面觀之，則須設橫斷路冠(Crown)，造成中部高於兩側，使雨水易於流入排水溝，

關於橫斷面之形狀，諸說分歧，或用圓弧，或用拋物線或雙曲綫，或用橢圓形，又有採用二直綫於中央以圓弧連結之者

現今道路橫斷面(Cross Section)之一般形狀，有次述之三種，即第 2 圖 a,b,c 是也。(a)乃圓弧(Are)，或拋物綫(Parabora)，(b)乃二直綫相交于中央而形成者也，(c)乃併用(d)與(b)而近似於雙曲綫者也。茲就三者之中孰爲良好，加以討論，三者俱大同小異，單就交通之便否與表面排水之點而比較之，大略得如次述之結論。

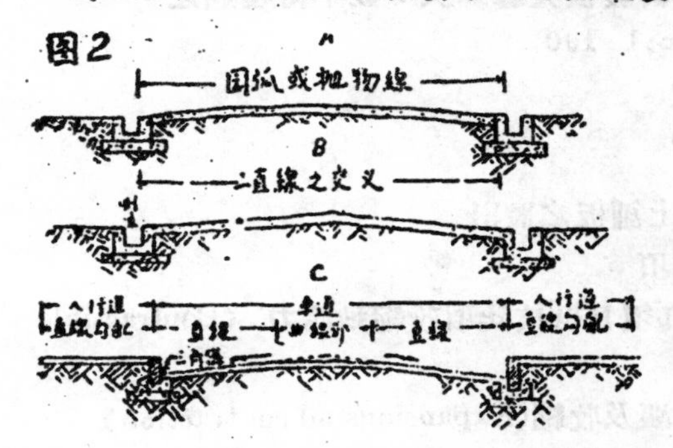

(a) 由普通路面觀之，側溝附近之坡度較陡急，雖適於表面雨水之集中，但一切交通工具)，有集中於路中央之傾向。

(b) 側溝附近之部分，比其他坡度較緩雖無集中交通物於一處之弊，但排水之點觀之，因係直線，路面被交通物磨滅而生輪轍時，則水停滯於窪處，有阻積水之宜。

普通所採用者，恒爲拋物綫，對于各種道路與及鋪道之橫斷形，略有不同，如市街之橫斷形，與地方道路不同，市街道路有步道與車道之別，步道則向步道車道之境界所設之三角溝，設直綫坡度，以便排水。

第四章　路面之設計

第一節　路面之橫斷坡度

路面橫斷坡度，依縱斷坡度而不同，有規定爲 1:40 至 1：80 者，此項橫斷坡度自須按公路與市街道路而異。於地方道路因清除不完全，故於橫斷坡度，務使表面排水一無障碍，其於街路，有路牙與無路牙而不同，其於有路牙者，應考慮鋪面有不良時，此時須具有不致爲雨水而所被淹之路頂。但如上所述僅爲，其決定之要項更須依道路之使用目的而決定之，一般採用約 1：50 至 1：60，

橫斷形狀，如第3圖，僅將中央部1.0m之間，使用弧形，而兩端以直連結之，其最普通形狀，則爲拋物綫，今示美國人造水泥協會所定之標準拋物綫(Standard Paaandad-ola)如第4圖。

第4圖之道路中心高，可依次式求之。

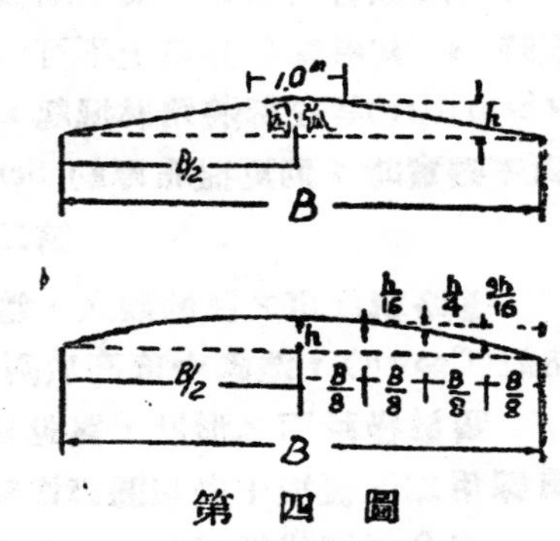

第三圖

第四圖

$$h=\left(\frac{1}{50}\infty\frac{1}{100}\right)B\cdots\cdots\cdots(8)$$

如第三圖所示，其坡度，以2%至2½%爲普通，又如第4圖所示之道路中心高可依次式求之。

$$h=\left(\frac{1}{80}\infty\frac{1}{100}\right)B\cdots\cdots\cdots(9)$$

但上式中

h＝路面中心高

B＝路面寬度

第二節　路面之縱斷坡度

混凝土鋪道之最大縱斷坡度，美國土木協會規定，可達8.%；但如我國北部冬季路面易於凍結之處，於可能範圍內，以緩坡度爲宜。

今由道路主要目的之貨物運輸方面着想，其坡度大畧如次，並不得超過之。

對於輸送輕快之貨物	1/50∞1 100
對於輸送混合貨物	1/30
對於輸送遲緩之貨物	1/20

第三節　混凝土鋪板之設計

當混凝土舖板設計之際，須考慮次列諸要項。

(A)舖板當混凝土硬化之際而收縮，故舖具須具抵抗此項收縮動能力 (Contractible Action)。

(B)鋪板，須能抵抗因溫度變化而生之膨脹及收縮(Expansiona nd contraction)

(C)能抵抗舖版所生之應拉力(Tensile stress)

(D)能抵抗鋪版所生之應壓力(Compre ssivestress)

(E)能抵抗舖版所生之反復應力(Repeating stress)

(F)能抵抗舖版所生之彎曲應力(Bending stress)

(G)能抵抗鋪面之磨減(Defacement)

當設計混凝土版厚度時，宜考慮路床施工不完全之情狀，豫想舖版支持於如第五圖所示之狀態，又假想舖版依版上下面之溫度差及濕度差，上面下面各起相異之膨脹收縮，而生如第六圖所示之反曲，設計時，於如斯狀態，同時又須使其能抵抗交通物載重。

然如第六圖之狀態卽假定於中央之一部而被支持，則未免過甚，只假定自舖版之緣端約1.2m之距離處，與路床相分離已足。

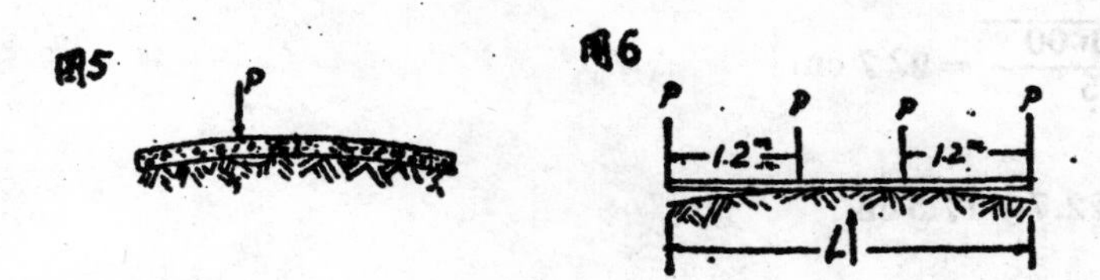

(1) 假想鋪版反曲之情狀

如第6圖，就中央有接縫時之鋪板厚度設計研究之。如第7圖，ABC等部分，實際上破損之度，有較大之傾向。茲知此等弱點，更假定種種之狀態，而討論橫斷面之設計法，如第7圖。假定有集中載重 W 作用於 a 點而被支持於 p 點之懸梁(Cantilever)，而設計此部分之厚度，又於 B 之部分，假定有一個之集中載重 W，於 B 之尖端各支持 w/2 之懸梁，並設計此部分之厚度。

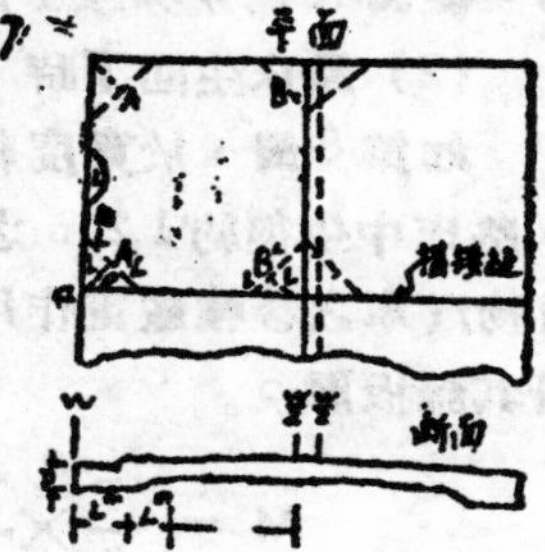

今根據上記 AB 部分之假定而得次之關係式。

A 之部分：

$$M=\frac{SI}{Y}=\frac{SbL^2}{6}$$

上列彎曲公式中

S＝混凝土之容許彎曲應力度(Kg/cm²)

$b=2L$　　　$Y=D/_2$

$$M=WL=\frac{2SLD^2}{6} \quad \cdots\cdots(10)$$

$$W=\frac{SL^2}{3}$$

$$D=\sqrt{\frac{3W}{S}} \quad \cdots\cdots(11)$$

B 之部分：

與 A 之部分所記符號相同。

$$d=\sqrt{\frac{3\frac{W}{2}}{S}}=\sqrt{\frac{1}{2}}\sqrt{\frac{3W}{S}}=\frac{7}{10}D \quad \cdots\cdots(12)$$

「例解」

假定8噸貨物汽車之後一輪重 W(?000.Kg) 載於 A 之尖端 a 點，求足以抵抗此載重之厚度 D，又同時求 d 值，但 S 之值，取普通混凝土之抗曲強度 35.Kg/m² 之 50 %以下c

$$D=\sqrt{\frac{3\times 3000}{17.5}}=22.7\text{ cm}$$

又 $d=\frac{7}{10}\times 22.7=17.5\text{ cm}$

上列之算式，假定路床全然不支舖板，於混凝土之自重，未加考慮，載重W，實際雖屬動載重，視爲靜重而計算之，用此等相殺緩和，而誘導之公式也。

次C之部分，比A之部分強，乃當然之事。使與A部分等厚，則甚充分。

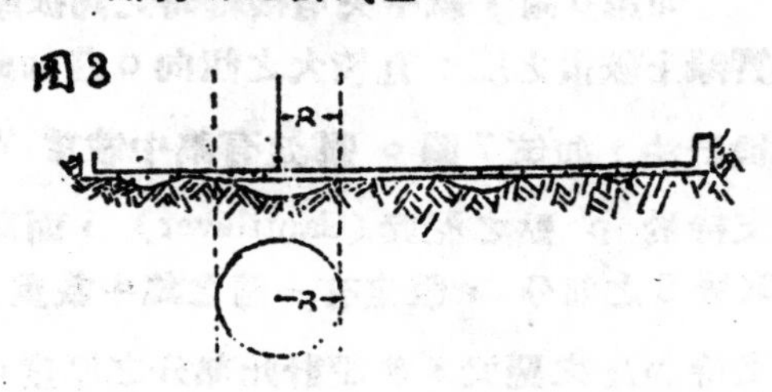

(2) 路床生凹下時

如第8圖，於寬度約5.45 m(18ft.)之處，路床中生徑約1.2 m之凹處，假想有重大貨物汽車之後輪載重作用於其上部時，試設計其舖板厚。

$$\left.\begin{aligned} M &= \frac{P}{2}\times\frac{2\pi}{\pi}-\frac{\pi R^2}{2}W\times\frac{4}{3\pi}R \\ I &= \frac{bd^3}{12}=\frac{3pR2}{12} \\ y &= \frac{p}{2} \end{aligned}\right\}$$

以上記之値，代入於求單位纖維應力(Fibre Stress)之一般公式，即

$$S=\frac{M}{I}Y$$

中，則得(13)式。

$$S=\frac{\left(\frac{P}{2}\times\frac{2R}{\pi}-\frac{\pi RW}{2}\times\frac{4}{3\pi}R\right)}{\frac{2RD^3}{12}}\times\frac{d}{2}$$

$$=\frac{3P}{\pi d^2}-\frac{2R2W}{d^2}\cdots\cdots\cdots\cdots(13)$$

式中 S ＝混凝土之單位彎曲應力(kg cm²)

W＝對於混凝土板厚d之重量(kg cm²)

P＝集中動載重(kg)

d ＝混凝土板厚(cm)

R＝路牀凹處之半徑(cm)

$\pi=3.1416$

考察(13)式，雖得假定以半徑R之圓板支持載重P，但實際於圓之周圍補強之。

茲假定此補強之比例爲$\frac{6}{10}$，則得(14)式。

$$S=\frac{6}{10}\left(\frac{3P}{\pi d^2}-\frac{2R^2W}{d^2}\right)\cdots\cdots\cdots\cdots(14)$$

「例解」

假定路牀凹處半徑 R＝60.cm，混凝土之重量2200kg/m³ (0.0022kg cm³)集中載重，假定8 噸貨物車之後一輪載重爲3000.kg。

依汽車速度之衝擊載重，由實驗結果，最小約爲2，茲採用之以决定P，則 P＝2×3000＝6000kg。假定混凝土版厚爲15.cm. 計算版內所生之內力強度，即彎曲應力度，檢驗此強度是否在混凝土之容許彎曲應力應以內，而爲板厚之設計。

但混凝土之容許彎曲應力度，假定爲17.5kg/cm²

$$S=\frac{6}{10}\left(\frac{3\times6000}{3.14\times15^2}-\frac{2\times60^2\times0.03}{15^2}\right)=14.6\text{kg cm}^2$$

然 S＝17.5kg/cm²＞14.6kg/cm²

故此鋪版可算安全。

依上例，寬度5.45 cm之道路，其路牀縱有多少不平時，其鋪版厚度在15.cm以上，亦屬安全也。

第四節　混凝土鋪板伸之縮接縫設計

最近因混凝土鋪路之進步關於伸縮接縫，亦有種種之意見。有主不須者，有主必要者，但於溫度乾濕之差較大之處，一般認爲必要。

當設計伸縮接縫時。其間隙可依其所受之影响所生之伸縮程度而决定之，對於此點，依台維斯(Dayis)氏之說如次。

混凝土板之水平動之原因。

混凝土板水平動之原因，有主張如次列之三項。

(1)因混凝土之膠質素，失其水分，在凝結期間而起之收縮。

(2)依溫度之變化而起之交互膨漲及收縮。

(3)依濕度之變化而起之交互膨漲及收縮。

橫斷接縫

(1)依凝結之收縮

關于混凝土硬化期間之收縮力，於美國有詳細之試驗，由試驗知其收縮率爲0.00068。此項收縮，於混凝土混合後，至少12個月間繼續發生，最初28日間之收縮，達其全部收縮率之二分之一。今以此爲基本而計算接縫之間隙如次。

$$\triangle LW = C \times L \times 100 \cdots\cdots(15)$$

式中 △LW＝混凝土硬化之最大間隙長(mm.)

C＝收縮率(0.00068)

L＝舖版長(m)

「例解」

舖板每長20.m，設一橫斷伸縮接縫，求其間隙之長。

$$\triangle LW = 0.00068 \times 20 \times 1000 = 13.6\text{mm.}$$

即對於舖板長20.m，其間隙長須13.6mm 此乃依硬化收縮之水分發散而生，若再吸收水分時，當復於原形。

(2)依溫度變化之膨漲及收縮。

由溫度變化而起之膨漲係數，依實驗結果，每華氏一度，約爲0,0000056，大氣溫度之差設爲華氏100度，則其最大膨脹係數當爲0.00056 以此爲基準而計算膨脹收縮間隙如次：

$$\triangle LT = C \times L \times 100 \cdots\cdots(16)$$

式中 △LT＝最大膨脹間隙長(mm.)

L＝舖板長(m)　　100 F° (溫度差)

C＝0,00056

「例解」

每舖板長 20. m. 設置伸縮接縫，求由於溫度而起之伸縮間隙長，但溫度差假定爲華氏100度。

$$\triangle LT = 0.00056 \times 20 \times 1000 = 11.0\text{ mm.}$$

(3) 由於乾濕變化所起之膨脹及收縮。

由交互乾濕而生之伸縮，有以爲較以前二種爲小者，但於初春濕氣較多時節，混凝土板，多生凹凸，如於盛夏，則不見此種現象，由此考察，因時節乾濕交互伸縮，可想見其有相當之大益。然若祇考慮前述二者而加以多少之餘裕，當無大影响。

(4) 結論

由上知，接縫間隙，應於其中塡充瀝靑(Asphalt)或瀝靑氈(Asphalt felt)等之防水彈性物。每 20. m. 以下之舖板間隙長，最小約須13.6 mm. 至最大約須 15. mm。若設置15 mm. 至 25 mm. 之較大間隙，在維持上反爲有害。最近之施工法，接縫間隔，採用近距離，其間隔使之約爲 5 mm.，於其中插入瀝靑氈或柏油紙(Tar paper)之類者爲多。

縱斷接縫

縱斷接縫，與前記橫斷接縫無異。沿道路之方向，於舖版之中央或沿兩路牙而設置之。其設置於中央之理由，使之能抵抗版之伸縮，自不待言，此外重大之理由，則因舖板上下面之溫度差與濕差，上下面之伸縮不一樣，而板生反曲，或依路床之凍結，水分之吸收等，遂致惹起路床之膨脹及收縮，此時於版之中央附近，有生龜裂之傾向。爲防止此種龜裂，故有豫先設置人工接縫之必要，更於舖板寬度廣大時，非設置之不可。對於舖板寬度 5.5m以上者，即有設置之必要，其寬度 11.0m以上時，則設 3 條以上之接縫，其接縫間隔，以5.5m.以下爲宜。舖板寬度在5.5m以下時，以緩和板伸縮爲目的，沿路方設置之。此縱斷接縫，因與交通平行，故接縫間隙，不得過大，以5.mm.至8mm.爲適當。

第五章　混凝土鋪版之鋪設法

第一節　一層式舖設法

一層式路面者，於充分完成之路床上，無分基礎與表層，用單層混凝土板舖設而完成之方式也。其材料成分，於普通礫石混凝土爲1：1.5：3之比，於碎石混凝土，爲1：1.7：3之比。又依美國1920年中之施工實例，其成分比爲1：1.5：3至1：2：4，其板厚爲15.cm至20.cm

第二節　二層式舖設法

於路牀上，分上下二層各用不同成分之混凝土分成二層舖設之法，其下層可視爲基礎層，上層爲表層或磨滅層。上層之成分比，普通高於下層。普通下層之成分約爲1：2.5：4至1：3：6，上層約爲1：1：1.5：3至1：2：4、

第三節　一層式及二層式之得失

二者各有利弊，一層式，一般因其成分比相同，上層下層之強度無異。反之，二層式，上層下層之成分比不同，故其強度及水分吸收量亦異，下層因其成分比低，較上層可以吸收多量水分，故舖板有因膨漲而生反曲之傾向。又二層式雖能節省多少水泥，但其舖設時多費手續，兩者築造費之比例約與1：1.3相當。

第六章　路面之保養

第一節　被覆保養法

路面完成後，須施以保養之術，保養之目的，爲使混凝土在硬化期內保有水分，且不凍結。此法可於混凝土舖設後第一日中，至舖裝面充分硬化，無瑕疵發生之程度時，以粗布覆其全面，至翌日止，使其粗布時刻保有濕氣。最近有以機械行此方法者，即卷粗布於鋼鐵製圓筒，運轉於舖面上，隨工事之進行，延長被覆於舖面，又隨工事之完成而捲起之，至第二日最少撒布約5.cm.厚之土砂於舖面全部，或被覆8.cm.厚之藁，14日間時刻使其保有濕氣。

第二節　水浸法

此法以用於礬土水泥混凝土時最良好，但縱斷坡度2%以上時，實行困難，此方法，乃於施工部分，使其蓄水之方法。垂直於道路，以粘土類之材料，築造小堤，14日間蓄水約5.cm之深度。

第三節　鹽化鈣撒布法

此法普通於舖面完成經過12至24時間後，撒鹽化鈣(Calciumchjoride)於舖面之方法也。其法以帚均勻撒布鹽化鈣粉末於舖面，或用撒布機(Shreader)撒布之，其撒布量1.042g／m^2乃至2.085g／cm^2之範圍。

此處應注意者，天氣溫度低在華氏40度內外時，應于混凝土逐漸硬化後，經過

相當時間後施行之，方能發生好果。約40度時，須於施工後經過36時間施行之。

此法可以省14日之長時間，以土砂被覆，而繼行撒水之勞力。適於水之供給不充分之處。如斯經過14日，解除保養後，以長3.04m(10呎)之定規，檢驗舖面有無凸出處，若有凸出6.35mm $\left(\frac{1''}{4}\right)$ 以上時，以種種之方法及手工修理之。手工修理，有種種機械，有用空氣壓搾機（Aircom Presser），以刻石用鑿切取其凸處，或以磚磨減諸方法，但此法頗緩慢，又有於福特汽車加一垂直軸，於其下端以革帶迴轉圓形砥磨（Circular Carborundum），而行磨減之方法。

第七章 防止溜滑及反射法

第一節 滑走度緩和法

以水泥成分豐富之混凝土及平滑之鏝(Trowel)或滚子完成舖道之上層時，則易於滑走。採用一層式時，其表面砂之成分量較多。若更使用木鏝時，則無論於如何天候，因表面粗糙，可得絕對防止滑走。又以壓搾空氣，噴砂於表面，或於路面造成微彎，亦可防滑走之處。然於急坡路，及極寒之結冰季，因欲求踏穩適足，更望其有粗面，其方法可多用粗面滚子滚壓完成之。

第二節 光綫反射防止法

步道面之反射光綫，其起因由於混凝土之色彩為薄鼠色，若能造成近似黑色時，則得減少其反射之度。其最初之手續，舖裝後最少七日間，有不絕使其保有濕氣之必要。第二法則使用黑色砂及礫石，又此外於混凝土有使用礦物質染料者，此中以使用褐色酸化鐵(Brown coLoured Iron Oxide)，最為良好。其使用分量，每46.6kg之水泥，約混合907g，(2卄)至1361g(3卄)之褐色酸化鐵時，則呈適意之薄黃色。又與前同量使用酸化錳(Manganese Oxide)時，則呈如石板石(Slate)之薄黑色，適於商業地域之步道用。

第八章 結論

第一節 各種路面之比較

可稱為理想之舖裝(Pavement)者，須最經濟，且適合於諸方面之要求。然而對於此等道路之要求，其範圍甚廣，種類繁多，各有其特徵。又於道路舖裝之材料，依其種類，即同一材料，又依其工法，而有種種之特長。凡此皆須依其交通及周圍之狀況，尤須依其費用之關係，而判定孰為最適當。乃極重要之事，茲分述於下：

第一，天然之土砂路，若施以適當之維持與修繕，則適於來往稀疎之路及氣候比較良好之處。

第二，砂粘土路，若非特別注意其路面之築造，則與天然路僅具有同樣之強度。砂粘土路，堪於適量馬匹及少數汽車之通行，但基礎不固時，則不適宜。

第三，礫石路，若建築時加以注意，則適於頻繁之馬匹，乘用汽車及小數運貨汽車之通行。

第四，水結馬克達路上駛行車輛與礫石路有同樣性質時，適於礫石路以上之交通量。

第五，馬克路上，塗布瀝青等類者，稱爲瀝青塗布馬克達路，比較他種道路，雖必需更多之維持及修繕費用，但特別適於乘用汽車之通行，又適於少數運貨汽車之通行。

第六，瀝青道路，適用乘用汽車，頻繁之馬匹及中程之運貨汽車之通行。

第七，混凝土路，適於與瀝青具匹橡性質之車輛之通行，特別以爲汽車路而被推用，比瀝青路堪任稍重車輛。

第八，磚舖路，適於與混凝土路有同一性質之交通，磚路及混凝土路，採用於交通頻繁之處，較其他路面，比較經濟。

第二節　混凝土路面之優劣

(1) 材料之蒐集容易，築造簡單，故初次工費 (First cost) 低廉。

(2) 路面之磨損少，強度大，適於重車輛運行。

(3) 路面平滑，踏足穩適，無噪音，不吸水分及熱，不生塵埃，故適於衛生。

(4) 維持，修繕，掃除之費用少。

(5) 牽引抵抗小，汽車之汽油消費量小。

(6) 雖有伸縮接縫，仍難免多少之龜裂。

(7) 施工後，於一定日數之補養期間，不免遮斷交通。

(8) 舊路面，得轉用爲其鋪面之基礎。

(9) 外觀良好。

——(完)——

測斜儀之檢定與使用法

徐良

測斜儀或稱測斜照準儀（Ceep sight alidade），爲平板測量中常用工具，其構造甚簡，精度亦遜。在此測量儀器日新月異時代，此器在精巧方面，不免落伍；若干測量書籍，竟將此器捨去不提，卽稍提及亦畧而不詳。事實上，此器形式構造雖甚簡單，但輕便易於携帶，計算容易，對於平板測量應具備之性能兼而有之，在學理上亦並無不合之處，設能熟習使用，其精度亦可相當。我國交通不便，物力困難，實際上不特有廣大土地亟需測量，而復員之後，各項建設工作應從速施測者更多，若必需採用貴重儀器如經緯儀、眼鏡測斜儀之類，匪特力有未逮，且工作遲緩，亦不能適應目前需要。故測斜儀在我國今日，仍未容忽視。本文之目的乃欲稍加說明測斜儀之性能，檢定，及使用方法，以供參考。

測斜儀之構造爲一木製定規（Ruler），上附水準器（Level），定規兩端有前、後兩鈑（Sight vane），前鈑有照準綫，兩旁刻有分劃。每分劃之長等于兩鈑淨距離百分之一。後鈑有上、中、下同一直綫上之三覘孔，均與定規成垂直。後鈑各覘孔與前鈑分劃綫間之關係如第一圖。下方覘孔與〇相對，中央覘孔與20相對，上方覘孔與40相對，其連結綫，均謂之零分劃綫，互相平行，且與水準器之水準軸平行。故當水準器之汽泡恰在玻璃管中央時，水準軸成水平，各零分劃綫亦成水平。由是下方覘孔可測至正百分之四十之傾斜，中央覘孔可測至正負各百分之二十之傾斜，上方覘孔可測至負百分四十之傾斜。前鈑之下側，有一備用覘孔。至後鈑有抽出鈑之裝置，乃用以測量正或負百分之四十至百分之七十五傾斜者，但不常用。（前鈑右旁之分劃，自下向上，由0至40，左旁則自上向下，由5，0，5，10至35，卽測量登傾斜時，使用下方覘孔與右旁分劃，測量降傾斜時，則由上方覘孔與左旁分劃，又前鈑之左旁復有自上向下由30，35，40以至70之備用分劃，至抽出鈑則刻有自下向上40至75之備用分劃）。

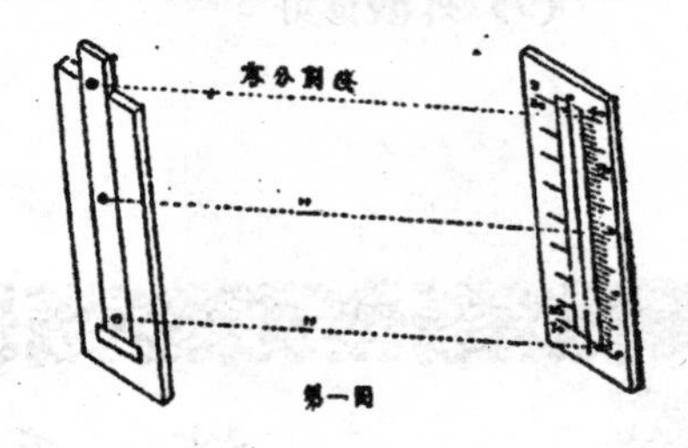

第一圖

測斜儀各部分之關係爲，(1)水準軸與定規底平行。(2)水準軸與各零分劃綫平行。(3)定規斜邊與照準面，（卽含覘孔與照準綫之平面）平行，(4)照準綫及各覘孔之連絡綫，均與定規底面垂直。上述四項爲測斜儀應具備之性能，故使用之先，宜先爲檢定。其檢定法今分述如下：

(1)水準軸與定規底平行　如第二圖，置測斜儀AB于平板上，使與脚架三脚尖之任兩脚尖（如ab）平行，乃進退移動ab兩脚枝使水泡移至正中，乃掉轉測斜儀兩端，仍置于平板上原位置，視水泡仍在正中與否，若有偏差，則用水準氣兩端之改正螺絲改正偏

第二圖

差之一半，餘一半由脚技改正之。

（2）水準軸與各零分劃線平行　如第三圖：于略成傾斜，相隔約100公尺之A處安置平板，于B處竪一覘板測桿(Target rod)。使覘板之紅白交界線之高，與由地面至平板上測斜儀之使用覘孔同高，乃將水準器之氣泡正對玻管中央，于是由任一覘孔讀定覘板之分劃數，次移平板于B，竪覘板測桿于A，如上法，亦讀定覘板之分劃數。如圖設OH爲眞正水平方向，OH'爲零分劃綫，倘設水準軸不與零分劃綫平行，其間分劃差ε爲常數，今假定由A測B爲前視，由B測A爲後視，則前後視之n値應相等而符號相反，但實際讀出者爲n_1及n_2，則其與n及ε之關係爲：

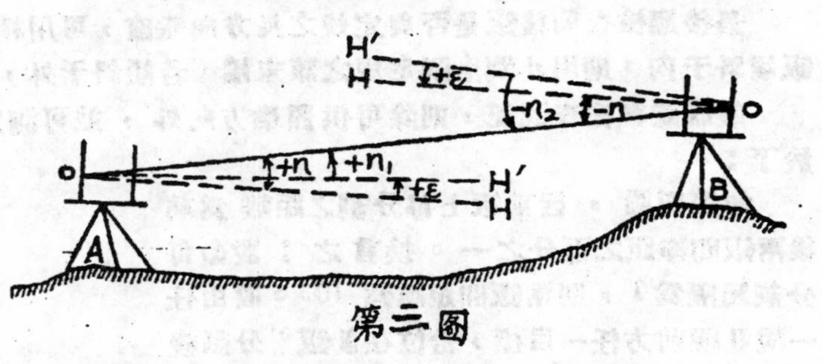

第三圖

前視　$+n=+n_1+\varepsilon$

後視　$-n=-n_2+\varepsilon$

由是得　$\varepsilon=\dfrac{n_1+(-n_2)}{2}$ ……………………………………（1）

及　$n=\dfrac{n_1-(-n_2)}{2}$ ……………………………………（2）

由上二式知，將前視讀數減後視讀數(代數的加減)以2除之，其結果爲眞値n；若將前，後視讀數相加取中數，則可求得ε之値。

至其改正法爲：于求得眞正傾斜分劃後，于AB兩點中任一點A之平板上，覘視竪于他一點B而與平板同高之覘板測桿，移動定規上之外心桿，使覘板之紅白交界處能正對前鈑上之n分劃，此時氣泡必有偏倚，可用水準器之改正螺絲全部改正之。此法須再三施行，方能嚴密改正。

依此法改正後，或與施行第(1)項已改正者略有出入，故改正手續，有時可先舉行第(2)項改正。以第(2)項方法改正水準器後，始再施行第(1)項改正。至若水準軸與定規底面不平行，可將定規底略加削磨，或用紙片之類，貼于定規底之較低處。

(3) 定規斜邊與視準綫平行　其檢定法，先將平板整置水平，次于板上垂直竪立兩針，相距約20公分，乃于兩針之一側覘視，同時以手將平板徐徐水平廻轉，使兩針同時正對相距約100公尺外之一顯著目標。次將測斜儀之斜邊靠緊兩針，然後由任一覘孔覘視，若視準綫恰能正對目標，是爲平行之證。否則將定規側邊略加磨削，以改正之。此種性能雖略不滿足亦無大重要，因用同一儀器測量同一圖幅時，雖有些微偏差亦無影响也。

(4) 照準綫及各覘孔之連結綫均與定規底面垂直　檢定法，置測斜儀于水平之平板上，于前方相距約10公尺處吊一垂球；以測斜儀之任一覘孔對準之，若視準線與垂球綫重合一致，是爲該視準綫垂直之証。次由上、中、下三覘孔分別覘視垂球綫（儀器不動）。若均覺視準綫與垂球綫相合，則三覘孔成一直綫，且與定規底面垂直，如有偏差，則此種偏差，無法改正。

最後應檢查前後鈑是否與定規之長方向垂直，可用精確之三角板比較之，若發現覘鈑傾斜于內，則用小刨磨削定規之該末端，若傾斜于外，則用紙片貼定規之該末端。

儀器旣經檢查改正，則除可供照準方向外，並可測定高程差及水平距離。今分述於下：

如第四圖，因前鈑上每分劃之距離爲前後兩鈑間淨距之百分之一。換言之：設命每分劃間隔爲1，則兩鈑間距離爲100。設由任一覘孔視前方任一目標，恰位在前鈑上分劃綫之上或下n個分劃，則此方向之傾斜當爲正或負100分之n。今於A點放置儀器，于任一點P放置覘板測桿，將測斜儀之水準氣泡整置中央後，旋由任一覘孔0視準下方覘板B，測得分劃數爲n，則由相似直角三角形定理得次之關係：

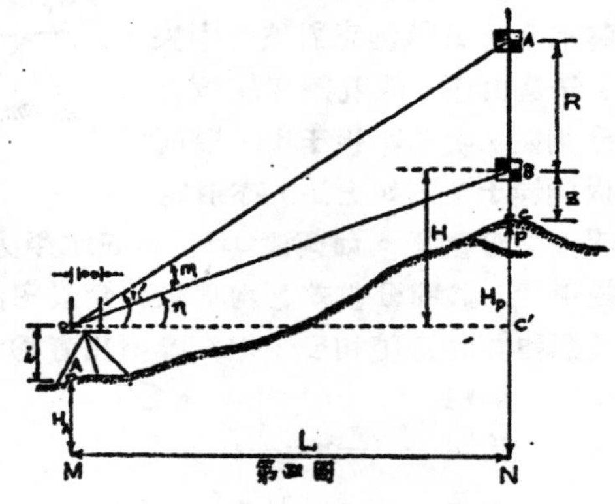

第四圖

$$100:n=L:H$$

或 $$H=\frac{n}{100}\cdot L \qquad (3)$$

式中L爲A.P兩點間之水平距離，H謂之高程差(Difference of Elevation)。其值之爲正或爲負，視n值之正或負而定。今設MN爲水準基面(Datum)，A點之標高H_A爲已知，求未知點P之標高H_p由上得直覘式爲

$$H_p=H_A+H+(i-z) \qquad (4)$$

設H_p爲已知，反求測站點A之標高，則上式變爲反覘式

$$H_A=H_p-H-(i-z) \qquad (5)$$

式中i爲測器高，卽由地面至所用覘孔之垂直距離，Z=BC爲覘標高，設命i=Z則上式化簡爲

$$H_p=H_A+H \qquad (6)$$

及 $$H_A=H_p-H \qquad (7)$$

是爲用測斜儀間接測高之直覘及反覘計算式，但須注意者爲零分劃綫假定係水平綫，設若零分劃綫係與水準軸平行，則當讀定分劃數n時，除注意其爲正或負外，並須使水準器之氣泡正在玻璃管中央。

（3）式中之L值，若不求十分精密，亦可由間接方法測定，如第三圖于任意點P處豎立覘板測桿，其C端至下方覘板B之距離，等于普通測器高(約1.2或1.3公尺)，AB爲上下兩覘鈑距離，命爲一定，卽AB=R(常數)，此種覘鈑測桿亦稱視距尺。由光學原理

，知若覷距R爲一定，則視角與距離成反比○今于A點設置儀器，由任一覘孔覘視A及B兩覘板測得其相應之分劃爲n及n'，則m＝n'±n爲兩板間之分劃差，由幾何定理得

$$\frac{100}{m}=\frac{R}{L}$$

故AP兩點間之水平距離L爲　　$L=\frac{100}{m}\cdot R$ ……………………(8)

是爲測斜儀間接測距之計算式○

又R之值可任意假定爲一常數，通常採用2，3或4公尺，普通用3公尺○m之值視n'之正負而定○若n'及n同爲正或同爲負號，則m值等于其絕對值之差；若爲異號，則等于其絕對值之和○換言之，即同號相減異號相加○又因R旣設爲常數，故若代m以種種之值，則得L之相應各值，可豫列成表，以省臨時計算之煩○

第一表係假定R＝3，表中所列各水平距離，其單位與R之單位同○

第一表

m	0.0	0.1	0.2	0.3	0.4	0.5	0.6	0.7	0.8	0.9
2	150.0	142.8	136.4	130.4	125.0	120.0	115.4	111.1	107.1	103.4
3	100.0	96.8	93.8	80.9	88.2	85.7	83.3	81.1	78.9	76.9
4	75.0	73.2	71.4	69.8	68.2	66.6	65.2	63.8	62.5	61.2
5	60.0	58.8	57.6	56.6	55.6	54.5	53.6	52.6	51.7	50.8
6	50.0	49.2	48.4	47.6	46.8	46.2	45.4	44.8	44.1	43.4
7	42.8	42.2	41.6	41.1	40.5	40.0	39.4	38.9	38.4	38.0
8	37.5	37.0	36.6	36.1	35.7	35.2	34.8	34.4	34.1	33.7
9	33.3	32.9	32.6	32.2	31.9	31.6	31.2	30.9	30.6	30.3
10	30.0	29.7	29.4	29.1	28.8	28.6	28.3	28.0	27.8	27.5
11	27.2	27.0	26.8	26.6	26.3	26.1	25.8	25.6	25.4	25.2
12	25.0	24.8	24.6	24.4	24.2	24.0	23.8	23.6	23.4	23.2
13	23.1	22.9	22.7	22.6	22.4	22.2	22.1	21.8	21.7	21.6
14	21.4	21.3	21.1	21.0	20.8	20.7	20.5	20.4	20.3	20.1
15	20.0	19.8	19.7	19.6	19.5	19.4	19.2	19.1	19.0	18.9
16	18.8	18.6	18.5	18.4	18.3	18.2	18.1	18.0	17.9	17.8
17	17.6	17.5	17.4	17.3	17.2	17.1	17.0	16.9	16.8	16.7
18	16.6	16.5	16.4	16.4	16.3	16.2	16.1	16.0	16.0	15.9
19	15.8	15.7	15.6	15.5	15.4	15.4	15.3	15.2	15.1	15.1
20	15.0	14.9	14.8	14.8	14.7	14.6	14.5	14.5	14.4	14.3

因m與L成反比，故m之值愈小，則L之變化愈大，其關係如第五圖

第五圖

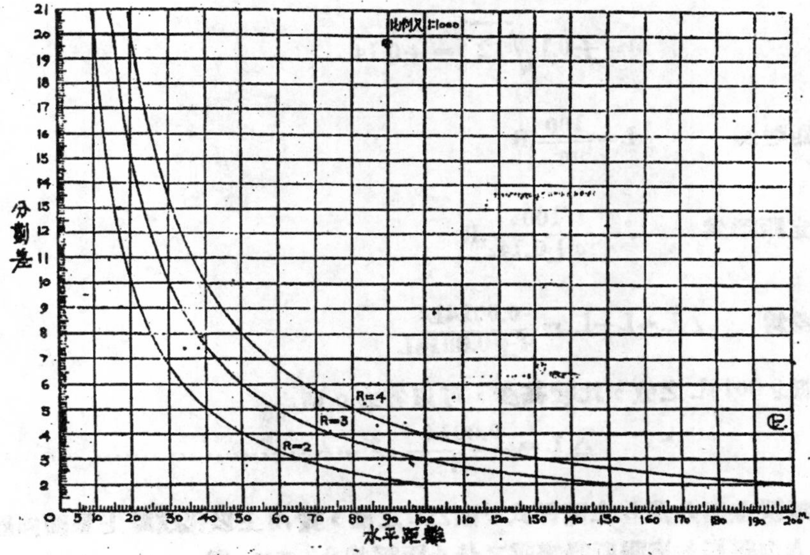

比例尺 1:1000

R=4

R=3

R=2

分劃差

水平距離

又或將(3)(8)兩式合併製成圖表，使用更為便利，如第六圖。

第六圖

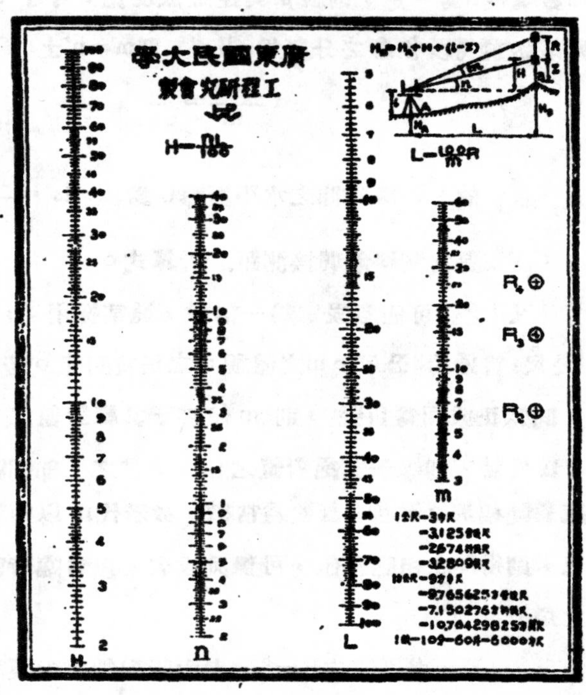

使用測斜儀間接測定距離，在小比例尺測圖，精度不求十分準確者，殊為方便。尤以高低起伏之地，泥濘地，沼澤地或斷絕地不能直接測距時，更為適用。至其精度如何，可能發生之誤差如何？當為吾人所欲研知者，今證之如下：

設讀定上下兩覘板時，每讀定值可能發生十分之一分劃誤差。設命之為

$$d_A = d_B = 0.1$$

則其中等誤差為 $M = \pm d_A \pm d_B = \pm 0.1 \pm 0.1$

平方之並消去一次項 $M^2 = 2 \times (0.1)^2$

即 $M = \pm 0.1\sqrt{2} = \pm 0.14$

今真正距離為 $L = \frac{100}{m} . R$

實際測定距離為 $L' = \frac{100}{m \pm 0.14} . R$

距離誤差為 $\triangle L = L - L' = \frac{-0.0014L^2}{R \pm 0.0014L}$

右邊分母 0.0014L 之值，比較甚少，可以省去。則

$$\triangle L = \frac{0.0014}{R} L^2 \cdots\cdots\cdots\cdots (9)$$

是為距離誤差與R及L之關係式。而△L之值，實用上以化成圖上長而肉眼不能辨認為宜。吾人由經驗知肉眼所得辨認之最小距離為 0.2 mm。則

$$\Delta L < S \times 0.2\ \text{mm}.$$

上式中，S爲比例尺分母。今設比例尺爲 $\frac{1}{5000}$，則 S＝5000，並命 R＝3，代入(9)式得

$$\Delta L = 5000 \times 0.2 = \frac{0.0014}{3} L^2$$

即
$$L^2 = \frac{3}{0.0014} \quad \text{或} \quad L = 46$$

故
$$L < 50\ \text{m}.$$

或由 (9) 式變化，得限制距離爲 $L = \sqrt{\frac{0.2 \times S}{0.0014}} \sqrt{R}$ ……………………(10)

故知限制距離當視兩覘板之間隔R，比例尺分母S及圖上許可之位置變位而異，當由使用者參酌實地需要情形定之。

至於用測斜儀間接測量高程其精度及可能發生之誤差如何，試證如下：

由(3)式 $H = \frac{n}{100} \cdot L$，設其分劃n之中等誤差爲 M_n 水平距離L之中等誤差爲 M_e，則高程差H之中等誤差爲 M_h 由最小自乘法理得

$$\pm M_h = \pm\left(\frac{M_n}{100}\right)L \pm \left(\frac{M_e}{100}\right)n$$

兩邊平方使略去一次項　$M_h = \pm\left\{\left(\frac{M_n}{100}\right)^2 L^2 + \left(\frac{M_e}{100}\right)^2 n^2\right\}^{\frac{1}{2}}$

展開並略去第一以下各項　$M_h = \pm M_n\left(\frac{L}{100}\right)$ …………………………(11)

是爲每測定一點高程時，無論用前或後視所可能發生之高程誤差。

今設由AB兩已知點測得同一未知點P之高程爲 H_A 及 H_B. 因係同一之P點，其高程實應相同。設由A，B至P之距離爲 L_A，L_B，分劃誤差爲 M_n 及 M'_n，則由(11)式知

$$H_A \pm \frac{L_A}{100} \cdot M_n = H_B \pm \frac{L_B}{100} \cdot M'_n$$

設 $M_n = M'_n = \frac{1}{10}$ 分劃，並將上式同取正號，則由A及B兩點測算得P點高度之最大較差爲

14923

$$H_A - H_B < \frac{1}{1000}\left(L_A + L_B \right) \cdots\cdots(12)$$

故較差若在(12)式界限內，則取其平均值。式中之 L_A 或 L_B，若P點乃用交會法測定者，則可先在圖上量出距離，再以比例尺分母乘之。

又測斜儀定規斜邊之前段，刻有不等距離之分劃綫，謂之餘切尺(Cotangent scale)。用以求各種不同傾斜之地面上與一定高差相當之圖上距離。恆用以定水平曲綫之間隔。今設傾斜面與水平面之交角爲a，高差爲h，水平距離爲 L，則

$$L = \cot a \cdot h \cdots\cdots(13)$$

若h爲一定，則L因 cot a 而變，今命 $h = 1^{mm.}$，則

$$L = \cot a \times 1^{mm.}$$

但在測斜儀則 $\cot a = \frac{100}{n}$，式中n爲傾斜分劃，則

$$L = \frac{100}{n} \times 1^{mm.} \quad 或 \quad L^{mm.} = \frac{100}{n} \cdots\cdots(14)$$

由(14)式若代n以種種之值，則可豫列成表如第七圖附表。

今以定規斜面之一端任刻一綫爲起點(綫上刻∞符號)，按各 $L^{mm.}$ 之距離刻分劃線，並記上其相應之 n 值，即製成餘切尺。

例如在一萬分一測圖，欲得每10m.之水平曲綫間隔。設測得傾斜爲爲 $\frac{5}{100}$，則于尺上自∞之刻綫起，至5之刻線，將其間之長畫于圖上卽得。至欲求每5m.或2.5m之間隔，則于此線段長求其二分之一或四分之一處可也。

在地形測量，兩曲綫之垂直間約等于 0.5mm. 乘比例尺之分母數，故若命

$$M \times h = H \quad 則 \quad ML = \frac{100}{n} \cdot H \cdots\cdots(15)$$

式中M爲比例尺之分母數，H爲實地等距離，則mL爲與n及H相應之實地水平距離。如第七圖，亦可豫計成表，且較便利。

例如測五千分一地形圖，水平曲線爲2m.，設傾斜分劃爲7，則由(15)式算得 ML= 29m.，此時圖上曲綫間隔爲 $L = \frac{29}{5000} = 5.8^{mm.}$

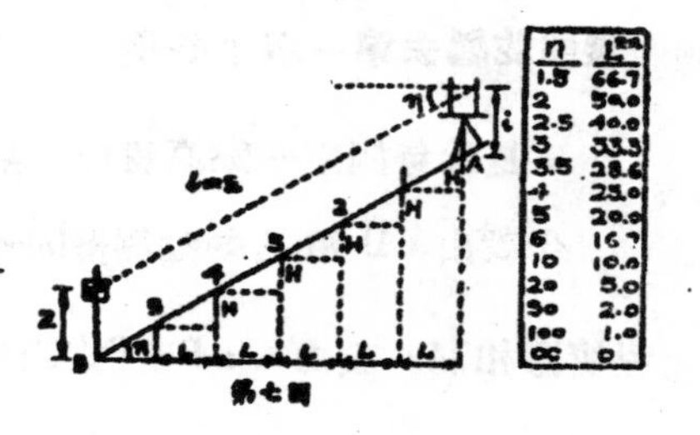

n	L^{mm}
1.5	66.7
2	50.0
2.5	40.0
3	33.3
3.5	28.6
4	25.0
5	20.0
6	16.7
10	10.0
20	5.0
50	2.0
100	1.0
∞	0

第七圖

又如于A點處測得AB之傾斜爲 $\frac{8}{100}$，則 $ML = 25^{m}$；而 $M = Hh = 5000 \times 1^{mm} = 5\ m.$。設A點之高爲 $130^{m.}$，則知實地每相隔25m.之1，2，3，………各點之高爲125，120，115………m.。

用餘切尺間接測水平曲綫，若地面傾斜整齊，則殊方便，但實際上地面起伏不等，故用之者尚鮮也。　　(完)

14924

容積和表面積的關係

林聖柱

若果你有一罐澳洲牛肉，或者其他的矮身罐頭，容積是一磅或者是450克的，你就立刻發現那罐的半徑和罐高相等，并且是 $r=h=5.2$ cm.

r 是鐵罐的半徑，h 是罐的高。

爲什麽要 $r=h$ 呢？請記着，這樣是賺錢方法之一。若果 r 不等於 h，便不是生意經，說不定還要虧本。

因爲 $\frac{dy}{dx}=0$，就可以算得 x 的最大值，那罐身的表面積(不計其蓋)是：

$$u=2\pi rh+\pi r^2 \quad (1)$$

罐的容積

$$V=\pi r^2h \quad (2)$$

由(1) 令 $\frac{du}{dr}=0$，則 $\frac{du}{dr}=\pi\left\{2h+2r\frac{dh}{dr}+2r\right\}=0$

即 $$r+h+r\frac{dh}{dr}=0 \quad (3)$$

由(2) 令 $\frac{dv}{dr}=0$ 則 $\pi\left\{2rh+r^2\frac{dh}{dr}\right\}=0$

即 $$2h+r\frac{dh}{dr}=0 \quad (4)$$

由(3)及(4) 得 $$r=h \quad (5)$$

但 $V=450$ 克，即 $V=\pi r^2h=450$，$\pi r^3=450$

$\therefore\ r=\sqrt[3]{\frac{450}{\pi}}=5.2$ 即得半徑爲 5.2cm.

因 $r=h$，$\therefore\ r=h=5.2$ cm.

如果隨便變更 r 或 h 的值，則 u 必不能成爲最小。換句話說，如果半徑不與高相等的罐，一定鐵片用得不經濟。由此可知用圓墻形的容器，若果容器的高度等於圓的半徑時，可能容納的體積爲最大，即容器的表面積爲最小。若果體積增加兩倍三倍或者若干倍時，圓墻半徑可以不變，衹將高度等於半徑的兩倍三倍或若干倍便可，那麼表面積更可節省了。

工程材料估計表

黃禧駢編

各項工程需用材料數量，與建築物之形式，大小，材料種類，施工方法，工人技術，管理情形等有關。須根據圖則及說明書，逐項核算，方能正確。但有時為造預算或概算，亦可根據材料及施工情形，作初步估計。本編各表，係就本市情況先將房屋需用之磚瓦木石鋼鐵灰釘等，分別列出，藉供參考。惟材料日新月異，施工方法，亦常進步，各項表式，當隨時有修正補充必要。深望工程前輩，不吝金玉，有以教之。

磚量估計表

類別	磚度(吋) 長	闊	厚	每立方呎牆需用磚數 灰口1/4"	灰口1/2"	每萬磚可砌成之磚牆體積(立方呎) 灰口1/4"	灰口1/2"
紅磚(特級)	8⅝	3⅝	1⅝	23.6個	19.3個	422.9	517.3
青磚	8⅝	3⅝	2	22.8	18.2	439.5	549.8
灰砂磚一號	8⅝	4⅛	2⅝	14.6	12.1	703.1	826.4
二號	8⅝	3⅝	2⅝	16.8	14.2	590.8	702.6
三號	9¼	3⅝	2⅝	17.3	14.5	577.2	689.4
四號	8⅝	3⅝	2¼	19.8	16.5	504.6	607.2
空心磚三孔	12	12	4	2.7	2.5	3691	4069
三孔	12	9	4	3.6	3.2	2787	3092
二孔	12	8½	4	3.8	3.4	2636	2949
三孔	9	9	4	4.8	4.3	2104	2350

(1)以1.85乘每立方呎需用之磚數即得每立方華尺需用之磚數

(2)以0.54乘每萬磚可砌成之立方呎數即得每萬磚可砌成之立方華尺數

磚類	每英井(100平方英尺)面積磚牆需用磚數(個) 單隔 厚(吋)	單隔 灰口1/4"	單隔 灰口1/2"	双隔 厚(吋)	双隔 灰口1/4"	双隔 灰口1/2"	三隔 厚(吋)	三隔 灰口1/4"	三隔 灰口1/2"
灰砂磚一號	4⅛	533	479	8⅜	1067	950	13½	1601	1425
二號	3⅝	582	519	8⅜	1197	1057	11⅛	1800	1586
三號	3⅝	577	514	9⅛	1219	1073	13½	1829	1610
四號	3⅝	640	566	8⅜	1342	1115	12⅛	2013	1763
空心磚三孔	4	96	92	8½	192	184	12	277	255
三孔	4	127	121	9	277	256	13½	404	377
二孔	4	134	128	8½	277	256	13	411	384
三孔	4	168	160	9	366	337	13½	534	497
紅磚(特級)	3⅝	683	601	8⅜	1575	1373	12¾	2393	2060
青磚	3⅝	711	623	8⅜	1506	1304	12¾	2259	1956

(1)以1.505乘表中之數即得每華方井面積磚牆所需之磚數

(2)[illegible]磚牆厚度[illegible]

普通瓦筒批擋灰泥做法

第一種：「檢漏」僅瓦筒與瓦片接口處批灰

第二種：「盂筒」全瓦筒面及與瓦片接口處係批紅泥一層灰一層

第三種：「密縫」照盂筒造法，但瓦筒底與瓦片間之空隙亦填以灰泥

第四種：「擠三度」每坑瓦僅坑頂從中間至口填三處約二尺長之瓦筒，照盂筒造法批灰

設批灰處批半分厚，批泥處批四分厚，則每平井瓦面需用之紅泥及草根灰如下：

造法	草根灰 立方英尺	草根灰 擔	紅泥 立方英尺	紅泥 擔
第一種	4	1.3	0	0
第二種	8	2.7	5	4.5
第三種	15	5.0	5	4.5
第四種	3	1.0	0	0

各種石工每公方需用灰砂材料估計表

種類	成分比例 洋灰	石灰	黃沙	材料數量 洋灰(桶)	石灰	石灰	黃沙(方)	種類	成分比例 洋灰	石灰	黃沙	材料數量 洋灰(桶)	石灰	石灰	黃沙(方)
鑿細工	1		3	0.26	公斤	擔	0.08	塊石工	1		3	0.62	公斤	擔	0.20
	1	1	6	0.13	4.90	0.98	0.08		1	1	6	0.31	11.86	0.20	0.20
	1	2	6	0.12	8.92	0.15	0.08		1	2	6	0.28	21.40	0.35	0.19
細石工	1		3	0.39			0.13		1	2	9	0.21	15.84	0.26	0.20
	1	1	6	0.19	7.41	0.12	0.13			1	3		23.74	0.39	0.20
	1	2	6	0.18	13.38	0.22	0.12	片石工	1		3	1.03			0.33
	1	2	9	0.13	9.90	0.16	0.13		1	1	6	0.52	19.77	0.33	0.33
		1	3		14.88	0.25	0.13		1	2	6	0.47	35.67	0.59	0.32
粗石工	1		3	0.52			0.17		1	2	9	0.34	26.40	0.44	0.33
	1	1	6	0.26	9.88	0.16	0.17			1	3		39.37	0.65	0.33
	1	2	6	0.23	17.83	0.30	0.16	磚石工	1		3	0.78			0.25
	1	2	9	0.17	13.20	0.22	0.17		1	1	6	0.39	14.83	0.25	0.25
		1	3		19.78	0.33	0.17		1	2	6	0.35	26.75	0.44	0.24
									1	2	9	0.26	19.80	0.33	0.25
										1	3		29.68	0.49	0.25

每井建築面積按各種瓦面斜度算得之瓦面面積

金字高:金字闊	1:2	2:5	1:3	2:7	1:4
瓦面面積	1.41	1.28	1.20	1.15	1.12

磚牆需用石灰砂漿表

磚牆厚	牆面每平方公尺需用磚數	每平方公尺需用灰漿(立方公尺)
5"	70	0.035
10"	140	0.075
15"	210	0.115
20"	280	0.145
25"	350	0.180
30	420	0.215

附註：
1. 一平方公尺　10.7636平方英尺
　一立方公尺　35.3166立方英尺
2. 本表磚度為 25×11×35公分 磚縫 6公厘 即
　2吋×4½×9英吋 磚縫¼英寸
3. 每立方公尺牆需用磚600塊 每千塊磚約需灰漿0.5立方公尺需水185公升
4. 本表灰漿以水泥為主 如用石灰需加一成

每立方公尺混凝土需用拌和水量

混合比	每桶水泥所需水量(公升)	水量(公升)		
		水泥之23%	砂石之4%	共計
1·1·2	40	96	46	142
1:2 4	54	58	55	113
1 3 6	70	40	50	90

1. 水泥每桶 ＝ 3.8立方英尺 ＝ 379磅 ＝ 172公斤
2. 一立方公尺水泥 ＝ 9.3桶 ＝ 1600公斤
3. 一立方公尺石灰 ＝ 890公斤　一立方公尺乾砂 ＝ 1348公斤
4. 一立方公尺石灰加水可造成2.5立方公尺淨石灰
5. 一立方公尺淨石灰漿須用366.2公斤石灰
6. 每百公斤石灰加水可造成0.28立方公尺淨石灰
7. 每立方公尺石灰重1964磅或890.6公斤
8. 一立方公尺 ＝ 35.3166立方英尺
9. 一公斤 ＝ 2.2046磅

每立方公尺水泥石灰三合土需用材料

比例				數量			
水泥	石灰	砂泥	碎磚	水泥(桶)	生石灰(公斤)	砂泥(立方公尺)	碎磚(立方公尺)
1	1	4	8	0.9	110	0.43	0.86
1	2	5	10	0.7	110	0.44	0.88
1	3	6	12	0.6	130	0.46	0.92

砂漿用量估計表

磚類		每英方(100平方英尺)面積磚牆需用砂漿(立方英尺)						每1000塊磚需用砂漿(立方英尺)	
		灰口厚度¼"			灰口厚度½"			灰口厚度	
		單隔	雙隔	三隔	單隔	雙隔	三隔	¼"	½"
紅磚(機製)		7.09	17.76	25.07	9.82	25.29	36.36	836	1780
青磚		3.88	19.33	28.10	7.00	26.69	32.92	861	1954
灰砂磚	一號	3.88	9.77	17.75	7.07	16.69	28.17	1113	2346
	二號	3.79	14.17	29.31	6.89	21.12	35.96	1008	2126
	三號	3.75	10.98	25.80	6.75	25.78	35.80	1002	2124
	四號	3.76	17.42	24.59	6.81	24.32	34.49	816	1642
空心磚	三孔	1.33	6.83	7.75	2.70	9.58	14.80	3500	7360
	三孔	1.80	5.25	11.50	3.10	11.00	13.25	2870	5620
	三孔	1.73	5.43	11.33	3.13	10.43	17.73	2760	5692
	三孔	1.86	6.40	12.50	3.33	11.90	19.50	2380	4760

附註：
1. 上表所列砂漿用量係照通底稜[illegible]推算
2. 通底稜即磚與磚間係填滿灰砂
3. 空心磚尺寸　三孔　12"×12"×4"
　　　　　　　三孔　12"×9"×4"
　　　　　　　三孔　12×8½×4
　　　　　　　三孔　9"×9"×4"
4. 士敏土每小包一立方英尺重94磅 每大包二立方英尺重188磅
5. 各種明口磚牆如用淨士敏土漿抹二英分厚每一百平方英尺面積磚牆須用士敏土一立方英尺
6. 磚灰砂[illegible]2石灰砂漿[illegible]3士敏土砂漿
7. 砂漿係指灰口漿或稱灰砂

磚量估計表

類別		磚度(吋) 長	闊	厚	每立方英尺牆用磚個數 灰口⅛"	灰口½"	每萬磚可砌成體積(立方英尺) 灰口⅛"	灰口½"
紅磚(機製)		8⅝	3⅝	1⅞	23.6	19.3	422.9	517.3
青磚		8¾	3⅞	2	22.8	18.2	439.5	549.8
灰砂磚	一號	8⅝	4⅛	2⅛	14.6	12.1	703.1	826.4
	二號	8¾	3⅞	2⅛	16.9	14.2	590.8	702.6
	三號	9⅛	3⅞	2⅛	17.3	14.5	577.2	689.4
	四號	8⅞	3⅞	2⅛	19.8	16.5	504.6	607.2
空心磚	三孔	12	12	4	2.7	2.5	3691	4069
	三孔	12	9	4	3.6	3.2	2781	3092
	三孔	12	8½	4	3.5	3.4	2636	2929
	三孔	9	9	4	4.8	4.3	2104	2350

附註：
[illegible]1.85[illegible]每立方英尺[illegible]之磚數[illegible]
[illegible]0.54[illegible]每萬磚可[illegible]立方英尺數[illegible]

14927

每立方英尺砂漿需用配合材料

種類	上等生石灰用量	消石灰用量		士敏土用量	乾砂用量		
	担	立方呎	担	立方呎	立方呎	担	華井
石灰砂漿							
1:2	0.096	0.500	0.165	——	1.000	0.68	0.0054
1:2.5	0.077	0.398	0.131	——	1.000	0.68	0.0054
1:3	0.084	0.333	0.110	——	1.000	0.68	0.0054
士敏石灰砂漿							
1:1:6	0.033	0.167	0.055	0.130	1.000	0.68	0.0054
隔水士敏砂漿							
1:2	0.022	0.108	0.035	0.442	0.920	0.63	0.0050
1:3	0.016	0.073	0.028	0.331	1.050	0.72	0.0057
1:4	0.014	0.064	0.021	0.264	1.107	0.76	0.0060
純士敏砂漿							
1:2	——	——	——	0.460	0.920	0.63	0.0050
1:3	——	——	——	0.350	1.050	0.72	0.0057
1:4	——	——	——	0.277	1.107	0.76	0.0060

附註

1. 每100立方英尺＝54立方華尺＝2.83立方公尺＝0.54華井
2. 乾砂每立方英尺約重0.60担或每華井108担
　濕砂每立方英尺約重0.86担或每華井137担
3. 士敏土每小包重94磅或70斤或42.7公斤
4. 士敏土每小包容量1立方英尺每大包容量2立方英尺
5. 消石灰每立方英尺重約44磅或33斤
6. 隔水士敏土砂漿可用石灰代士敏土重量十份之一
7. 上等生石灰每担可發消石灰5.2立方英尺　用普通石灰，須照表酌加成數（東安石灰須加三成，普通碎口灰加倍）

普通木材尺寸表

種類	單位	每件普通尺度（華尺）			種類	單位	每件普通尺度（華尺）		
		長度	闊或直徑	厚度			長度	闊或直徑	厚度
足五寸杉	條	12	0.5		足四寸半杉	條	12	0.45	0.22
足四寸半杉	條	12	0.45		足四寸杉	條	12	0.40	0.20
足四寸杉	條	12	0.4		足三寸半杉	條	12	0.35	0.18
足三寸半杉	條	12	0.35		足三寸杉	條	12	0.30	0.15
足三寸杉	條	12	0.3		足二寸半杉	條	12	0.25	0.12
足二寸半杉	條	12	[illegible]		大間迫	條	12	0.45~0.50	0.20~0.25
足四寸杉	條	14	[illegible]		中間迫	條	12	0.40~0.40	0.15~0.20
足四寸杉	條	18	0.4		細間迫	條	12	0.25~0.35	[illegible]
足七分丁方板	條	12	0.32	0.07	大丁角	條	12	0.30~0.40	0.3~0.50
足六分丁方板	條	12	0.3	0.06	大角	條	12	0.50~0.4	0.10~0.12
足四分丁方板	條	12	0.3	0.04	中角	條	12	0.20~0.25	0.06~0.08
足三分丁方板	條	12	0.3	0.03	細角	條	12	0.20	0.06
四分丁方板	條	6	0.3	0.04	二八八角	條	12	0.28	0.08
足大七分板	井	12	0.3~0.8	0.07	二六六角	條	12	0.26	0.06
大中六分板	井	12	0.3~0.8	0.06	柚木	井	8~14	0.6~1.0	0.1起
大五分板	井	12	0.3~0.8	0.05	山樟木	井	8~14	0.6~1.0	0.1起
大四分板	井	12	0.3~0.8	0.04	櫟木	井	8~14	0.6~1.0	0.1起
大三分板	井	12	0.3~0.8	0.03	柚心松木	井	8~14	0.6~1.0	0.1起
細三分板	井	12	0.3~0.6	0.03	松木	井	8~14	0.6~1.0	0.1起
足五寸杉	條	12	約0.5	約0.25	普通方料	條	12	0.5	0.25

說明

圓杉以尾部直徑大小計　丁方杉板由圓杉鋸成四邊對至足成直角
板料每井長闊各十尺厚一寸　杉料由圓料鋸成　所謂幾寸杉
係由幾寸杉鋸成材之意　間迫係由圓料縱鋸成兩半
丁角係間迫之兩旁鋸開成垂直面　尾面材料每華丈需用料15條
圓杉材7.25條

每立方英尺碎磚混凝土需用配料分量

類別	消石灰用量		士敏土用量	乾砂用量		碎磚用量(一吋至二吋)	
	立方英尺	担	立方英尺	立方英尺	華井	立方英尺	華井
士敏土砂碎磚							
1:3:5	-	-	0.172	0.52	0.0035	0.86	0.0057
1:3:6	-	-	0.155	0.47	0.0031	0.93	0.0062
灰砂碎磚							
1:2:4	0.22	0.073	-	0.44	0.0029	0.89	0.0059
1:3:5	0.17	0.056	-	0.52	0.0035	0.86	0.0057
1:3:6	0.16	0.053	-	0.47	0.0031	0.93	0.0062
士敏土灰砂碎磚							
1:2:4:8	0.21	0.063	0.104	0.42	0.0028	0.83	0.0055

附註

1. 東安生石灰每担可發四立方英尺，普通生石灰每担可發三立方英尺
2. 士敏土每小包一立方英尺，砂之用量需加耗五成
3. 杉板或洋松板（一英吋厚）每英井約重2.75担
4. 三合土板模拆卸後有六成可再用　杉桐可全部再用
5. 鋼筋每條普通為20英尺及40英尺二種
6. 三合土板模每一英井用二吋半長鐵釘9斤
7. 每一担鋼筋約用鉛絲1.5斤
8. 板模用一英寸厚松板　杉頂（三英寸半尾）每十英尺長用五條斜撐每十英尺長用三條
9. 承板模用二吋半尾杉桁，每十英尺寬用四條，斜撐間迫杉料二條

三合土每立方英尺配合量

種類	士敏土	乾砂用量			石子用量	
	立方英尺	立方英尺	担	華井	立方英尺	華井
1:1:2	0.388	0.388	0.264	0.0022	0.776	0.0042
1:2:4	0.222	0.444	0.303	0.0044	0.888	0.0048
1:3:5	0.172	0.517	0.351	0.0028	0.861	0.0046
1:3:6	0.155	0.465	0.317	0.0025	0.930	0.0050
1:4:8	0.119	0.477	0.324	0.0026	0.954	0.0052

批盪每100平方公尺牆需用材料

種類	石灰	蔴紡	紙筋	稻草	泥沙	批盪厚度
	公斤	公斤	捆	公斤	立方公尺	公分
灰泥稻草批盪	55			60	2.5	2.0
紙筋灰批盪	175		5.5			0.6
蔴筋灰批盪	210	6				0.6
灰沙批盪	33				0.25	0.2

（待續）

本校工學院歷屆畢業生姓名

民國廿二年度

吳民康　馮錦心　胡錫庸　莫朝豪　連錫培　胡鼎勳

民國廿三年度

王文郁　吳潔平　李炤明　杜志誠　黃之常　江昭傑　伍丙彝
陳博平　張沛棠　陳祖翔　梁漢英　周鳳相　覃便榮　梁慧忠
李融超　廖安德　陳福齊　吳燦璋　盧蔭軒　吳魯歡　符兆美

民國廿四年度

廖煥文　張建勳　林詠沂　姚棠秀　曾炊林　何偉傑　黃德明
勞滐浦

民國廿五年度

呂敬菲　司徒健　董子祥　王衍弼　葉金冠　林詠滄　郭紘慈
龍炳垣　羅致順　盧國棟　韓汝標　鄺炯鎏　俞鴻勳　黃熾駢
陳崇灝　梁廷尉

民國廿六年度

陳池秀　許維琛　陳桂生　吳厚基　陳華英　區子謙　馬順華
黃恆道　黃培煦　彭光鑾　梁　父　程子云　吳明安　岑灼垣
溫炳文　楊杰文　李國屏　馮素行　黃卓明　陳沃鈞　鄭　德
黃堯佐　吳端炯　吳傳朝　陳志豪　黃壽昌　羅巧兒　麥維新
李維燊　劉銘忠　諸澄寰　麥藝芳　陳洵耀　梁榮燕　趙德榮
譚恒楓　梁濺齡　梅　科　鄭紹河

民國廿七年度

李民安　何乃松　曾憲正　崔鎮年　陳善慶　駱迺璇　蔣灝年
劉慕超　沈寶麟　沈寶麒　梁士明　成伯時　湯其方　李君墨
馮　照　何叔鈞　胡朝卿　吳潤廷　梁炳垣　楊紹忠　麥尚游
陳建勳　劉勤滋　龍殿慈　羅裕照

民國廿八年度

余日俊　周炎桓　孫士元　周元旺　馬文佐　余文偉　江威康
伍國基　丘德威　梁長達　周雅藹　關有為　謝宗賢　張錫煥
譚錦倫

民國廿九年度

楊　光　李文錦　趙　嗣　王晉傑　周霽平　梁煒棠　趙善良
陳溢康　羅世傑　譚文儒　葉銳雄　張鴻發　沈念祖　宗志飛
林成進　劉　淞　姚秉劍　馮浩波　張朝沾　黃培晃　陳紹愷

陳展榮　劉景林　黃鑑才　黃文鶴　蕭秉謙　余兆鬱

民國三十年度

梁信建　李文達　伍錦棠　黃鎮波　張錫晉　何元俊　莫乃炎
陳文健　黃　富　湯乃棠　雷月桂　陳永源　梁偉民　梁高東
許瑞珍　馬侯瑜　黃權春　周積耀　徐紹燦

民國三十一年度

李士佳　梁光兆　李世傑　梁其宗　黃明見　王雄業　呂浩溪
張培煊　黃錦垣　孫寶春　蕭夏嫣　謝耀山　麥寶鎰　李灼邦
何光沛　周秀石　司徒晤　冼松均　司徒裘　張子猷　伍文瀚
黃結光　黃迪衍　湯榮邦　陳國幹　李煒漢　鍾桂炘　陳麗吾
吳錫彭　賴保雄　胡國礎　梁景衡　張德勳　黃潁頤　陳璐韶
黃鷹揚　駱鑑濤

民國三十二年度

吳喜年　黃璧石　關梅仙　張卓璇　李潤德　宗志芳　崔法天
王業茂　區旭海　劉天保　余熾常　陳培道　周湘榮　黎志強
張德智　吳榮耀　龍達源　甄燦堯　羅澤洪　崔耀漢

民國三十三年度

方朝仗　張炎彭　李吐聲　毛罷麟　容錦芳　李　汪　黃華倬
余蓋世　張法科　陳紹科　張偉林　張彤煒　鄧維邦　鄧武城
謝惠匀　黃廷輝　吳新榮　胡鼎祿　鄺佽傑　謝惠保　林朗懷
張履新

民國卅四年度

梁光能　陳倫敦　黃榮善　羅天龍　蔣從德　鄭觀志　陳天和
李廣仁　張元珍　張逸士　劉仕昇　樂　犇　李高瀛　朱振鵬
黃潤松　梁傑富　黃履茂　李瑶琪　李錫儒　黎錫淡　黃堯麟
劉傅啓聰　朱培參

民國卅五年度

陳　提　黃光華　張錦邦　黃兆濤　韓苑周　梁其謙　胡錫培
許允讓　羅開發　曾錫權

廣東國民大學工學院歷期教授講師助教名表

以到校任職先後爲序

黃肇翔　李　卓　何海鵬　盧頌芳　黃森光　溫其濬　李文邦
劉耀鈿　曾學厚　黃汝光　黃玉瑜　金肇組　楊兆濂　方繼群
黃脩生　吳民康　羅濟邦　梁啓壽　沈嘯谷　朱作華　蔡杰林
李子常　黃棣儀　黃培昌　伍夢衡　甄卓然　陳炎興　張遂琭
朱勉弱　司徒穎　林榮潤　許論博　倫　叙　趙濟森　余季智
陳福齊　曾炊林　林志澄　徐學澥　葉保定　林美英　潘廣球
崔兆鼎　黃希文　劉炎滯　葉浩章　李文驥　伍金聲　陳錫莊
楊兆熊　吳立予　葉富安　高榮裕　曾體賢　黃梓榮　金祖勳
胡光弼　梁永康　曾銳庭　盧　文　張景燿　祁士恭　吳厚基
黃軼球　吳魯賢　方彥如　黃守恆　雷香庭　甄宗熾　趙　嗣
余文照　衞梓松　王孟鍾　鄺正文　陳溢康　林祺俠　黃石煖
袁振鐸　鄭允衷　吳順成　梁繼乾　陳培道　張朝度　張淑愛
李伯賢　李融超　黃牖騏　梁健卿　陳榮枝　王文法　吳魯歡

本校工學院現任教職員名表

校長　吳鼎新
副校長兼教務長　張景燿
訓導長　李伯賢
總務長兼院長　盧頌芳
秘書長　祁士恭
教授　甄卓然　曾銳庭　鄺正文　伍金聲　金曾澄　陳榮枝　徐學澥　梁健卿　曾仲謀　鄧挹標　王文法　謝若田
副教授　曾炊林　黃牖騏
講師　陳福齊　李融超　吳順成　盧玉敬
助教　陳培道

廣東國民大學工程研究會章程

卅五年十一月修正

第一章 定名。

第一條：本會定名爲廣東國民大學工程研究會。

第二章 宗旨

第二條：本會以研究學術聯絡感情爲宗旨。

第三章 會址。

第三條：本會會址，設在廣州市荔枝灣國民大學。

第四章 會員

第四條：本會會員分下列四種：

1. 當然會員：凡在本校工學院畢業者屬之。
2. 基本會員：凡現在本校工學院肄業之同學屬之。
3. 仲會員：凡曾在本校工學院肄業現已離校者屬之。
4. 名譽會員：甲。由本會聘請本校工學院教授及講師任之。

   乙。凡對於工程事業或學術有特殊貢獻而能贊助本會者，得由本會聘任之。

第五章 會費

第五條：本會之會費如下。

1. 常費：

   甲：當然會員，每半年二千元，於到會登記時繳納之。

   乙：基本會員，每半年一千元，於每學期開始時由本校會計室代收。
2. 捐助會費：由各會員自由捐助。
3. 特別費：如遇特別需款時，得由理事會開會通過向會員徵收之。

第六章 組織

第六條：本會組織，係採用理事會及監事會制，理事會及監事會由大會選舉理事及監事組織之。

第七條：理事會之職權如下：

1. 有代表本會對外之資格。
2. 處理本會日常之事務。
3. 執行大會議決事項。

第八條：理事會設常務理事十一人，均由大會選舉之，並由理事中互選理事長一人，總幹事一人，文書會計事務研究考察出版登記調查體育等幹事各一人。

第九條：監事會之職權如下：

1. 稽核本會財政之收支。

2.監察本會一切會務。

第十條：監事會設常務監事三人，均由大會選舉之。並由監事中互選一人爲監事長。

第七章　任期

第十一條：本會理監事任期定爲半年，但連選得連任。

第八章　會期

第十二條：本會全體大會，定期每年三月及十月由理事會召集。如遇有特別事情，得隨時召開臨時大會。

第九章　附則

第十三條：倘遇當然會員或仲會員，當選爲常務理事，因業務關係，不能到會服務，則由當選理事以書面報告，申述理由，經理事會審查屬實後。於候補理事中公推一人代其職務。

第十四條：本會章程，自呈准學校備案後發生效力。如有未盡事宜，得提出全體會員大會修正之。

廣東國民大學工程研究會會聞摘錄

編者

(1)本會於卅五年十一月十七日在荔枝灣第一學院舉行全體會員大會，選舉理監事並歡迎新會員，計出席人數一百廿五名，列席人數三名，各師長及新舊會員聚首一堂，情況殊爲熱烈。即席選定黃觀駢，李融超，陳福齊，吳傳歡，陳培道，梁友，梁楚冠，張文達，吳榮兆，胡星明，盧理，等十一名爲常務理事。羅開發，徐憲洪，區榮兆，區玄標等四名爲候補理事。曾炊林，胡鼎勳，吳民康，三名爲常務監事。莫朝豪，梁長江，二名爲候補監事。

(2)會員大會即席由師長同學捐助本會經費者計工學院長盧頌芳，同學羅巧兒，諸澄夷，馮素行，陳福齊，吳民康，各二萬元。吳傳歡，葉銳雄，姚棠秀，陳培道，李融超，張沛棠，各一萬元。胡鼎勳，趙嗣，各五仟元。區子謙，曾炊林，陳華英，各二千元。慷慨輸將，贊勸會務，至足銘謝。

(3) 新任理監事，由理監事會互選人員分任工作。推定理事長吳傳歡，總幹事李融超，文書吳榮兆，會計陳培道，事務陳福齊，出版黃觀駢，登記梁友，調查胡星明，研究梁楚冠，體育盧理，考察張文達，常務監事胡鼎勳，監事曾炊林，吳民康等分頭積極展開工作。

(4) 本會鑒於歷屆畢業同學分處各地，其中因戰事影響失却聯絡者不鮮，現爲加強聯繫積極調查，經於卅六年底刊印第一期會員通訊錄，並按址分寄各會員，深盼各地同學，隨時將姓名年歲籍貫屆別，服務地點，現在及永久通訊處等函寄本會登記股，以便編彙第二期通訊錄，並按址寄上。

(5) 本會會址，設在荔枝灣工學院材料試驗室二樓，陳列各項工程書籍刊物，同學照片等，以備各會員參考。深盼各地會員，將有關工程之各項法規章則圖表計劃等，賜寄本會，以資充實而供觀摩。

(6) 本會會徽圖案，繼續公開徵求，希各會員踴躍投稿，以便彙交理監事會審定交商承造。

(7) 本會爲提倡課餘運動增進各同學健康起見，於去年十二月廿二，廿三廿四三天在本校第一學院舉行工研會杯班際籃球賽，由體育組主持，各班同學踴躍參加，情況熱烈，比賽結果，一上同學榮獲冠軍。

(8) 各教授分頭領導各同學參觀本市附近各項建設，計有士敏土廠，自來水廠，電廠，飲料廠等及市本建築物，指導詳明，並承各廠負責人殷勤招待，解釋一切，至足銘感。

(9) 工學院現添購威特(Wild)廠製經緯儀水準儀平台儀等多副，經已運到，供各同學測量之用。又乘張副校長景耀奉派赴美考察，特開列有關工程之圖書儀器以便在美採購，並在龍門書局購到大批工程書籍陳列會內，以供參考。又萬能材料試驗機，亦經修理完竣。

(10)本會現置 Marchant 廠手搖計算機及黃穡騈同學製計算尺模型各壹副，供各同學練習。

(11)本會經常由同學陳福齊李融超，黃穡騈，陳培道等負責。各地會員，如有委託或詢問事宜，當卽効勞奉覆。又未繳會費者，請逕寄交陳培道同學。

(12)黃穡騈同學上學期担任大地測量學，所授之「三角網平差法」經各同學將筆記整理，並由二下同學繕寫油印，現已出版。

(13)前任工學院長曾銳庭教授，因事請辭，現由總務長盧頌芳再度復任，悉心策劃，努力建樹，院務蒸蒸日上。

(14)本校自前期起，增設國文進修班，規定全校同學一律進修，其不及格者，不准畢業。

(15)本學期工學院各教授担任功課如下：

陳榮枝：建築設計：建築畫

王文法：物理學　機動學　電工學

曾銳庭：材料力學　工程力學

甄卓然：結構學　鋼橋計劃　鋼筋混凝土拱橋計劃

鄺正文：鋼筋混凝土　水工計劃　地質學

梁健卿：土石結構及基礎　隧道工程學

伍金聲：道路工學　鐵路工程學　高等道路工學

黃穡騈：大地測量學　平面測量學　水文學

曾炊林：平面測量學　道路材料試驗

李融超：房屋建築　工程畫　平面測量

徐學澥：投影幾何

李伯賢：化學

吳順成：微積分學

盧玉敬：微分方程

曾仲謀：經濟學

謝若田：國文

(16)本學期工學院同學計四下黃槐等廿四名，四上方精武等十八名，三下梁友等廿五名，三上梁達邦等九名，二下朱天錫等廿一名，二上張紱等廿三名，一下朱澤民等廿四名，一上江建雄等廿六名。

(17)工學院本期暑假實習，由二年級下學期至四年級上學期各班，均須由六月卅日起至七月廿七日止分別在校內或校外實習，以期更加熟練。校內實習，分測量及繪圖二種，分組由黃禧駢，曾炊林，李融超先生担任指導。校外實習，由學校函商各工務機關分別派往。實習完畢後，其成績及格者，由本校或實習機關發給証明書。無証明書者，作未參加暑期實習論。

(18)工學院下學期擬呈部增設機械工程系，電機工程系，及建築工程系，各項計劃及設備，分由曾銳庭陳榮枝先生草擬。俟奉准後，即可成立。

廣東國民大學工程學報徵稿簡章

1. 凡有關於工程論著，工作情況，計劃章則，等均表歡迎。
2. 不論文言或語體文字請加標點。
3. 譯音，外來語或術語，請附註原文。
4. 翻譯文字請將原文寄下，或註明原著者姓名，出版處所，書名，期數及出版年月。
5. 稿紙請書一面，字體幸勿過於潦草。
6. 附圖及表，請用墨繪在白紙上，以便直接製版。
7. 來稿如不願刪改者請聲明。
8. 投稿人請開列姓名住址以便通訊。
9. 登錄稿件酌以本學報爲酬。
10. 來稿請寄交廣州市荔枝灣國民大學工程研究會出版組。

廣東國民大學工學院近況

盧頌芳

（一） 概況

本學院創設於民國十九年秋，爲本大學各學院中成立最晚者。初任院長爲黃肇翔，繼之者盧頌芳，甄卓然，曾銳庭。現任院長爲張建勳，在未到校就職前，由總務長盧頌芳兼理。創立之初，設土木工程學係，共分結構工程，市政工程，水利工程，路政工程四組。至廿八年度，課程修改，分爲結構工程，水利工程，道路工程三組。課程內容，大致與現行者同（詳本文課程表及各科課程綱要）。民國十九年秋，考取第一班學生，以後逐期考取。由創立迄今依序講習，未嘗間斷。計共畢業二十七班，畢業生二百九十八人所設課程，除遵照教育部規定外，更適應事實需要，增設科目，使理論與實用並重，以期造就學術熟練之專門人材。歷屆畢業學生，尚能本所學，分在各地工程機關服務。

設備方面，本學院成立後，陸續建築房舍，添購圖書儀器，各種模型，並出版工程學報，工程月刊等。民國廿七年承教育部補助，及美洲南洋各地華僑捐款，次第增置儀器，建立機器室，材料試驗室，水力試驗室，物理試驗室，化學試驗室，建築模型室，繪圖室，電機室，熱力機室等。測量儀器，可供十五組學生同時實習之用。材料試驗水力試驗及理化電機等試驗儀器，可供卅人同時實習之用。其他應用圖籍器材，均陸續添置。迨抗戰軍興，廣州常受敵機空襲，爲疏散計，將一部份圖書儀器遷往香港。廿七年冬，廣州淪陷，存放廣州之圖書儀器及各項實習設備，遭敵寇蹂躪，毀竊淨盡。存香港者，亦於民國卅年冬香港淪陷，損失泰半。十載經營，迭遭散失，言之痛心！

在抗戰期中，本院員生，播遷香港，及廣東境內之開平，曲江，龍川，高州，陽春，各屬。烽烟遍地，警報頻仍，遷徙流離，備嘗險阻。幸賴各員努力，教師熱誠，諸學子得照常受課未嘗或輟，祇工程學報出版至第九期，因物價關係，不得不暫行停刊。卅四年秋，日寇投降，舉國重光，本校復員回穗。碩果僅存之圖書儀器，悉數運回。並將原有校舍，修葺增建，一切設備，積極整理補充。現已恢復者爲測量儀器室，繪圖室。在整理中將完成者爲材料試驗室，水力試驗室。其他各室之重建恢復，亦在努力進行中。此後本院除恢復從前各項設備，盡力添補器材外，並增設翻砂廠，鍛鐵廠，修機廠，木工場，原動力廠，電力實驗室等，以備增設機械工程系及電機工程系之用。在此百物騰貴當中，建設措施，自非易易。然爲學子實習計。爲教育前途計，決不忖棉薄，竭力以赴，以期必成。茲將本學院現存設備開列如下：

（二） 設備

（A） 測量儀器室

名稱	數量	製造廠	原廠號數
1' 羅針經緯儀	2 副	Keuffel Esser Co	55154 55680

1' 工程經緯儀	2 副	Kassel Co	14882 57267
1' 複測經緯儀	1 副	Kassel Co	39856
30" 複測經緯儀	1 副	Kassel Co	54574
單遊標1' 羅計經緯儀	1 副	D. Alice Co	
鐵路經緯儀	1 副	Young & Son Co	66249
威特一等經緯儀	1 副	Wild	
六分儀	1 副	Bamberg Werk	58493
六分儀	1 副	Keuffel & Esser Co	60636
直角儀	1 副		
V式水準儀	1 副	Keuffel & Esser Co	55808
定鏡內配焦點水準儀	1 副	Keuffel & Esser Co	59274
小型定鏡水準儀	2 副	Keuffel & Esser Co	54633 54634
威特一等水準儀	1 副	Wild	
蔡司二等水準儀	1 副	Zeiss	
手搖計算機	1 副	Marchant	
跨乘羅針儀	2 副	Keuffel & Esser, Co	39856 57267
稜鏡羅針儀	1 副	R. Reiss Co	
面積儀	4 副	A. Ott Kempten Co	1283 27015 1279 32870
威特平台儀	2 副	Wild	
平板儀	10副		
手提水準儀	6 副	K & E	
曲綫測量儀	1 副	K & E	
空盒氣壓表	2 個	K & E	
覘板水準尺	10枝	K & E	
測針	80枝		
測桿	40枝		
驗潮儀	1 副		
雨量筒	2 副		
鐵鍊	9 個		
紅白旗	10枝		

(B) 繪圖室

繪圖枱	44張	丁字尺	37把
大圖板	50件	小圖板	16件

24" 18"晒圖架 12'	各1副	三稜尺	12枝
大膠三角板	5 副	20件繪圖機	2 副
計算尺模型	1 把	暗室	1 座
膠製字模	2 盒		

(C) 水力試驗室

流速儀	2 副	A. Lietz. Co
水力機	2 副	Lili Put, Pelton
滑動水閘	1 副	
鋼纜	200呎	
接制水頭鋼柱	1 座	

(D) 材料試驗室

萬能試驗機	1 座	Albert Schaefer Co.
膠害試驗機	1 座	,, ,,
手搖篩	1 副	,, ,,
三合土試驗鋼模	5 組	,, ,,

(三) 課程表

(四) 課程綱要

(四) 課程綱要

(1) 算學　八學分　兩學期修完

微積分之一般理論　連續函數之引函數及原函數求法　應用問題

課本：Granville：The Elements of Differential and Integral Calculus

(2) 化學　八學分　兩學期修完

(A) 理論化學：元素名稱及符號　化學方程式及計算法　氣體之通性　化合律及原子說　分子量及原子量　溶液電解及電離　酸鹽基及鹽　化學之變化及平衡　電動化學　燃燒及火燄　熱化學　元素分類法及週期律　放射性　新原子論　同位素

(B)非金屬：氫　氧及臭氧　氫氧化合物　氮及大氣　氮之重要化合物　鹵素及含氧化合物　氧屬元素　碳及其重要化合物　矽及硼

(C)金屬：鹼金屬元素　銅屬元素　鹼土金屬元素　鋅屬元素　土金屬元素　錫屬元素　鉍屬元素　錳　鐵屬元素　鉑屬元素

(D)有機化學：碳氫化合物　碳水化合物及其有關物質　有機酸類及有機鹽類　醇醛精食物

課本：大學叢書 有機化學 李喬平著

(3)物理學　八學分　兩學期修完

課程表

路工組必修科目									選修科目												
高等道路工學	養路工程	道路計劃	鐵路管理	鐵道計劃	鋼橋計劃	道路材料試驗	鐵道號誌	隧道工程	建築畫	建築畫設計	建築史	房屋通風照明及配温	中國水利史	珠江水利之研究	淨水工程學	都市計劃	砲壘工學	機場跑道及排水	無綫電學	市政工程及管理	透視學
4	4	4	4	4	4	4	4	4	8	4	2	3	4	4	4	3	2	3	3	4	1
3	2	2	2	2	3	1	2	2	2	2	1	2	2	2	2	2	1	2	2	2	1
			2	2			2	2	2	2			2	2	2					2	
3	2	2			3	1					1	2				2	1	2	2		1
4	4	4	4	4	4	4	4	4	3	3	2	3	4	4	4	3	2	2	3	3	1
下	下	下	上	上	下	下	上	上	上	下	上	上	上	上	上	下	上	下	下	下	上
3	2	2	2	2	3	1	2	2	2	2	2	2	2	2	2	2	2	2	2	2	1
4	4	4	4	4	4	4	4	4	3	4	3	3	4	4	4	4	2	2	2	4	1
上	上	上	下	下	上	上	下	下	下	上	上	下	上	下	下	上	上	上	上	下	下
3	2	2	2	2	3	1	2	2	2	2	2	2	2	2	2	2	2	2	2	2	1

土木工程系

目							結構組必修科目						水利組必修科目							
土石結構及基礎	水文學	水力試驗	鐵道工學	電工試驗	契約及規範	畢業論文	高等結構計劃	房屋建築	鋼筋混凝土拱橋計劃	鋼結構計劃	高等結構學	鋼橋計劃	河工學	運河工學	都市給水	灌溉工程	水力發電工程	河工設計	水工計劃	汚水工程
3	3	3	3	3	4		4	4	4	4	4	4	4	4	4	4	4	4	4	4
3	2	1	3	1	1	2/4	3	3	2	2	4	3	3	2	3	2	3	1	2	3
	2	1		1	1		3	3		2	4		3		3		3	1		
3			3			4		3	2			3		2		2			2	3
3	2	3	3	3	4	4	4	4	4	4	4	4	4	4	4	4	4	4	4	4
下	上	上	下	上	上	下	上	下	下	上	上	下	上	下	上	下	上	上	下	下
3	2	1	3	1	1	4	3	3	2	2	4	3	3	2	3	2	3	1	2	3
3	3	3	3	2	3	4	4	4	4	3	4	4	4	4	4	4	4	4	4	4
上	下	下	上	下	下	下	下	上	上	下	下	上	下	上	下	上	下	下	上	上
3	2	1	3	1	1	4	3	3	2	2	4	3	3	2	3	2	3	1	2	3

大學工學院

通習必修科

工程材料	熱機學	機動學	平面測量(1)	平面測量(2)	平面測量(3)	平面測量(4)	地質學	微分方程	材料試驗	水力學	大地測量	結構學(1)	結構學(2)	鋼筋混凝土學(1)	鋼筋混凝土學(2)	鋼筋混凝土計劃	結構計劃	道路工學	實業計劃	鐵路測量及土工	電工學
2	2	2	1	2	2	3	2	2	2	2	3	3	3	3	3	3	3	3	3	3	3
2	3	2	2½	2½	2½	2½	2	3	1	3	3	3	3	3	3	2	2	3	2	3	3
2	2			2½		2½				3			3	3					2	3	3
		2	2½		2½		2	3	1		3	3				2	2	2			
2	2	2	1	2	2	3	2	3	2	3	3	2	3	3		3	3	3	4	4	3
上	上	下	下	上	下	上	下	下	下	上	下	下	上	上		下	下	下	上	上	上
2	3	2	2½	2½	2½	2½	2	3	1	3	3	3	3	3	3	2	2	3	2	3	3
2	2	2	1	2	2	3	2	2	2	3	4	3	3	3	3	4	4	3	3	3	2
下	下	上	下	上	下	上	上	上	下	下	上	上	下	上	下	上	上	上	下	下	下
2	3	2	2½	2½	2½	2½	2	3	1	3	3	3	3	3	3	2	2	3	2	3	3

廣東國民

本系各組

科目			三民主義	國文	外國文	算學(1)	算學(2)	化學(A)	化學(B)	投影幾何(1)	投影幾何(2)	工程畫(1)	工程畫(2)	工廠實習	物理學(A)	物理學(B)	倫理學	經濟學	應用力學	材料力學
現行辦法		原定年級分配	1	1	1	1	1	1	1	1	1	1	1	1	1	1	1	2	2	2
		規定學分	2	16	6	4	4	4	4	1	1	1	1	2	4	4	2/4	3	4	4
學期開完科目分開	學年度	上學期所開學分	1	2	3	4		4		1		1		2	4		2		4	
		下學期所開學分	1	2	3		4		4		1		1			4		3		4
學生選修分八學期修完	秋季始業班	年級	1	一至四	1	1	1	2	1	1	1	-	1	1	1	1	1	2	2	2
		學期	上及下	上及下	上及下	上	下	上	下	上	下	上	下	上	上	下	上	下	上	下
		學分	1	2	3	4	4	4	4	1	1	1	1	2	4	4	2	3	4	4
	春季始業班	年級	1	一至四	1	1	1	1	1	1	1	1	1	2	1	1	2	2	2	2
		學期	上及下	上及下	上及下	上	下	下	上	上	下	上	下	下	下	上	下	上	上	下
		學分	1	2	3	4	4	4	4	1	1	1	1	2	4	4	2	3	4	4

14942

力學　物性學　熱學　電磁學　光學　聲學　近代物理　應用問題

課本：大學叢書　普通物理學　薩本棟著

(4)投影幾何　二學分　兩學期修完

基本原理　點綫面及體之投影　各種剖面投影　陰影　投影畫之繪製及應用

課本：本校自編講義

(5)微分方程　三學分　一學期修完

一級及二級微分方程及其應用　高級微分方程各種解法　聯立方程組　偏微分方程

課本　Cohen：　Differential　Equation

(6)應用力學　四學分　一學期修完

(A)靜力學：力之組成　合力及平衡力　計算法及圖解法　摩阻力　重心　慣性力矩

(B)動力學：運動學　功　功率　能　衝量　動量　物質之慣性力矩

課本：Poorman：　APPlied　Mechanics

(7)工程材料　二學分　一學期修完

各種工程材料之性質，用途，製造，及應用

課本Mills：　Materials of Construction

(8)材料力學　四學分　一學期修完

(A)直接應力：應拉力　應壓力　應剪力　彎曲力　(B)樑：樑之應剪力　樑之力矩　樑之應力分配　樑之變形　(C)柱：長柱之應力　柱之實用應力公式

課本　Timoshenko：　Elements of Strength of Materials

(9)工程畫　二學分　兩學期修完

基本原理　各種綫號符號及註記　繪圖儀器使用法　各種工程結構畫法　齒門牆陣桁柱樓梯金字架之分配　各種構造物之平面側面及剖面圖畫法　陰影及着色　透視圖

課本：　本校自編

(10)　機動學　三學分　一學期修完

(A)運動：　運動定律　運動分析　加速率分析　直接接觸傳動運動　純滾動接觸

(B)運動鍊及運動副　四桿組成之運動鍊　滑動副　(C)齒輪及輪齒　(D)齒輪組　凸輪　尖楔　螺旋　皮帶　皮帶輪

(11)　工廠實習　二學分　一學期修完

(A)緒論：　工廠實習之意義及種類　設廠之條件　工廠之組織設備及管理　(B)機械繪圖　(C)機械原件學：　楔，螺釘，鉚釘，軸承，偶合器，皮帶輪，鋼絲索輪，繩輪，鏈輪，齒輪，管及瓣等之種類形式及用途　蒸汽機關之各部裝置

課本：　本校自編

(12)　熱機學　三學分　一學期修完

熱與熱力學　蒸汽之性質及其所含水份之測定　燃料與燃燒之分析　鍋爐及其輔助器　蒸汽機　複式蒸汽機　汽瓣機關　調速器　汽輪　凝汽器　內燃機及燃料　內燃機之點火減熱及調速裝置　內燃機之實例及其額定大小與工況　各種熱機熱效率及經濟上之比

較

課本：Lew：　Heat　Engine

(13)地質學　　二學分　　一學期修完

造岩礦物　岩石之構造及風化　外營力及內營力　土壤之生成　海洋湖泊地面水潛水之成因作用及與工程之關係　冲刷與沉澱　地層與地形　地質與工程之關係　礦床　地史概述

課本：本校自編

(14)材料試驗　　一學分　　一學期修完

(A)簡單應力試驗：鋼之應拉力　應拉力及變形圖之研究　彈性系數　彈性限　降伏點及極限強度之測定

(B)木材之應壓力：順紋之應壓力　橫紋之應壓力　其他工程材料之試驗　(C)應剪力試驗：鉚釘之應剪力及支承力　鋼桿及軸之扭力　木材之應剪力　鋼，鑄鐵，銅，及其他金屬之硬度

(15)電工學及試驗　　三學分　　一學期修完

電力發生及傳達　直流及交流電機之應用　發電機發動機變壓機等之管理及試驗

課本：Cray：Principle and Practice of Electrical Engineering

(16)水文學　　三學分　　一學期修完

大氣之組成溫度及流動　風向及風力　水之各態與特性　降水之成因及分佈　雨量雷電　蒸發，滲透，潛流及逕流　水文及氣象觀測　流量測量法　流水及蓄水之應用水文紀錄之統計及整理

課本：Meyer：　Elements of Hydrology

(17)實業計劃　　二學分　　一學期修完

緒論　中國實業發展之途徑　國際共同發展實業計劃　築港　鐵路系統及水利　第一至第六計劃概要

(18)契約及規範　　一學分　　一學期修完

契約及規範對於工程之關係　契約在法律上之應用　規範應用之名詞　契約與規範之格式及舉例

課本：本校自編

(19)平面測量　　十學分　　分四學期修完

(一)(測鏈及羅針儀測量)　單位　比例　投影　誤差　點及直綫標示法　測距器之使用及改正　距離測量諸法　羅針儀之改正及使用法　導綫測量　方位角及方向角計算　閉塞差之限制及配賦　測定物位諸法　製圖

(二)(平板測量)平板儀之使用及改正法　道綫及光綫法　前方側方及後方交會法　三點及兩點問題　示誤三角形消去法　Bessel 氏定平板方向法　間接測高及測距　直接及間接測定等高綫法　地物地貌測量　圖式及註記　製圖

(三)(經緯儀測量)經緯儀之使用及改正　分徵尺　測角法　視距測量　加常數及乘常數

檢定法　道綫測量　測角前方交會法　經緯綫計算　塞閉差之限制及配賦　圖幅分配及展點　農地宅地測量及製圖　土地劃分　求積法　地面及空中攝影測量槪要

(三)（水準測量）各種水準儀之檢定改正及使用法　直接及間接水準測量　誤差之限界及配賦　球差與氣差　縱斷面及橫斷面測量　等高綫測量　土方計算　氣壓高程測量

（水道測量）水位及比降　流速儀六分儀用法　水深測量　測深點位置測定諸法　三點問題　斷面測量　流速流量及含沙量測定法　水底之地形測量

課本：　本校自編

(20) 大地測量學　　三學分　　一學期修完

選點　造標　基綫測量　測角法　太陽等高單高及極星定子午綫法　定時　歸心法　三點法　平差法　方位角，邊長，及縱橫綫計算　三角點與道綫點之聯繫　三角成果之展開　磁偏角及伏角　經緯度測量

課本：　Hosmer：　Geodesy

(21) 水力學及實驗　　四學分　　一學期修完

水壓力及流動之原理　水之原動力之利用　水之量度　水之能力及效率　應用係數之測定及實驗

課本　Schoder and Daswon：　Hydraulics

(22)鐵道測量學　　三學分　　一學期修完

路綫之選擇　草測初測及定測　單曲綫　複曲綫　反向曲綫　緩和曲綫及縱曲綫　縱斷面及橫斷面測量　土方及邊樁測定法　隧道之地面及地下點設置法　隧道曲綫　隧道之水準測量

課本：Allen：　Railroad Curves and Earthwork

(23)土石結構及基礎　　三學分　　一學期修完

磚石灰泥之檢定及混和法　基礎，橋墩，水壩，襯墻，涵洞，拱橋等之結構及設計

課本　Tacoby and Davis：Fouandtion For Buildings and Bridges,

(24)房屋建築　　三學分　　一學期修完

建築史　房屋建築設計　建築構造之發展　基礎的結構及施工法　墻，壁，楣，拱，門，窗，屋頂，地台，樓梯，樓面等之結構及設計　粉飾及油漆　上下水道冷熱氣照明及傢具之佈置　估價及監理

課本：J. P. Allen：Practical Building Construction

(25)建築畫　　二學分　　一學期修完

投影及透視原理　房屋各部畫法　房屋設計及製圖　平面圖及剖面圖畫法　工程圖案

(26)建築畫設計　　二學分　　一學期修完

樓宇設計之基本原理　平面側面及外觀之設計

(27)結構學　　六學分　　兩學期修完

(A)靜力之平衡及平衡條件之應用　應力之代數解法及圖解法　框架之應力分析　橋梁之靜重及均佈重應力　古柏氏載重轉量表及其應用例　(B)橋架之集中移動載重應力　等待均佈載重　影响綫　橫支架　高架　結構體之撓度　冗桿應力

課本：Urquhart and O'Rourki：Stress in Simple Structures

(28)高等結構學 四學分 一學期修完

定義及靜力不定結構之型 分析靜力不定應力所用之理論及方法 連續梁 固結架及次應力 彈性拱 吊橋

課本：Percel：Indeterminate Stresses

(29)結構計劃 三學分 一學期修完

木屋架 橋梁 排架及各種鋼結構之設計及製圖

課本 Young：Engineering Problem.

(30)高等結構計劃 三學分 一學期修完

靜力不定結構 固結架橋 拱橋 拱屋架及吊橋之設計

(31)鋼結構計劃 二學分 一學期修完

鋼屋架鈑梁及水塔等設計及製圖

課本：Urquhart and O'Rourki：Design of steel Structures

(32)鋼橋計劃 二學分 一學期修完

道路及鐵路鋼鈑橋及鋼架橋之設計及製圖

課本 Urquhart and O'Rourki：Design of Steel Structures

(33)鋼筋混凝土學 六學分 兩學期修完

鋼筋混凝土之基本原理 樑，塊面，樓梯，柱，基礎及扶壁等之設計及計算

課本：Taylor：Plain and Reinforced Concrete

(34)鋼筋混凝土計劃 二學分 一學期修完

鋼筋混凝土房屋，橋樑，水池，渠筒，涵洞及水壩之設計

課本 Probst：Plain and Reinforced Concrete.

(35)鋼筋混凝土拱橋計劃 二學分 一學期修完

鐵道或道路鋼筋混凝土拱橋之設計及製圖

(36)道路工學 三學分 一學期修完

道路之經濟原理 路綫之測勘 泥路，花沙路面，碎石路面，水結麥加當路面，三合土路面及柏油路面之建造

課本：Agg：Construction of Roads and Pavements.

(37)鐵道工學 三學分 一學期修完

鐵路之經濟原理 鐵路測量，建築及管理

課本：Webb：Railroad Construction.

(38)高等道路工學 三學分 一學期修完

道路定綫及設計之經濟原理 排水設計 各種路面設計 土質研究 道路交通安全問題之討論及設計

課本：Bruce：Highway Design and Construction

(39)道路計劃 二學分 一學期修完

道路系統計劃 選擇路綫 計劃路面 計算土方 預算及製圖

課本 Harger and Bonney : Highwag Engineer's Handbook.

(40)道路材料試驗　一學分　一學期修完

砂石之比重　碎石之硬度及磨滅　岩石韌度　岩石吸水量　鋪路磚磨滅　路磚吸水量　瀝青比重　瀝青引火點　瀝青針入度　瀝青溶解法　瀝青延性度　瀝青之蒸法減　瀝青在二硫化碳中可溶之百分率　柏油蒸溜　瀝青在石腦油中可溶之百分率　瀝青在四氯化硫中可溶之百分率　瀝青粘度　士敏土比重　士敏土健全性　砂石之空隙　砂中之泥份及有機物　粗混合物之機械分析　幼混合物之機械分析　三合土單位重量　三合土壓力試驗

課本：Tentative Standard Methods of Sampling and Testing Highway Materials

(41)養路工程　二學分　一學期修完

道路之巡察　各種路面之毀壞　路面之保養修理及改良　管理及保養費用

課本：Harger : Rural Highways Pavements

(42)鐵道計劃　二學分　一學期修完

路綫之選擇　土方之計算　橋涵位置之决定及估計　站塲之佈置及設備　預算及製圖

(43)鐵道管理　二學分　一學期修完

鐵路管理機構之組織　軌道及站塲設備等之管理　行車及運輸管理　鐵路之財政會計及統計

課本：本校自編

(44)鐵道號誌　二學分　一學期修完

號誌之種類　固定號誌之管理及運用　區截號誌　聯鎖號誌

課本：Foaser : Lewis Railroad signal Engineering

(45)河工學　三學分　一學期修完

雨量，水位，比降，流速及流量之測定法　河性通論　治河設計　治河工程　梢工，埽工，堰壩工，護岸，堤防，海塘及防砂工程　河工設計　中國水利史

課本：鄭肇經　河工學

(46)水工計劃　二學分　一學期修完

流水通性　挖泥機　航通整理　梢工　埽工　護岸工　堤防　堰壩　船閘　渠工　蓄水工　築港　水力發電　水管　渠道　水箱　涵洞　水壩等之設計

課本：Thomas and Watt : Improvement of Rivers:

(47)灌溉工程　三學分　一學期修完

灌溉需水量　灌溉方法　水溝系統及建築　蓄水池，水壩及庫水工程　土壤及作物與水之關係　溝渠之附屬建築物　取水諸法　用水量之分配及測量法　澆水法　引水，蓄水，鑿泉，浚井，戽水，排水，放淤洗城及墾澤工程　農田水利之經營及管理　水利法綱要

課本：Davis and Wilson : Irrigation Engineering

(48)都市給水　三學分　一學期修完

地面及地下水源及流量　水井，蓄水池　及水管之設計　用水量估計　地下水　水庫

攔水壩　進水建築物　送水管等之設計　水管材料及附件　沉澱與混凝　沙濾　設計實例

課本 Turneaure and Russell：Public Water Supplies.

(45)　污水工程　三學分　一學期修完

污水之性質及試驗　污水處理法　處理廠之計劃及建築　污水量及暴雨水量之估計　溝渠系統設計　溝渠附屬建築物　溝渠材料　管圈設計　開掘及填覆　列板及撐擋　施工法　溝渠之養護　設計例

課本：Babbitt：Sewerage and Sewer Treatment.

(50)　發電工程　三學分　一學期修完

雨量及流量之記錄　發電能力之估算　引水及攔水工程　水力機及水輪　發電機　高壓輸電　水壩及水廠之計劃及建築

課本：Barrows: Water Power Engineering

(五)本校工學院歷屆畢業生姓名

民國廿二年度

吳民康　馮錦心　胡錫庸　莫朝豪　連錫培　胡鼎勳

民國廿三年度

王文郁　吳潔平　李炤明　杜志鹹　黃之常　江昭傑　伍丙燊
陳博平　張沛棠　陳祖翀　梁漢英　周慶相　覃使榮　梁慧忠
李融超　廖安德　陳福齊　吳燦璋　盧養軒　吳魯猷　符兆美

民國廿四年度

廖煥文　張建勳　林詠沂　姚棠秀　曾炊林　何偉傑　黃德明
勞瑋浦

民國廿五年度

呂敬事　司徒健　董子祥　王衍弼　梁金冠　林詠洽　郭祐慈
龍炳垣　羅致順　盧國棟　韓汝標　鄺炯鎏　俞鴻勳　黃慶駢
陳崇灝　梁廷尉

民國廿六年度

陳池秀　許維珠　陳桂生　吳厚基　陳華英　區子謙　馮順華
黃恆道　黃培照　彭光鑾　梁　父　程子云　吳明安　岑灼垣
溫炳文　楊杰文　李國肩　馮棠行　黃京明　陳沃鈞　鄭　德
黃堯佐　吳端炯　吳傅潮　陳志豪　黃霖昌　羅巧兒　麥維新
李肇燊　劉銘忠　諸澄爽　麥德芳　陳洵耀　梁榮燕　趙德榮
譚桓樞　梁機齡　梅　科　鄭紹河

民國廿七年度

李民安　何乃松　曾憲正　崔鎮年　陳善慶　駱迺璇　龐灝年
劉慕超　沈寶麟　沈寶猷　梁士明　成伯時　湯其方　李君暑
馮　照　何叔鈞　胡朝佛　吳渭庭　梁炳垣　楊紹忠　麥衡漪

陳建勳　劉勤憲　龍殿慈　羅裕照

民國廿八年度

余日俊　周炎桓　孫士元　周元旺　馬文佐　余文偉　江威廉
伍國基　丘德威　梁長達　馬雅巷　祁有爲　謝宗賢　張錫煥
譚錦倫

國民廿九年度

楊　光　李文錦　趙　嗣　王晉傑　周爵平　梁焯星　趙善良
陳溢康　翟世傑　譚文德　葉銳雄　張鴻發　沈念祖　宗志飛
林成進　劉　淞　姚秉釗　馮湛波　張朝沾　黃培晃　陳紹愷
陳展榮　劉景林　黃鑑才　黃文靄　蕭秉謙　余兆鸞

民國三十年度

梁信建　李文達　伍錦棠　黃鎮波　張錫晉　何元俊　莫乃炎
陳文健　黃　富　湯乃棠　雷月桂　陳永源　梁偉民　梁高東
許瑞珍　馬候琀　黃權春　周積耀　徐耀燦

民國卅一年度

李士佳　梁光兆　李世傑　梁其宗　黃明見　王雄業　呂浩溪
張培煊　黃錦垣　孫寶春　蕭夏嫣　謝耀山　麥寶盛　李灼邦
何光沛　周秀石　司徒晉　冼松均　司徒裘　張子猷　伍文瀚
黃結光　黃逸衍　湯榮邦　陳國幹　李焯漢　鍾桂炘　陳麗晉
吳錫彭　賴保雄　胡國礎　梁景衡　張德勳　黃顯頤　陳璐韶
黃鷹揚　駱鑑濤

民國卅二年度

吳喜年　黃璧石　關梅仙　張卓璇　李潤德　宗志芳　崔法天
王業茂　區旭海　劉天保　余炯常　陳培道　周湘榮　黎志強
張德智　吳榮耀　龍達源　甄燦堯　羅澤洪　崔耀漢

民國卅三年度

方朝伙　張次彭　李吐解　毛德龐　容錦芳　李　汪　黃華倬
余薰世　張法科　陳紹科　張偉林　張彤焜　鄒維邦　鄧武城
謝惠勻　黃廷輝　吳新榮　胡鼎祿　鄺欽傑　謝惠保　林朗懷
張履新

民國卅四年度

梁光能　陳倫敦　黃榮善　羅天龍　蔣從德　鄭觀志　陳天相
李廣仁　張元珍　張逸士　劉仕昇　葉　齊　李高瀛　朱振鵬
黃潤松　梁傑富　黃履茂　李璠琪　李錫儒　黎錫漢　黃堯麟
劉傳啓聰　朱培鎏

民國卅五年度

陳　昃　黃光華　張錦邦　黃兆濤　韓苑周　梁其謙　胡錫培
許允讓　羅開發　曾錫櫨　李又生　李日修　陳之成　李可猷
黃　槐　吳榮兆　伍朝根　馬季倫　張文達　林崇栻　潘茂生
何國華　高揚邦　夏福安　高慶邦　梁楚冠　馮漢光　宋朝漢
楊漢屏　崔湛群　韋饒容　鄧宜謙　陳鋭澤　關佩衡　楊錦暉
譚鈞濤

工程學報 復刊第一期

——民國三十六年六月一日出版——

出版者：私立廣東國民大學工學院

地址：廣州市荔枝灣

電話：一〇七四五號

編輯者：私立廣東國民大學工程研究會

會址：廣州市荔枝灣

定價：本期零售每冊定價國幣八千元正

印刷者：天成印務局

地址：廣州市惠福東路一二六號

電話：一三〇二〇號

總經售處：私立廣東國民大學圖書館

地址：廣州市荔枝灣

代售處：各大書局

工程旬刊

胡適題

工程旬刊

THE CHINESE ENGINEERING NEWS

第一卷　　第一期

（創刊號）

民國十五年六月一日

Vol. 1 NO.1　　June. 1st. 1926

本期要目

發刊詞

交通與文化　陸超

建造房屋承攬章程　顧同慶

上海河南路鋼骨混凝土橋建築工程略述　彭禹謨

福建漳州漳龍公路處最近工程調查　謝兆鏞

上海建築材料價目之調查

量法　彭禹謨編

工程旬刊社發行

上海北河南路東唐家弄餘順里四十八號

工程旬刊社組織大綱

定名　本刊以十日出一期,故名工程旬刊.

宗旨　記載國內工程消息,研究工程應用學識,以淺明普及爲宗旨.

內容　內容編輯範圍如下,

(一)編輯者言,(二)工程論說,(三)工程著述,(四)工程新聞,

(五)工程常識,(六)工程經濟,(七)雜　組,(八)通　訊,

職員　本社職員,分下面兩股.

(甲)編輯股,　總編輯一人,　譯著一人,　編輯若干人,

(乙)事務股,　會計一人　發行一人,　廣告一人,

工程旬刊投稿簡章

(一)　本刊除聘請特約撰述員,担任文稿外,工程界人士,如有投稿,凡切本社宗旨者,無論撰譯,均甚歡迎,文體不分文言語體,

(二)　本刊分工程論說,工程著述,工程新聞,工程常識,工程經濟,雜組通訊等門,

(三)　投寄之稿,望繕寫淸楚,篇末註明姓名,暨詳細地址,句讀點明,(能依本刊規定之行格者尤佳)寄至本刊編輯部收

(四)　投寄之稿,揭載與否,恕不預覆,如不揭載,得因預先聲明,寄還原稿,

(五)　投寄之稿,一經登錄,卽寄贈本刊一期,或數期

(六)　投寄之稿,如已先在他處發佈者,請預先聲明,惟揭載與否,由本刊編輯者斟酌,

(七)　投稿登載時,編輯者得酌量增删之,但投稿人不願他人增删者,可在投稿時,預先聲明,

(八)　稿件請寄上海北河南路東唐家弄餘順里四十八號,工程旬刊社編輯部,

工程旬刊社編輯部啓

發刊詞

際此內憂外患交迫之秋,同人忽有創辦工程旬刊之舉,論者或以爲非要需也,然考我國,自通商以來,海內之士,其始所提倡者,綜其言論,不逾兩途,一曰練兵以禦外侮,二曰通商,以杜內耗,對於基本工藝,創辦者寥若晨星,凡百事業均落人後,八股試廢,國內始有工程學校產生,考其年代,亦僅三十年耳,其功效尚微,而其發展之程度,實甚幼稚也,

凡百建設,須賴工程,工程發達,須普及工程常識,彼歐美各國,工程學校林立,工程雜誌無數,以今日中國所有視之,何其少也,歐美農工皆知書,婦孺皆識字,中國人民,除通都大邑之外,大都腦筋陳舊,對于一切應行事物,毫無改革思想讀書識字者,寥寥無幾,科學常識更無論矣,同人既習工程,服務工程事業,竊願於公餘之暇,編輯工程旬刊,以簡明淺說爲宗旨,期以普及,起社海上,求友四方,諒我工程界同志,或有樂於贊助者歟?

編者

編輯者言

本刊創刊伊始,諸多草率,讀者如有賜教,不勝欣幸,

本期所載建造房屋承攬章程,係上海建築中式房屋普通用者,倘蒙各地市政機關,或建築專家,惠寄同類章程,以供參攷毋任觀迎,

建築材料市價,為工程師營造師必須知曉之要目,故特設經濟門,以供各地材料市價調查之登載,

中國工程事業,尚在幼稚時代,本刊特設常識一門,專登淺明學識普及社會,

交通與文化

陸 超

民智之啓發,端賴敎育,盡人而知,但一攷實際,猶未盡然,予以為求民智之進步,須覘交通事業之發達與否,所施敎育方針如何為斷,蓋交通不便,語言隔閡,風俗習慣,各有不同,所辦事業,判若兩途苟以甲地日新月異之文化,施之乙地,吾恐乙地之人,必羣相駭怪,目為異敎邪說,無有能應之者,無他以耳目接觸者尠,不適儕輩之用耳,以予足迹所經之區,覺內地之敎育,與通都大邑相較衡,差率頗巨,蓋內地之人,足不逾數十里,耳目所見所聞,日夕如斯,年月如此,不足以啓發其心思,運用其腦力,而欲加之以文化,其亦難矣,倘築以鐵路,通以車輪,則其見聞漸廣,於是覺巳之不足,思有以補之,風氣旣開,文化易施,彼泰西各國,鐵路若星羅棋布,康莊大道,到處皆是,宜其敎育之日新,民智之日開也,反觀吾國,地大物博,人口衆多,而內地交通梗塞,郵遞艱滯,旣無世界眼光,又乏科學常識,閉其腦筋,癱其手足,窒其性靈,實可嘆也,吾國人

士,如欲扼腕攘臂,思爲國民效力,爲國家普及文化,願於交通一途,三注意焉,

上海亟宜改良港口

上海一埠,以船隻出入之多寡言,爲世界最大海口之一,又爲東方最繁盛之商場,上海占全世界之第幾位置,毋庸深究,而其日近首列,則屬事實,然上海港口之情形,則陳舊如故,諸如裝卸貨物,及碼頭船塢等種種利便,航務之物,皆屬不具,而於乾塢尤覺欠缺,將來之大船,固不能進口,卽現在出入之船,亦感其不便,他日東方各海口,如有首先創置乾塢者,則其獲益必能足奪他埠商務,現在上海最大之乾塢,據英國航務報所載,長五百八十四呎,寬七十呎,深二十呎,此外尙有較小者四處,香港之乾塢,較上海略大,最大者長七百八十七呎,寬八十八呎,深三十四呎,又日本橫須賀之乾塢,在遠東爲最大,長八百零一呎,該處乃日本之海軍船塢,而世界各海口之船塢,如波士頓利物浦,舊金山,檀香山,孟買新加坡等,則無一處不較上海爲巨,上海欲保留其亟東首列之地位,亦非乾塢能較東方其他大埠爲大不可,蓋將來所造船隻,必較今日更巨,已爲專門家公認之問題,若至上海而無大乾塢以容之,以作修理等用,則不便孰甚,固不僅海口及碼頭,須有種種便利而已,所望設立乾塢及改良港口之辦法,早日實行,則與時並進,而第一大埠之地位,亦可長保於永久矣,

建造房屋承攬章程

顧同慶

緒言　凡造各種房屋,未動工前,須先測量地盤,然後規劃圖樣,使承包者於施工時,可照圖樣進行,但圖樣所顯者,僅表明尺寸,門窗裝修等之位置,以及面樣穿弓平面等種種計劃,他如水木料,五金油漆等應用何種貨品,或

指明何種牌號,施工時應用之方法,均為圖樣所不能表顯,非詳訂承攬章程,決不能得美滿結果,由此觀之,承攬章程,未可忽視也,今將上海建造住宅,及號房承攬章程,分述如下,例如牆脚等深闊尺寸,各項裝修,並非一定,如此須視工程情形若何,與業主要求之意見均可改訂說明,

住宅及號房承攬章程　立承攬章程業主　　先生,為因建造住宅一所,又號房計若干宅,一切載明圖樣,所有陰溝明溝彈地等工程,一應在內,一切做品,及水木料,均照本章程及圖樣為標準,承包者辦理一切工程,除遵照本章程及圖樣外,亦應遵守當地工巡捐局或工部局定章,不得任意行動,一切應用物料,為該工程進行時所必需者,當早為預備,免臨時倉卒,致碍工程進行,

住宅章程

(一)地址　該基地在上海某處……………………………………………

(二)埭石灰線　承包人未掘牆溝以前,先用石灰線,照圖樣尺寸埭出請監工員看過後,方可開掘,

(三)三和土底脚　三和土尺寸,均照圖樣,牆溝掘好之後,請監工員驗過,允准後,方可下三和土,每下八寸,排堅六寸,排三和土時,須在脚手上排下,每次排好之後,須請監工員看過,不准私下,每下一皮,釘一次平水樁五寸單壁,下三和土深一尺半,闊二尺,分三皮下,每下八寸,排堅六寸,三和土配合,用石灰一份,吳淞黑砂一份,碎磚四份,(碎磚大小不得過二寸,不准用瓦片混雜,)三者,先在盤上合和後,方可塡下,

(四)牆脚　牆脚尺寸,開列如下,十五寸牆,下勒脚厚二十寸,大方脚照放三皮,十寸牆下勒脚厚十五寸大方脚照放二皮,五寸單壁下十寸滾脚大方脚一皮,一應柱子,下定磉二十寸方,大方脚放三皮,

(五)定磉　一應磉皮面,均照地平線加高一尺,　　　　(未完)

上海河南路鋼骨混凝土橋建築工程略述

彭禹謨

(一) 緒言

上海爲東亞最繁盛商塲之一，新式市政，歸諸外人管轄之下，年來租界之中，對于道路日事改良，而蘇州河上之橋梁，亦依次改建，河南路橋，爲公共租界工部局最新橋梁之一，玆將其建築大概情形，分述於後，以供研究橋梁工程者之參考，

(二) 概說

是橋在民國十三年春，拆卸原有木橋，改建鋼骨混凝土橋，至十四年春，開始交通，工作期間，約計一載橋長二百十一呎，橋闊邊至邊六十二呎二吋，兩旁人引道各闊九呎，中央行車路闊四十二呎，係斜形平弧式，橋之中線與橫切垂直面成三十度角，有孔凡三，南北兩孔跨長，自中礅中心至岸礅之邊各四十四呎，中央一孔，中至中長一百二十三呎六吋，

(三) 上部結構

南北兩端橋孔，係鋼骨混凝土桁橋，Girder Bridge 中央一孔，近中礅處，仍用鋼骨混凝土桁，惟係伸臂式，Cantilever type 其臂長自中礅中心起算，各約三十四呎，中間之五十餘呎，係用 $\frac{8''}{8}\times 33''$ 之鋼版桁架住，版之南端，備有伸縮綫裝置惟東西兩邊最外之桁，完全係鋼骨混凝土桁，不過其呎吋有不同耳，桁之數目，各孔均十條，係互相連接者，各桁之深度，愈近支點處愈深，外觀如弧形，人行路下，每距十呎，有一橫樑，備承支各種地底電線水管等經過河上也，

(四) 中礅結構

中礅高度,自起拱線(假定爲拱孤)至礅底面,約二十三呎,頂部闊約六呎底部闊約十六呎,長約八十七呎,凡遇經過鋼骨泥凝土桁之處,自頂至底,均建築泥凝土直壁,與上面之桁,一塊聯合,而直壁與直壁之間,則中空,惟外面建築平均十吋厚鋼骨泥凝土壁,包圍而聯絡之,直壁之上,建有一孔,可備人之往來壁間,視察內部狀況,人行道凡過下面係中礅者,其上面均有天窗, Manhole 可以隨時啓開,查察礅身內部情形,暨電線水管等排列狀況,以便修理,礅之下部,尙有洩水孔,潮水每日上下,礅內之水,亦隨之升降,而橋礅亦得以均平水壓力,更可安全,

(五) 岸礅結構

岸礅之一部分,係地道 Subway 可由天窗入內,視察電線水管等經過河流情狀南部地道,建有側門,更易入內視察一切,

(六) 基礎工程

基礎工程,未經開始以前,先築壩箱,中礅基礎,每礅共打入14''×14''50'0'之花旗松樁一百八十根,樁與樁間之中心距離,約四呎(係梅花瓣式)壩箱工程,先築木架,浮至一定地位,沉入河底,次打鋼質板樁,於四圍,然後裝置邦浦 Pump, 將水抽出,於是開始挖泥工作,基礎工程,卽繼續其後,至岸礅工程所用之壩箱,比較中礅工程所用者爲簡,四圍僅用木質企口板樁,每礅共打入12''×12''×30'-0''之花旗松樁八十六根

(七) 欄河之設計

欄河卽橋欄之謂,該橋所採用者,外視似實質矮牆,其實內部間隔,中空,每隔約八呎距離,建有一柱柱身與橋身外桁相連續,蓋柱中鋼條係插入外桁之內者,柱與柱之間,其內外兩部,(指側面)先用模型,預先鑄成塊形物,互相配合,俾與柱相接,連成一氣,而矮牆形狀因是以成,高約三呎三吋,中礅上面欄河,建有巨大燈柱,其上裝置蛋形白亮燈,凡七,岸礅與翼牆 Wing wall 之端亦有燈柱,各裝同樣燈凡一,該橋全部,外觀頗美,在上海租界中,爲一最

新之建築物也　（完）

附表一　河南路橋各項主要材料價目表

材料種類	價格		附記
三星牌水泥	每桶	12•00兩	
白水泥	每桶	19•00兩	
石子	每方	10•00兩	1方＝100立方呎
馬牌水泥	每桶	4•00兩	
洋松	每千呎	45•00兩	木呎計即1呎方1吋厚
鋼骨	每噸	80•00兩	

附表二　河南路橋各項薪工調查表

類別	每日薪工（以元計）
監工	1•33
頭等木匠	1•00
普通木匠	0•60
扎鉄工人	0•55
打樁工人	0•80
馬達工人	0•55
引擎工人	0•75
泥水匠	0•60
鋸木匠	0•65
石匠	0•70
看守工人	0•45
小工	0•45

附表三　河南路橋各項工作日數表

名稱	日數	名稱	日數
掘土	394	折架	160
壩箱	241	鋼桁廠內工	325
基椿	143	置放鋼桁	4
折壩	188	裝配預鑄建築物	196
填土	193	昇高陂路	324
混凝土工	812	鋪瀝青面	14
抽水	947	脚手工	14
挖泥	63	人造石工	18
石工	374	夜工	49
木架	220	雜工	126

福建漳州漳龍公路處最近工程調查

謝兆鏞

閩南各屬,夙稱蠻邦,道途崎嶇,風氣未開,產物豐饒,苦於運輸,溯自民七陳公競存,軍次漳郡,銳意革新以來,倡辦公路,改良市政,不數年間,規模粗具,厥後地方多故,工程未免停頓,迄乎去歲,大局底定,始聘張公廣漢秉其政,半稔以來,成績斐然,漳靖漳南諸路,業經次第通車,漳江江角兩綫,亦且相率觀成,此外南橋之改建,與夫市場之興築,約計需資,不下數十餘萬,茲將其十五年七月至今所築公路工程,分別列表,揭諸報端,聊供吾同志,關心於路政者之參考云爾,(漳龍公路,起自漳州,迄於龍岩,長二百四十餘里,舊做成績,約有四成,中因政變停頓者再,今以經費支絀,先修至龍山一段,約九十里,工程零散,故未列入下表,特此附註.)

路別	起訖	里數	狀況	管轄	備攷
漳浮公路	漳州至浮宮	60	已通車	龍溪海澄事務所	接廈門輪渡
漳靖公路	漳州至南靖	30	,,	龍溪南靖事務所	漳龍公路之頭段
漳南公路	漳州至浦南	30	,,	浦南公路局	
漳江公路	漳州至江東橋	30	已完工	龍溪事務所	接漳廈鐵路
漳江支路	柑仔市至漳江路	3	已測量	,, ,,	
浦漳公路	漳浦至漳州	90	已做六成	漳浦公路局	
泰浦公路	長泰至浦南	12	已做七成	長泰公路局	
江角公路	江東橋至角尾	30	,,	龍溪事務所	
山平公路	山城至平和	120	已做二成	平和事務所	
靖山公路	南靖至山城	30	已測量	南靖事務所	
角灌公路	角美至灌口	60	正在測量	未設機關	通同安
浮港公路	浮宮至港尾	25	已興工	海澄事務所	
浮白公路	浮宮至白水橋	12	完工	,, ,,	
白浦公路	白沙亭至浦南圩	1	已公八成	龍溪事務所	
雲洞岩里路	漳江路至雲洞岩	2	已測量	,, ,,	名勝古蹟之區

雪樵　十五,四,二七漳州

浙江杭湖省道之進行狀況

該線係自杭州經湖州泗安,達安徽而止,省道局已遣派測量隊,從事測量,全綫計長二百餘里,開開工之期,約在明年春季,但此綫橋樑甚多,并有跨度一百餘尺者,其外尙有隧道工程一段,計長一里,所費頗鉅云,

南通堤楗工程之進行

通邑沿江各港,受江潮冲刷之影響,坍勢甚烈,保坍會張陳二會長,已囑宋主任達庵擬就築楗計畫,籌款賡續興工,沙田局總辦汪孫伯,近為續撥保坍賠款問題,親往各港勘查,楗工萬難延緩,卽將開始進行,至各港隄岸,漸形陳舊,轉瞬夏秋大汛,恐隄身不固,難免潰决,自應及早修補,以期牢固,如蘆涇港等處,已由警署督率各圩農民分段興工,閘堤工亦將籌備修理云

滬北開始建築馬路

閘北馬路,失修已久,起伏不整,前滬北工巡局,雖隨時修復,而共和路一帶,尙係泥路,該工程處以該路為戒嚴司令部,及叉袋角一帶往東市民出入孔道,特擬改鋪石子,已由恆豐路口,開始建築矣,

淮屬道路會議詳紀

淮屬道路,工程總局,自去歲春夏之交,卽已成立,由使道兩署合組,籌徵經費,興築道路,駸駸有開車之勢,迨秋冬間頻經兵事,鮮暇及此,至馬前使離浦,將文卷移交道署,亦復停頓,迄今盧道尹昨由省返浦,卽召淮宿泗泗四縣知事,及紳商領袖來浦會議,在署開會,盧道尹主席,議案七條,議决如下,(一)由路工總局令飭各該縣知事,示禁毀路,已毀者限十日內責令修復,(二)由路工總局,令飭各該縣知事,不得移挪路工,籌徵專款,已挪移者,迅卽設法籌還,(三)路工總局於十日內,派員分赴各該縣,履勘路綫,及橋樑涵洞,並清查路款,(四)各該縣於十日內召集地方紳商,開會討論,籌款修路,及通車事宜,(五)本路汽車公司,須於一個月內成立,三個月內實行通車,(六)本路先行修橋樑涵洞,遇有橋樑工程較巨者,暫以浮橋或渡船代之,(七)路工總局之經費,暫由各該縣籌解三個月,每縣五百元,各議决案,由路工總局,及各縣知

事分別執行,

上海建築材料價目之調查

弁言：建築材料之價目,爲工程設計者亟應調查之問題,亦爲營造處應當明曉之事件,蓋工程設計者,知建築材料之價目,則其設計容易把握,某種建築費,卽擇用某項材料,反言之,用某項材料,卽知須需若干建築費,營造處明曉各項材料之價格,則在各項工程承接或投標以前,卽可統盤估計,乃無虧折之虞,玆先將上海各項建築材料,大概價目之調查,分配於後,以供工程設計者估費之參考,　　編者

(一)福州松木價目表

長度(呎)	圓徑(吋)	銀　兩	長度(呎)	圓徑(吋)	銀　兩
9	3	0•06	12	6	0•88
9	4	0•15	13	3	0•26
9	5	0•24	13	4	0•44
10	3	0•14	13	5	0•46
10	4	0•22	13	6	0•88
10	5	0•33	14	3	0•23
10	6	0•42	14	4	0•46
11	3	0•15	14	5	0•46
11	4	0•24	14	6	0•88
11	5	0•31	14	7	1•12
11	6	0•42	15	4	0•41
12	3	0•22	15	5	0•54
12	4	0•44	15	6	1•05
12	5	0•46	15	7	1•60

（未完）

量 法

彭禹謨編

(一)緒言 量法者,計算一線之長短,一地之面積,一物之體積等之謂也,此法散諸尋常算術書中,然其用途頗廣,雖屬淺明,實為工程常識,故特彙集於此,以備初學工程者,實地之應用也,

(二)普通記號 關於各項公式中所用之記號,除特別者另詳外,餘照下面名稱通用,

D = 較大圓徑,

d = 較小圓徑,

R = 較小半徑,

r = 較少半徑,

P = 周圍或圓周,

C = 側面積,(指立體者)

S = 總共外面積,(指立體者) = C +(一端或多端之面積,)

A = 平面面積,

π = 3.1416 = 任何圓周比其圓徑之比率,有時以 $\frac{22}{7}$ 代 π,其所得之值,已足實用,

V = 立體之體積,

(三)圓

求圓周 $P = \pi d = 3.1416d$ ……………………〔1〕

,, ,, ,, ,, $= 2\pi r = 6.2832r$ ……………………〔2〕

,, ,, ,, ,, $= 2\sqrt{\pi A} = 3.5449\sqrt{A}$ ……………………〔3〕

,, ,, ,, ,, $= \frac{2A}{r} = \frac{4A}{d}$ ……………………〔4〕

編輯主任：彭禹謨

會計主任：顧同慶

廣告主任：陸　超

代印者：上海城內方浜路貽慶弄二號協和印書局

發行處：上海北河南路東唐家弄餘順里四十八號工程旬刊社

寄售處：上海各大書店暨售報處

分售處：蘇州三元坊工業專門學校薛渭川君

福建漳州漳龍公路處謝雪樵君

福建汀州長汀縣公路處羅履廷君

天津順直水利委員會曾俊千君

上海公共租界工部局工務處曹文奎君

上海徐家匯南洋大學趙祖康君

定價　每期大洋五分外埠另加郵費一分全年三十六期連郵大洋兩元本埠全年連郵大洋一元九角郵票九五計算

14969

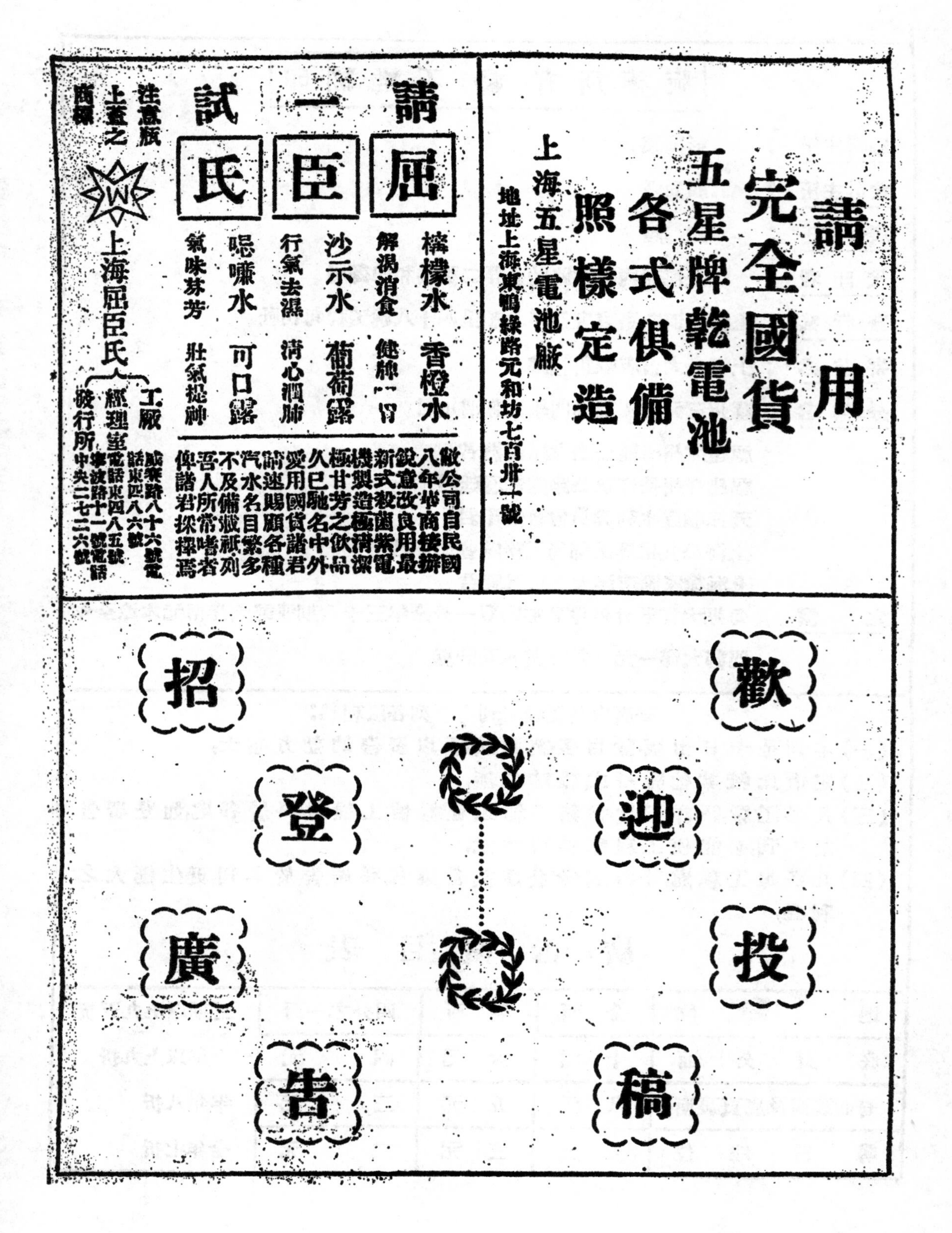
請用
完全國貨
五星牌乾電池
各式俱備
照樣定造
上海五星電池廠
地址上海東鴨綠路元和坊七百卅十號
請一試
屈臣氏
檸檬水 香橙水
解渴消食 健脾開胃
沙示水 葡萄露
行氣去濕 清心潤肺
啫喱水 可口露
氣味芬芳 壯氣提神
敝公司自民國八年華商接辦銳意改良用最新式殺菌紫電機器造極清潔極甘芳之飲品久已馳名中外愛用國貨諸君請速賜顧各種汽水名目繁多不及備載祇列吾人所常嗜者俾諸君採擇焉
注意瓶上蓋之商標
W
上海屈臣氏
工廠 威寨路八十六號電話東四八六號
經理室 電話東四八五號
發行所 寧波路十一號電話中央二七二六號
歡迎投稿
招登廣告

工程旬刊

胡適題

THE CHINESE ENGINEERING NEWS

第一卷　第二期

民國十五年六月十一日

Vol. 1 NO.2　June. 11th. 1926

本期要目

何謂工程師　沈公達

鋼鉄建築設計用參考書畧談　徐文台

大道橋梁橋面之設計　彭禹謨

建造房屋承攬章程（續）　顧同慶

上海建築材料價目之調查（續）

工程旬刊社發行

上海北河南路東唐家弄餘順里四十八號

〖中華郵政特准掛號認為新聞紙類〗

(Registered at the Chinese Post office as a newspaper.)

工程旬刊社組織大綱

定名　本刊以十日出一期,故名工程旬刊.

宗旨　記載國內工程消息,研究工程應用學識,以淺明普及爲宗旨.

內容　內容編輯範圍如下,

(一)編輯者言,(二)工程論說,(三)工程著述,(四)工程新聞,

(五)工程常識,(六)工程經濟,(七)雜　　俎,(八)通　　訊,

職員　本社職員,分下面兩股.

(甲)編輯股,　總編輯一人,　譯著一人,　編輯若干人,

(乙)事務股,　會計一人　發行一人,　廣告一人,

工程旬刊投稿簡章

(一)　本刊除聘請特約撰述員,担任文稿外,工程界人士,如有投稿,凡切本社宗旨者,無論撰譯,均甚歡迎,文體不分文言白話,

(二)　本刊分工程論說,工程著述,工程新聞,工程常識,工程經濟,雜俎通訊等門,

(三)　投寄之稿,望繕寫清楚,篇末註明姓名,暨詳細地址,句讀點明,(能依本刊規定之行格者尤佳)寄至本刊編輯部收

(四)　投寄之稿,揭載與否,恕不預覆,如不揭載,得因預先聲明,寄還原稿,

(五)　投寄之稿,一經登錄,即寄贈本刊一期,或數期

(六)　投寄之稿,如已先在他處發佈者,請預先聲明,惟揭載與否,由本刊編輯者斟酌,

(七)　投稿登載時,編輯者得酌量增删之,但投稿人不願他人增删者,可在投稿時,預先聲明,

(八)　稿件請寄上海北河南路東唐家弄餘順里四十八號,工程旬刊社編輯部,

工程旬刊社編輯部啓

編輯者言

本刊創刊號購閱者頗多,本刊仝人,無任榮幸,惟該號因排印忽促,錯誤之處,或有不免,倘祈原諒.

本刊宗旨,以淺明工程藝術,普及國人,倘蒙國內工程家,本其經驗所得,著為常識,惠寄本刊,不勝盼禱.

何謂工程師

沈公達

吾國工程事業未發達,工程師不多覯,所常接於耳目者,惟造鉄路有所謂工程師焉,營電務有所謂工程師焉,社會上對於工程師三字,恆以神祕之目光對之,一若其五官聰明,逈異尋常,或其五官之外,別有六官,一經視聽,即信而有證也者,嗚呼此社會之錯覺也,工程師者,初與常人不稍異,不過應用科學學理,以施之一切建築事業而已,雖然,此尙未能盡工程之能事也,必以最經濟之物力,成就最需要之工事,斯可貴耳,上古之時,榛榛狉狉,草莽未闢,有聖人者出,為之宮室器具,以資其日用,為之道路舟車,以利其交通,厥後人羣進化,此聖人之事,工程師遂優為之矣,迨乎近世,工程師之用愈廣,工程師之類愈繁,舉凡升天入地,製作營造之物,以及利用自然界種種之能力,以加惠乎人羣者,胥工程師是賴,二十世紀之錦繡山河,皆工程師裝璜建設之力也,然而工程師,豈易言哉,必有淹博之學問,益以確切之經驗,更副之以活潑耐勞之身體,艱苦卓絕之精神,缺一於此,必無成功之望也,吾國內亂頻年,生民彫瘵,兵革所經,刼灰滿眼,偉人政客,侈言先破壞而後建設,然而十五年建設之成績,果何如哉,安得異日者,土地闢,田野治,鉄路修,江河暢,崇樓廣廈,衡宇相望,以躋吾中華大地於莊嚴燦爛之域,斯吾中華工程師之責也.

鋼鐵建築設計用參考書略談

徐文台

建築工程之設計,鍊鋼廠印行之參考書 Handbooks, 爲必不可少,此類書籍,將廠中鍊成之各種鋼材式樣,詳爲說明,如重量,剖面積,惰性能率 Moment of Inertia,環動半徑 Radii of Gyration, 重心之位置等要目,均列表以明之,而他種設計之圖表,如安全載重,鉸釘支力 Bearing Value, 剪力 Shearing value, 以及一切關于梢釘 Pins, 螺釘 Bolts 說明等,皆與房屋橋梁等建築設計上,至爲有用,內容詳略之處,各廠均有短長,取長棄短,惟在參考者之辨別耳.

卡內幾 Carnegie 爲美國最大之鍊鋼廠,所出之書名袖中良伴 Pocket Companion 者,最爲通用,此類書籍,甚多其最著者,列舉數種如下,以備工程設計者之選擇焉,

參考書名稱	簡名	出版者	地址
(1) Pocket Companion	Carnegie	Carneige Steel Co.	Pittsburg, Pa
(2) Cambria Steel	Cambria	Cambria Steel Co.	Johnstown, Pa
(3) Structural Steel	Bethlehem	Bethlehem Steel Co.	South Bethlehem Pa
(4) Structural Steel & Iron	Passaic	Passaio Rolling Mill Co.	Paterson, N. J.
(5) Structural Steel Construction	Janes & Loughlins	Janes & Loughlins Ltd.	Pittsburg. Pa.

(6) Useful information for Architects. Engineers, etc.	Phoenix	Phoenix Iron Works	Phoenixville, Pa.
(7) Steel in Construction	Pencoyd	A. & P. Roberts Co.	Philadelphia
(8) Steel in Construction		American Bridge Co.	N. Y.

表內各書,以 1, 2, 3, 7, 8,五種,較爲完善,故常用於橋樑設計, 4, 5,兩種,常爲鋼材房屋設計之參考書籍.

一九〇一年,美國橋樑公司American Bridge Co.(卽號稱A.B.C.者)另編一書,名曰 Standards for Structural Details, 以爲設計時之標準,該書內容,除各廠家新出各書之重要圖表外,尙有敷設屋頂Roofing,屋外壁 Siding, 及門戶窗等之皺形鋼材Corrugated Steel,詳細圖表.而他種規例Rules 表格等項,近來迭有增加,故其內容益臻完備,

下列二種書表,亦爲建築設計時,可備應用者,卽

(1)Osborn's Tables of Moments of Inertia & Squares of the Radii of Gyration

(2)Buchanan's, Smoley's or Hall's Table of Squares

第一種表,于設計斜輔幹Sway Bracing,橫輔幹Lateral Bracing,及桁架Truss 中之直幹Posts,上幹Upper Chords 時用之,能省時不少,

第二種表,在求對角肢幹Diagonal Members 長度時,可省去求平方之繁,故頗便利,　　(完)

大道橋梁橋面之設計

彭禹謨

（一）橋面形式之種類　關於大道橋梁所用橋面之選擇，視交通狀況與價格數目（包括初次建築與修養費）而定，

有時大道橋梁橋面，建有次層橋面，使其承載重量，與直接就磨擦之橋面，木板或混凝土橋面，如無直接就磨擦之面，則其次層橋面，與直接就磨擦之面相混合，

大道橋梁之橋面，務須有適當之強度與重量，並須有適當之排水，直接就磨擦之面，務須有却水性質，暨抵抗損壞能力，尤須保持光而不滑之態度，

欲求適當之排水，直接就磨擦面之縱向傾斜度，不可小於五十分之一，而横切陂度，不可小於十二分之一，

關於大道橋梁之次層橋面，其建築種類，約分以下數種，

（1）鋼筋混凝土，

（2）弧形板，或其他各種鋼材形式

（3）木料，

關於大道橋梁用極普通之直接就磨擦面種類，可類別如下：

（1）混凝土，

（2）瀝青混凝土，

（3）土瀝青，

（4）藥製木塊，

（5）磚，

（6）石塊，

（7）馬克達姆，

（8）石子或泥土

對於大道橋梁用之各種次層橋面，暨磨擦橋面形式之研究，再行論之，

（二）鋼骨混凝土橋板　鋼材大道橋梁用之鋼骨混凝土橋板，可由欄柵與樑桁，或單獨由桁樑承支之，欄柵大概用在樑橋，惟用在桁構橋最普通，無欄柵之橋板，普通用在板桁橋

次層橋面板，其設計標準，以能承載橋板重量，暨磨擦面重量等死重，並每方呎均體載重，或集中行動載重等生重，

短跨度橋梁用之鋼筋混凝土橋板厚度之計算，通常根據集中行動載重而求得之，因集中載重，在鋼筋混凝土橋板中所生之應力，視該板面上分佈載重之情形而定，

（三）鋼筋混凝土橋板之設計　鋼筋混凝土橋板用之混凝土其比例須用1-2-4普士蘭水泥混凝土，該項混凝土，如製成5吋徑16吋長之圓柱體，儲藏於潮溫空氣中28日後，試驗所得之結果，壓力強度，不得小於每方吋2000磅，否則不適實用，板內法許有壓應力，每方吋650磅，鋼骨中法許拉應力，每方吋16000磅，鋼筋之彈性力率，採用等於混凝土之彈性力率之15倍，計算對角向拉力時，所用之法許剪力，每方吋為40磅，孔緣剪力 Punching Shear 每方吋為20磅，板內接合應力 Bond Stress 每方吋為80磅

（表一）用縱向欄柵，或小桁承載之橋板，其厚度列表如下．

簡單支放，鋼筋僅用在下面者							完全連續鋼，筋用在兩面者						
跨度	12噸輾機		15噸輾機		20噸輾機		跨度	12噸輾機		15噸輾機		20噸輾機	
（呎）	每方呎磨擦面之重量（磅）						（呎）	每方呎磨擦之重量（磅）					
	0	100	0	100	0	100		0	100	0	100	0	100
2	吋 $5\frac{3}{4}$	吋 $5\frac{3}{4}$	吋 $5\frac{1}{2}$	吋 $5\frac{1}{2}$	吋 $5\frac{1}{2}$	吋 $5\frac{1}{2}$	2	吋 $4\frac{3}{4}$	吋 $4\frac{1}{2}$	吋 $4\frac{5}{8}$	吋 4	吋 $4\frac{5}{8}$	吋 $4\frac{5}{8}$
3	$5\frac{7}{8}$	6	$6\frac{1}{4}$	$6\frac{1}{4}$	$6\frac{1}{2}$	$6\frac{5}{8}$	3	5	5	$5\frac{1}{4}$	$5\frac{1}{4}$	$5\frac{1}{2}$	$5\frac{1}{2}$

4	6¼	6½	6½	6¾	7	7	4	5¼	5¼	5½	5¾	6	6¼
5	6½	6¾	6¾	7	7¾	8	5	5½	5¾	5¾	6	6½	6½
6	6¾	7	7½	7¾	8¼	8½	6	5¾	6	6	6¼	6¾	7

附註　鋼筋中心距離板面1吋

衝擊力30%　鋼筋排列參考另表

(表二)不用欄柵之鋼筋混凝土橋板厚度列表如下

簡單支放鋼筋僅用在下面者							半連續鋼筋用在兩面者						
跨度	12噸輾機		15噸輾機		20噸輾機		跨度	12噸輾機		15噸輾機		20噸輾機	
(呎)	每方呎磨擦面之重量(磅)						(呎)	每方呎磨擦面之重量(磅)					
	0	100	0	100	0	100		0	100	0	100	0	100
	吋	吋	吋	吋	吋	吋		吋	吋	吋	吋	吋	吋
2	5¾	5¾	6	6	6½	6½	2	5¼	5¼	5½	5½	5¾	5¾
3	6¼	6¼	6½	6½	7	7	3	5¾	5¾	5¾	6	6½	6½
4	6½	6½	6¾	7	7¾	7¾	4	6	6	6¼	6¼	6¾	7
5	6¾	7	7	7½	8	8¼	5	6	6¼	6½	6½	7	7½
6	7	7½	7½	7¾	8¼	8½	6	6¼	6½	6½	7	7¼	7¾
7	7	7¾	7¾	8¼	8¾	9	7	6½	6¾	6¾	7½	8	8¼
8	7½	8¼	8¼	8¾	9¼	9¾	8	6¾	7¼	7½	8	8½	9
9	8	8¾	8¾	9¼	10	10½	9	7½	8	8	8½	9	9½
10	8½	9¼	9¼	10	10½	11¼	10	7¾	8½	8½	9	9½	10

附註　對於7½吋厚以內之板鋼筋中心距離板面1吋

對於7½吋厚暨以上之板鋼筋中心距離板面1¼吋

衝擊力等於生重30%　鋼筋排列參考另表

(未完)

建造房屋承攬章程

（續第一卷第一期）

顧同慶

（六）砌牆　一應牆身，均是實砌至頂，未砌之前，須將磚料，用清水浸透，方可砌上，其砌法，用滿刀灰，不得空虛，灰縫不得過二分，如遇拱形處，須用水泥砌，（一二配合）週圍牆身，外面均做青紅磚清水牆，水泥嵌灰縫，（或做洗石子，冲人造石，隨業主之意見而定，）下用勒脚石蓋面，

（七）水料　磚頭用洪家灘頭青及老紅新放，頭角子口必須整齊，瓦用漢口貨頭號紅瓦，（或用宜興華蓋廠紅瓦強度極佳，或用南窰貨天蝴蝶瓦，）

（八）牛毛毡　平條皮面牆身中，均鋪牛毛毡一層，厚一潑來（或二潑來）上抹柏油，加黃砂，

（九）石料　條珠，條皮，庫門石，窗盤石，勒脚石，踏步，一切前後階沿等料，均用蘇州金山石，柱下條皮，做二十寸方，五寸厚，階沿做六寸十四寸，長至少六尺以上，踏步六寸十二寸，長照地位，庫門石柣，八寸十二寸，長九尺，上加機頭天盤，八寸十八寸，地檻六寸十八寸，勒脚石做二尺半高，六寸厚，以上石工，均要做細，

（十）清水坭　一應牆頭壓頂，均用水坭搗就，配合用水坭一份，黃砂二份，石子四份，（用半寸子）搗時亦用木殼子，

（十一）鋼骨三和土　晒台及過街樓樓板，洋臺等，均做鋼骨三和土，所有樓板大料，及挑出牛腿等，一應尺寸及應用何種鋼條均照圖樣排列，三和土配合，用水坭一份，黃砂二份，石子四份，配合時，必須拌至勻和，至少上下翻轉三次，此種工程，先將殼子板托好，然後將鋼條紮好，請監工員驗過後，方可搗水坭，未搗之前，所有殼子板上垃圾，須要出清，並用清水澆透，搗樓板大料等工程，須一天做完，搗好之後，須時常澆水，隔二日後，方可停止，除去殼子板

等,須過四星期後,方可拆下,

(十二)彈地, 正間前後,均鋪三色六寸方花磚,(或用北窰貨二尺方,或用無錫方磚,均可自由定奪,)必須對花縫,其底脚先排灰漿三和土六寸厚,上粉水泥三和土二寸,須要做平,然後將花磚用水泥鋪上,一切天井及橫直衖等地面均做水泥地,其底脚先排灰漿三和土六寸,上做水泥三和土二寸,面上粉清水泥一寸,須粉光劃格,花様臨時知照,水泥三和土成份,用水泥一份黃砂二份,石子四份,清水泥配合,用水泥一份,黃砂二份,

(十三)長料, 立帖柱子,均用十寸方花旗松,承重山帖,均用花旗松做尺寸照圖樣,應用鉄器處,照圖所示,桁條均用三寸八寸花旗松,尺半中到中,一概長窗及屏門上下檻,均做六寸四寸花旗松,

(十四)裝修, 兩邊廂房內半牆,用水泥砌五寸牆,裏面粉紙筋石灰,灰漿刷白雙度,外面用蘇州金山石蓋面,一概門窗裝修,均用非列濱劉安木,長格玻璃窗梃,二寸半一寸六分,正間分作十扇,(或八扇,六扇,開間較狹者可用,)庫門厚二寸半,拼縫做橫梢四道客堂內屏門十扇,做幔鼓式,一概抱栿,做三寸四寸,次間廂房內,均裝落地彫花掛落一道,(用杉木做,)短玻璃窗梃,二寸半一寸六分,一概門窗樘子,均用硬木做週圍牆內窗樘,均裝裏樘子,外裝摺疊百頁窗,所有下層窗樘,均裝熟鉄花直楞,客堂內鼓式屏門拾扇,及後進長格玻璃窗十扇,均要裝配活動,有事時以便移去,客堂變成一統間,西次間內,裝轉灣扶梯一只,料用花旗松,闊做三尺半,每步高六寸踏步板,踢脚板,厚一寸,並裝車脚欄杆,上裝扶手木,樓上下隔板,均用六寸一寸機踞企口板,兩面起線,樓板用三寸一寸花旗松機踞企口板,下面做清水,起線樓擱柵做四寸八寸花旗松,地板用三寸一寸花旗松機踞企口板,地擱柵用四寸方洋松,二尺中到中,空檔均用柏油瓜子片排壑,與擱柵面等平,其底脚,先排灰漿三和土六寸,上粉水泥三和土二寸,然後將地擱柵鋪上,樓上下週圍牆脚,

(待續)

中華全國道路建設協會徵求會員

中華全國道路建設協會,於民國十年,由王儒堂先生,協同中外各界名流,創立,五年以來,促進全國路政市政,成績卓著,現在舉行第五屆徵求大會,本外埠同時舉行,各省縣組織徵求隊,極爲踴躍云,

滬杭汽車路之籌設

淞滬督辦孫傳芳,對于五省交通,非常注重,前曾有創辦五省長途汽車之擬議,惟以經費浩繁,難以籌集,決定先從滬杭着手,其計劃依滬杭路綫,開闢一長途汽車路,約需費一百萬元,業與當地紳商,作一度之商榷,現已派員測量,估計工料經費,實行之期,恐不遠也,

錫湖汽車路之計劃

滬甯路局,前有在錫建築通湖支路之建議,嗣因築路經費無着,雖將路線測定,迄未施工,現在孫總司令以爲萬一經費不易籌措,不如改建汽車路,該邑紳士,亦以爲然,蓋錫邑西鄉,山水靈秀,久爲游覽名勝之區,惟因道路遥仄,往來甚苦不便,欲圖游人往返利便並發展西鄉商務起見,卽使通湖鉄路告成,亦應另築汽車大道,行駛汽車,以利交通,當經詳爲規畫,決定自火車站起,取道通惠路,直至湖濱,管社山爲止,闢一汽車道路,擬採用官督商辦制度,惟查經行路線,除通惠路足敷汽車駛行,無須放寬外,其餘均須收買民田,酌量放闊,目下先從開原鄉橋梁,一律放寬至二十五呎入手矣,

福建漳龍公路近況

福建漳龍公路,玆有鄭畢山君,(省會副議長)擬籌款七十萬,由商承辦水潮至龍岩一段工程,餘歸漳州漳龍公路處辦理云,

京漢鉄路近況

京漢路自經勞局長積極整頓後,業已恢復去年戰前之狀態,每日路款收入,約計十萬元,（每年約三四千萬收入）除開支外,聞尚可贏餘一半云,

開闢三門灣之近訊

三門灣前由華僑鄒輝清建議,開闢爲模範自治農墾區域,繼由林態徵發起,先從漁業入手,組織三門灣漁業公司,均經層憲特許,然卒以茲事體大,樂辦維艱,且國內多故,事遂中止,第該灣爲天然良港,出產豐富,寶藏無窮,以故海外華僑,經營之念,並未消滅,業由許冀公等發起,重新組織三門灣漁業有限公司,額定二百萬元分作四萬股,每股五十元,擬在象山石浦塘岸,建築該公司,聘請技師一人,現因中國是項人才缺乏,暫聘日人津田守規擔任,設置漁輪八艘,運輸船舶二艘,先向長崎某廠租來,俟辦有成效,再行定購,聞現在正在積極進行云,

淞滬商埠督辦公署之進行

淞滬商埠督辦公署,自成立後,對于商埠督辦各項事宜積極進行,不遺餘力,總辦丁文江氏,原定兩項計畫,現已着手進行,（一）繪製上海全地圖,業經從事測量,一俟測量完竣後,卽可從事繪製,大致一個月後,卽可付印,（二）改造商埠之計畫,丁總辦原擬定一具體計畫書,請市政專家研究,各界批評後,再事實行,該項計畫,不日行將脫稿公布矣,

上海建築材料價目之調查

（續第一卷第一期）

（一）福州松木價目表

長度（呎）	圓徑（吋）	銀　兩	長度（呎）	圓徑（吋）	銀　兩
15	8	2.20	17	12	5.30
16	5	0.64	20	7	2.95
16	6	1.05	20	8	3.10
16	7	1.60	20	9	3.50
16	8	2.20	20	10	4.30
16	9	2.24	20	11	6.40
16	10	2.40	20	12	9.20
16	11	3.40	25	7	3.30
16	12	3.90	25	9	3.90
17	6	1.05	30	7	3.40
17	7	1.21	30	9	4.30
17	8	2.00	30	11	8.70
17	9	2.80	35	8	4.20
17	10	3.25	35	10	10.20
17	11	4.30	40	8	8.80

（二） 新加坡紅木價目表

長（呎）	闊（吋）	厚（吋）	每千呎銀兩
16	8	1	50.00
16	8	$1\frac{3}{4}$,,	50.00
16	8	2	50.00
16	8	3	50.00
16	8	4	50.00

（三） 劉安（新加坡硬木一種）價目表

長（呎）	闊（吋）	厚（吋）	每千呎銀兩
16	8	1	75.00
16	8	$1\frac{3}{4}$	75.00
16	8	2	75.00
16	8	3	75.00
16	8	4	75.00

（四） 東洋松價目表

長（呎）	厚（吋）	每千呎銀兩
6 呎 6 吋	$\frac{5}{8}$吋	45.00
6 ,, 6 ,,	$\frac{3}{4}$吋	45.00
6 ,, 6 ,,	1 ,,	45.00
7 ,, 6 ,,	$\frac{7}{8}$,,	45.00
7 ,, 6 ,,	1 ,,	45.00
8 ,, 0 ,,	1 ,,	45.00

量法

（續第一卷第一期）

彭禹謨編

求圓之直徑 $d=\frac{p}{\pi}=\frac{p}{3.1416}=.3183p$ ……「5」

$d=2\sqrt{\frac{A}{\pi}}=1.1284\sqrt{A}$ ……「6」

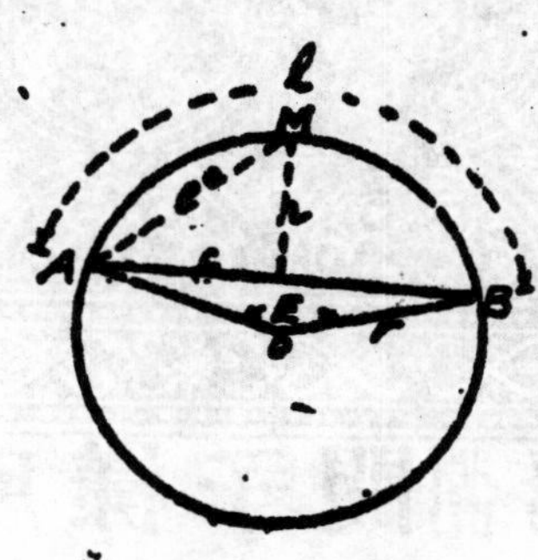

第一圖

求圓之半徑 $r=\frac{p}{2\pi}=\frac{p}{6.2832}=.1592p$ ……「7」

$r=\sqrt{\frac{A}{\pi}}=.5642\sqrt{A}$ ……「8」

求圓之面積 $A=\frac{\pi d^2}{4}=.7854d^2$ ……「9」

$A=\pi r^2=3.1416r^2$ ……「10」

$A=\frac{pr}{2}=\frac{pd}{4}$ ……「11」

求扇形面積 $A(AMBO)=\frac{1}{2}lr$ ……「12」

$A=\frac{\pi r^2E}{360}=.008727r^2E$ ……「13」

代銷工程旬刊簡章

（一）凡願代銷本刊者，可開明通信處，向本社發行部接洽，

（二）代銷者得照定價折扣，銷貳十份以上者，一律八折，每兩月結算一次（陽歷），

（三）本埠各機關担任代銷者，每期出版後，由本社派人專送，外埠郵寄，

（四）經理代銷者，應隨時通知本社，每期銷出數目，

（五）本刊每期售大洋五分，每月三期，全年三十六期，外埠連郵大洋貳元，本埠連郵大洋一元九角，郵票九五代洋，以半分及一分者爲限，

（六）代銷經理人，將欵寄交本社時，所有匯費，概歸本社担任，

工程旬刊社發行部啓

編輯主任：彭禹謨
會計主任：顧同慶
廣告主任：陸超
代印者：上海城內方浜路貽慶弄二號協和印書局
發行處：上海北河南路東唐家弄餘順里四十八號工程旬刊社
寄售處：上海各大書店暨售報處
分售處：蘇州三元坊工業專門學校薛潤川君
福建漳州漳龍公路處謝雪樵君
福建汀州長汀縣公路處羅履廷君
天津順直水利委員會曾俊千君
上海公共租界工部局工務處曹文奎君
上海徐家匯南洋大學趙祖康君
定價：每期大洋五分外埠另加郵費一分全年三十六期連郵大洋兩元本埠全年連郵大洋一元九角郵票九五計算

廣告價目表

地位	全面	半面	四分之一面	
底頁外面	十元	六元	四元	三期以上九五折
封面裏面及底頁裏面	八元	五元	三元	十期以上九折
尋常地位	五元	三元	二元	半年八折
				全年七折

請用完全國貨

五星牌乾電池

各式俱備

照樣定造

上海五星電池廠

地址上海東鴨綠路元和坊七百卅一號

請一試

屈臣氏

檸檬水　香橙水

解渴消食　健脾開胃

沙示水　葡萄露

行氣去濕　清心潤肺

啫嗹水　可口露

氣味芬芳　壯氣提神

敝公司自民國八年華商接辦鋭意改良用最新式殺菌紫電機製造極清潔極甘芳之飲品久已馳名中外愛用國貨諸君請速賜顧各種汽水名目繁多不及備載祇列吾人所常嗜者俾諸君採擇焉

注意瓶上蓋之商標

上海屈臣氏

工廠　威海衛路八十六號電話東四八六號

經理室　寧波路十一號電話東四八五號

發行所　電話中央二七二六號

新仁記營造廠

SING JIN KEE & CO.,

BUILDING CONTRACTORS

HEAD OFFICE;-NO450 WEIHAIWEI ROAD, SHANGHAI

TEL. W 531.

本營造廠○在上海威海衛路四百五十號○設立已五十餘年○經驗宏富○所包大小工程○不勝枚舉○無論鋼骨水泥或磚木○鋼鐵建築○學校校舍○公司房屋○工廠堆棧○碼頭橋樑○街市房屋○以及住宅洋房等○各種工程○莫不精工克己○各界惠顧○竭誠歡迎○

新仁記敬啓

電話　西五三一

胡適題

工程旬刊

THE CHINESE ENGINEERING NEWS

第一卷　第三期

民國十五年六月廿一日

Vol. NO.3　June. 21st. 1926

本期要目

工程學術與工程事業　趙祖康

靜力學可決及不可決構造物之區別法暨不可決數之求法　王士淯

椿之設計　姚鴻逵

建造房屋承攬章程　（續）　顧同慶

上海建築材料價目之調查　（續）

工程旬刊社發行

上海北河南路東唐家弄餘順里四十八號

《中華郵政特准掛號認爲新聞紙類》

(Registered at the Chinese Post office as a newspaper.)

工程旬刊社組織大綱

定名　本刊以十日出一期,故名工程旬刊.

宗旨　記載國內工程消息,研究工程應用學識,以淺明普及爲宗旨.

內容　內容編輯範圍如下,

(一)編輯者言,(二)工程論說,(三)工程著述,(四)工程新聞,

(五)工程常識,(六)工程經濟,(七)雜　　俎,(八)通　　訊,

職員　本社職員,分下面兩股.

(甲)編輯股,　總編輯一人,　譯著一人,　編輯若干人,

(乙)事務股,　會計一人　發行一人,　廣告一人,

工程旬刊投稿簡章

(一)　本刊除聘請特約撰述員,担任文稿外,工程界人士,如有投稿,凡切本社宗旨者,無論撰譯,均甚歡迎,文體不分文言語體,

(二)　本刊分工程論說,工程著述,工程新聞,工程常識,工程經濟,雜俎通訊等門,

(三)　投寄之稿,望繕寫清楚,篇末註明姓名,暨詳細地址,句讀點明,(能依本刊規定之行格者尤佳)寄至本刊編輯部收

(四)　投寄之稿,揭載與否,恕不預覆,如不揭載,得因預先聲明,寄還原稿,

(五)　投寄之稿,一經登錄,卽寄贈本刊一期,或數期

(六)　投寄之稿,如已先在他處發佈者,請預先聲明,惟揭載與否,由本刊編輯者斟酌,

(七)　投稿登載時,編輯者得酌量增删之,但投稿人不願他人增删者,可在投稿時,預先聲明,

(八)　稿件請寄上海北河南路東唐家弄餘順里四十八號,工程旬刊社編輯部,

工程旬刊社編輯部啓

編輯者言

本刊範圍頗廣,凡關於市政,道路,鐵路,房屋,港務,橋梁,衛生,機械,電機應用化學,紡織,造船,窰業等工程稿件,一律歡迎,尙希國內工程家,不吝珠玉,源源惠下,以增內容,而光篇幅,

凡百事業貴在研究與討論讀者如有疑難問題,發表意見本刊可闢通訊欄,以容此類文字,

工程學術與工程事業

趙祖康

中國之有工程教育,蓋已三十餘年,(北洋大學創於一八九四年,南洋大學創於一八九六年,爲工業大學中之最早者,)至於今,國內著名高等工業專門學校,如南洋,北洋,唐山,同濟,河海,北京工專,南京工專,杭州工專等等,不下十校,且皆各有其特殊之成績,宜若於中國工程學術界上有所建樹矣,而乃竟不然,

國內之有工程學術組織,亦已數起,爲中國工程學會,中國工程師學會,中美工程協會等均頗有聲譽於時,且亦年有集會,會中有論文之宣讀,有研究的討論,並有定期出版物之發行,然其於中國工程學術,尙未有何等影響,亦不能爲諱也,

然則此工程學術之不發達,原因果何在乎,竊以爲有四點,

(一)吾國近日學者類多純盜虛聲,甚少提倡學術之誠意,國中各種學術,均不免於淺薄,儉學者矜一得以自足,阿好者互相標榜以鳴高,風氣所移,賢者不免,於是工程界中一二績學之士,亦無提倡工程學術之宏願與勇氣矣,

(二)工程學者研究機械物質,缺少活動才能,胸襟狹隘,見解拘墟,對於學

術提倡,素不若研究文哲者之熱心,世界各國皆然,吾國工程界學者自不能居於例外,此工程學術不發達之又一原因也,

(三)工程學術可分為理論的實際的兩種,前者之提倡,責在學校教員,後者之促進,責在從事實際事業之工程師,國內工程教育制度不良,任教職者每星期授課不下二十小時,即有志作深切之研究,亦苦時間精力之不足,且學校圖書,無外國學校庫藏之富,種種設備,不足以應精深研究之需,於是理論的學術欲提倡而不可得矣,

(四)國弱民貧,百舉俱廢,工程界既少新事業,又無大工程,研究因疑難而起,發明應需要而生,事業平常,無庸研究,從事實際事業之工程師,於是乎亦無研究實際的學術之必要,

工程學術不發達之原因既如上述,其結果果何如乎,則可一言以蔽之曰,中國之工程學術不發達,即中國之工程事業亦難以發達,蓋學術不發達,即無調查,無研究,無人才,無建樹,無發展,有新興之事,非外人莫辦,有鉅之工,非外人莫舉,此理之易明者也,

是以欲發達中國之工程事業,當先謀中國工程學術之發達,發達之策,在於獨立,不獨立即無由發達,何謂中國工程學術之獨立,盡中國工程界中人之心思才力,應用外國工程學術界已得之學理與方法,調查搜集中國工程界之張本(Data)以研究,比較,發揮,光大,是也,

茲事體大,實行非易,惟私見以為第一步應從譯著工程書籍下手,蓋一足以促成審定名詞之需要與可能,二足以鼓起國人研究工程學術之興趣,三足以為將來工程學校用中國課本之預備,其影響之大,固不僅介紹西方學術而已也,此就純粹的學術一方面言之,至論實際的學術,則出版工程刊物,亦為工程學術獨立運動中所必不可少之初步事業,此事在國內已成各工程學會似皆早已舉辦,如工程學會之工程雜誌,工程師學會之會報,中美工程協會之月刊,然而協會之出版物係英文,殊背獨立之旨,會報內容較窘

工程雜誌固佳,但少精采,余意介紹有統系的高深理論,與基本學術之責,可由譯著之書籍負之,雜誌之主旨,在乎問題之討論張本之采載,足以供事業家之參考,足以供學術家之研究,斯可矣,至高深研究之著作,偶一登載,固未爲不可,然非工程學術幼稚時代之雜誌所必需也,

彭君禹謨與三四同志創工程旬刊,其將爲中國工程學術獨立運動之先鋒乎,姑爲論工程學術與工程事業之關係如此,

靜力學可決[1]及不可決[2]構造物之區別法暨不可決數之求法

王士濬

(一) 何謂靜力學可決,即其力之方向,量,着力點,可以靜力學平衡之理[3]求之之謂也,否則即謂不可決,靜力學平衡之理有三,分述如下,

(1)　$y=0$,　即作用于物體之垂直分力之代數和爲零也,

(2)　$x=0$,　即作用于物體之水平分力之代數和爲零也,

(3)　$M=0$,　即作用于物體諸力,對于任何點之能率爲零也

凡物合于(1)者,則物體無上下之移動,合于(2)者,則無左右前後之移動,合於(3)者,則無轉動,三者俱合,則爲靜止,故靜止之物體,即藉此三理以求其抵力Reaction之量向,着力點,大凡於構造物上對于各點之荷重,(即外力)常爲已知值,吾人所欲求者,惟抵力之量,向,及着力點而已,故應用上理,解算時,其未知之數,不能逾三,否則即不能解決,在普通之構造物上,其能決者固多,而不可決者,實非罕見,不可不究者也,

(二) 欲研究可決與不可決之問題,以先研究肢(Member)之連接(Connection)爲最便,今分別論之如下;

圖一(a),二肢並未連接,可完全自由移動,無論上下左右,或轉動,(Rotation)皆可,可謂之三種自由行動,(Three Freedom in motion)其例如圖一(b),

圖一(c),二肢僅以一桿(Bar)連接之,不能上下移動,而能左右及轉動,可謂之兩種自由行動,(Two Freedom in Motion)例如臂梁(Cantilever)之靜止於無阻力之滾輪(Roller)者然,如圖一(d),

圖一(e),則二肢以二桿連接,僅能對於A點可轉動,(卽二桿之交點)餘則悉爲不能,可謂之一種自由行動,(One Freedom in Motion)例如二弧梁(Arch)頂點之紐(Crown hinge)然,圖一(f)卽其例也。

圖一(g),二肢接以三桿,則一切不能動,謂之固定連接,(Rigid Connection)卽無自由行動(No Freedom in Motion)是也,有如臂梁一端之嵌入礎壁者然,如圖一(h)

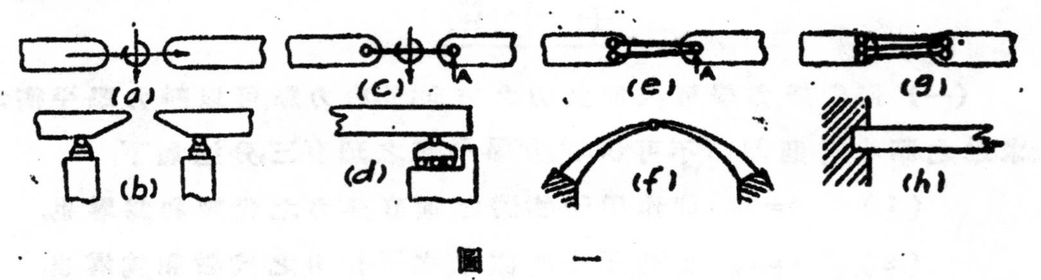

圖　一

(三)由是知欲得固定之連接,須用三接桿(Joint Bars)連接之方可,設一構造物,有肢之數S,則由(一)節可知有3S之條件,以決定3S之未知數,若構造物之與其基礎固接者,則常有3S以上之未知數,卽爲靜力學不可決之範圍內,設a爲肢中互相連接之接桿數,b爲與基礎連接之接桿數,則由上述欲爲靜力學可決,必須有下式之條件,卽

$$a+b=3S \qquad \text{「A」}$$

若各肢皆互相固接者,則常逾上數卽

$$a+b>3S$$

爲靜力學所不可決者,其不可決者之數,可以下式求之,

$$a+b-3S=m \cdots\cdots\cdots\cdots [B]$$

m即表不可決之力之數,如此構造,謂之m倍靜力學中不可決値(m fold Statically indeterminate)且再須m之等式,方能解之,如何能得此m等式,則視情形而異,求之之法,非本篇之範圍矣,

今更舉數例以結吾文:

如圖二; (a) $a+b-3s=5+4-9=0$ (靜力學可決者)

(b) $a+b-3s=6+4-9=1$ (一倍靜力學不可決値)

(c) $a+b-3s=6+12-9=9$ (九〃〃〃〃〃〃〃〃)

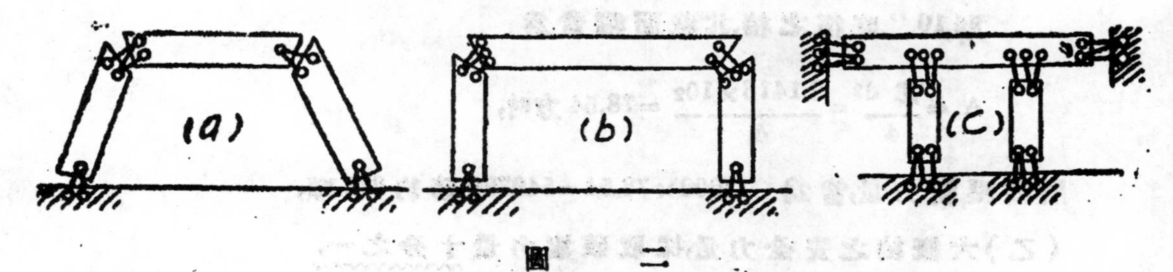

圖　二

註1. 靜力學可決英文謂之 statically Determinate

註2. 靜力學不可決英文謂之 Statiaclly indeterminate

註3. 靜力學平衡理 Condition of Statical Equilibrium

樁之設計

姚鴻逵

建築物過於高大,若其重量超過地面之載重能力,(Earth Bearing Power)則地必傾陷,地上建築物即生危險,欲求其穩固,不得不假以樁力,惟地之浮土,深淺不一,堅鬆不同,樁之載重能力,隨之而異,故計算樁力,亦因之可分兩種,

第一種　載重爲樁之底端所支持者,

第二種　載重爲樁之側面與其所透入泥土間之阻力所承支者,

茲先述第一種情形,如地之上層,完全鬆土,而下層遇有硬土,或岩石,則樁透過鬆土,其間全無阻力,載重能力,其着力點全在硬土或岩石之上,其作用與柱子之直立於基礎者似,設該樁全無彎曲,則樁所受重量,即是直接壓力(Direct Stress)如所載量過重,而樁面發現裂縫時,此即該樁之最大壓力量,

例如 今有一10"圓徑(量大頭)之黃松樁,問(甲)要用多大力量纔能壓開,(乙)求該樁之安全力量,

(甲)查黃松須用7000磅之力,方可壓開1吋方之面積,

則10"直徑之樁,其截面積當為

$$A=\frac{\pi d^2}{4}=\frac{3.1416\times10^2}{4}=78.54\text{方吋},$$

所需壓開力量,當為 7000×78.54=549780磅約275噸,

(乙)大概樁之安全力量,採取破壞力量十分之一,

$$\text{故樁之安全力量}=\frac{275}{10}=27.5\text{噸}$$

次述第二種情形,即樁為樁之側面與土地間之阻力所支住者,其載重力量,可照工程新聞上所載之範式而計算之,查該項計算式,已為美國多數城市之營造法律所採用,即

$$W=\frac{2PH}{a+1}\cdots\cdots\cdots\cdots(A)$$

式中W=安全力量(以噸計)即樁之載重力量

P=打樁錘之重量(以噸計)

H=打樁錘所懸之高度(以呎計)

a=樁之透入性(以吋計)係指最後一擊之錘所成者

如用蒸汽錘打樁,則〔A.〕式中之分母(a+1,)以(a+0.1)代之

試驗樁之最後一擊之透入性,須查看樁頭已否打毛,如已打毛,當即鋸清以便計算 例如大房子之基礎,打樁用一噸重之打樁鎚,最後一擊,透入性爲半吋,設鎚之高度爲15呎,求樁之法定載重力量卽

$$樁之安全載重力量 = W = \frac{2 \times 1 \times 15}{.5 + 1} = 20 噸,$$

建造房屋承攬章程

（續第一卷第二期）

顧同慶

均釘踢脚板,高十寸,樓上均做平頂用機器板條子,上粉紙筋石灰,並勒線脚,灰漿刷白雙度,後進水泥屋頂,裏面亦須灰漿刷白雙度,一概牆身裏面,先用石灰細黃砂抄底,上粉紙筋石灰,然後灰漿刷白雙度,一概腰頭窗,均用鉸鏈裝就並裝插銷,樓上下均釘掛鏡線,

（十五） 銅鐵 庫門上裝大號白銅環一付,一應長窗,均用鉄搖梗鉄臼裝就,搭鈕拉圈插銷等,均用頭號銅貨,一概短窗,均用鉸鏈裝就,弄口熟鉄門兩扇,下裝鉄滑車兩個,地上鋪設弧形軌道,以便易于啓閉,

（十六） 水落 晴落均用廿四號白鉄,十六吋闊敲成,口內包一分圓鉄絲一根注水亦用廿四號白鉄,敲成三吋半二吋半長方形,裝置用鉄鈎子,逢牆處,離牆一吋方可,

（十七） 油漆 鼓式屏門十扇,前面漆奶姻白,後面漆着木甯波廣漆雙度,玻璃天幔下,人字木等料,統揩白漆,庫門須用生漆灰布嵌好,然後漆退光黑漆雙度,一應木料塢入牆內者,均揩熟柏油雙度,一應晴落,注水,鉄門,直楞等,先抄桃丹一度,俟乾透後,再揩灰色油雙度,

（十八） 屋面做法 桁條上鋪六吋一吋企口板,面上鋪牛毛毡一層厚一潑來,上抹柏油加黃砂,然後用紅瓦鋪妥

（十九）陰溝　陰溝均用水泥瓦筒,尺寸均于圖上註明,落水必須排得順利,陰井須用水泥砌,明溝做半圓形,水泥搗成,下做三和土五吋厚,

（二十）玻璃　裝修上玻璃均要揀淨片,嵌玻璃均用條子釘妥（或嵌油灰）

號房章程

本章程除三和土,牆脚,砌牆,水料,陰溝,玻璃,水泥,晒台等,用料做法,以及各種手續,均與住宅章程相同外,其餘不同之處,說明于下,

（一）屋面做法　屋面做品,釘豆腐架子于桁條上,然後用漢口貨紅瓦鋪妥,

（二）裝修　一應門窗樘子,均用硬木,一應裝修,均用花旗松,樓地板均用六吋一吋花旗松企口板,地欄柵用六吋桐木對破,其底脚先做六吋灰漿三和土,然後鋪地欄柵,空樘無須瓜子片,廂房內半牆,用水泥砌五寸磚牆,裏面粉紙筋石灰,灰漿刷白雙度,外面粉水泥矾石,一應牆身門面,均做青紅磚清水牆,水泥補灰綫,下用水泥膠脚,牆身裏面,均刷紙筋石灰,灰漿刷白雙度,一應窗盤,均用水泥搗就,門面下層窗樘,均裝熟鉄花直楞,外裝百頁窗,一概插銷拉圈等件,均用鉄質,惟庫門上,均裝貳號銅環一付,客堂次間及樓上,均裝洋門,亭子間均裝實拼門,洋門上鎖鑰,必須配齊,玻璃均用油灰嵌妥,樓上均做平頂,粉紙筋石灰,灰漿刷白雙度,樓板下面,均做清水起綫,客堂均鋪北窰貳尺方,其底脚先做六寸灰漿三和土,上鋪黃沙二寸,排堅後,乃用油灰鋪方磚,一應天井及亭子間,均做水泥地,（做法詳住宅章程,）

（三）石料　庫門三個,均做八呎高,四呎半闊,料用蘇州金山石,尺寸列下,庫門石栿,八寸十寸,上加機頭天盤,八寸十六寸,地檻六寸十六寸

（四）水落　一應水落,均用廿六號白鉄,十四寸闊敲成,口內包一分圓鉄絲一根,水管亦用廿六號白鉄敲成三吋穿心,

（五）　油漆　一應裝修及木料,均漆着木窗波廣漆一度,庫門先用黑油抄底,然後漆退光黑漆一度,一應木料塢入牆內者,均揩熟柏油一應直楞及水落管子,先抄桃丹一度,然後再揩灰色油一度,

附註

（一）所有自來水工程,亦歸承包人辦理,總管子用貳吋徑,接入屋內者用吋半徑,龍頭管,住宅內用一吋徑,(樓上下各一個,)號房內用六分徑,(¾")龍頭地位,臨時指定,

（二）以上一切用料,均須頭號,不得以次貨混用,否則一經查出,即行拆去重做,所費工料,與業主無涉,

（三）一切用料及做品,均于本章程及圖樣上註明,倘圖樣上未註明,而章程上已註者,或章程上未註明,而圖樣上已註明者,或有于工程習慣上,及沿革上所必需,而與本工程上有必須要之關係者,雖于圖樣上章程上,完全未經註明,承包人如得監工員之知照,亦當照辦,不得强詞推諉,

（四）本工程,向工巡捐局或工部局,領建築照會事,亦歸承包人辦理,

（五）本章程自簽字日起,即生效力,

所取圖樣,須與承攬章程一併歸還,

全部工程打樣等費,照　厘計算,歸承包人負擔,

中華民國　　年　　月　　日　　立

（完）

東京市築港計畫

東京市之築港工程,原定計畫,以八十萬元之豫算,從大正十一年起,至大正十五年止竣工,後以經歷大地震,得有經驗,覺更有大規模築港之必要,調査硏究之結果,乃定豫算經費爲一千九百萬圓,將竣工之期,展至大正二十年,內中六百萬元之國庫補助,呈請日本政府允許,現已進行一切云,

日人在東省新設施

安奉鉄路終點,以鴨綠江爲界,隔岸卽爲朝鮮之新義州,自將鴨江大橋修成之後,遂成大陸與半島國際連絡,將來吉會鐵路完成之終點,卽爲圖們江,亦與高麗隔江爲隣,圖們大橋,與鴨江大橋,卽爲鐵路交通兩大幹線之聯絡點,因係國際的河道,乃由鈴木間島總領事,與中國方面交涉,遂將懸案完全解決,雙方簽字蓋印,其協定大綱抄錄如下:圖們江橋梁協定,(一)圖們江橋梁,歸中日兩國政府共存,但便利上得將橋梁由中央兩分,歸兩國管理之(二)築造橋梁所用之土地,中日兩國政府,各免費提供,(三)橋梁之構造,橋台橋脚,均爲洋灰澁敷,或以磚瓦改造爲複線式,(二呎六吋機關道之複線式)橋桁用鋼鍜,桁架設必要之連數,任橋桁目下爲單式,必要時再化複線式,(四)本橋梁敷設鐵道,永久供天圖圖們兩鐵路之連絡輸送,本橋兩側敷設步道,但禁止牛馬車等之交通,(五)本橋梁之建設費,除敷設鉄道爲三十萬元以內,本建設費之半額,舊圖們鐵道負擔,半額由吉林鐵道負擔之,吉林省之分,由飯田延太郞德夫寶山報償金中撥出,(六)本橋梁之關於設計施行,暨此外一切築造之事,委任朝鮮總督府鉄道局,(七)橋梁築造後之維持修理費,用天圖圖們兩鐵道負擔之,(八)本協定自簽印之日,卽發生効力,(九)本協定尙須協議者,得由吉林省延吉道君,暨間島領事,隨時協定,本工程由奈籐清津出張所長監督施行,長爲一千零四十呎半,鋼橋桁式,近已招標,將於七月興工云,

淮屬道路工程消息

淮陰淮安漣水泗陽四縣道路工程及籌畫通行汽車事曾經盧前道尹召集各縣知事會議辦法七條(已登本刊創刊號新聞欄內)通行各縣遵辦未及觀成嗣于道尹任仍本奉前旨期竟全功淮屬道路工程局內附設汽車公司對于淮淮漣泗四縣行先通車云

杭州省道局省道進行之狀況

自杭州武林門至安溪一段計長十三英里有餘杭州省道局工程處已決定於本年七月間興工該段中間共有橋梁十七座已歸投標人承包現正從事佈置,擬將橋梁趕速造成則以後運輸材料較爲便利安溪以上因有桁構橋梁(Truss Bridge)及隧道等工程規劃費時大約須在明年春季或可開工云云

徐屬水利消息

徐屬疏浚鹽河現在已經興工該河在銅邑北境與荆奎等河皆相毗連綿延百餘里此次興修係分段進行自三河頭至閻家墻一段長十餘里由包工承包由閻家墻至季子山一段因中間積水過深須俟以下工程告竣方可開挖荆山橋一段約二十餘里由沿河各村莊出丁工作惟三河頭至釣魚台一段因微山湖水勢頗大暫時不克挑掘云

上海四行儲蓄會行將自建新屋

本埠鹽業金城中南大陸四行儲蓄會茲定于漢口路四川路轉角自建新屋一所計高九層轉角處並有高塔矗立雲霄尤壯觀瞻聞建築師爲西人鄔達克鋼骨設計爲泰康洋行約需鋼材三百數十噸云

上海建築材料價目之調查

（續第一卷第二期）

（五）花旗松價目表

種　類	每千呎銀兩
選號松板在24呎以內者(註一)	58.00
選號松板在30呎以內者	58.00
普通松板在24呎以內者	52.00
普通松板在40呎以內者	52.00
8"×8"段木在40呎以內者	58.00
8"×8"段木在50呎以內者	62.00
6"×1"地板	68.00
6"×1 3/4"地板	72.00
平頂板條(註二)	7.00

註一　如用雀嘴接筍每線呎加0.03兩

註二　每千條計

（六）磚瓦價目表

青磚10"×5"×1 3/4"	每千　6.00兩
,,,,6"×3"×1 1/2"	,,,,　4.60,,
,,,,10"×5"×2"	,,,,　6.80,,
紅磚8 3/4"×4 1/4"×2 1/8"	,,,,　8.80,,
,,,,9 1/4"×4 1/4"×2 1/4"	,,,,　10.00,,
屋面蓋瓦7"×7"×1/2"	,,,,　5.00,,

法量

（續第一卷第二期）

彭禹謨編

求任何一段圓弧L之長 $= \frac{\pi r E}{180} = .0175rE$ ……………………「14」

求弓形（AMB）面積 $A = \frac{1}{2}\left(Lr - c(r-h)\right)$ ……………………「15」

,, ,, ,, ,, ,, ,, ,, ,, ,, ,, ,, ,, ,, $= \frac{\pi r^2 E}{360} - \frac{c}{2}(r-h)$ ……………………「16」

求角 $E = \frac{180L}{\pi r} = 57.2956\frac{L}{r}$ ……………………「17」

求弦之長度 $c = 2\sqrt{2hr - h^2}$ ……………………「18」

求半徑 $r = \frac{c^2 + 4h^2}{8h} = \frac{e^2}{2h}$ ……………………「19」

求任何一段圓弧長度 L 約數 $= \frac{8e - c}{3}$ ……………………「20」

求圓環之面積 $A = \frac{\pi}{4}(D^2 - d^2)$ ……………………「21」

第二圖

（四）三角形

第一種情形．巳知三角形之底b暨高h

求面積 $A = \frac{bh}{2}$ ……………………「22」

（待續）

代銷工程旬刊簡章

（一）凡願代銷本刊者,可開明通信處,向本社發行部接洽,

（二）代銷者得照定價折扣,銷貳十份以上者,一律八折,每兩月結算一次（陽歷),

（三）本埠各機關担任代銷者,每期出版後,由本社派人專送,外埠郵寄,

（四）經理代銷者,應隨時通知本社,每期銷出數目,

（五）本刊每期售大洋五分,每月三期,全年三十六期,外埠連郵大洋貳元,本埠連郵大洋一元九角,郵票九五代洋,以半分及一分者爲限,

（六）代銷經理人,將欵寄交本社時,所有匯費,概歸本社担任,

工程旬刊社發行部啓

編輯主任：彭禹謨，會計主任 顧同慶，廣告主任 陸超

代印者：上海城內方浜路貽慶弄二號協和印書局

發行處：上海北河南路東唐家弄餘順里四十八號工程旬刊社

寄售處：上海商務印書館發行所，上海中華書局發行所，上海棋盤街民智書局
上海四馬路泰東圖書局，上海南京路有美堂，上海南京路文明書局，
暨各大書店售報處

分售處：上海城內縣基路永澤里二弄十二號顧壽萱君，上海公共租界工部局工務處曹文奎君，上海徐家匯南洋大學趙祖康君，蘇州三元坊工業專門學校薛渭川程鳴琴君，福建漳州漳龍公路處謝雪樵君，福建汀州長汀縣公路處羅啟廷君，天津順直水利委員會曾傑千君，杭州新市場平海路新一號西湖工程設計事務所沈變良君

定價：每期大洋五分全年三十六期外埠連郵大洋兩元本埠全年連郵大洋一元九角郵票九五計算

請一試

屈臣氏

檸檬水 香橙水
解渴消食 健脾開胃
沙示水 葡萄露
行氣去濕 清心潤肺
啫嗹水 可口露
氣味芬芳 壯氣提神

敝公司自民國八年華商接辦銳意改良用最新式殺菌紫電機製造極清潔極甘芳之飲品久已馳名中外愛用國貨諸君請速賜顧各種汽水名目繁多不及備載祇列吾人所常嗜者俾諸君採擇焉

注意瓶上蓋之商標

上海屈臣氏
工廠 威賽路八十六號 電話東四八六號
經理室 電話東四八五號
發行所 寧波路十一號 電話中央二七二六號

請用完全國貨

五星牌乾電池

各式俱備 照樣定造

上海五星電池廠

地址上海東鴨綠路元和坊七百卅一號

新仁記營造廠

SING JIN KEE & CO.,

BUILDING CONTRACTORS

HEAD OFFICE;-NO450 WEIHAIWEI ROAD, SHANGHAI

TEL. W 531.

本營造廠。在上海威海衛路四百五十號。設立已五十餘年。經驗宏富。所包大小工程。不勝枚舉。無論鋼骨水泥或磚木。鋼鉄建築。學校校舍。公司房屋。工廠堆棧。碼頭橋樑。街市房屋。以及住宅洋房等。各種工程。莫不精工克己。各界惠顧。竭誠歡迎。

新仁記謹啓

電話 西五三一

胡適題

工程旬刊

THE CHINESE ENGINEERING NEWS

第一卷　第四期

民國十五年七月一日

Vol. 1. NO.4　July. 1st. 1926

本期要目

討論中西合式之住宅問題　大昌建築公司稿

大道橋梁橋面之設計　彭禹謨

混凝土擁壁之新樣式　彭禹謨

混凝土材料試驗記錄　曹文奎

動物能力　陸超

工程旬刊社發行

上海北河南路東唐家弄餘順里四十八號

〈中華郵政特准掛號認爲新聞紙類〉

(Registered at the Chinese Post office as a newspaper.)

工程旬刊社組織大綱

定名　本刊以十日出一期,故名工程旬刊.

宗旨　記載國內工程消息,研究工程應用學識,以淺明普及爲宗旨.

內容　內容編輯範圍如下,

(一)編輯者言,(二)工程論說,(三)工程著述,(四)工程新聞,

(五)工程常識,(六)工程經濟,(七)雜　組,(八)通　訊,

職員　本社職員,分下面兩股.

(甲)編輯股,　總編輯一人,　譯著一人,　編輯若干人,

(乙)事務股,　會計一人　發行一人,　廣告一人,

工程旬刊投稿簡章

(一)　本刊除聘請特約撰述員,担任文稿外,工程界人士,如有投稿,凡切本社宗旨者,無論撰譯,均甚歡迎,文體不分文言語體,

(二)　本刊分工程論說,工程著述,工程新聞,工程常識,工程經濟,雜組通訊等門,

(三)　投寄之稿,望繕寫清楚,篇末註明姓名,暨詳細地址,句讀點明,(能依本刊規定之行格者尤佳)寄至本刊編輯部收

(四)　投寄之稿,揭載與否,恕不預覆,如不揭載,得因預先聲明,寄還原稿,

(五)　投寄之稿,一經登錄,即寄贈本刊一期,或數期

(六)　投寄之稿,如已先在他處發佈者,請預先聲明,惟揭載與否,由本刊編輯者斟酌,

(七)　投稿登載時,編輯者得酌量增删之,但投稿人不願他人增删者,可在投稿時,預先聲明,

(八)　稿件請寄上海北河南路東唐家弄餘順里四十八號,工程旬刊社編輯部,

工程旬刊社編輯部啓

編輯者言

凡百事物,貴切實用,形式次之,就實用進而改良形式,則事無捍格之弊,而有觀瞻之美,若僅求形式,則背於成物致用之旨矣,本期所載,「討論中西合式之住宅問題」一篇,於住宅建築工程實用上,觀瞻上均能顧及,讀者請注意之.

我國建築事業,日趨發達,建築材料,採用亦增廣,而材料試驗之報告,尚少記錄,工程設計,對于材料强弱,不無少考查之憾,本刊搜集此類稿件,逐漸披載,以供採擇.

討論中西合式之住宅問題

大昌工程建築公司來稿

房屋爲人生衣食住三要事之一,故建築之法,不可不愼,我國自海通以來,國人對於衣食二項,日新月異,惟對於住之一字,每有新舊房屋俱不適宜之憾,因乎衛生之講求,生活之進步,舊式房屋,每感不良,因乎習慣之不同,家庭之各異,西式住宅,亦未見適宜,日本維新之初,歐式建築,遍處皆是,嗣以習慣不適,屢經改求,遂有和洋合式建築,故日本新式房屋之在今日者無一處不合日人習慣,可爲借鑒,吾國現正在新舊交替之際,或者墨守舊法,抹殺新知,或者純取西式,削足就履,均不能無議焉,本公司是以略舉數端應注意之點,願與國人欲建新屋者共同商之,

(一)居室佈置　歐美尙小家庭制,僕役極少,起居亦簡,臥室尋常不過一二間多者亦不過三數間耳,吾國今日仍沿用大家庭制度,僕從成羣,親朋寄居,此種習慣,一日不改革,則純西式房屋一日不適用,故計畫房室,間室宜多備,而僕從之室尤不可少,

（二）廳堂佈置　西俗死喪婚娶，在醫院教堂行之，吾國婚喪之事，視為惟一重要問題，親友戚族不柬而涖，其食事之複雜，桌椅之佈置，與西俗迴乎不同，尤有甚者，內地習慣，至今相沿，柩必停於中廳，輿或入於堂奧，則計劃建築之人，又必細審其家庭習慣，而為之設備也，

（三）宅外佈置　歐美各國，覓地建屋，對於宅外隙地，政府制有定章，普通住宅，大抵房屋地位佔十之六七，隙地地位，佔十之三四，美之檀香山，其居家區域，住宅之外，廣植樹木，望之若散處林間，於美觀衛生，兩有裨益，吾國數千年習居之住宅，幾出爲式一律，大抵不出四合房之窠臼，院落居於中，房屋圍於外，隙地闢於宅內，適與歐西成一反比例，但考其究竟，確有數弊，第一房間欠連貫，陰雨炎日，院落在所必經，第二院落雖巨，但空氣流通，俱為四圍住室所阻，第三宅外係鄰居之地，窗牖之闢，只能限於院落方面，於光線衛生，俱不相宜，凡此數種覺院落或隙地問題，宜置於宅外為優，似應參酌西式辦法，而不能獨右吾國舊習也，

（四）洗晒地位　吾國傭僕之費不鉅，家人洗滌，自較經濟，西人衣服洗濯，委諸店家者居多，其不委諸店家者，又多於地窟中為之，鮮有見之者，吾國普通之家，入戶每見院落中衣衫遍是，淋漓盡致，觀瞻上實不相宜，惟地窟建築，應視地土性質，吾國各地，土質鬆濕者居多，其建築避潮費用，往往超出地上建築倍蓰，故現在建築，院落之中，或屋頂之上，應留一偏僻洗晒地位，此又國人房屋所不可少者也，

（五）廚室　西式廚室，魚肉食料，多經店鋪整理，故刀砧之屬，不必多用，而我國則異是，烹調之法，魚肉之味，火候之差，均複雜而無定律，且每見普通廚室，油煙充塞，故其構造，須視西式更為通風，其洗滌器皿及刀砧地位，並應特種設備，計劃時應留意之點，固不僅一廚一灶已也，

（六）貯物地位　吾國禮俗繁瑣，中人之家以上，應酬禮品，終年不絕，家用什器，過陳舊者，每不忍棄置常宜藏諸一室，以便臨時檢取，人口既多，則其

所藏什物,亦以俱增,故宜備一二貯藏之所,以便存儲,在臥室之傍,尤宜備一箱籠地位,此爲西式所無,而吾人之所必需者,建築之先,尤宜注意之,

此外各室處理,及外觀佈置,應研究之處,尙不勝枚舉,建屋之先,當加以逐項考量,務必適合吾人之習慣,及各人家庭之狀况,以完成我國中西合式之新建築,此本公司所以不憚煩勞,悉心研求,而願有以供獻於社會者也,

二二,六, 一九二六, 上海,

大道橋樑橋面之設計

（續第一卷第二期）

彭禹謨

（表三） 關於鋼骨混凝土橋板之排列距離,可查下表,如橋板係簡單支放者,用鋼筋放在板之底部,如橋板係連續或半連續者,用鋼筋放在板之上下兩面,縱向鋼筋,用半吋圓桿,或方桿,(½"φ或中)置放中心距離爲2呎.

總厚度吋數	混凝土面距離鋼筋中心吋數	每呎寬中所用鋼筋截面積（以方吋計）	鋼筋置放距離吋數							
			圓形				方形			
			$\frac{3}{8}$吋	$\frac{1}{2}$吋	$\frac{5}{8}$吋	$\frac{3}{4}$吋	$\frac{3}{8}$吋	$\frac{1}{2}$吋	$\frac{5}{8}$吋	$\frac{3}{4}$吋
5	1	0.370	$3\frac{1}{2}$	$6\frac{1}{4}$	10		$4\frac{1}{2}$	8	$12\frac{1}{2}$	
$5\frac{1}{2}$	1	0.416	$3\frac{1}{4}$	$5\frac{1}{2}$	9		4	$7\frac{1}{4}$	$11\frac{1}{4}$	
6	1	0.462	$2\frac{3}{4}$	5	8		$3\frac{5}{8}$	$6\frac{1}{2}$	10	
$6\frac{1}{2}$	1	0.508	$2\frac{1}{2}$	$4\frac{5}{8}$	$7\frac{1}{4}$		$3\frac{1}{4}$	6	$9\frac{1}{4}$	
7	1	0.554	$2\frac{1}{4}$	$4\frac{1}{4}$	$6\frac{5}{8}$		3	$5\frac{1}{2}$	$8\frac{1}{2}$	
$7\frac{1}{2}$	$1\frac{1}{4}$	0.578	$2\frac{1}{4}$	4	$6\frac{1}{2}$		3	$5\frac{1}{4}$	8	
8	$1\frac{1}{4}$	0.624	2	$3\frac{3}{4}$	6		$2\frac{5}{8}$	$4\frac{5}{8}$	$7\frac{1}{2}$	

$8\frac{1}{2}$	$1\frac{3}{4}$	0.670	2	$3\frac{1}{2}$	$5\frac{1}{2}$	8	$2\frac{1}{2}$	$4\frac{1}{2}$	7	10
9	$1\frac{3}{4}$	0.716		$3\frac{3}{4}$	$5\frac{3}{4}$	$7\frac{1}{2}$		$4\frac{3}{4}$	$6\frac{1}{2}$	$9\frac{1}{2}$
$9\frac{1}{2}$	$1\frac{3}{4}$	0.762		3	$4\frac{1}{2}$	7		4	6	9
10	$1\frac{3}{4}$	0.809		$2\frac{3}{4}$	$4\frac{1}{2}$	$6\frac{1}{2}$		$3\frac{3}{4}$	$5\frac{3}{4}$	$8\frac{1}{2}$
11	$1\frac{3}{4}$	0.901		$2\frac{3}{4}$	4	6		$3\frac{3}{4}$	$5\frac{3}{4}$	$7\frac{1}{2}$
12	$1\frac{3}{4}$	0.993			$3\frac{3}{4}$	$5\frac{3}{4}$		3	$4\frac{3}{4}$	$6\frac{3}{4}$

（四）弧形鉄質橋板

弧形板係由平板製成凹形,其長度約自 2 呎 6 吋至 5 呎 6 吋,其厚度有 $\frac{1}{4}$ 吋 $\frac{5}{16}$ 吋 $\frac{7}{16}$ 吋等類,

弧形板須用螺釘,或帽釘,沿其四圍,堅固釘住;其邊緣極大,寬度約 6 吋,板與板之間,須用撑物橫切支撑之,大概弧形板,常由小桁之頂部支撑,惟有時亦有裝配在小桁之底部者.

弧形板上面之空部,墊以混凝土,該層混凝土.即承載磨擦面者.

弧形板之用途,現今不廣,或係特別橋板而用之,或因用混凝土橋板太重而用之,或因增加橋之空度而用之,

（五）木質橋板

用優等之木料,適宜之集中載重,木質橋板最爲滿意,考木板之適宜材料,大概爲白槲長葉黃松或其他相像之木材,其置放之方向大概橫切,如係兩層橋板,則下層之方向爲對角線式,木板之闊度,約自 8 吋至12 吋,其厚度不得小於 3 吋,如有電車汽車等來往者,橋板極小厚度,須等於小桁與小桁間距離呎數一半之三倍,惟所得之數,以吋數計,（例如小桁與小桁間中心距離 4 呎,則橋板極小厚度 $3\times\frac{4}{2}=6$ 吋）

木板與木板之間須有 $\frac{1}{4}$ 吋至 $\frac{1}{2}$ 吋之離開,俾雨水不致留滯其間,又須排水暢快,俾板有乾燥之機會

如橋板有多層者,在下層木板上面,暨上層木板下面,塗以適量之柏油一層,可以延長橋板之壽命不少建築多層之橋板,木料最好用藥劑精製,每塊木板,必須堅固釘於欄柵或小桁之上,所用釘之長度,不得小於板之厚度兩倍,即 6 吋釘用於 3 吋板,8 吋釘用於 4 吋板是也,如板下係鋼材欄柵,則用 3 吋厚 8 吋寬之釘條,用釘釘住於所有欄柵之頂部,或用 4 吋厚,6 吋闊釘條,用螺釘釘住於每塊板下面有三條欄柵之邊,如用後法,橋板用彎曲大釘,穿過橋板,沿中間欄柵之上面凸綫而緊住之.

混凝土擁壁之新樣式

彭禹謨譯

新近有英國工程師米亞氏 R. P. Mears,在印度之 Ahmedabad 地方,建築一種新式混凝土擁壁 Retaining Wall,用以連接一鐵路旱橋之陂路,其設計既較任何工程書籍中所載者爲經濟,而其形式與建築,尤覺新穎而簡單,故特譯述其計劃情形如下:

該項新式擁壁,係用混凝土方塊,在一基樑上砌成水平拱壁,其凸面與塡土相接觸,拱弧在起拱綫間鋒起,所謂起拱綫者,乃預製之垂直梁柱 Counterfort 是也,此項梁柱,其中距離約十二英呎,(壁高約二十英尺)其底部與基樑相聯絡,再用横柱以撑其後,撑之一端,撑住於一水平繫樑 Anchorbeam 之上,塡土在背部覆滿後,繫樑爲土所壓,即可免傾覆之虞,而向前移動,則由基樑與繫樑共維持之,

在鋼骨混凝土部分,如基樑與繫樑,下入混凝土,其手續頗簡單迅速,無需採用模板,惟垂直柱與横斜肢,則宜精製,工作之時,無須多用架器,是以進行極速,一年之中,已造一英里之長.

此項新式擁壁計劃,該工程師已得有英政府准許專利權云,

浙江省道近狀

浙江省道局對于浙皖副線,(自杭州經湖州至泗安界牌關爲止卽杭湖省道)進行不遺餘力,全線測量,早於五月內告竣,茲因該線工程浩大,擬分段建造,決定先築自杭州武林門外至安溪鎮一段,約計四十餘里又基本線,(自江墅南星橋起至拱宸橋止)約計三十餘里,亦將同時開工,此二線內共有橋梁十七座,均係鐵筋混凝土,計三十五呎者一座,三十呎者二座,二十呎者四座,十五呎者二座,十二呎者二座,八呎者六座業已招人估價投標,於日前揭曉,得標者爲陳鑫記,計洋八萬零四百八十二元七角八分七厘,不日卽將興工,區工程處定于七月一日成立云, (陸鎔之來稿)

淞滬商埠督辦公署之市政計劃

淞滬商埠公署成立,孫傳芳自兼督辦,委丁文江爲總辦,丁氏接事以來,爲時雖暫,而對於淞滬區內各項市政事宜,極力整頓,諸如接收閘北工巡捐局,交涉收回會審公廨,編訂北四川路門牌,及收回越界馬路警權等等,進行迅速,成績斐然,聞丁氏不但極願早日收回越界馬路,並亦願望能早日收回租界,以申國權,惟目下華界市政,實較租界相差太遠,如言收回,定有種種留難之處,預料交涉必無結果,徒費時間而已,是以丁氏卽本此意,擬定於十年之內,將華界各項市政設備,有者力加改良,無者積圖添設,務使與租界各項市政設備並駕齊驅,華界租界一視無異,不見軒輊,莫從分辨,此時而言收回,致工部局當道無所藉口,自能收事半功倍之效果也云云,又聞丁氏近日對於此項計劃,規劃非常精密,現正在考慮之中,不久或可公佈云,

五省長途汽車路之組織

孫傳芳總司令,以蘇皖贛浙閩五省道路不振,交通非常不便,現已電請五省軍民兩長協同籌辦,其預定步驟(一)先由蘇浙兩省,在火車鐵道未築之處,開築汽車道路,如當地人民有願投資者更爲歡迎,若商辦之汽車公司,官廳當予實力贊助,(二)預定工人,兵工各半,(三)責成各縣知事,先行提倡

並勸導,當地資本家踴躍投資,(四)由五省總機關發行股票三種,請各處資本家隨意選購,此項股票可完納國稅,聞總機關將設在上海,至此項計劃,已得五省軍民兩長之同意,將於秋間實行云,

杭滬築路之新計劃

浙江省道局對于杭滬一線,前經委派工程司彭道中踏勘一次,結果擬定路線,自杭州清泰門起,至烏龍廟附近,上海塘至七堡下埗,沿取土坑內側逕海甯,袁花,角里堰,澉浦,海鹽,約一百六十里,此段沿口前進,風景尚佳,海鹽以東,分甲乙丙三線,甲線自海鹽經乍浦全公亭金山衛柘林南橋至閔行,約二百里,乙線自海鹽經乍浦虎嘯橋新倉張堰亭林達閔行,約一百八十里,丙線自海鹽經平湖張堰亭林達閔行,約一百七十里,三線終點,均與閔滬線聯絡,工程以甲線最易,海岸風景較佳,而距離爲最長,商業以丙線爲繁盛,距離較短,而橋梁較多,工程困難,乙線則工程商業得其平均,介乎甲乙兩線之間,

上海建築材料最近市價之摘要

(1)啓新洋灰公司出品之馬牌水泥每桶銀三兩七錢

(2)啓新經理湖北水泥廠出品之塔牌水泥每桶銀三兩四錢

(3)上海水泥公司出品之象牌水泥每桶銀三兩五錢

(4)半吋至一吋鋼條每噸扯價銀七十兩正

(5)二分($\frac{1}{4}$")至($\frac{3}{8}$")鋼條每噸扯價銀七十八兩正

(6)花旗松每千呎扯價銀五十兩(外加送力)

(7)黃砂每方銀十兩

(8)石子每方銀十二兩

(9)青磚8$\frac{1}{2}$"×4$\frac{1}{2}$"×1$\frac{3}{4}$"每萬洋一百元正(外加送力)

(10)紅磚8$\frac{1}{2}$"×4$\frac{1}{2}$"×1$\frac{3}{4}$"每萬洋一百十元正(外加送力)

(慶)

混凝土材料試驗記錄

曹文奎

弁言　近代工程界對于混凝土(Concrete)一項,已公認爲重要建築材料之一,吾人試察國內各大商埠,新式房屋之成立,橋梁工廠之建築,莫不採用混凝土以爲主要建築材料,考混凝土之造成,大概由於水泥石子砂粒三者相混合,因混合物材料產地之不同,混合比例之有異,其强度亦高低不一,於是材料試驗爲不可少之手續矣,下列記錄,由於確實可靠之試驗處彙集而編成,投諸工程旬刊,聊備重要工程設計之參攷焉.

編者附誌

記錄一

水泥種類:象牌

石子種類:杭州青石子

砂粒種類:甯波黃砂

試塊製成後至試驗開始時中間經過日期:七天

試驗種類:壓碎試驗

平均壓碎力:每方吋 壹千壹百八十磅(1180磅)

試塊號目	混合比例	大小 高,闊,厚.	每立方呎重量(磅)	每方吋壓碎力磅數	附註
1	1:2:4	$6\frac{1}{32}'' \times 6\frac{1}{64}'' \times 6''$	137.8	715	一吋石子
2	” ”	$6'' \times 6\frac{1}{64}'' \times 5\frac{31}{32}$	140.1	1060	” ”
3	” ”	$5\frac{31}{32}'' \times 6'' \times 5\frac{31}{32}''$	135.2	1205	” ”
4	” ”	$6'' \times 6'' \times 5\frac{15}{16}''$	135.2	1153	” ”

5	1:2:4	$6'' \times 6'' \times 5\frac{7}{8}''$	138.7	1153	一吋石子
6	” ”	$6'' \times 6'' \times 5\frac{15}{16}''$	139.1	1153	” ”
7	” ”	$6'' \times 6\frac{1}{16}'' \times 6\frac{1}{8}''$	133.7	1872❋	” ”
8	” ”	$6'' \times 5\frac{15}{16} \times 6''$	137.3	800	” ”
9	” ”	$6'' \times 6'' \times 5\frac{15}{16}''$	137.3	800	” ”
10	” ”	$5\frac{15}{16}'' \times 6'' \times 6''$	139.1	1872❋	” ”
11	” ”	$6'' \times 6'' \times 6\frac{1}{32}''$	140.1	2360❋	” ”
12	” ”	$6\frac{1}{32}'' \times 6'' \times 6\frac{1}{32}''$	132.8	591	” ”
13	” ”	$6\frac{1}{32}'' \times 6'' \times 6''$	135.0	861	” ”
14	” ”	$6\frac{1}{32}'' \times 6\frac{1}{32}'' \times 6''$	132.8	925	” ”
15	” ”	$6'' \times 6\frac{1}{32}'' \times 6''$	132.3	875	” ”
16	” ”	$6'' \times 6\frac{1}{32}'' \times 6''$	124.3	537	” ”
17	” ”	$6'' \times 6'' \times 5\frac{15}{16}''$	139.2	1730❋	” ”
18	” ”	$5\frac{15}{16} \times 6\frac{1}{32}'' \times 6''$	126.4	535	” ”
19	” ”	$6'' \times 6'' \times 5\frac{1}{32}''$	162.2	536	” ”
20	” ”	$6'' \times 6'' \times 6''$	136.0	780	” ”
21	” ”	$6'' \times 6'' \times 5\frac{1}{32}''$	158.0	730	” ”
22	” ”	$6'' \times 6'' \times 6\frac{1}{32}''$	134.7	780	” ”
23	” ”	$6'' \times 6'' \times 6\frac{1}{32}''$	137.2	845	” ”
24	” ”	$6'' \times 6'' \times 5\frac{31}{32}''$	137.7	845	” ”
25	” ”	$6'' \times 6'' \times 6''$	137.3	878	” ”
26	” ”	$6'' \times 6'' \times 5\frac{31}{32}''$	134.0	830	” ”
27	” ”	$6'' \times 6'' \times 6''$	131.8	813	” ”

28	1:2:4	$6'' \times 6'' \times 5\frac{7}{8}''$	139.9	1150	一吋石子
29	,, ,,	$6'' \times 6'' \times 5\frac{15}{16}''$	136.5	1150	,, ,,
30	,, ,,	$6'' \times 6'' \times 5\frac{31}{32}''$	138.2	1150	,, ,,
31	,, ,,	$6'' \times 6'' \times 6''$	139.9	1324	,, ,,
32	,, ,,	$6'' \times 6'' \times 5\frac{13}{16}''$	139.9	1105	,, ,,
33	,, ,,	$6'' \times 6'' \times 6''$	139.9	1440	,, ,,

量 法

（續第一卷第三期）

彭禹謨編

第二種情形　已知三角形之三邊，a, b, c,

求三角形之面積 $A = \sqrt{s(s-a)(s-b)(s-c)}$ ……………………〔23〕

式中　$S = \frac{a+b+c}{2}$

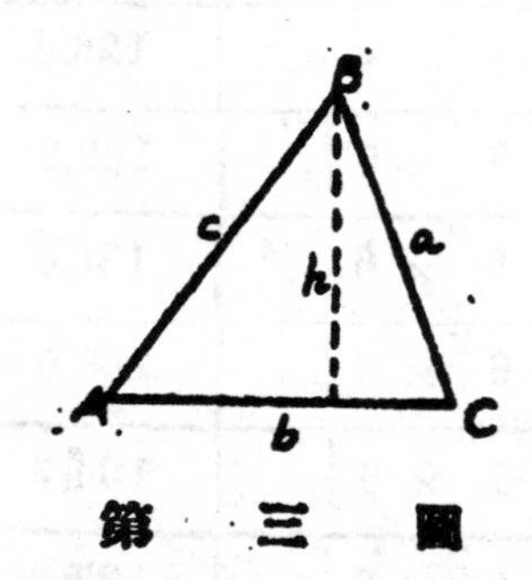

第　三　圖

第三種情形　此種算法，須先學過三角學，方可計算，茲特備載，以供查考耳，卽已知三角形之兩邊，a, c 及其所夾之角 B,

求三角形之面積 $A = \frac{1}{2} a c \operatorname{Sin} B$ ……………………〔24〕

第四種情形　此亦須學過三角學者可用，卽已知三角形之一邊 b, 暨三角 A, B, C,

求三角形之面積 $A = \frac{b^2 \operatorname{Sin} A \operatorname{Sin} C}{2 \operatorname{Sin} B}$ ……………［25］

" " " " " $A = \frac{b^2}{2(\operatorname{Cot} A + \operatorname{Cot} C)}$ ……………［26］

（待續）

動物能力

陸超

(一) 人之能力

工作持久期間 ＝ 1日

工作情形	平均効力(磅)	速率 每分鐘呎數	每分鐘起高一呎之力或物重磅數
手舉重物齊胸	40	25	1000
井內吊水(用繩及吊桶)	30	35	1050
起重(用高懸轆轆及繩)	40	30	1200
手抽水機	30	60	1800
拉縴(船)	12	160	1920
轉錨機	25	100	2500
迴旋起重機之彎軸	15	200	3000
搖船	40	80	3200

註一　上表所述之効力,其工作期間有八小時至十小時者,對于每日發時,須除去之,但包括普通休息時間在內,又對于該項工作之減少力能等情形,亦計入之.

在最短期內,能發生最大之効力者,舉例如下:

平行推重……………100 磅

平行拉重……………70 磅

15019

拉車或拖船之曳引力……………………40 磅

起重于地上……………………………150 磅

肩重行路（速率每小時2½英里）……120 磅

如業挑負而習于上項工作者…………180 磅

抽水每分鐘升高一呎…………………300 加侖

註二 凡人在二十四小時內，（包括休息時間，除去眠食時間，）發生最大能力1,700,000磅，超高一呎，即等于2202佳爾等量（Joules Equivalents）或等於一種熱量，能使2202磅之水，上升華凡一度之溫度

熱帶上每日工作所發生之能力，决不能超出800,000磅，而超高爲1呎。

（二）馬之能力

一馬在平整路上工作，每日時間爲八小時，每小時行2½英里，則其曳引力爲　150磅，

升降機或馬轉機上工作時，中間除去動作來復之休息外，所餘工作時間，祇六小時其曳引力爲　300磅，

磨坊內工作八小時，磨徑30呎，每小時之週程，爲二英里，則其曳引力爲　100磅，

當奮力向前拉重時，馬能發生一種平行力，爲　400磅，

設該力定爲 1.00，

則牛爲 0.60，

驢爲 0.25，

倘人與馬同在適當工作時間內相比較，則人之能力，祇能抵馬之能力$\frac{1}{7}$，亦即七個人之能力，等於一匹馬之能力是也，

蒸汽機發生33,000磅之力，每分鐘超高一呎時，即稱一馬力單位，即俗稱一匹馬力是也，工作總量，用馬數匹，即可求得應需之任何時間數。

今將數種主要動物，每日行二十英里，可負之重量，列舉比較於下；

馬……………………………………250磅至300磅

象……………………………………800磅至1,200磅

駱駝…………………………………300磅至400磅

驢………………………………………………180磅

騾………………………………………………80磅

註三　在斜坡上欲估計動物之曳引力,(如上橋等情形)應于貨物重量,加動物重量,其和乘以坡高及長之比,其方式如次:

斜坡上動物之曳引力=〔(貨物重量)+(動物重量)〕× $\frac{\text{坡高}}{\text{坡長}}$ ……「A」

他若因不規則之引力,致筋肉內發生膂力之損失,以及呼吸循環之增減,其值則難以估計也。　(完)

代銷工程旬刊簡章

(一)凡願代銷本刊者,可開明通信處,向本社發行部接洽,

(二)代銷者得照定價折扣,銷貳十份以上者,一律八折,每兩月結算一次(陽歷),

(三)本埠各機關担任代銷者,每期出版後,由本社派人專送,外埠郵寄,

(四)經理代銷者,應隨時通知本社,每期銷出數目,

(五)本刊每期售大洋五分,每月三期,全年三十六期,外埠連郵大洋貳元,本埠連郵大洋一元九角,郵票九五代洋,以半分及一分者為限,

(六)代銷經理人,將欵寄交本社時,所有匯費,概歸本社担任,

工程旬刊社發行部啓

編輯主任：彭禹謨，會計主任 顧同慶，廣告主任 陸 超

代印者：上海城內方浜路貽慶弄二號協和印書局

發行處：上海北河南路東唐家弄餘順里四十八號工程旬刊社

寄售處：上海商務印書館發行所，上海中華書局發行所，上海棋盤街民智書局
上海四馬路泰東圖書局，上海南京路有美堂，上海南京路文明書局，
暨各大書店售報處

分售處：上海城內縣基路永澤里二弄十二號顧壽荘君，上海公共租界工部局工務處曹文奎君，上海徐家匯南洋大學趙祖康君，蘇州三元坊工業專門學校薛渭川程鳴琴君，福建漳州漳龍公路處謝雪樵君，福建汀州長汀縣公路處羅履廷君，天津順直水利委員會曾俊千君，杭州新市場平海路新一號西湖工程設計事務所沈夔良君

定價 每期大洋五分全年三十六期外埠連郵大洋兩元本埠全年連郵大洋一元九角郵票九五計算

工程旬刊

胡適題

THE CHINESE ENGINEERING NEWS

第一卷　第五期

民國十五年七月十一日

Vol. 1. NO.5　July. 11th. 1926

本期要目

上海將來之工商業　彭禹謨
F—鋼　吳之翰
橋梁之死重　胡振業
上海市公所修正暫行建築章程
混凝土材料試驗記錄　曹文奎

工程旬刊社發行

上海北河南路東唐家弄餘順里四十八號

◀中華郵政特准掛號認爲新聞紙類▶

(Registered at the Chinese Post office as a newspaper.)

工程旬刊社組織大綱

定名　本刊以十日出一期,故名工程旬刊.

宗旨　記載國內工程消息,研究工程應用學識,以淺明普及爲宗旨.

內容　內容編輯範圍如下,

(一)編輯者言,(二)工程論說,(三)工程著述,(四)工程新聞,

(五)工程常識,(六)工程經濟,(七)雜　　俎,(八)通　　訊,

職員　本社職員,分下面兩股.

(甲)編輯股,　總編輯一人,　譯著一人,　編輯若干人,

(乙)事務股,　會計一人　發行一人,　廣告一人,

工程旬刊投稿簡章

(一)　本刊除聘請特約撰述員,担任文稿外,工程界人士,如有投稿,凡切本社宗旨者,無論撰譯,均甚歡迎,文體不分文言語體,

(二)　本刊分工程論說,工程著述,工程新聞,工程常識,工程經濟,雜俎通訊等門,

(三)　投寄之稿,望繕寫清楚,篇末註明姓名,暨詳細地址,句讀點明,(能依本刊規定之行格者尤佳)寄至本刊編輯部收

(四)　投寄之稿,揭載與否,恕不預覆,如不揭載,得因預先聲明,寄還原稿,

(五)　投寄之稿,一經登錄,即寄贈本刊一期,或數期.

(六)　投寄之稿,如已先在他處發佈者,請預先聲明,惟揭載與否,由本刊編輯者斟酌,

(七)　投稿登載時,編輯者得酌量增删之,但投稿人不願他人增删者可在投稿時,預先聲明,

(八)　稿件請寄上海北河南路東唐家弄餘順里四十八號,工程旬刊社編輯部,

工程旬刊社編輯部啓

編輯者言

年來我國各地市政,漸趨改良之途,職以文明愈進,生活日高,工商之發展未已,交通之改革愈新,昔日枯踪窮苦之鄉,變爲錦繡燦爛之域,蓋人類之所能爲,竟有遠出意外者,本期所載〔上海將來之工商業〕一篇,觀其水陸一部分交通之調查,即可引起吾人之注意,各地工程家,如能以此類記錄,市政情況,投登本刊者,當更歡迎焉,

上海將來之工商業

彭禹謨

上海爲中國之巨埠,爲東方最繁盛之商場,爲世界最大海口之一,歐戰以後,上海之工商業,日趨發達,近則有進無退,將來之發展,定有可觀,而建設之需求,亦必日新而月異,此實爲我工程界應注意之問題也.

欲言將來,先查既往,觀察目前,庶可推算,所謂由現在與既往,而預言將來也,

工商業之發達,端賴交通,目下我國空中事業,尚在萌芽時代,將無足述,而水陸兩途,歷年來之記錄,已可引起我人之注意.

就作者調查所得,陸有上海公共租界二十餘年來,汽車行駛之統計,法租界十餘年來,汽車行駛之統計,水有上海港口,五十餘年來船隻出入噸位之統計,進口貨價值之統計,茲特登載於下,以供我工程界,在種種建設上之參考焉:

〔更正〕本卷第三期〔工程學術與工程事業〕一文中,第二節第一行〔如工程學會.〕誤爲〔爲工程學會,〕第九節第一行〔是以欲發達,〕誤爲〔足以欲發達〕末第二節第八行,〔但少精采〕當作〔但欠豐富,〕

年代	公共租界汽車行駛輛數	法租界汽車行駛輛數
1902	0	
1903	15	
1904	20	
1905	33	
1906	66	
1907	100	
1908	105	
1909	130	
1910	150	15
1911	200	20
1912	266	50
1913	400	66
1914	400	100
1915	630	170
1916	766	210
1917	940	366
1918	1,160	410
1919	1,600	560
1920	2,250	700
1921	2,700	800
1922	3,040	1,070
1923	3,500	1,450
1924	4,050	1,800
1925	4,500	2,140

年代	船隻進出噸數
1864	1,750,000
1870	2,470,000
1880	3,510,000
1894	4,000,000
1890	5,750,000
1897	8,000,000
1899	8,750,000
1900	9,250,000
1902	12,000,000
1903	12,500,000
1904	12,120,000
1906	17,250,000
1908	17,750,000
1909	18,250,000
1910	18,500,000
1912	18,500,000
1913	19,050,000
1914	19,000,000
1915	16,850,000
1916	16,800,000
1918	14,000,000
1919	20,000,000
1920	22,500,000
1921	24,000,000

年代	進出貨價值關銀數	年代	進出貨價值關銀數	年代	進出貨價值關銀數

1866	90,000,000	1886	131,000,000	1903	350,000,000
1868	111,000,000	1888	146,000,000	1905	445,000,000
1870	110,000,000	1890	147,000,000	1907	395,000,000
1872	116,000,000	1891	163,000,000	1910	470,000,000
1874	105,600,000	1892	166,000,000	1912	492,000,000
1876	120,000,000	1896	230,000,000	1913	538,000,000
1878	110,000,000	1897	270,000,000	1914	500,000,000
1879	130,000,000	1898	255,000,000	1916	570,000,900
1881	141,000,000	1899	305,000,000	1917	580,000,000
1883	110,000,000	1900	250,000,000	1918	620,000,000
1884	112,000,000	1902	346,000,000	1921	925,000,000

綜觀以上之統計,卽可知上海工商業旣往與目前之情形,將來之發展,當更進步,是無疑義,

我人考察近年來租界中之工務,正在竭力設法,加以改良,道路逐漸加闊,路面鋪料,已由石子改築瀝青,河上橋梁,已由木架,改建鋼骨混凝土,繁盛商店,已由簡單而趨複雜,他若公共汽車之創辦,無軌電車之增加,碼頭隄岸之建立,凡此種種,均可以表示上海工商業發達之程度,亦卽爲工程界進步之事業.

我國淞滬商埠公署成立以來,對于淞滬市政事宜,行將積極整頓,抱無窮之希望,與美滿之將來,大上海之主義,將由人力而造成,其受益又豈僅上海一隅之工商業而已哉,

F 一 鋼

吳之翰

普通所用之鋼,皆由馬丁爐或湯麥爐提鍊,名爲St.37,因其應力增至37 Kg/mm² 時,即斷碎也,鋼之優劣不盡以斷碎應力爲準,而其斷碎增長係數(鋼條斷後量其長與原長相較所得之差以原長除之)尤爲重要,蓋彼乃鋼之堅性此乃鋼之韌性,倘堅而不韌,則脆弱如玻璃,雖堅無所用之,於是提鍊堅韌之鋼,成爲冶金家之一大問題,

經許多實驗與研究,兩年前竟於普通馬丁爐或湯麥爐中,提出St.48,(意義同前)其斷碎應力增加11Kg/mm² 而其斷碎增長係數並不改小,(St,37之斷碎增長係數爲22 %,)雖其價值稍昂,工作較難,然所省之材料,與之相抵有餘歐洲新建築多用之,

但工程界不以此爲滿足,精益求精,去年八九月間,瑞士人名鮑斯達者,改造鍊鋼爐,(名爲鮑斯達爐)在柏林弗勞得公司(FREUND & CO.)試驗其結果所得之鋼,有52 Kg/mm² 之斷碎應力,而其斷碎增長係數同時增至27 %,於是稱雄一時之St.48,頓覺相形見絀矣,此新得之鋼,原可名爲St.52,但以該公司名稱之關係,簡稱爲F— 鋼,茲錄該類鋼條(Φ 2 Cm.)十八次試驗之結果如下,

次數	斷碎應力 Kg/mm²	澎漲應力 Kg/mm²	斷碎增長係數 (L=20Cm.)%
1	54.60	49.50	25.7
2	54.60	48.20	25.5
3	54.70	49.50	26.0
4	52.50	43.60	28.0
5	52.30	45.40	28.0
6	52.50	42.20	27.6
7	52.50	46.80	27.5
8	52.60	48.60	28.8

9	52.80	47.80	28.2
10	51.10	48.30	29.1
11	51.10	46.80	27.5
12	51.20	44.20	28.3
13	53.90	43.90	26.4
14	53.80	45.70	27.2
15	53.90	45.40	26.1
16	53 90	48.40	27.1
17	53.50	46.60	26.5
18	53.50	49.50	26.6

其平均斷碎應力爲53 Kg/mm² 平均澎漲應力爲46.7 Kg/mm²（應力增至某一定限度,鋼條不必因外力之增加,能增長若干,此限度爲澎漲應力）而其平均斷碎增長係數,則竟達27.2 %,其澎漲應力與斷碎應力相差至微,平均爲0.88而St.37與St.48僅爲0.6,故F一鋼異常堅韌,雖冷時扭曲,再加以椎擊,不生裂痕,

此類鋼料最適用於橋樑,房屋車軌,車身,汽鍋,以及各種機器,因其澎漲應力甚大,故準個應力亦大,（卽計算工程時所用之標準單位應力）同一建築物,以重量計,用F一鋼較用St.37可省35至40 %,以建築費計可省25 %,倘以之造車輛,死重減少40 %,則所省之輸費用,積久可觀矣,

鮑斯達爐已造成者兩隻,每隻每小時能出鋼3噸至4噸10噸,之爐尚在建築中,至其詳細構造與提鍊方法,尙未見具體發表,第以其促進鋼鐵事業之可驚,且與工程界影響之巨大,故樂爲介召,

十五年六月　吳淞

橋梁之死重

胡振業

任何結構物,其重量作用於桁構Truss桁Girder 之上者,應歸納於死重Dead Load 計算,但有時風霜雨雪之來,灰塵泥土之積,以及各種管子之重量,(自來水管自來火管電話線管等) 他若橋板之逾越厚度,與將來之鋪料,亦須歸納於其中焉,至於橋礅上結構物之重量,若柱脚,梁頭等是,可不必計入,

單跨度桁構橋之死重,可目爲均勻分佈於跨度之全長,因幹Chord之中間重兩端輕,而腹肢Web. 適成其反,即中間輕兩端重是也,故對於實際上,此假說,甚爲確切,若上下幹平行時,均勻分佈之假說,尤爲確切,然若跨度甚長,橋之上幹Top chords 爲多邊形者,則腹肢中央之重量亦不見重於其兩端矣,或若跨度甚長,而其上幹不以多邊形式構造,則幹由此端至他端之重量與均勻相去幾稀耳,權斜系 Lateral System 結構物較爲重而任大,因跨度之兩端接近故也,總而言之,死重之均勻分佈假說,使用於單跨度桁構橋,實際上甚覺適宜是也,

然遇有伸臂式Cantilever 拱弧式 Arches 長跨度擺動式 Long-swing-Span 跳開式Bascule以及他種平常建築工程,則死重非爲均勻分佈於全跨度,如若仍以均勻分佈學說規劃,則大謬而不適用矣,其適宜之法先須假設一死重於各不同格上,(Various Panel) 然後規劃全橋而計算之,其結果可甚融合,如不融合,則據其關係應力,定其各部比例,再行假定死重而計算之自第二次演得之結果,應甚和合,如再不合,則不得不從事於第三次之假定及計算有時規劃巨大之工程,繁複之建築,其死重之規劃,以採用單位載重法計算(The unit Load Method) 爲妙,此法當另論之,

(待續)

上海市公所修正暫行建築章程

上海市公所所訂建築章程,現經修改,經市議事會夏季常會議決,函請市董事會執行,玆將現訂暫行建築章程照錄如下,

第一章　總則

第一條　凡建築領照,向由市公所工程處驗明給發,若建築工廠,貨棧娛樂場學校等及各項公共建築,均須繪具圖樣,塡明報告書,呈候工程處驗明依照本公所議决暫行建築章程辦理,如遇有窒礙之處,仍照向章呈請辦事總董核奪施行,以昭愼重,

第二章　建築之高度

第二條　凡木植與磚牆之建築至高不得過六十六尺,(照四丈闊之馬路計算)水泥鋼骨建築或鉄架水泥樓板及其他不虞火患之材料建築至高不得過八十四尺,(當査照內地水塔高度懸若干,)惟其餘屋頂裝飾等,不在此例,

第三條　沿馬路之建築,其高度不得過馬路之闊狹一律六五,(該路寬度照本公所規定之新路線)若建築高度越規定路線時,得由業主將上層建築逐層收進以符規定限度,轉角處不在此例,惟最高亦不得過八十四尺,量建築高度,從三尺勒脚起點至簷口爲止,

第三章　各項建築之載重

第四條　凡計畫各項建築時,除固定重量之外,至少應以下例各活動載重爲標準,屋面每方尺二十五磅,樓板住宅每方尺七十磅,客棧及醫院等每方尺七十五磅,公事房每方尺一百磅,學校敎室戲館影戲園茶坊酒肆公共閱書室及敎堂等,每方尺一百十磅,工廠每方尺一百二十磅運動室及跳舞傷等每方尺二百六十磅,貨棧每方尺三百磅,

第四章　牆身之厚薄

第五條　凡工廠旅館會所娛樂場等及其他房屋，大牆厚薄高低長短如下（一）二層樓高在二十七尺深在三十五尺者，其牆身厚八寸半足（二）二層樓高在二十七尺深在四十五尺者，其牆身下層厚十三寸上層厚八寸半足，

第五章　廠棧會所娛樂場等之大小

第七條　水泥建築或鉄架水泥樓板及其他不燃火患之材料，以上建築，每所不得過六十四萬立方尺，（此係八十四尺高度規定，如不及八十四尺者立方尺可遞減）

第八條　木植與水料之建築，每所不得過三十三萬立方尺，（此係六十六尺高度規定如不及六十六尺者，立方尺可遞減）

第九條　廠棧毗連之建築，每所不得過二十三萬七千立方尺，（此亦同第七條高度所規定）

第十條　普通二層建築，其外四週牆身須厚八寸半，（惟廣式洋房子前門面上層與其他前面上層有洋台與西式房子上下洋台等以上門面均不在此例）

第十一條　普通二層華式樓房，每六間兩面八寸半，大牆闊不得過八十尺，（因房屋闊狹不一）

第十二條　二層西式之住宅，須用八寸半大牆分隔，

第六章　工廠貨棧會所娛樂場等之設備

第十三條　凡二層之建築，每層可容百人，至少當設太平梯一座以防不測容三百人以上者，至少當設太平梯兩座，其外四週緊要出路之門，可用木植材料，由內向外開放，

第十四條　凡設有太平門者，須裝置紅底白字之太平燈，其字高六寸，並須每宵光明達旦，

第十五條　太平梯或用鉄質，或用水泥鋼骨，其欄杆扶手等，均用鉄質或水泥鋼骨，近太平梯左右門窗，均護以鉄皮，近太平梯處，不得堆積物件，

混凝土材料試驗記錄

（續本卷第四期）

曹文奎

試塊號目	混合比例	大小 高　闊　厚	每立方呎重量(磅)	每方吋壓碎力磅數	附註
34	1:2:4	6"×6"×6$\frac{1}{32}$"	137.3	1270	
35	,, ,,	6"×6"×6"	137.4	1500	
36	,, ,,	6$\frac{1}{16}$"×6"×6"	137.9	1210	半吋石子
37	,, ,,	6"×6$\frac{1}{16}$"×6"	139.8	1500	
38	,, ,,	6"×6"×6"	140.0	1550	
39	,, ,,	6"×6"×6$\frac{1}{32}$"	143.2	1730 ＊	
40	,, ,,	6"×6$\frac{1}{32}$"×6$\frac{1}{32}$	134.7	1444	
41	,, ,,	6$\frac{1}{32}$"×6"×6$\frac{1}{32}$"	130.7	894	半吋石子
42	,, ,,	6$\frac{1}{32}$"×6"×6$\frac{1}{32}$"	138.6	1730 ＊	
43	,, ,,	6$\frac{1}{32}$"×6$\frac{1}{32}$"×6$\frac{1}{16}$"	132.9	1444	半吋石子
44	,, ,,	6"×6"×6"	134.0	1030	
45	,, ,,	6"×6"×6$\frac{1}{32}$"	137.3	1500	
46	,, ,,	6"×6"×6$\frac{1}{16}$"	136.7	1960 ＊	
47	,, ,,	6"×6"×6$\frac{1}{8}$"	135.4	1440	半吋石子
48	,, ,,	6$\frac{1}{16}$"×5$\frac{7}{8}$"×6"	133.2	1670	
49	,, ,,	6"×6"×5$\frac{15}{16}$	135.9	1785 ＊	

50	,, ,,	$6\frac{1}{16}'' \times 6 \times 5\frac{7}{8}$	131.4	1150	
51	,, ,,	$6'' \times 6\frac{1}{8}'' \times 6''$	133.5	1320	
52	,, ,,	$6'' \times 6\frac{3}{16}'' \times 6$	133.7	1210	
53	,, ,,	$6'' \times 6\frac{1}{16}'' \times 6''$	134.7	1325	
54	,, ,,	$6\frac{1}{32}'' \times 6\frac{1}{8}'' \times 6''$	130.3	1150	
55	,, ,,	$6'' \times 6\frac{1}{8}'' \times 6''$	139.4	2070 ❋	
56	,, ,,	$6'' \times 6'' \times 6\frac{1}{16}''$	139.8	3360 ❋	
57	1:2:4	$6'' \times 6\frac{1}{16}'' \times 6\frac{1}{16}''$	139.4	2070 ❋	半吋石子
58	,, ,,	$6'' \times 6\frac{1}{16}'' \times 6\frac{1}{8}''$	130.0	880	
59	,, ,,	$6\frac{1}{8}'' \times 6\frac{1}{16} \times 6''$	133.7	1380	
60	,, ,,	$6\frac{1}{8}'' \times 6\frac{1}{16}'' \times 6\frac{1}{16}''$	132.5	1105	
61	,, ,,	$6'' \times 6'' \times 6\frac{1}{32}''$	135.3	1210	
62	,, ,,	$6'' \times 6\frac{1}{16}'' \times 5\frac{15}{16}''$	133.5	1960 ❋	
63	,, ,,	$6'' \times 6'' \times 5\frac{15}{16}''$	133.0	1500	半吋石子
64	,, ,,	$6'' \times 6'' \times 6\frac{1}{16}''$	136.7	1730 ❋	一吋半吋混用
65	,, ,,	$6'' \times 6'' \times 6\frac{1}{16}''$	136.7	1610	一吋二吋混用
66	,, ,,	$6'' \times 6'' \times 5\frac{15}{16}''$	127.9	1730 ❋	
67	,, ,,	$6'' \times 6'' \times 6\frac{1}{16}''$	139.8	2183 ❋	
68	,, ,,	$6'' \times 6'' \times 6\frac{1}{16}''$	136.7	1670 ❋	

❋ 此種數目因種種關係不見準確平均計算時並不包括在內

記 錄 二

水泥種類：象牌

石子種類：杭州青石子

15036

砂粒種類：甯波黄砂

試塊製成後至試驗開始時中間經過日期：廿八日

試驗種類：壓碎試驗

平均壓碎力：每方吋　壹千伍百伍十磅（1550 lbs./□"）

試塊號目	混合比例	大小	每立方呎	每方吋壓	附註
		高,闊,厚.	重量(磅)	碎力磅數	
1	1:2:4	6$\frac{1}{32}$" × 6$\frac{1}{32}$" × 6$\frac{1}{16}$"	125.8	1110	
2	,, ,,	6" × 6" × 6$\frac{1}{16}$"	129.1	1385	
3	,, ,,	6" × 6" × 6"	130.7	1430	
4	,, ,,	6" × 6" × 6$\frac{1}{32}$"	139·1	2670	
5	1:2:4	6" × 6" × 6$\frac{1}{16}$"	140.7	2490	一吋石子
6	,, ,,	6" × 6$\frac{1}{32}$" × 5$\frac{15}{16}$"	132.7	1150	,, ,,
7	,, ,,	6" × 6$\frac{15}{16}$" × 6$\frac{15}{16}$"	134.5	1040	,, ,,
8	,, ,,	6" × 6" × 5$\frac{1}{16}$"	157.1	1105	,, ,,
9	,, ,,	6" × 6" × 5$\frac{1}{32}$"	156.3	1210	,, ,,
10	,, ,,	6" × 6" × 5$\frac{1}{16}$"	153.5	922	,, ,,
11	,, ,,	6" × 6" × 5$\frac{7}{8}$"	130·3	832	,, ,,
12	,, ,,	5$\frac{31}{32}$" × 6" × 6"	125.0	830	半吋石子
13	,, ,,	6" × 6" × 6"	139.5	2530	一吋石子
14	,, ,,	5$\frac{31}{32}$" × 6" × 6$\frac{1}{32}$"	133.4	1785	,, ,,
15	,, ,,	6" × 6" × 5$\frac{15}{16}$"	132.1	1440	,, ,,
16	,, ,,	6" × 6" × 5$\frac{31}{32}$"	134.0	1670	,, ,,
17	,, ,,	6" × 6" × 6"	135.9	1730	,, ,,

18	,, ,,	$6'' \times 6'' \times 6\frac{1}{8}''$	133.0	1430	,, ,,
19	,, ,,	$6'' \times 6'' \times 6\frac{1}{8}''$	134.7	1150	,, ,,
20	,, ,,	$6'' \times 6'' \times 6\frac{1}{16}''$	131.3	1150	半吋石子
21	,, ,,	$6'' \times 6'' \times 6''$	134.7	1730	一吋石子
22	,, ,,	$6'' \times 6'' \times 6''$	134.7	1110	,, ,,
23	,, ,,	$6'' \times 6'' \times 6\frac{1}{32}''$	134.7	1500	,, ,,
24	,, ,,	$6'' \times 6'' \times 6\frac{1}{32}''$	135.3	1270	,, ,,
25	,, ,,	$6'' \times 6'' \times 6\frac{1}{16}''$	131.3	1150	,, ,,
26	,, ,,	$6'' \times 6'' \times 5\frac{15}{16}''$	133.0	1385	,, ,,
27	,, ,,	$6'' \times 6\frac{1}{16}'' \times 6\frac{1}{32}''$	133.0	1270	,, ,,
28	,, ,,	$6'' \times 6'' \times 5\frac{3}{4}''$	141.6	2350	,, ,,
29	,, ,,	$6'' \times 6\frac{1}{32}'' \times 5\frac{13}{16}''$	138.2	2250	,, ,,
30	,, ,,	$6'' \times 6'' \times 5\frac{31}{32}''$	139.9	1960	,, ,,
31	,, ,,	$6'' \times 6'' \times 6''$	136.5	2190	,, ,,
32	,, ,,	$6'' \times 6'' \times 5\frac{15}{16}''$	139.9	2400	,, ,,
33	,, ,,	$6'' \times 6'' \times 5\frac{13}{16}''$	141.5	2303	,, ,,
34	,, ,,	$6'' \times 6'' \times 5\frac{31}{32}''$	140.6	2130	,, ,,
35	,, ,,	$6'' \times 6\frac{1}{8}'' \times 6\frac{1}{32}''$	132.8	915	,, ,,
36	,, ,,	$6'' \times 6'' \times 5\frac{15}{16}''$	141.9	2300	,, ,,
37	1:2:4	$6'' \times 6'' \times 6\frac{1}{16}''$	139.3	840	一吋石子
38	,, ,,	$6'' \times 6\frac{1}{16}'' \times 6\frac{1}{16}''$	133.4	656	,, ,,
39	,, ,,	$6\frac{1}{32}'' \times 5\frac{31}{32}'' \times 6''$	134.6	840	,, ,,
40	,, ,,	$6'' \times 6'' \times 6\frac{1}{32}''$	137.3	860	,, ,,

41	,, ,,	$6'' \times 6\frac{1}{16}'' \times 6''$	134.7	616	,, ,,
42	,, ,,	$6'' \times 6'' \times 6''$	135.9	1780	,, ,,
43	,, ,,	$6'' \times 6'' \times 6\frac{1}{16}''$	131.3	2020	半吋石子
44	,, ,,	$6'' \times 6'' \times 6\frac{1}{16}''$	134.7	2130	半吋一吋石子合用
45	,, ,,	$6'' \times 6'' \times 5\frac{15}{16}''$	137.2	2190	一吋石子
46	,, ,,	$6'' \times 6'' \times 6''$	134.0	1730	,, ,,
47	,, ,,	$6'' \times 6'' \times 6\frac{1}{8}''$	127.6	1380	,, ,,
48	,, ,,	$6'' \times 6\frac{1}{16}'' \times 6\frac{1}{4}''$	131.3	1610	,, ,,
49	,, ,,	$6'' \times 6\frac{1}{8}'' \times 6''$	131.6	1380	,, ,,
50	,, ,,	$6'' \times 6'' \times 6\frac{1}{8}''$	137.4	1960	,, ,,

※此種數目因種關係不見準確平均計算時並不包括在內

量　法

（續本卷第三期）

彭禹謨編

（五）長方形與平行四邊形

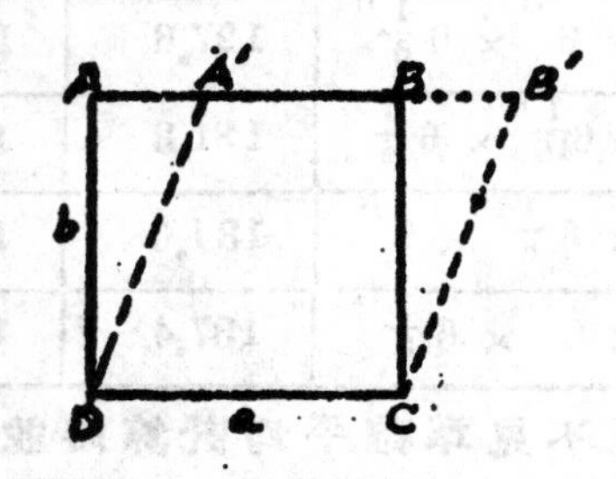

第　四　圖

求長方形（ABCD）暨平行四邊形（A′B′CD）之面積 $A = ab$.....「27」

（六）梯形

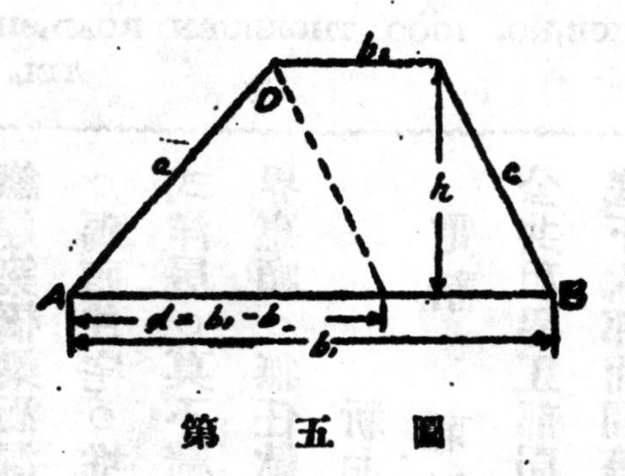

第　五　圖

第一種情形　已知兩平行邊 b_1, b_2 高度 h

求梯形之面積 $A = \frac{(b_1 + b_2)h}{2}$ ....「26」

（待續）

編輯主任：彭禹謨，會計主任 顧同慶，廣告主任 陸超

代印者：上海城內方浜路貽慶弄二號協和印書局

發行處：上海北河南路東唐家弄餘順里四十八號工程旬刊社

寄售處：上海商務印書館發行所，上海中華書局發行所，上海棋盤街民智書局上海四馬路泰東圖書局，上海南京路有美堂，上海南京路文明書局，暨各大書店售報處

分售處：上海城內縣基路永澤里二弄十二號顧蔭茲君，上海公共租界工部局工務處曹文奎君，上海徐家匯南洋大學趙祖康君，蘇州三元坊工業專門學校薛渭川程鳴琴君，福建漳州漳龍公路處謝雪樵君，福建汀州長汀縣公路處羅嚴廷君，天津順直水利委員會曾俊千君，杭州新市場平海路新一號西湖工程設計事務所沈孌良君鎮江關監督公署許英希君

定價：每期大洋五分全年三十六期外埠連郵大洋兩元本埠全年連郵大洋一元九角郵票九五計算

工程旬刊

胡適題

THE CHINESE ENGINEERING NEWS

第一卷　第六期

民國十五年七月二十一日

Vol 1 NO.6　July. 21 st. 1926

本期要目

上海土質與建築工程之關係　姚鴻逵

大道橋梁橋面之設計　彭禹謨

橋梁之死重　胡振業

上海市公所修訂暫行建築章程

特種水泥材料試驗之記錄　彭禹謨

工程旬刊社發行

上海北河南路東唐家弄餘順里四十八號

◀中華郵政特准掛號認為新聞紙類▶

(Registered at the Chinese Post office as a newspaper.)

工程旬刊社組織大綱

定名　本刊以十日出一期,故名工程旬刊.

宗旨　記載國內工程消息,研究工程應用學識,以淺明普及爲宗旨.

內容　內容編輯範圍如下,

(一)編輯者言,(二)工程論說,(三)工程著述,(四)工程新聞,

(五)工程常識,(六)工程經濟,(七)雜　　俎,(八)通　　訊,

職員　本社職員,分下面兩股.

(甲)編輯股,　總編輯一人,　譯著一人,　編輯若干人,

(乙)事務股,　會計一人　發行一人,　廣告一人,

工程旬刊投稿簡章

(一)　本刊除聘請特約撰述員,担任文稿外,工程界人士,如有投稿,凡切本社宗旨者,無論撰譯,均甚歡迎,文體不分文言語體,

(二)　本刊分工程論說,工程著述,工程新聞,工程常識,工程經濟,雜俎通訊等門,

(三)　投寄之稿,望繕寫清楚,篇末註明姓名,暨詳細地址,句讀點明,(能依本刊規定之行格者尤佳)寄至本刊編輯部收

(四)　投寄之稿,揭載與否,恕不預覆,如不揭載,得因預先聲明,寄還原稿,

(五)　投寄之稿,一經登錄,卽寄贈本刊一期,或數期

(六)　投寄之稿,如已先在他處發佈者,請預先聲明,惟揭載與否,由本刊編輯者斟酌,

(七)　投稿登載時,編輯者得酌量增删之,但投稿人不願他人增删者可在投稿時,預先聲明,

(八)　稿件請寄上海北河南路東唐家弄餘順里四十八號,工程旬刊社編輯部,

工程旬刊社編輯部啓

編輯者言

基礎爲建築工程上首要之事,基礎堅固,則地上建築可以永保安全.惟基礎與地質,有密切關係.地質堅硬者,其基礎座力大鬆軟者,其座力弱,弱則易以下沉,發生危險,以故設計者對于建築物重量,與泥土性質之關係,不可不因地致宜,深加研究者也.

近來水泥爲用日廣,種類增多,製造方法亦日事講求,以平常水泥,其凝結性過嫌太緩,於是有特種水泥產生,以應近代建築工程之需要,經材料試驗,觀其強度之結果,確有特種之性質,其於工程經濟材料上,兩有裨益也.

上海土質與建築工程之關係

姚鴻逵

近十年來上海之建築事業,日趨發達,岑樓廣廈,魚鱗櫛比,因人口之增加,地價之昂貴,市區面積之限制,商務擴張之需要,故房屋不得不向上增高,伸展空中體積,舊日之單層雙層,已逐漸翻造五層六層,而原有之五層六層,今又改建至十餘層,疇昔想像中之冲霄樓摩星塔,今則果然已衡宇相望,矗立於淞滬歇浦間矣.惟建築物愈高,體重愈大,而地之載重亦益增,因各地土質有堅鬆之別,其載重能力,是以亦有強弱之不同,建築工程之善於設計者,當視其地力之所能勝任,而限制其地上建築物之重量,如是方可安全,茲略述其關係如下.

上海一隅,新建築之高大者至夥,當其營造之初,已幾經準確之計算與規畫,但其工竣之後,總有相當之下燧,此固不足爲患,因其全部平衡下燧,於地上建築物,無傾斜之勢,亦無崩陷之虞,稍歷年月,其下燧卽可停止.海上新建築物之最巨大,且完整者,莫如浦灘之上海匯豐銀行,開工竣至今,其下燧已達九吋之多,此足見上海土質之鬆,不能不詳加考查者也,試取上海泥土,詳加試驗,初視之,似甚堅硬,確可建立牢固之基礎,但幾經搖動,則土中自有水分流出,若再加壓力,水量溢出愈多,泥土則漸失其粘着力,而分散如砂粒矣.

細考上海土質,絕似楊子江口之三角洲,由特別泥土堆積而成,內含大部分細泥與細砂,絕少硬土,浚浦局亦屢次試驗此種土質,均得同樣之結果,故其直柱狀樁,樁面安全阻力,每方呎祇定二百二十四磅爲限,直錐形樁定二百五十磅爲限.

按浚浦局新近試驗樁及泥土之粘着力,(Cohesion of Soil) 如用十九磅之重壓,則其滑動角 A之正切 (Tangent of the sliding angle)爲

$$\tan A = .38$$

卽 $A = 21$度

此因數已經極小,如壓力愈高則角度更小,卽泥土之粘着力亦愈弱,而其座力卽因之減縮.

中國工程師會會刊,載有瓊孫氏 Esil W. Johnson 討論樁之下沈一文,謂地上建築物工竣後,發生相當之下載原於樁之下沉,但必在有間斷之時期內增加載重之後,鄙意甚以爲然,所謂間斷時期之重量者何,卽棧內堆貨重量之變更,外界車輛之來往,起重機之轉動,潮汐之升降,均足以使樁之四周泥土,受壓迫而流出水分,損失粘性,載重能力減弱,建築物於是下燈,此可以用楊樹浦電機廠,及浦邊起重機下沉之記錄證明之,

工竣時	樁下燈	0.06呎
九個月後	樁下燈	0.10呎至0.13呎
一年後	樁下燈	0.12呎至0.15呎

凡新塡之土逾十尺高者,雖經數月,或一年之久,仍不足以支承地上建築物之重量,因其座力不足,仍有下燈之可能性也,上海租界工部局,法定每方呎座力爲一千七百磅,鄙意仍不安全適用於沿灘低窪之區,及新塡之樁

土地.

受重壓之後,樁之四周泥土,因振動而擠擠,同時水分沿樁面而上升,樁有下墜之可能,如樁之四周上面爲基礎地板(Foundation slab)則泥土上升至地板之底面而止,而樁亦因之不能繼續再墜,斯時基礎地板之底面,受有兩種之壓力,卽向上土壓力與樁面阻力是也.土質低鬆之區,設計基礎地板之時,其安全向上土壓力,可採用每方呎一千磅,再加樁面阻力,卽可抵抗建築物之下墜矣.

由上之觀察,上海高大建築,因土質鬆軟關係,最適用基礎地板制度,可以減少樁及地上重量之下墜,卽墜亦極細微,各部平衡,無危險矣.

大道橋梁橋之設計

（續本卷四期）

彭禹謨

(六) 薄片木材橋板

大道橋梁有時用2吋×吋,2吋×6吋,3吋×8吋等薄片,木料以邊爲底,(卽將2吋之邊爲上下面,4吋之寬爲厚度是也)以大釘互相釘住之,成爲橋板,其上面再用却水材料鋪之,以作摩擦面.

(表四)下列之表,係示各種跨長,12吋木板應需之厚度,對於薄片木板之安全跨度,可採用12吋木板之呎吋.

欄柵置放距離吋數	10噸輾機	12噸輾機	1[illegible]噸輾機	20噸輾機
12	2	2	2	2
15	2⅜	2½	2½	2⅝
18	2¾	2⅞	3	3⅛
21	3	2¾	3⅜	3⅝

24	3¼	2½	3¾	4
27	3½	3¾	4	4½
30	3¾	4	4⅜	4⅞
33	4	4¼	4⅝	4¼
36	4¼	4½	4⅞	5½

附注　如係8吋板,表中厚度再加百分之二十三,

表內厚度以英呎計算,

表內呎吋均係確實數目,

未經計及鑿撞力,

法許彎曲應力每方吋1500磅

法許橫切纖維壓力每方吋400磅,

（七）藥製木材橋板

藥製木材可爲藥製木塊磨擦面,瀝青磨擦面等之次層橋板,或承受石子或泥土塡物,或可不用磨擦面,而直接承受一切重量.

（八）藥製木材條例

（1）用爲藥製木板料之木材,除木塊外,須採用優等檞木,長葉松,花旗杉木等.

（2）木材必須伐自新鮮之樹,其紋理欲直,須無裂罅壞孔,以及其他損點,

（3）木材必須鋸剖整確,大小須一律,

（4）所有木材,每立方呎,必須浸有至少12磅之防腐劑.

（5）防腐劑必須爲完全清潔之煤太油產品,不得有其他雜物攙入其中,

(6)防腐劑必須免除任何太油,或火油,或其餘剩物,

(7)防腐劑在華氏100度時之比重,至少爲1.03惟不得大於1.07、

(8)木材必須將防腐劑用充滿細胞法爲之.

(完)

橋梁之死重

(續本卷五期)

胡振業

對於平常跨度,大概死重之$\frac{2}{3}$集中於上幹格點上,$\frac{1}{3}$集中於下幹格點上,然此對於下行橋(Throngh briage)而言也,若上行橋(Deaek bridge)則反是,$\frac{1}{3}$集中於下幹格點上,$\frac{2}{3}$集中於上幹格點上是也,若橋之載負甚重可將死重分爲數份而計算之,若$\frac{3}{5}$,$\frac{2}{5}$是也,橋之跨度甚長則以百分分配爲妙,若60%40%是也但此種死重之分配法,不甚重要,因直幹常常具過量之切面,故此種分配法,有時雖不甚相合,然其影響未必有若何之關係也,

跨度已經規定,假定之死重,既證以圖表之重量,且明以精密之計算,如所得之結果與相等生重(Equivalent Live Lood)衝擊力(Impact Load)確實死重(Actual Dead Load)等所得之和相比較,若其總值超過1%者則橋梁各肢之大小所受之應力等,均須另行新定死重,再行計算之,吾人所假定之死重,甯高毋低,所得之結果除撑拉桿(counters)外,所有肢材可有安全之應力也,

以下所列各種材料單位之重量,已足應用於橋梁工程計劃:

材料種類	每木呎之重量(以磅計算)
藥製木板	$4\frac{1}{2}$至　5
槲及其他硬木	$4\frac{1}{2}$…………
澳洲杉	6…………
黃　松	$3\frac{1}{2}$…………

15049

白　松　　$2\frac{3}{8}$……………

平常鋼軌單位重量亦歸於死重

混凝土之重量與所用碎石片或石子之種類有關係

名　稱	每立方呎之重量(以磅計算)
混凝土	140至160
鋼筋混凝土	145至165
土瀝青鋪料	120……………
磚鋪料	140……………
鋼	490……………
泥　土	100……………
雪	100……………
水	62.5 ………

用於連索橋弔橋之錨索,其直徑各各不同,對於每呎之重量,尤爲計劃者所須詳悉,今特縷述於下:

錨索之直徑(以吋計)	每呎之重量(以磅計)
1	1.70
$1\frac{1}{4}$	2.65
$1\frac{1}{2}$	3.82
$1\frac{3}{4}$	5.20
2	6.80
$2\frac{1}{4}$	8.60
$2\frac{1}{2}$	10.60
$2\frac{3}{4}$	12.85
3	15.30

表內所載爲平時常用者,此外尙有多種鋼索,其重量可按照下列範式計算之,

$$W = 1.7D^2 \text{..........} 「A」$$

式內 W 爲每呎之重量,(以磅計) D 爲直徑,(以吋計)

有時索內雜以鉄絲, Wire 如爲n 鉄絲之根數, d 爲鉄絲之直徑, D 爲索之直徑,則

$$n = 0.77\left(\frac{D}{d}\right)^2 \text{..........} 「B」$$

如 w 爲鉄絲每呎之重量, W 爲索每呎之重量,(均以磅計)則

$$W = nw = 0.77\left(\frac{D}{d}\right)^2 \text{..........} 「C」$$

（完）

住宅建築雜談

建築住宅貴在質地堅固,住居安適,避免火險,室內器具,置放利便,觀瞻美麗,

建築住宅,以前,對于方向,必須妥爲選述,蓋於美觀光綫溫度等問題,均有密切之關係在也,

採用建築材料,並粉刷之種類,均與建築費有極大之影響,

住宅形式,尋常大概長方形式用簡單屋頂之房屋,其建築費比較 L 式或 T 式房屋爲省.

L 或 T 式房屋,需用較多之外牆,然其內部容積,並不比較長方形多.

L 或 T 式房屋,比較美觀,又可開較多或較大之窗,故光綫亦更充足.

建築優等住宅,先須有精美設計圖樣,尤須有富於經驗之監工.　（譯）

15051

上海市公所修正暫行建築章程

（續本卷五期）

第十六條　太平並前後或左右兩面相當出路，至少依照太平門闊度，太平門闊度，至少以四尺爲度，

第十七條　凡廠棧內一律不准住宿工人，每夜須設更夫由廠主自雇，隨時查察，

第十八條　凡工廠及娛樂場，至少須自用熟悉電氣事務者一人常川駐守，以備電線走電時修理，並可自行組織消防隊部，以備不虞，

第十九條　凡過大之工廠貨棧會所及娛樂場等，應由業主自行設備太平龍頭，

第七章　普通華式房屋之建築

第二十條　凡華式房屋不得造四層樓，

第二一條　馬路闊度須滿一丈六尺者方可挑出洋台二尺，如不滿一丈六尺者，不得挑出洋台，若弄內挑出洋台，須除洋台外留淨七尺半闊，凡沿路處概不准做披水板，

第二二條　過弄樓門樓灶披樓須用水泥鋼骨樓板及木料做就，（此按本公所管轄閘市區域高等建築所規定除外不在此例）

第二三條　烟囱必須砌入牆內，裏面粉光，其近邊須與木料距離等，

第八章　弄堂大小之限制

第二四條　前後三層之弄堂，至少須各留出十尺闊（因光線關係）

第二五條　前後二層之弄堂，至少各留出五尺闊，

第二六條　兩面後門弄堂，至少須五尺闊，兩面前門弄堂及總弄，至少須九尺闊

第二七條　平房後門弄堂，至少須三尺闊，若樓房一面前門，一面後門，

弄堂或支弄,至少須七八尺闊,

第九章　底脚之建築

第二八條　五寸牆下大方脚,至少雙皮一收,十寸牆下大方脚至少單雙兩收,十五寸牆下大方脚,至少單皮兩收,雙皮一收,餘外依此類推,

第十章　雜類之建築

第二九條　蘆蓆棚等祇可暫為作堆料房間之用,至多不得過九個月,(此按本公所管轄鬧市區域所規定)

第三十條　風火牆卽兩山牆及腰牆,不准空斗,均須直砌到頂,較屋面高出二尺分間過隔牆者,擱柵用磚挑出水泥實砌,桁條用水泥連樸,相接處用磚砌斷,分間之平頂與頭內,須五寸實砌到頂,

第卅一條　一應房屋須有後門並出路(沿街單埭房不滿三丈者不在此例)

第卅二條　水泥樓板下至少兩面八寸半牆,或用磁子架以水泥鋼骨大料,

第十一章　鋼骨水泥建築

第卅三條　凡普通建築之水泥,其成份應以一,二,四,合法為標準,卽一份水門汀,二份黃砂,四份石子,均以容積為比例,間有應用他種成份者,視各該工程之需要而酌定之,

第卅四條　水泥之壓力,每方吋不得過六百磅,水泥之剪力每方吋不得過六十磅,鋼條之拉力每方吋不得過一萬八千磅,

第十二章　附則

第卅五條　凡各項已成之建築,如有實情危險之處由工程處驗明具呈說帖經總董核定,或召集行政委員會同董事從長計議,酌量情形,以圖改良,

第卅六條　以上各條,如有未盡備載之處,必須補充,皆由總董核定,或

交市議會議決　（完）

開挖黃河故道計畫

徐州東北兩關,舊有黃河故道,近已淤塞不暢,每當夏秋之交,霪雨滂沱,黃河之水,由東北流入,居民時受泛濫之苦,今歲經官廳提議,開挖,以便蓄水,聞其規定計劃,就原有故道,掘深至五十尺,口寬一百尺,底寬五十尺,兩旁河岸皆用石砌成,高度與南北馬路相齊,河身之土,用以填平岸旁空地,以備將來修築馬路,建設市房,惟此項工程,甚鉅,查該地悉為黃河營地,現由營廳定價招領,每畝分四十元五十元不等,一俟繳價領出,即可實行動工矣.

蘇州軍工興築車路先聲

蘇紳張一麐,發起興辦蘇洞郢長途汽車後,多數士紳,以其利便交通,盡力贊助,茲悉聯軍孫總司令,對于張氏此舉,極端贊成,現已特派測量人員,到蘇,實測路線,並聞已商諸張氏,擬於最短期間內,先行興築蘇州至木瀆一段道路,所需將完全由軍工擔任,一俟秋凉,即行動工云.

寶邑規定市鄉街道寬度

寶山縣公署,因邑境各市舊有街道,過於狹隘,特規定丈尺如下:

街道　甲等寬三丈以上,　乙等寬二丈,　丙等寬一丈五,　丁等寬一丈,

巷弄　甲等寬一丈五,　乙等寬一丈,　丙等寬七尺,　丁等寬五尺,

以上丈尺均除去兩旁房屋階石計算,甲乙兩等街道,兩旁有築人行道者,甲等須各寬五尺以上,乙等須各寬三尺以上

特種水泥試驗記錄

彭禹謨

特種水泥,即快性硬化(Quick hardening)之水泥,最適用于橋樑堤壩等工作,因其在短時期內即能硬化,力度又强,拆卸板模之時間可以改短故也,房屋建築,有時採用是項水泥,亦可增加種種利便,玆由確實之材料試驗處搜得三種特種水泥試驗比較報告,登載如下,以供工程家之查考,

記錄一　混凝土壓力試驗

混合比例	水泥種類	每方吋磅數					每桶約價	附註
		一天	二天	三天	七天	二十八天		
1:2:4	泰山牌特種水泥	1040	1850	2550	3575	4725	事[illegible].50	中國製造
1:2:4	Fondn	1930	2995	3500	3790	4220	事7.00	法國製造
1:2:4	Ferrocrte	684	1286	1996	2654	3170	事[illegible].50	英國製造

記錄二　純粹水泥暨膠灰泥引力試驗

水泥種類	每方吋磅數							
	純粹水泥				1:3膠灰泥			
	一天	二天	七天	廿八天	一天	二天	七天	廿八天
泰山牌特種水泥	443	579	773	793	157	260	308	353
Fondn	508	727	764	811	232	327	365	362
Ferrocrete	302	448	533	523	216	355	433	458

量法

（續本卷五期）

彭禹謨編

第二種情形　此亦須學過三角學用者卽已知兩平行邊 b_1,b_2 暨鄰近兩邊中一邊之角

求梯形之面積 $A=\dfrac{b_1^2-b_2^2}{2(\mathrm{Cot}A+\mathrm{Cot}B)}$ ……………………「29」

或 $A=\dfrac{(b_1-b_2)(b_1+b_2)\mathrm{Sin}A\,\mathrm{Sin}B}{2\mathrm{Sin}(A+B)}$ ……………………「30」

第三種情形　已知梯形之四邊 b_1,b_2, a,c,

求梯形之面積 $A=\dfrac{b_1+b_2}{d}\sqrt{S(S-a)(S-c)(S-d)}$ ……………………「31」

式中 $S=\dfrac{1}{2}(a+c+d)$

（七）不平行四邊形

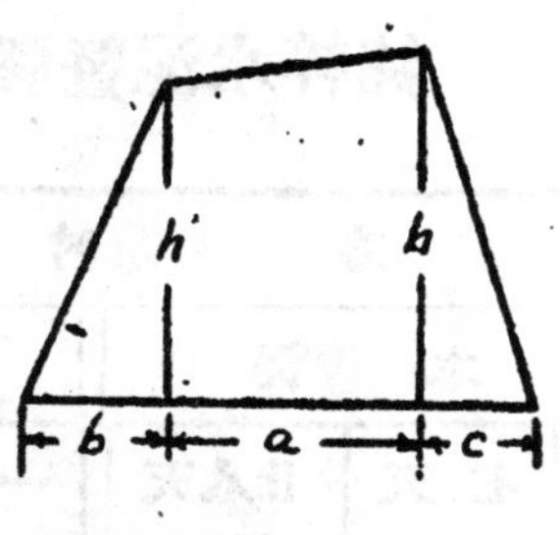

第　六　圖

法先將上圖分成兩三角暨一梯形

求不平行四邊形之面積 $A=\frac{1}{2}bh'+\frac{1}{2}a(h'+h)+\frac{1}{2}ch$ ……………………「32」

或 $A=\frac{1}{2}\lceil bh'+ch+a(h'+h)\rfloor$ ……………………「33」

尙有一法將前圖作一對角線分爲兩個三角形假定該對角線爲兩個

三角形之底邊L名兩個三角形之角爲h_1,h_2則

求不平行四邊形之面積$A = \frac{1}{2}L(h_1 + h_2)$……「34」

(八)其他多邊形

對于任何多邊形面積之求法可將該多邊形分成若干三角形然後在每一三角形中將計算上必要之部分量得而從事求其面積各部分量法之手續各有不同如用測鏈測量則將每一三角形各邊一一量之然後用算式「23」求得之如用經緯儀或羅針儀測量則用算式「24」或「26」求得之

代銷工程旬刊簡章

(一)凡願代銷本刊者,可開明通信處,向本社發行部接洽,

(二)代銷者得照定價折扣,銷貳十份以上者,一律八折,每兩月結算一次(陽歷),

(三)本埠各機關担任代銷者,每期出版後,由本社派人專送,外埠郵寄,

(四)經理代銷者,應隨時通知本社,每期銷出數目,

(五)本刊每期售大洋五分,每月三期,全年三十六期,外埠連郵大洋貳元,本埠連郵大洋一元九角,郵票九五代洋,以半分及一分者爲限,

(六)代銷經理人,將款寄交本社時,所有匯費,槪歸本社担任,

工程旬刊社發行部啓

編輯主任：彭禹謨，會計主任 顧同燮，廣告主任 陸超

代印者：上海城內方浜路貽燮弄二號協和印書局

發行處：上海北河南路東唐家弄餘順里四十八號工程旬刊社

寄售處：上海商務印書館發行所，上海中華書局發行所，上海棋盤街民智書局 上海四馬路泰東圖書局，上海南京路有美堂，上海南京路文明書局，暨各大書店售報處

分售處：上海城內縣基路永澤里二弄十二號顧潤茲君，上海公共租界工部局工務處曹文奎君，上海徐家匯南洋大學趙祖康君，蘇州三元坊工業專門學校薛潤川程鳴琴君，福建漳州漳龍公路處謝雪樵君，福建汀州長汀縣公路處羅履廷君，天津順直水利委員會會俊千君，杭州新市場平海路新一號西湖工程設計事務所沈變良君鎮江關監督公署許英希君

定價：每期大洋五分全年三十六期外埠連郵大洋兩元本埠全年連郵大洋一元九角郵票九五計算

登廣告于本刊有下列各項利益

(一)本刊是十日出版數目多範圍廣所以廣告的效力亦大

(二)定價比較其他報紙或雜誌低廉

(三)凡各工廠及各洋行欲推銷各種工程用器械或工程材料于各處如登廣告于本刊必能使工程家特別注意

(四)凡各埠工程處營造處欲發達其營業者如登廣告于本刊更生極大之利益

中華全國道路建設協會第五屆徵求會員現已開始國內外工程家如願入會者請投函本社當代爲介紹可也

工程旬刊社啓

新仁記營造廠

SING JIN KEE & CO.,

BUILDING CONTRACTORS

HEAD OFFICE;-NO450 WEIHAIWEI ROAD, SHANGHAI

TEL. W 531.

本營造廠。在上海威海衛路四百五十號。設立已五十餘年。經驗宏富。所包大小工程。不勝枚舉。無論鋼骨水泥或磚木。鋼鐵建築。學校校舍。公司房屋。工廠堆棧。碼頭橋樑。街市房屋。以及住宅洋房等。各種工程。莫不精工克己。各界惠顧。竭誠歡迎。

新仁記謹啓

電話　西五三一

胡適題

工程旬刊

THE CHINESE ENGINEERING NEWS

第一卷　　第七期

民國十五年八月一號

Vol 1 NO.7　　August 1st. 1926

本期要目

工程家之責任　　厲尊諒
鋼筋混凝土設計標準條例　　胡振業
水泥　　彭禹謨
蘇洞鄧長途汽車計畫書
上海建築材料最近市價之摘要　　顧同慶
量木法　　彭禹謨

工程旬刊社發行
上海北河南路東唐家弄餘順里四十八號

〈中華郵政特准掛號認為新聞紙類〉
(Registered at the Chinese Post office as a newspaper.)

工程旬刊社組織大綱

定名　本刊以十日出一期,故名工程旬刊.

宗旨　記載國內工程消息,研究工程應用學識,以淺明普及爲宗旨.

內容　內容編輯範圍如下,

(一)編輯者言,(二)工程論說,(三)工程著述,(四)工程新聞,

(五)工程常識,(六)工程經濟,(七)雜　　俎,(八)通　　訊,

職員　本社職員,分下面兩股.

(甲)編輯股,　總編輯一人,　譯著一人,　編輯若干人,

(乙)事務股,　會計一人　發行一人,　廣告一人,

工程旬刊投稿簡章

(一)　本刊除聘請特約撰述員,担任文稿外,工程界人士,如有投稿,凡切本社宗旨者,無論撰譯,均甚歡迎,文體不分文言語體,

(二)　工刊程分論說,工程著本工述,程新聞,工程常識,工程經濟,雜俎通門,訊等

(三)　投寄之稿,望繕寫清楚,篇末註明姓名,暨詳細地址,句讀點明,(能依本刊規定之行格者尤佳)寄至本刊編輯部收

(四)　投寄之稿,揭載與否,總不預覆,如不揭載,得因預先聲明,寄還原稿,

(五)　投寄之稿,一經登錄,卽寄贈本刊一期,或數期

(六)　投寄之稿,如已先在他處發佈者,請預先聲明,惟揭載與否,由本刊編輯者斟酌,

(七)　投稿登載時,編輯者得酌量增刪之,但投稿人不願他人增刪者可在投稿時,預先聲明,

(八)　稿件請寄上海北河南路東唐家弄餘順里四十八號,工程旬刊社編輯部,

工程旬刊社編輯部啓

編輯者言

鋼骨混凝土自發明以來,尚不及五十年,已風行全球,爲近世建築工程界最大之工作,惟因其發明較遲,需要過多之故,不免于各種試驗,尚有未盡完善者,各項設計範式,亦間有不及修正處,本刊所載之「鋼筋混凝土設計標準條例」一篇,係編集鋼筋混凝土設計所用各項範式,而加以說明,俾留心是項工程者,便於查考焉,

國家經濟之富裕,由於國內實業之發達,此盡人皆知,然其發達之因,端賴交通,故交通利便之區,其農工商業,亦無不發達者也,吾蘇太湖風景,夙稱佳麗,而鮮菓茶葉,早已馳名,若蘇洞鄧長途汽車路築成,將來運輸之便捷,實業經濟之進展,正未有涯岸,固不僅遊太湖洞庭鄧尉者之方便已也,

工程家之責任

厲尊諒

吾國工業之凋零,無異不葉之樹,其欣欣向榮者皆寄託之葛籐也,一旦精華既盡,國將非復中華民國矣,興念及此,感慨係之,當夫災亂頻仍,國困民窮之候,莩孚載道,瘡痍滿目之秋,謀一己之溫飽猶且不暇,罔論其他,然天不降粟,何來不勞而獲之糈,苟能不避艱難,以勇敢與毅力,羣策羣力,共圖工業之進展,不惟饑者得食,百業且藉以勃興,或竟一振而搶美歐美,亦屬意中,惜論者不察,咸謂道路未修,水利不講,交通不便,山河阻閡,人民老死不相往來,致山左之貨不達山右,河西之產不渡河東,尤以戰事連年,政窳兵暴,工程無從設施實業因難發展,非俟軍閥覺悟,化兵爲工,不可以有爲也,嗟乎是誠緣木而求魚者也,夫今日之所謂兵者,大部分卽往日窮極無告之平民也,迫於饑寒,甘爲軍閥所驅使,而所謂軍閥者,正擬藉此以爲爭地爭城之利器,求之

惟恐不熟安忍割愛,使其解甲歸田,或化兵爲工哉,

亙萬古,袤九垓,自天地初闢,以迄今日,凡我人類所棲息之世界,於其中而求一極大之勢力,惟智慧而已,學術而已,此智慧與學術,即可創造世界之萬物,惟工程家須具有超絕之智慧,深奧之學術,以發展種種之建設,故工程家者,大則可左右世界,小則可左右一國,一市,一鄉,於是工程家之責任重矣,

凡事欲有成,空論泛文,亦鮮裨益,當首重實行,實行且須具毅力,毋謂吾祇一人耳,雖殫乏力疲,其效只滄海一粟,須知積沙成塔,集多一人,則非復一人矣,況我生所以役於人,服務工程者尤須從事建設,以謀社會之幸福,國家之光榮,國家社會之缺點,即吾責任之所在,若人同此心,心同此志,則廢者自興,無者自成矣,

考歐美各國之所以富强者,因其建設事業進步也,觀其交通機關之完備,運輸方法之靈便,道路市政之改良,人民衛生之講求,水利農田之發達,礦務森林之進取,機械電氣之發明,凡此種種,均可左右一國,一市,一鄉,並能左右世界,然亦無非由於工程家應用其智慧,發揮其學術所致者也,

我國昔日之民,或黜陟不知,治亂不聞,或知人勝己,不知其由,或他人成效,無意模仿,或歸諸天命,不尙人力,或人云亦云,不圖發明,或有心救國,無力實行,凡此缺點,積弱之所由來也,

今我國處此風雨飄搖强鄰虎視之秋,凡百建設,我再不圖,人將謀我,觀夫租界之發展,益可推想將來之危機,今日我國繁盛之城市,入其本土,則枯陋猶昔,人皆望而去之,入各租界,則氣象迥異,彼租界之繁盛,誰使之然歟,今試捫我良心,而問我國民,上海何人之上海,天津何人之天津,其今日之繁盛,果經我國工程家之手而計劃歟,抑會假手於人而爲之歟,我國民之視上海天津,與美國人之視其紐約,英國人之視其倫敦,果趣味相同否歟,我提此問,我心欲碎,而我希望於我國之工程家者愈切,我欲馨香而祝之矣,

鋼筋混凝土設計標準條例

胡振業

(A)普通假說

(1)下列各假說,爲計劃鋼筋混凝土肢材之根據:

(a)鋼筋混凝土計算,須依據工作應力 Working Stresses 及安全載重, Safe load 不宜用最大強度 Ultimate Strength 及最大載重Ultimate load計算,

(b)截面在彎曲Bending以前,爲一平面,經彎曲後,仍爲一平面,由剪力所發生之歪扭,可略而不計,

(c)在工作應力限度以內,混凝土受壓力時之彈性力率 Modulus of Elasticity 不變,至於樑內應力之分佈爲直線狀,

(d)對於求中立軸 Neutral axis之位置,樑之抵抗力率 Moment of resistance 柱子之壓力時所用混凝土之彈性力率,區別如下:

二十八天之混凝土壓力強度,每方吋在1500磅以上,2200磅以內者,則其彈性力率,可採用鋼之十五分之一($\frac{1}{15}$)

二十八天之混凝土,壓力強度,每方吋在2200磅以上,2900磅以內者,則其彈性力率,可採用鋼之十二分之一($\frac{1}{12}$)

二十八天之混凝土壓力強度,每方吋在2900以上者,則其彈性力率可採用鋼之十分之一($\frac{1}{10}$)

(e)在計劃鋼筋混凝土樑Beam或板 Slab 之抵抗力率時,混凝土之拉長抵抗力, Tensile resistance 可以不計,

(f)混凝土與鋼筋間之粘著力Bond 承受工作應力之際,並不間斷,在承受壓力之際,此兩種材料所生之効力,與自己之彈性力率,成比例,

(g)除柱子設計外,鋼筋由混凝土內,或伸或縮發生之影響應力,可以不必計算,

(B)鋼筋混凝土矩形梁板之撓曲

(2)計算鋼筋混凝土矩形梁板之撓曲須根據下列諸範式:

甲鋼筋僅用於拉力者

中立軸之位置

$$k=\sqrt{2Pn+(Pn)^2}-Pn \quad (1)$$

抵抗偶力之臂長

$$j=1-\frac{1}{3}k \quad (2)$$

在混凝土極端纖維上之單位壓應力(參考註一)

$$f_c=\frac{2M}{jkbd^2}=\frac{2Pf_s}{k} \quad (3)$$

縱向鋼筋單位拉應力

$$f_s=\frac{M}{A_sjd}=\frac{M}{Pjbd^2} \quad (4)$$

對於均衡鋼筋之鋼比率

$$p=\frac{\frac{1}{2}}{\frac{f_c}{f_s}\left(\frac{f_s}{nf_c}+1\right)} \quad (5)$$

註一如 f_s 每方吋用1600至1800磅,而 f_c 每方吋用800至900磅者,j值可假定為0.86

如pn值變動自0.04至0.24時,jk大約等於 $0.67\sqrt[3]{p.n}$

(乙)鋼筋用於拉力與壓力者

中立軸之位置

$$k=\sqrt{2n\left(p+p'\frac{d'}{d}\right)+n^2(p+p')^2}-n(p+p') \quad (6)$$

壓合力 Resultant of Compression 之位置

$$z=\frac{\frac{1}{3}k^3d+2p'nd'\left(k-\frac{d'}{d}\right)}{k^2+2p'n\left(k-\frac{d'}{d}\right)} \quad (7)$$

抵抗偶力之臂長

$$jd=d-z \quad (8)$$

在泥凝土極端纖維上單位壓應力

$$f_c = \frac{6M}{bd^2\left[3k - k^3 + \frac{6p'n}{k}\left(k - \frac{d'}{d}\right)\left(1 - \frac{d'}{d}\right)\right]} \quad \text{(9)}$$

縱向鋼筋單位壓應力

$$f_s = \frac{M}{pjbd^2} = nf_c\,\frac{1-k}{k} \quad \text{(10)}$$

縱向鋼筋單位拉應力

$$f_s = nf_c\,\frac{k - \frac{d'}{d}}{k} \quad \text{(11)}$$

待續

水泥

彭禹謨

主要膠接材料之分類組成,及其用途,——膠接材料,用在建築工程者,其種類可區分兩大類,卽水硬性與非水硬性是也,水硬性水泥,在水中或空氣中,均能硬結,非水硬性水泥,顧名思義,卽指其在水中不能硬化,及凝堅之謂也,下面所列,乃係重要諸建築用水泥,

- 非水硬性
  - 石膏粉
  - 普通石灰
- 水硬性
  - 水硬性石灰
  - （副產物Grappier 水泥）
  - 鎔滓水泥
  - 天然水泥
  - 普士蘭水泥
  - （精製普士蘭水泥）

石膏粉　此粉由一部分脫水性或全部分脫水性之純潔或不純潔之

15067

天然石膏所製成,此粉之凝結,乃由一部分脫水性或全部分脫水性之材料,與水分混合之溶液中,重行結晶,造成原來物質,而成,〔純粹石膏,乃一含水素之硫化鈣結晶體 ($CaSO_4+2H_2O$) 也,有時取其生料,拌入普士蘭𡊨天然水泥中,可使凝結時期遲緩,〕

其外尚有一種精製之石膏粉,($CaSO_4+\frac{1}{2}H_2O$)用脫水法所得之石膏而成者,亦有上述同樣之功用,

石膏粉大概用於房屋內壁,或樓板等處最多,有時亦用於空體模形木模中,以內部牆壁防火用之瓶瓦中,尚有一種,專爲建築上裝飾而用者,

普通石灰　此類材料,乃由燃燒石灰石 ($CaCO_3$) 約至攝氏寒暑表九百度,待其所含有之二養化炭 (CO_2) 飄散成汽始成,其所遺留之物,即爲普通石灰 (CaO),商場中所稱生石灰者是也,此生石灰如加以水,則立即解散,發生熱,其體積驟增,成爲水化石灰漿,或稱水化鈣 ($Ca(OH)_2$),即俗稱石灰膠是也,

若石灰石中雖屬於純粹者,然無論若何,總有若干天然雜質,含混其內,大概一部分之石灰 (CaO) 中,有百分之若干爲鎂養質(MgO)佔據其間,而粘土亦有若干分混入其中,〔粘土之組成,其主要之化合物爲矽石質 (SiO) 礬土質 (Al_2O_3),有時常含有鐵養質 (Fe_2O_3) 若干,〕

生石灰依含有普通石灰 (CaO), 及鎂養質,相互關係成分之多寡,區分下面四種主要樣式:

(一)重鈣生石灰　指生石灰中含有石灰質百分之九十以上者.

(二)鈣生石灰　指生石灰中含有石灰質百分之八十五至百之九十者.

(三)鎂生石灰　指生石灰中含有百分之十至百分之二十五鎂養質者.

(四)白雲生石灰　指生石灰中含有鎂養質超過百分之二十五者,

下面表中係十種重鈣生石灰兩種白雲生石灰分析所得之平均成分百分表：

	矽石質 SiO_2	礬土質 Al_2O_2	鉄養質 Fe_2O_2	石灰質 CaO	鎂養質 MgO
重鈣生石灰	0.81	0.22	0.23	94.98	1.39
白雲生石灰	0.87	0.32	0.29	60.13	36.12

〔在分析試驗中，常有微量之二養化炭 CO_2 暨水分 H_2O 存於其中。〕

通常建築中，所有石灰，加砂於水化之石灰漿中，而成為膠泥，蓋砂料不但其價較石灰為廉，且能使石灰漿凝堅變硬時，減少其極大縮度，考其變硬之由來，主要因結晶而起，惟加水量於水化酸物中，則因空間大氣影響，逐漸變為二養化炭，並使該水化酸物一小部分還原，成為炭酸鈣($CaCO_3$)

普通石灰，拌以砂料成為膠泥，通常甎石砌工均採用之，然以膠泥為內牆膠漿，或代水硬水泥膠漿者，其用途亦極廣，蓋該項材料，容易工作，且能減少滲透性也，

水石灰者，乃生石灰之一種也，在製造處所，已用水調和，市面上所存石灰，均為乾粉，加砂料即易成為膠泥，反比水石灰便也，

水硬性石灰　此類材料，係由含膠泥質，暨矽質之石灰石，由熱度攝氏寒暑表千度以上之火力燒成，如洒以水，則全體或一部溶解，並不驟然增加其體積，因石灰石中，含有鈣與矽之混合物，組成矽鈣物，故含有水硬性，通常溶解水硬性石灰，大都在製造處行之，因其可得較佳結果云。

Grappier 水泥者　即製造水硬石灰時之副產物也，其製法以未經解化之火力不足，或過足之塊料磨製成粉，推其原理，即知該項粉中，亦含有與水性石灰同樣之性質，

鎔滓水泥　此類水泥，又稱之為普兆倫 Puzzolan 水泥，係由水石灰與粒狀爐渣等適宜矽料，合組而成，在歐洲之水泥製造廠中，有用火山岩爐之

天然普兆倫材料,以代鎔滓者.

細考矽石質,可以溶化水中,起活潑之化學作用,因此之故,將所有材料細研爲粉末,不以火化,而以磨混合之,在通常溫度中,漸可變成鈣矽物矣.

尙有一種名鎔質普士蘭水泥,(有時稱鋼普士蘭水泥 Steel Portland Cement)其製法以上述之料不同,先以選擇之細鎔質,置石灰,裝入爐中火化,然後將所得之燒渣,研細爲粉.

對于普兆倫或鎔滓水泥之分析約得下面之成分(以百分計):

矽石質 SiO_2	礬土質鐵養質等 $Al_2O_3+Fe_2O_3+FeO$	石灰質 CaO	鎂養質 MgO	硫化物 S	二養化炭及水素 Co_2+H_2O
27.2至31·0	11.1至14.2	50.3至51.8	1.4至3·4	0.15至1·42	2.6至5.3

普兆倫或鎔滓水泥,其凝結時間,比較普士蘭水泥爲極遲緩,故須混入燒過粘土重礬土,鎔滓苛性曹達,鹽化鈉,或炭酸鉀等,使該項材料,容易速硬,

普兆倫水泥之由鎔滓製成者,有淡紫光彩之顏色,無砂粒狀,其比重低,(2.60至2.85)該項水泥,因含硫化物過重,故在空氣中,容易分解,又不宜用於海水工程中,因海水中含有多量硫質也.

普兆倫水泥,比較天然水泥,暨普士蘭水泥不堅強,故僅宜用於不重要,或不暴露外面工程中,如基礎工程等,僅需重量大體積多,比較強度尤重要者,均可用之.

天然水泥　此類水泥,由天然岩石所成,該種岩石,內含有膠泥性(卽粘土)之石灰石,或爲適宜之天然岩石,將此種岩石,用攝氏九百度至一千三百度之火力燒之,以其燒渣,由研成粉,卽得天然水泥,所產之料,並不溶解,惟含有剛強之水化性鈣矽化合物因是組成,在結晶進行中,得一定之強度與堅度.

(待續)

15070

籌辦蘇鄧洞長途汽車意見書

張一麐建議

余蘇人也生長於太湖流域之鄉太湖者蘇之資庫也亦文庫也太湖之佳處曰鄧尉曰洞庭汽車道之以蘇鄧洞名由此也一麐嘗旅杭之西湖矣中外人士之旅行西湖者歲計金錢無慮千萬何以無盜刼之虞杭人熙熙於湖光山色中其思想之高遠娛樂之雅潔視蘇何如又嘗至日本之神戶橫濱日光箱根矣西人在華者歲往日本避暑或漫遊以爲東方之瑞士歲糜金錢以五千萬計日人蚤而勤作夕而遊行其旅館郵亭之林立文學藝術之日新視蘇又何如返視吾太湖豈不杭之西湖若而日本之神戶橫濱光日箱根若但以交通未便設備不完耳五年前與舍弟一鵬在滬宴楊君叔英席君錫蕃奚君鶴年等於酒樓謀爲長途汽車集資之舉席君謂洞庭人可任全數之半諸君亦唯唯樂成吾弟以愚昆季皆貧子慮半途中止遂逡巡不前然欲發達蘇州舍此無他策會兵事粗定孫總司令注意交通余謂馨帥將造西湖於蘇州請以工兵相助帥慨然允諾且曰自此太湖無匪蹤矣爰囑席君鳴九徵求山人意見莫不歡迎彭君雲伯調查滬上汽車四路深知利病爲意見書如左以求同志之共同發起俟發起人擔任招股之數足卽計日興工工必求堅事必求實股存銀行非董事長與工程師共同簽字不得用銀必一次收足息必開年始發虛收實支不可也蝕本發息尤不可也試言其利

一利於實業　自閶門胥門西南而上如跨塘美人橋光福香山皆蠶桑區域洞庭絲繭價值尤高民九與嚴君孟蕃同遊洞庭調查東山歲入三百萬一絲繭二魚蝦三果品爲大宗二三兩項皆有時間關繫鄧尉梅橘亦然消路之大厥惟上海設使朝出於林淵午入於滬市物鮮則價貴時短則本輕前之費二日時間者今以三小時可到水鮮水果腐敗之數減少甘美之度增加二百萬者必益三之一矣求過於供則漁林兩業更旺種桑養蠶之戶更夥農產

15071

園藝術益改良其利無窮矣

一利於治安者　西湖經民國十五年杭城無喋血之事歐之瑞士大戰時能守中立不似比利時之破壞者一爲中國之公園一爲世界之公園故也名勝所在歷史所留貽雖有闖獻不敢入孔林雖有拿波侖該撒不敢毀耶路撒冷各省軍閥皆有別墅各國富豪皆有投資此西湖瑞士所以能長保治安也齊盧之戰吳人痛心化太湖爲西湖化七十二峯爲瑞士何不可者太湖古稱盜藪飢寒所迫開賭販私盜亦猶是人耳此路一通雖雞蛋花生一茶一點皆足販賣營生譬如所謂太湖無匪蹤者誠爲遂見若杭若瑞皆其先例也

一利於文化者　太湖流域文化奧區吳派經學獨步一朝歷史地理金石目錄天算小學諸家屈指難數今稍衰落矣自蘇州開埠滬甯通車青年子弟沾染奢華若酒倡優虛糜歲月以視西湖之公園運動打球賽跑碧草如茵綠波如畫增人智慧移人感情一爲天堂一爲地獄矣縮地有方即回天有術靈巖穹窿天平堯峯楞伽莫厘包山之勝景范墳玄墓蠡湖胥口之歷史地形巨區模型礦物標本俯拾即是天然改觀又吳兒脆弱於今則然不知闔閭故宮實在橫山西施妝台亦傳香水餘皇長鬣夫椒戰場吳之霸也入敗楚越轉移風氣當在交通意人渴可羅游記謂蘇州能加以膽力可以支配邦人取其所長舍其所短文事武備兩者相需不出十年一洗舊染矣

一利於商業者　吾華商業道德聞於歐美洞庭山幫以三十方里地可與甯紹齊名推其原因宋南渡時由嚴葉席鄭等四大姓擇地東山以殖其民如美洲之新教徒有冒險進取思想又湖岸線之長與陸地比例如英倫日本之海岸線過於大陸各國故商業雄於一時湘蜀閩粵靡不有山人足迹故吳人文保弱守而山人特殊焉今以汽車道聯之將洞庭奮鬥之氣與蘇州巧慧之心合成結晶薄夫敦儒夫立商業隆富操縱金融忠實不欺撿揚信用此交通之關係商業者也

標此四利以質邦人其他游覽之利怡性情延壽命葛洪之所廬宅龍威

之所往來上接仙靈飄然天際名所案內奚翅東京路政指南甲於甯滬保存古迹之利則王藝備考沈周畫圖靑邱之所吟哦漁洋之所歌詠遠則伯鸞五噫近則越縵七居凌雲有期御風可致凡斯佳勝屈指難言至公司權利一曰車捐二曰客票三曰貨運四曰旅館五曰公園有乾隆御道爲之基有金山石礦爲之料照各國通例則滬甯營業益加路局必爲扶助循大部法令則公司條例不廢保息亦可請求律以浙省成規工兵本可築路擬諸山西成案代賑必在興工其籌備事項一徵求發起人二編造預算三公司組織四招股章程依道路條例購買路基測查建築材料選置汽車現已次第籌畫將逐進行其分段建造以蘇郊至木瀆爲第一段木瀆至大村爲第二段大村至大峽口爲第三段木瀆至鄧尉爲第四段股款足第一段卽從蘇至瀆做起開車以後再招新股而二而三而四不敢猛進愼之也或須變通則股東公舉董事後由董事會決之凡我同人各抒所見加以平議尤所願聞

福建長汀縣公路局工程進行狀況

長汀僻居閩省西隅,道路崎嶇,灘河險惡,交通不便,莫此爲甚,東至連城永安,南連上杭岩律,西通贛瑞,北接延武,出產以紙木爲大宗,路綫尤以汀杭(由汀至上杭二百四十里)一綫爲要點,該綫原屬閩省五大幹綫閩西綫之一段,舉凡貨物,雖有船載肩挑,但險灘暴浪,不可勝數,山嶺重疊,行旅維艱,百里之程,動須數日,交通梗阻,於實業文化大受影響,當道有鑒及此,倡辦路局,成立二載,先辦市政,規模粗具,汀杭公路,業經測量完竣,現擬舊歷八月一日開工建築云,

（楨自汀州寄）

〔更正〕本卷六期〔編輯者言〕第一行〔基礎〕誤爲〔基礙〕2頁15行〔下緷〕誤爲〔下載〕2頁末行〔新墟之土地〕誤爲〔之椿土地〕3頁〔大道橋樑橋面之設計〕誤爲〔大道橋樑橋之設計〕4頁14行〔承受〕誤爲〔承愛〕5頁〔橋樑之死重〕第一行〔大概死重之$\frac{2}{3}$集中于下幹格點上$\frac{1}{3}$集中于上幹格點上〕誤爲〔$\frac{2}{3}$集中于上幹格點上$\frac{1}{3}$集中于下幹格點上〕7頁9行〔$W=nw=0.77w(\frac{D}{l})^{2}$〕（續後）

上海建築材料最近市價之摘要

顧同慶

泰山特種水泥	每桶銀4兩
泰山牌水泥	每桶銀3.5兩
馬牌水泥	每桶銀3·8兩
塔牌水泥	每桶銀3·75兩
象牌水泥	每桶銀2·90兩
紅龍牌水泥	每桶銀2.90兩
船牌水泥	每桶銀2.85兩
3/8"至1"鋼骨	每噸扯價銀65兩（力在外）
3/8"至5/8"鋼骨	每噸扯價銀75兩（力在外）
分半圓鋼骨	每噸扯價銀80兩（力在外）
甯波黃沙	每方銀10兩（1方=100立方呎）
石子	每方銀11兩
花旗松	大料每千呎銀90兩　普通料銀47兩（外加送力）
企口板1"×6"	每千呎銀65兩（外加送力）
企口板椿	每千呎銀60兩（外加送力）
洋松平頂條子	每千條銀5.80兩（外加送力）
留安木	每千呎銀75兩（外加送力）
青磚	每萬洋100元（普通貨）
紅磚	每萬洋110元（普通貨）
埲蓋紅瓦	每千銀45兩（脊瓦加倍）
英平白鐵	每擔銀12兩（28號至22號）

〔更正〕誤爲〔 $W=nw=o.77\left(\frac{D}{d}\right)^2$ 〕〔住宅建築雜談〕3行〔選擇〕誤爲〔選遞〕13頁1行〔三角形之高〕誤爲〔三角形之角〕

量木法

彭禹謨編

量木之法,各國不同,茲就英美兩國所用者,錄而出之,以供參考:

（一）英國量圓木法

設G ＝圓木一端周圍四分之一

g ＝,, ,, 中部 ,, ,, ,, ,, ,,

g ＝,, ,, 他端 ,, ,, ,, ,, ,,

L ＝,, ,, 長度（以呎計）

C ＝,, ,, 體積（以立方呎計）

則 $C = L\left(\frac{G+g+g_2}{3}\right)^2$ ……「A」

附註　量圓木周圍四分之一時,對于樹皮之厚度,必須減去,

（二）美國量圓木法

設L ＝圓木之長度（以呎計）

M ＝平均圓周（以呎計）

C ＝圓木體積（以立方呎計）

則 $C = M^2 L \div (12.5 \times 144)$ ……「B」

（三）美國量木法

1　木呎＝（1呎）×（1呎）×（1寸）……「C」

1　立方呎＝12 木呎……「D」

1000 木呎＝$83\frac{1}{3}$立方呎……「E」

木板 100 平方呎＝1 方……「F」

其餘名稱,因不普通,故略去之,

完

代銷工程旬刊簡章

(一)凡願代銷本刊者,可開明通信處,向本社發行部接洽,

(二)代銷者得照定價折扣,銷貳十份以上者,一律八折,每兩月結算一次(陽歷),

(三)本埠各機關担任代銷者,每期出版後,由本社派人專送,外埠郵寄,

(四)經理代銷者,應隨時通知本社,每期銷出數目,

(五)本刊每期售大洋五分,每月三期,全年三十六期,外埠連郵大洋貳元,本埠連郵大洋一元九角,郵票九五代洋,以半分及一分者爲限,

(六)代銷經理人,將欵寄交本社時,所有匯費,概歸本社担任,

工程旬刊社發行部啓

編輯主任：彭禹謨，會計主任 顧同慶，廣告主任 陸超

代印者：上海城內方浜路貽慶弄二號協和印書局

發行處：上海北河南路東唐家弄餘順里四十八號工程旬刊社

寄售處：上海商務印書館發行所，上海中華書局發行所，上海棋盤街民智書局 上海四馬路泰東圖書局，上海南京路有美堂，上海南京路文明書局，暨各大書店售報處

分售處：上海城內縣基路永澤里二弄十二號顧壽茲君，上海公共租界工部局工務處曹文奎君，上海徐家匯南洋大學趙祖康君，蘇州三元坊工業專門學校薛渭川程鳴琴君，福建漳州漳龍公路處謝雪樵君，福建汀州長汀縣公路處羅履廷君，天津順直水利委員會曾俊千君，杭州新市場平海路新一號西湖工程設計事務所沈鑫良君鎮江關監督公署許英希君

定價 每期大洋五分全年三十六期外埠連郵大洋兩元（日本在內惟香港澳門以及其他郵匯各國一律大洋二元五角）本埠全年連郵大洋一元九角郵票九五計算

創新建築廠

CHANG SING & CO.,

GENERAL CONTRACTORS,

HEAD OFFICE:- NO. 54 TSUNG MING RD, SHANGHAI,

TEL. N. 3224

本廠寫字間設在上海崇明路五十四號專造各種鋼骨水泥或鋼鐵等建築物例如工廠堆棧河工海港碼頭堤壩鐵道或大道橋樑自來水塔涵洞以及中西房屋等工程倘蒙賜顧無不竭誠辦理

創新謹啓

電話北三二二四

新仁記營造廠

SING JIN KEE & CO.,

BUILDING CONTRACTORS

HEAD OFFICE:-NO450 WEIHAIWEI ROAD, SHANGHAI

TEL. W 531.

本營造廠○在上海威海衛路四百五十號○設立已五十餘年○經驗宏富○所包大小工程○不勝枚舉○無論鋼骨水泥或磚木○鋼鐵建築○學校校舍○公司房屋○工廠堆棧○碼頭橋樑○街市房屋○以及住宅洋房等○各種工程○莫不精工克己○各界惠顧○竭誠歡迎○

新仁記謹啓

電話 西五三一

工程旬刊

胡適題

THE CHINESE ENGINEERING NEWS

第一卷　　第八期

民國十五年八月十一號

Vol 1 NO.8　　August 11th. 1926

本期要目

學術與經驗　許完白
鋼筋混凝土設計標準條例　胡振業
建築橋樑用之普通材料　顧同慶
福建民辦全省鐵路公司之計畫
混凝土混合料之量法　彭禹謨

工程旬刊社發行

上海北河南路東唐家弄餘順里四十八號

◀中華郵政特准掛號認爲新聞紙類▶

(Registered at the Chinese Post office as a newspaper.)

15079

工程旬刊社組織大綱

定名　本刊以十日出一期,故名工程旬刊.

宗旨　記載國內工程消息,研究工程應用學識,以淺明普及爲宗旨.

內容　內容編輯範圍如下,

(一)編輯者言,(二)工程論說,(三)工程著述,(四)工程新聞,

(五)工程常識,(六)工程經濟,(七)雜　組,(八)通　訊,

職員　本社職員,分下面兩股.

(甲)編輯股,　總編輯一人,　譯著一人,　編輯若干人,

(乙)事務股,　會計一人　發行一人,　廣告一人,

工程旬刊投稿簡章

(一)　本刊除聘請特約撰述員,担任文稿外,工程界人士,如有投稿,凡切本社宗旨者,無論撰譯,均甚歡迎,文體不分文言語體,

(二)　本刊分工程論說,工程著述,工程新聞,工程常識,工程經濟,雜組通訊等門,

(三)　投寄之稿,望繕寫清楚,篇末註明姓名,暨詳細地址,句讀點明,(能依本刊規定之行格者尤佳)寄至本刊編輯部收

(四)　投寄之稿,揭載與否,恕不預覆,如不揭載,得因預先聲明,寄還原稿,

(五)　投寄之稿,一經登錄,即寄贈本刊一期,或數期

(六)　投寄之稿,如已先在他處發佈者,請預先聲明,惟揭載與否,由本刊編輯者斟酌,

(七)　投稿登載時,編輯者得酌量增删之,但投稿人不願他人增删者可在投稿時,預先聲明,

(八)　稿件請寄上海北河南路東唐家弄餘順里四十八號,工程旬刊社編輯部,

工程旬刊社編輯部啓

編輯者言

工程材料與性質,工程家不可不加注意,蓋凡工程建築,雖能根據範式及力學分析,依各肢之性質,計算各肢應負之載重,惟採取應用材料,稍有不當,即不能符合其計劃,過強則於造價太昂,過弱則易發生危險,故本刊以是搜集關於材料著述,按期登載,以供採擇,

混凝土內混合料分量之計算,爲估價時必須之手續,本期所載,對於算式及表式之應用法,二者兼備,惟其間數目,略有小數出入,其故一因方式中採用之常值Constant稍異,一因每桶水泥容積,各廠尙不一律,但此極小之差異,已於實際估價計算上,無足輕重也,

學術與經驗

許完白

人非生而知之者,學而後知之,知之方能致於用,是以學之愈深,則知之愈博,知之愈博,其用亦彌大,故其用之小者,能閉門造車,出門常合轍,其大者亦能以之揤造世界,彼法蘭克令 Franklin 之電學,瓦特Watt之汽學,牛頓Newton 之重學,莫不以數十年研究之功,而成此驚人之學術,後之學者,繼續演繹推求,遂成今日燦爛光明風馳電逐之世界,然要其成功之初,固皆由一人或數人懷其學術,耗其日月,費其思想,用其經驗,困勉而行,繼續不輟,一旦豁然,觸類旁通,開物成務矣,

吾人初讀工科,學成即欲服務社會,出而問世,以爲世界工作之大機竅之精,不難於吾數冊書中得之,以一二理論解決之,希望無窮,轉瞬鵬程萬里矣,孰意臨事之初頭緒紛煩,一事連帶數事,一端關係全局,袖手彷徨,一籌莫展,而後方知實地視察,不能異如書中所言之簡單,事之勝任愉快,則非再求

15081

經驗不爲功,若祇讀書,本未可謂有完全學識也,

然則如何而可以求完全學識,其必曰先求學術,再求經驗,用經驗以證明學術,用學術以推廣經驗,無學術而徒有經驗,則知其然而不知其所以然,習守成法,無進步之可能,無新理之可得,譬如楫之搖動,鼓舟前行,舟人習爲之,而不能言其理,歷千數百年,式樣依然,及海通以來,見外來輪船,行駛迅速,羣思效之,而不知其推水之力,全在輪葉,葉之推水之理,同于楫而異其形,不過應用力學,多設機輪,能繼續旋轉,擴大其推水之力,而其收效之大,十倍之,百倍之,且千倍之也,不以學術,全視經驗,今日則相形見拙,自漸無進步矣,至於徒有學術,缺乏經驗,猶如以屠牛坦之刃,不能操刀使割,雖千百册書本,何濟於用,

今有一大道,設遇河流,非建築橋梁,不利交通,固盡人而知之,然其工作之程序,爲工程師者,必先勘其地形,測其水深,次可定其形式,或爲正形,或爲斜形,或根據附近橋梁,作相像之設計,或考查該路交通之狀況,採適當之結構,定其生死載重,應用工程範式,從事計算,然後繪製圖樣,以備建造,凡諸手續,前部卽需經驗,方有見識,後部須具學術,方能工作,其於經濟實用兩方,均有充分之研究,而意外之危險,亦可因此以減少,據上二例,可概其餘,學工程者,諒有同情形也,

由是觀之,學術與經驗二者,不可偏廢,歐美各國,工程日新月異,有經驗之工程家,常能宣佈其實地工程之記錄,於工程書報,而同時工程家之精於理論者,亦發表其新理,互相觀摩,於是使近世工作,愈能日進無已,是皆學理與經驗相輔而行之所致也,我讀工程旬刊後,特草是篇,而又覺我國工程書報之寥寥,更願國內工程家之有經驗者,與有學術者互相發表其所得,俾我國之工程前途,有所指導也,

鋼筋混凝土設計標準條例

（續本卷七期）

胡振業

（3）用於1.至23諸範式中之符號詳釋於下：

A_s＝樑中受拉力鋼筋之有効橫切面.

b＝矩形樑之闊度,或T形樑之凸緣Flange闊度.

d＝從樑或板之壓力面,至受拉力之縱向鋼筋中心之距離,即爲樑板之有効深度.

d'＝從樑或板之壓力面,至受壓力鋼筋中心距離.

f_c＝混凝土極端纖維上之單位壓力.

f_s＝縱向鋼筋中之單位拉力.

f'_s＝縱向鋼筋中之單位壓力.

h＝柱子之未經支撑部長度.

I＝彎曲時一截面對於中立軸之惰性力率Moment of inertia

j＝抵抗偶力,臂長與厚度d之比率.

k＝中立軸之深度與厚度d之比率.

l＝樑或板之跨長（尋常大概從支點中心至中心計算）

M＝普通彎曲力率或抵抗力率.

n＝$\frac{E_s}{E_c}$＝鋼之彈性系數與混凝土之彈性系數之比率.

p＝A_s/bd＝樑中受拉力鋼筋之有効截面積與混凝土之有効截面積之比率.

p'＝樑中受壓力鋼筋之有効截面積與混凝土之有効截面積之比率.

w＝樑或板單位長度上之均勻分佈載重.

z＝從樑或板受壓力面至壓應力合力之距離.

15083

(4) 樑板兩端自由支放者,其跨度之長,必須等於支點中心與中心之距離,惟不得超過淨跨長(即該樑板支體兩面間之距離)加該樑板自巳厚度之和,

連續或固定樑(即樑與支體連結一塊者)之跨長,必須等於支體兩面間之淨距離.

如用托樑 Brackets 其闊度與正樑相同,並與固定樑之水平軸成45度以上之角度者,對於長之採用,須從正樑與托樑,相加厚度,至小比其正樑之厚度大十處之點起算.惟不得視該托樑任何部分可作有效之厚度極大負力率所發現之處,仍假定在跨度之兩端,

(5) 等跨度之樑或板,與樑或桁,或與略爲固定之支部等連結一塊,其承受載重,爲均勻分佈者可採用下面之力率,求精確之截面,

(a) 單跨度之樑板,

近跨度中間處最大彎曲正力率.

$$M = \frac{wl^2}{8} \qquad [12]$$

(b) 兩跨度之樑板

1. 近跨度中央處最大正彎曲力率

$$M = \frac{wl^2}{10} \qquad [13]$$

2. 在中間支點上之負彎曲力率

$$M = \frac{wl^2}{8} \qquad [14]$$

(c) 兩跨度以上之中間跨度,

1. 近中間跨度中央之最大正彎曲力率,及中間支點上之負彎曲力率,

$$M = \frac{wl^2}{12} \qquad [15]$$

2. 兩邊跨度近中央之最大正彎曲力率,及中間第一支體上之負彎曲力率,

$$M = \frac{wl^2}{10} \qquad [16]$$

(d) 本節 a b c 中所述之兩外邊支點上之負彎曲力率,

M ＝ 不得小於 $\frac{wl^2}{16}$ ……………………「16a」

（6）樑或板造在磚牆或砌牆之內,如有一部分端部連合,則其支點處之負彎曲力率如下:

M ＝ 不得小於 $\frac{wl^2}{16}$ ……………………「17」

（7）等跨度之樑板,並係活動支放者,假定承受之載重,係均佈,其設計除端部支點處,不須鋼筋承受負彎曲力率外,所有規定彎曲力率之計算,均可根據第五節而定,至跨長之採用,以第四節活動支放者用之。

（8）等跨度樑板與柱壁,或其他固定支體連結一塊者,如假定承受之載重,係均佈,（除第5節所述者外）則其精確截面之計算,可用下面諸式:

（a）中間跨度

1. 除去第一中間支點外各中間支點上負彎曲力率,

$M = \frac{wl^2}{12}$ ……………………「18」

2. 近中間跨度中央之極大正彎曲力率,

$M = \frac{wl^2}{16}$ ……………………「19」

（b）連續樑之兩邊跨度,及單跨度樑,如其 I/l 之值,小於外面柱子 Exterior Column I/h 之和之兩倍者,（外面柱子之上下兩端均係建在樑內）

1. 近跨度中央之極大正彎曲力率,及第一個內面支點上負彎曲力率,

$M = \frac{wl^2}{12}$ ……………………「20」

2. 在外面支點上之負彎曲力率,

$M = \frac{wl^2}{12}$ ……………………「21」

（c）連續樑之兩邊跨度,及單跨度樑,如其 I/l 之值,等於或大於外面柱子之 I/h 之和之兩倍者,（外面柱子之上下兩端均係建在樑內）

1. 近跨度中央之極大正彎曲力率,及第一個內面支點上之負彎曲力率,　　（待續）

建築橋樑用之普通材料

顧同慶

本篇對於建築橋樑用之各種鋼材,每種僅作單簡之說明,以期明顯,首所述者,即橋身之上部建築物,次及橋身下部建築物,護保坍(Shore Protection)等工程用之種種材料,分述如下,以資查攷,

輾炭鋼 (Rolled Carbon Steel)

尋常橋樑上部建築用之鋼材,約略可分三種,即柔鋼,(Soft Steel)較硬鋼,(Medium Steel)及硬鋼,(High Steel)但此三種鋼材之限制,不能十分確定,而其最高強度,現爲工程界所公認者,柔鋼每方吋約自50,000磅至60,000磅,較硬鋼每方吋約自60,000至70,000磅,硬鋼每方吋約自70,000至80,000磅,上所述者,均係大略之強度,欲得精密較確之數,必須親自試驗後,方可下正確之斷語,

橋樑上之帽釘(Rivets)及可糾正之鐵棒,(Adjustable Rods)均用柔鋼,其餘各部,大都用較硬鋼而硬鋼用於橋上極少,往時對於長孔(Long Span)橋上之穿孔棒,(Eye-Bars)間或用之,然今已改用鎳質鋼(Nickel Steel)矣,橋樑上所用之栓,(Pins)及伸縮滑車,(Expansion Rollers)則以硬鋼爲最相宜,然滑車與栓乃橋樑上一小部份,製造時,須用此種特別鋼材于事實上似覺困難但有時欲改小栓之全徑,或縮小伸縮滑車之座盤,則不得不用之,有時硬鋼用以製造結構材料,不甚相宜,因硬鋼極脆,在廠工作時容易受損,

建築橋樑用之軟鋼與較硬鋼之區別,在美國鍊鋼廠實際上間能辯別之,將所出鋼料,使其最後強度降低,每方吋自60,000磅至62,000磅,其目的全爲營業上之關係,要知鍊造較硬鋼,使其強度爲每方吋60,000磅至70,000磅,平均計每方吋66,000磅,較之鍊造一種鋼材,其平均強度每方吋祇有4000磅或5000磅,則前者較後者所費無幾,除非要鍊成最好鋼材,則所費略大,實際上用較

硬鋼建造橋樑,比較用次等鋼材,所費不多,并且用高級鋼料構成之建築物,處處可得良好結果,比較次等鋼材,强度上先可增加百分之五或百分之六,間有廠家以軟鋼造橋,其主張能免帽釘孔之擴大,其實不然,此種情形,無論何種鋼材,均所不免,不論軟鋼或硬鋼欲免帽釘孔之擴大,第一須使聯合各件之孔匹配符合,第貳因鑿孔而受傷之鋼材必須除去,此項問題,關係極大,建造時不可不注意,若論槪炭鋼之成份及其質料而適用於橋樑上者,另篇詳述,

昔日曾有許多議論,對於貝士麥(Bessemer)之成績,例如酸性開爐鋼,(Acid open-hearth Sttel)及鹽基性開爐鋼,(Basic open-hearth Steel)兩,種但創辦者於實地上,時常反對用貝士麥鋼構造橋樑,因恐有開裂之患,自經美國最有名之橋樑工程師試用後,貝士麥鋼之信用已能隱固矣,數年前酸性開爐鋼確較鹽基性開爐鋼優勝可靠,後於鍊造時,經種種改良,迄今後者已較優于前者矣,橋樑建築大都已採用鹽基性開爐鋼矣　(待續)

民辦福建全省鉄路股份有限公司之計畫

一 緣起、

我國素稱天府，而今朝野上下莫不言窮，甯不可異，毋亦地利有所未闢，人事有所未盡歟，不然，何爲而至此，福建人煙稠密，生計大難，吾民之流轉海外者，以數百萬計，向來視爲瘠土，其實寶藏於野，而莫知啓發，貨棄於地而莫能轉運，以致產業不興，民生凋敝，內以成兵匪之世界，外以啓强鄰之覬覦，言念及此，能無痛心，前淸光緖年間，本省曾有鉄路公司之組織，謀建設全省之鉄道，以辦理未盡得宜，僅成漳廈江嵩一小段，已負債纍纍，十餘年來，未得發展，前年六七月間，南洋羣島華僑，發起救鄉運動，客夏開第一次代表大會於菲島，今年三月十五日，又開臨時大會於廈鼓，當由弈仕提議續辦漳廈鉄路，接抵龍岩，以利交通，隨交第二組委員會審查，認爲可行，於同月廿七日大會提出討論，僉以爲敷設鉄路，爲救鄉根本要圖，即經全體通過，一致贊成，並公推籌備員十一人，妥爲計畫，一面邀集發起人，擬定計畫書及章程等，以資進行，竊維龍岩地當本省南部之要衝，物產豐富，即就煤鑛而論，據法工程師報告，足供全世界五十年之用而有餘，現廈門所有煤炭，每噸二十餘元，而龍岩不過一二元，徒以轉運維艱，棄而不採，然强鄰虎視眈眈，垂涎已久，倘再不着手進行，誠恐越俎代庖者，大有人在，同人等之所由夙夜徬徨不能自已者也，天下興亡，匹夫有責，人之好善，誰不如我，况以所集之資本，興有利之事業，既可開發富源，振興實業，又可便利交通，增進文化，更可挽回利權，以救危亡，而於個人之投資，則子毋相權，日進無疆，一舉而四善備，吾人何樂而不爲，惟路權鑛權，爲國人所共有，設有外資之關係，啓洋人侵入之漸，或有壟斷之野心，成少數人獨占之弊，皆非吾人所敢贊同，用是明定章程，由國民集資組織，股本擬向南洋僑商，暨國內各埠分招，以期普及，並訂明每股二十元，使人人皆有入股之機會，庶幾實業之興，確爲公衆之利益，而救鄉之義得以大白於天

下我父老兄弟諸姑姊妹,盍興乎來,　　（待續）

浙江省道概況

浙江省道之各幹線,統歸省道局自行建築,惟各支線得由地方團體及商人集資承築,呈請省道局核准立案,商辦省道中,如杭餘（杭州至餘杭）餘武（餘杭至武康）餘臨（餘杭至臨安）等,通車已久,營業頗爲發達,惟各處商民,對于省道交通,極爲重視,現在正在進行及籌備者,計有:

（一）甯長路（自海甯至長安）正在建築,橋梁大多開工,車站房屋及路面工程等均已包出,預計八月內可以通車,

（二）餘武省道瓶湖支路現已增築塘埠嶺至雙溪鎮一段,業已竣工通車,

（三）餘安孝省道刻正在籌備,係自餘杭縣屬銜接瓶湖雙省道之黃湖鎮起,由安吉縣屬遞鋪鎮,達孝豐縣城,路線計長一百餘里,現擬先築六十餘里,以後逐漸進行,暫定資本十二萬元,

其餘如杭富（杭州至富陽）杭海（杭州至海甯）等均先後通車,而紹曹（紹興至曹娥）曹嵊（曹娥至嵊縣）二綫,亦正急亟籌備,以冀早日開工云云,

上海縣清丈局考試員生章程

上海縣清丈局總董姚子讓因各區原有丈繪員生,不敷辦公,於前日開董事會時,議决招考測繪員生,加以教練,畢業後分派各區服務,以期丈務迅速而利進行,並定八月二十日爲考試之期,八月一日起開始報名,八月十六日截止,所有考試員生章程,照錄如左,（上海縣清丈局考試員生章程）第一條,應試人資格如左,（甲）測繪員在中外大學土木科或專門測繪學校畢業,兼有三年以上之測繪經驗者,（乙）丈繪員在測丈專門學校畢業,曾有一年以上之丈繪經驗者,（丙）印圖生有普通算術圖畫知識者,第二條,如有願就本局職務者,不論客籍本籍,皆可來局應試,第三條,應試者須來局報名填寫姓名籍貫年歲資格,並隨帶證書及繳四寸最近照片一紙第四條,已報名之員生須於考試日來局應試,未先報名者,不得於考試日報名應試,第五條,考試錄取員生,由本局通知訂期來局供職,第六條,來局供職之員生須取具保證書,並填具誓約書,

混凝土混合料之量法

彭禹謨

購買水泥,常以桶計,惟亦常以袋計者,四袋之普士蘭水泥等於一桶,四袋之天然水泥,亦等於一桶,惟袋之大者,有三袋等於一桶,

一桶之普士蘭水泥,其重量＝375磅

一桶之天然水泥,其重量＝300磅

石子與砂粒,亦以一桶計,(以鬆積計)

富氏混合料量法, Fuller's Rulc for Quantities

設 c＝水泥分數

s＝砂粒分數

g＝石子分數

C＝1立碼混凝土所需之普士蘭水泥桶數(根據每桶水泥爲3.6立方呎)

S＝1立碼混凝土所需之砂粒立碼數

G＝1立碼混凝土所需之石子立碼數

則

$$C=\frac{11}{c+s+g}\cdots\cdots\text{「A」}$$

$$S=\frac{3.8}{27}Cs\cdots\cdots\text{「B」}$$

$$G=\frac{3.8}{27}Cg\cdots\cdots\text{「C」}$$

如石子之大小係均勻一致,並無小塊石子混入其中者,則孔隙必較粗細石子混合者爲大,故由上面諸式求得之值,均須再加5%之量

例題　設有一1：2：4之混凝土,試求其每1立碼內應需之(a)水泥桶數,(b)砂粒立碼數,(c)石子立碼數,

解法　(a) $c=1\quad s=2\quad g=4$

故
$$C=\frac{11}{1+2+4}=1.57$$

(b)
$$S=\frac{3.8}{27}\times 1.57\times 2=.44$$

(c)
$$G=\frac{3.8}{27}\times 1.57\times 4=.88$$

對於每立方碼之泥凝土混合料之分配計算法,解如上述,今再將每方(即100立方呎)之泥凝土混合料分量表,記載於下,以供設計者之查考,

結實泥凝土每方混合料分量表

(根據每桶水泥爲3.8立方呎)(砂石均係鬆積計算)

體積比例			混合料之分量			
水泥	砂粒	石子	水泥(立方呎)	水泥(桶數)	砂粒(立方呎)	石子(立方呎)
1	1	$1\frac{1}{2}$	43.6	11.50	44	65
1	1	2	38.7	10.18	39	78
1	1	$2\frac{1}{2}$	35.0	9.18	35	88
1	1	3	31.7	8.33	32	95
1	1	$3\frac{1}{2}$	28.9	7.60	29	101
1	$1\frac{1}{2}$	2	33.8	8.90	51	68
1	$1\frac{1}{2}$	$2\frac{1}{2}$	31.0	8.15	47	78
1	$1\frac{1}{2}$	3	28.2	7.40	42	85
1	$1\frac{1}{2}$	$3\frac{1}{2}$	26.0	6.85	39	91
1	$1\frac{1}{2}$	4	24.2	6.36	36	97
1	2	3	26.0	6.85	52	78
1	2	$3\frac{1}{2}$	24.2	6.36	49	85
1	2	4	22.5	5.92	45	90

1	2	4½	20.8	5.48	42	94
1	2	5	19.6	5.15	39	98
1	2½	3½	22.5	5.92	56	79
1	2½	4	20.8	5.48	52	83
1	2½	4½	19.4	5.11	49	87
1	2½	5	18.3	4.81	46	91
1	2½	5½	17.1	4.51	43	95
1	2½	6	16.5	4.34	41	99
1	3	4	19.7	5.18	59	79
1	3	4½	18.3	4.81	55	82
1	3	5	17.2	4.51	52	86
1	3	5½	16.4	4.30	40	90
1	3	6	12.9	3.40	46	93
1	3	6½	11.9	3.13	44	95
1	3	7	11.2	2.95	42	99
1	4	5	10.3	2.71	62	77
1	4	6	9.6	2.53	56	84
1	4	7	9.0	2.37	52	91

如欲根據富氏規則,定混凝土每方混合料分量,可用比例法求之,例如求一1：2：4混凝土每方（100立方呎）中各料分量,

則從上式　$27 : 100 :: 1.57 : x$

$$x = \frac{100 \times 1.57}{27} = 5.82 \text{桶}$$

此係根據每桶爲3.6立方呎者,故較表中之值爲小,

15092

量　法

（續本卷六期）

彭禹謨編

(八) 一直線一弧線包圍之面積

(甲) 選擇縱距 Ordinates 法　法於AB線上,(參看第七圖)從弧線各顯明方向改變諸點起,作若干垂直線,假定每兩條相鄰垂直線中間之弧線一部,為一直線,於是將該面積,區分為許多梯形,其算法可用「26」算式求之,該面積之總值,卽為許多梯形面積之和是也.

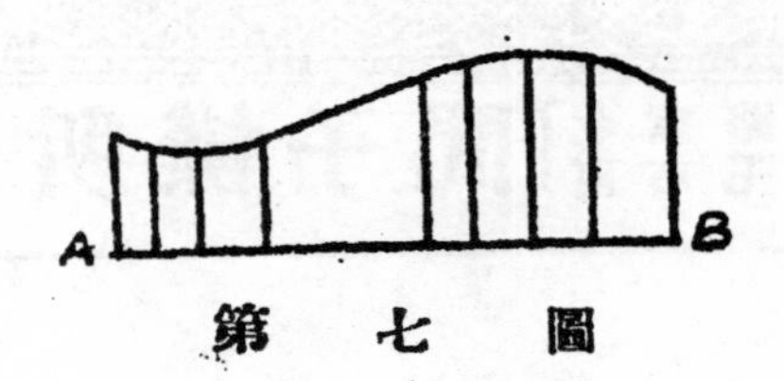

第七圖

(乙) 梯形規律　此規律之理與(甲)同,惟垂直線與垂直線均係等距離,換言之,卽將AB線均分是也,其總面積卽

$$A=\left(\frac{a+n}{2}+\lessgtr h\right)d \cdots\cdots\cdots\cdots「35」$$

式內a及n為兩外邊縱距離,

$\lessgtr h$ 為內面諸縱距離之和,

d為等分距離,

第八圖

（待續）

代銷工程旬刊簡章

(一)凡願代銷本刊者,可開明通信處,向本社發行部接洽,

(二)代銷者得照定價折扣,銷貳十份以上者,一律八折,每兩月結算一次(陽歷),

(三)本埠各機關担任代銷者,每期出版後,由本社派人專送,外埠郵寄,

(四)經理代銷者,應隨時通知本社,每期銷出數目,

(五)本刊每期售大洋五分,每月三期,全年三十六期,外埠連郵大洋貳元,本埠連郵大洋一元九角,郵票九五代洋,以半分及一分者為限,

(六)代銷經理人,將款寄交本社時,所有匯費,概歸本社担任,

工程旬刊社發行部啓

編輯主任：彭禹謨，會計主任 顧同慶，廣告主任 陸超

代印者：上海城內方浜路貽慶弄二號協和印書局

發行處：上海北河南路東唐家弄餘順里四十八號工程旬刊社

寄售處：上海商務印書館發行所，上海中華書局發行所，上海棋盤街民智書局
上海四馬路泰東圖書局，上海南京路有美堂，上海南京路文明書局，
暨各大書店售報處

分售處：上海城內縣基路永澤里二弄十二號顧壽茲君，上海公共租界工部局工務處曹文奎君，上海徐家匯南洋大學趙祖康君，蘇州三元坊工業專門學校薛渭川程鳴琴君，福建漳州漳龍公路處謝雪樵君，福建汀州長汀縣公路處羅履廷君，天津順直水利委員會曾俊千君，杭州新市場平海路新一號西湖工程設計事務所沈變良君鎮江關監督公署許英希君

定價 每期大洋五分全年三十六期外埠連郵大洋兩元（日本在內惟香港澳門以及其他郵匯各國一律大洋二元五角）本埠全年連郵大洋一元九角郵票九五計算

創新建築廠

CHANG SING & CO.,

GENERAL CONTRACTORS,

HEAD OFFICE - NO. 54 TSUNG MING RD, SHANGHAI,

TEL. N. 3224

本廠寫字間設在上海崇明路五十四號專造各種鋼骨水泥或鋼鐵等建築物例如工廠堆棧河工海港碼頭堤壩鐵道或大道橋樑自來水塔涵洞以及中西房屋等工程倘蒙賜顧無不竭誠辦理

創新謹啓

電話北三二二四

新仁記營造廠

SING JIN KEE & CO.,

BUILDING CONTRACTORS

HEAD OFFICE;-NO450 WEIHAIWEI ROAD, SHANGHAI

TEL. W 531.

本營造廠○在上海威海衛路四百五十號○設立已五十餘年○經驗宏富○所包大小工程○不勝枚舉○無論鋼骨水泥或磚木○鋼鉄建築○學校校舍○公司房屋○工廠堆棧○碼頭橋樑○街市房屋○以及住宅洋房等○各種工程○莫不精工克己○各界惠顧○竭誠歡迎○

新仁記謹啓

電話 西五三一

工程旬刊

胡適題

THE CHINESE ENGINEERING NEWS

第一卷　　第九期

民國十五年八月二十一號

Vol 1 NO.9　　Aug 21st. 1926

本期要目

市政芻言　彭禹謨

鋼筋混凝土設計標準條例　胡振業

水泥　彭禹謨

福建民辦全省鐵路公司之計畫

混凝土壓力强度與水量與水泥比率之關係　曹文奎

石子或砂堆體積之求法　顧同慶

工程旬刊社發行

上海北河南路東唐家弄餘順里四十八號

中華郵政特准掛號認為新聞紙類

(Registered at the Chinese Post office as a newspaper.)

工程旬刊社組織大綱

定名　本刊以十日出一期故名工程旬刊.

宗旨　記載國內工程消息,研究工程應用學識,以淺明普及為宗旨.

內容　內容編輯範圍如下,

(一)編輯者言,(二)工程論說,(三)工程著述,(四)工程新聞,

(五)工程常識,(六)工程經濟,(七)雜　　組,(八)通　　訊,

職員　本社職員,分下面兩股.

(甲)編輯股,　總編輯一人,　譯著一人,　編輯若干人,

(乙)事務股,　會計一人　發行一人,　廣告一人,

工程旬刊投稿簡章

(一)　本刊除聘請特約撰述員,担任文稿外,工程界人士,如有投稿,凡切本社宗旨者,無論撰譯,均甚歡迎,文體不分文言語體,

(二)　本刊分工程論說,工程著述,工程新聞,工程常識,工程經濟,雜組通訊等門,

(三)　投寄之稿,望繕寫清楚,篇末註明姓名,暨詳細地址,句讀點明,(能依本刊規定之行格者尤佳)寄至本刊編輯部收

(四)　投寄之稿,揭載與否,恕不預覆,如不揭載,得因預先聲明,寄還原稿,

(五)　投寄之稿,一經登錄,即寄贈本刊一期或數期

(六)　投寄之稿,如已先在他處發佈者,請預先聲明,惟揭載與否,由本刊編輯者斟酌,

(七)　投稿登載時,編輯者得酌量增删之,但投稿人不願他人增删者可在投稿時,預先聲明,

(八)　稿件請寄上海北河南路東唐家弄餘順里四十八號,工程旬刊社編輯部,

工程旬刊社編輯部啓

編輯者言

本刊創辦僅近三月,備承工程界之歡迎,是以銷路日廣,此後更當搜羅宏博,抉擇精嚴,以期藉答愛讀本刊諸君之雅誼,惟已登之稿,大都偏於土木建築一方,其他工程稿件,尚付闕如,尚希各項工程專家,不吝珠玉,錫以鴻文,以光篇幅,不特本刊之幸而已也.

本刊以普及工程學術爲宗旨,除登載一二高深科學外,竭力刊佈各種淺明常識,而工程實地之報告與記錄,凡能節省經濟與時間,能事半而功倍者,均在搜羅之列,讀者如有疑問,或有心得,不妨各抒意見,投諸本刊,以供公衆之討論,而求學術之進步,想有同情者也.

市政芻言

彭禹謨

世界愈文明,人民之生活愈高貴,公衆之幸福與安全,亦愈講求,城市爲人羣會聚之所,關係人羣之安全與幸福,尤爲切要,然欲謀人羣之幸福與安全,必須研究城市之規劃與建設,循序以進,有條不紊,於是市政工程尚矣,昔日煙穢蕪穢,榛莽叢剌,水土惡塵,穢惡沮洳之鄉,今則變爲曠敞爽坦,隧軌脩潔,平達九逵,車可方軌之區者,此非天與地之助,而全爲圓顱方趾之民族,不避艱險,不惜巨資,上下提倡,積極進行,之所致也,年來我國雖際干戈擾攘之秋,而各地市政,仍能從事改良,以謀人羣之幸福,爰草斯篇,略布其方,至於疵謬遺戾,當有不免,惟冀讀者,運而董之.

(一)人口調查　人口調查,爲計劃市政初步手續,如能知昔日之人口統計,再以目前之人口統計相比較,即可預測將來人口之增減率,於是經濟之程度,工程之設施,亦有所根據,庶可依相當之程序而進行其各種計劃,不特有利於目前,而將來之發展,實利賴之.

（二）城市測量　城市測量,亦爲市政工程首要之務,組織地形測量隊,以測市政範圍以內之地形,並可求得其面積,組織經緯儀測量隊,以定各方之基線,俾地形隊有所根據,而進行其工作,組織水準測量隊,確定各段永久標準點,俾目前與將來各項建築工程,（如大道房屋隄岸碼頭橋樑溝渠自來水管等等）有所根據.

（三）城市區分　既得全都地形詳圖,在種種未來之計畫設施以前,必先細查歷史之關係,形勢之便,利目前之狀況,加以遠大之眼光,雄厚之見識,將市政範圍以內之面積,一一區分,何段爲住家區,何段爲貿易區,何段爲工業區,何段爲航運區,務使有關係者,互相聯絡,有妨礙者,盡力隔斷井井有條,方能收極大之功效.

細察國內所謂繁盛之城市,住家之區,恆與工廠相毗鄰,致居民感衛生之不適,而工業亦不能有所發展,航運之區,又有遠離工業區者,其結果不能盡運輸之利便,是皆缺少城市區分之計劃或計劃未曾完善故也.

（四）建築工程　關於市政建築工程,其範圍茲特舉其大者,分論於次:

（甲）道路　道路爲陸地交通之要素,計劃之初,對于幅員之大小,形式之採取,均須通盤計劃,不宜偏於一隅,則將來之發展,當無困難問題發生.

目下城市道路之通病,大概闊度不足,交通擁擠,彎角不大,車輛危險,坡度不當,排水不妥,基礎不堅,材料不佳,潦則泥濘四濺,旱則灰塵撲面,凡此種種,亟宜整頓者也.

（乙）橋樑　橋樑爲連接兩岸之重要建築物,必須根據目前交通之狀況,預計未來之發展情形,從事設計,俾交通安全兩方,均能顧及,方爲妥當.

我國各地橋樑,大都舊式既不適於車輛之交通,且多危險之發生,是宜採用新計劃,以改築之,經費足,交通繁,則宜設計鋼筋混凝土橋樑,經濟限於通衢,則可計劃木架橋,此皆可以因地制宜者也.

（待續）

鋼筋混凝土設計標準條例

（續本卷八期）

胡業振

$$M=\frac{wl^2}{10}\text{.........................}[22]$$

2. 在外面支點上之負彎曲力率

$$M=\frac{wl^2}{16}\text{.........................}[23]$$

9. 如遇跨度不相等之連續樑,或樑之活動支放,或固定支放之樑,承受均佈載重以外之載重者,考察載重,或固定之情形,計算實在之彎曲力率,短跨度樑之鄰近於長跨度者,近該短跨度樑之中央之負彎曲力率,務宜注意,有時需用鋼筋抵抗該負彎曲力率,如支端處係固定者,對於負彎曲力率亦須注意,

10 樑之受壓力面之距離,在兩外邊支點之中間者,不得超過受壓凸緣最小闊度之二十四倍,

鋼筋混凝土T形樑之撓曲,

11. 在鋼筋混凝土T形樑之撓曲,須根據下列諸範式計算之,

a 中立軸在凸緣 Flange 內者,一可採取第五節中用於長方形截面樑或板之範式,

b. 中立軸在凸緣之下者,一須用下列諸範式計算之,

中立軸之位置,

$$kd=\frac{2ndA_s+bt^2}{2nA_s+2bt}\text{.........................}[24]$$

壓合力 Resultant Compression 之位置

15101

$$Z=\left(\frac{3kd-2t}{2kd-t}\right)\frac{t}{3} \cdots\cdots\cdots [25]$$

偶力之臂長

$$jd=d-z \cdots\cdots\cdots [26]$$

縱向鋼筋上之單位拉力

$$f_s=\frac{M}{A_s jd} \cdots\cdots\cdots [27]$$

在混凝土極端纖維上之單位壓力

$$f_c=\frac{Mkd}{bt(kd-t/2)jd}=\frac{f_s}{n}\left(\frac{k}{1-k}\right) \cdots\cdots\cdots [28]$$

自24至28諸範式中之符號,已於第三節中述之,惟b爲T形樑幹部之闊度,t爲T形樑凸緣之厚度,

12對於樑板結構內,樑與板銜接之處,其貼着力,剪力,抵抗力,必須十分充足,板之本身,必與樑之本身聯合,爲一部凸緣之有効闊度,用於對稱T形樑Symmetrical Beam者,計算時不得超過該樑跨度之四分之一,又腹部兩邊凸出部分之闊度,不得超過該板厚度之八倍,亦不得超過該樑與鄰樑間淨距離之半數,如樑之凸緣只在一面者則該凸緣之闊度不得超過該樑跨度之十份之一,而凸出部分之闊度不得超過該板厚度之六倍,亦不得超過該樑與鄰樑間淨距離之半數,

13板內主要鋼筋,與樑成平行方向排列,其橫切鋼筋之量,不小於該板切面面積之千分之三者,如過經過樑部,該主要鋼筋必須置在板之上部,越樑入板,其伸出之部,不得小於有効凸緣闊度之三分之二,鋼筋置放距離不得超過十八英寸,

14連續T形樑建築法,在支點上之壓應力,務宜充足,

15計算T形樑之剪力,及對角拉力,樑之凸緣不得視爲有効闊度,(即不計算在內,)

16如T形之用途,只以增加受壓力面爲目的之樑,其凸緣之厚度不得

小於腹部闊度之半,凸緣總闊度不得超過腹部闊度之4倍,

對角拉力與剪力,

17　用29至35諸範式中之符號,除下列者外,已於第三節中述之,

A_v = 在 S 距離間之腹部鋼筋總數,亦即在 S_1 S_2 S_3 ………… S_n 間或在任何面內上彎諸桿之總面積,

a = 縱彎桿與腹部間之角度,

F = 在一根桿內之總拉力,

f'_c = 以二十八日之混凝土圓柱體6"×12"或8"×16",用標準試驗法,試驗所得之壓力之強度,

f_v = 在腹部鋼筋內之單位拉應力,

Ω = 平均粘着力,與在 Y 距離內,用範式34所得之極大粘着力之比率,

M_o = 在一組內諸鋼筋周圍 Perimeters 之和,

r = 越過平板 Flat slab 柱子之頂,或下滴部 Dropped panel 之上面之負力率,鋼筋截面面積,與兩柱中間一條負力率,總共截面積之比率,

S = 腹桿或鐙鉄之距離,在下排鋼筋之平面上,依樑之橫軸之方向而量得之,

t_1 = 無下滴部平板之厚度,或下滴部之厚度,

t_2 = 下滴部與下滴部兩邊際間起算之平板厚度,

u = 桿面單位面積上之粘得力,

v = 單位剪力,

x = 用於緊住 Anchorage 所增加之鋼桿長度,(如有彎鈎者亦包括在內)

y = 自引力計算點起至緊住點止中間之距離,

18 在鋼筋混凝土之單位剪應力v,不得小於用下列範式所得之量,

$$v = \frac{V}{bjd} \quad\text{……………………}「29」$$

(待續)

水泥

（續本卷七期）

彭禹謨

天然水泥之特著缺點，即其成分與性質，因產地之不同，隨之變異，普士蘭水泥，乃一人造混合物可以補上述之缺點，天然水泥，因此缺點，並以凝結時間太緩，故對于重要建築物，常不採用，而以人造之普士蘭水泥代之。

天然水泥，雖有上述之缺點，然並不因時間過久而分解，普士蘭水泥，則不然，其性質常易分離，而不定著，在分析上比較，則又知天然水泥有多量之砂石質，及有同量之礬土質，與少量之石灰質云。

下面表中，係經過若干次分析所得天然水泥成分之平均數（百分計，）

矽石質 SiO_2	礬土質 Al_2O_3	鉄養質 Fe_2O_3	石灰質 CaO	鎂養質 MgO
22.3至29.0	5.2至8.8	1.4至3.2	31.0至57.6	1.4至21.5

「上述分析中，現有微量之鹼類（K_2O及Na_2O）無水硫酸，或硫養物（SO_3）二養化炭（CO_2）及水分（H_2O）等鎂養質（MgO）之作用，通常假定等于石灰，」

天然水泥之比重，約自2.7至3.1，其平均值爲2.85。

天然水泥，其用途雖廣，終以强度太低，凝結太緩，不能採用於建築物需較高之應力者，惟在巨之大建築物，如墻墩基礎等工程，重量與質量比較，其他强度尤重要者，可以用之。

膠泥之由天然水泥製造者，（或單獨或有時與石灰膠泥混合）用在通常瓶石砌工最爲精良適宜。

普士蘭水泥　此項水泥，係用一定人工混合法，將矽質（含有矽）暨膠質（含有石灰）等材料燃燒，直至將起鎔解之點爲止，然後將鎔渣研細爲末，即成普士蘭水泥，所產之物，並不水化及富有水化性。

普士蘭水泥之主要成分,大概爲矽石質,礬土質,石灰質,此類原質,均從各產地採集,通常對于各種普士蘭水泥之化學上組合,其生料之比例,均一致不變,並無狹義的限度。

普士蘭水泥之主要成分,約得下表之百分數:

矽石質 SiO_2	礬土質 Al_2O_3	鐵養質 Fe_2O_3	石灰質 CaO	鎂養質 MgO
19至25	5至9	2至4	60至64	1.至2.5

「在分析中尙有微量之鹼類(K_2O及Na_2O)暨硫養物,(SO_3)存於其間,有一部分分析家,對于鎂養質Mgo,作爲一種雜物,然而其他一部分之試驗家,均假定鎂養質與石灰質(Cao)有等量之化學作用,考礬土質(Al_2O_3)與鐵養質(Fe_2O_3)之作用,並不完全相同,然尋常假定有同樣之功能。」

普士蘭水泥之比重,約自3.1至320,其平均値爲3.15

普士蘭水泥爲最重要之粘合材料,在近代工程上爲不可少者,目今各種建築物需有一定强度,或建築物之暴露於外,受各種影響者,均採用普士蘭水泥,製成混凝土,或膠泥以應用之。

在鋼骨混凝土建築中,對于採用普士蘭水泥,其比例尤不可不一定,否則其强度與勻度,均有缺點發生也。

尙有許多之特別水泥,以普士蘭水泥爲基本,攙以別種材料,磨細之後,再以火燒,所攙之物,有粘土,水化石灰,砂粒,鎔滓,天然水泥石灰石,天然普兆倫料,或凝灰石等,該項雜料之主要作用,即能使水泥中之石灰,與攙料中之矽石質,組合而成爲矽質石灰,有時對于此類攙合之矽質物,可以改良,採用此種水泥所成混凝土之品質,惟此種佳果,並不普及任何攙物所成之料云。

砂料與普兆倫料,大約爲攙料中最廣用者,其所得之結果,亦較其他任何攙料爲佳,用上述之攙料所成之水泥,名之曰砂石水泥,暨凝灰石水泥此

15105

項水泥,在巨大工程中,如採用純粹普士蘭水泥,因運輸價格太高,載運距離太遠,致總費太昂者,最為適用.

對于普通所用之水泥條例,須注意其品格,在燒化後,不准有任意之料磨入其中,蓋任意攙和,其所得之結果,亦不能一定也.

普士蘭水泥與天然水泥之比較 對于天然水泥與普士蘭水泥之顯著性質,暨其製造主要不同之點,可集列如下:

	天然水泥	普士蘭水泥
生材料	天然岩石	人造混合物
窰之式樣	直立固定式	細長圓柱旋轉式
火化需用溫度	頗低惟無一定	比較為高
化學的成分	變動無定不能支配	有少許之限度可以支配
顏色	黃色而帶有棕色	淺藍色或鋼灰色
比重	2.7至3.1	3.1至3.2
凝堅速率	比較頗速	比較頗緩
強度	頗低起初尤甚	比較頗高
磨製程度	大概頗粗	比較頗細
堅度	通常不受蒸汽試驗	可用蒸汽試驗

在建築工程上,如對于天然或普士蘭水泥,均可用,而於經濟問題上,尚須考慮者,則水泥種類之選用,須根據每立方碼所求之膠泥,或混凝土價值判決之方法,大概在1:2天然水泥膠泥,與1:3普士蘭水泥膠泥間,或在1:2:4天然水泥混凝土與1:4:8普士蘭水泥混凝土間着想, (待續)

粤省公路近况

粤省對于公路現正積極進行,東路公路分處業已成立,近對於東路公路之興築,已積極籌畫進行,各公路路綫,亦分別擬定,查其開闢公路辦法,分爲三大幹線(一)南綫由海豐西界惠陽之鵝埠起,東出海豐城,經陸豐,惠來之葵潭,普甯揭陽潮安,過東隴黃岡,以達福建之詔安,(二)北線由龍門南界增城之龍潭湳起,溯龍門岡北上,至龍華墟東出平陵,經河源之廻龍鉄南湖遞運水沿東江而上,經龍川老隆鉄場,與甯之龍田石馬梅縣之南口梅縣城,走白渡松江口,入大埔城,北出羊曼岡,蕉葉坪而至福建之永定縣,(三)中線起南線之揭陽城,北出陽坊豐順,經梅縣之長沙墟,至梅縣北長田超行,經大柘家石過八番驛,至平遠,其興築計劃,擬先組織測量隊,隨勘隨測,由下月起出發測勘,于四個月先將南綫,自潮安經揭陽普甯陸豐,而至鵝埠之路線北線自松江口經梅縣自老隆之路線,及中線自揭陽經豐順,自梅縣縣南口之路線,勘測完竣每測完一段,即遵規定公路辦法,徵募民工填築路基,於一個月內,三綫路基塡築完竣,其他橋梁等項,次第籌建興築,以期東路公路早觀厥成,利便交通,日前特將興築東路公路計劃書,連同圖則,呈請建設廳核,該廳據報後,查核興築計劃,大致尙妥,已批示如擬辦理云.

滄石鐵路近訊

滄石鐵路近因軍事當局見該路於交通上關係重要且爲補助軍餉計特與法比銀公司草訂合同由該公司承借一千五百萬圓專以築路此項草合同業已由某方面提出將來有無修改尙未一定玆探其內容大概如次(一)本借欵債權人爲法比銀公司,債務人爲滄石路局(二)本借款債額合華幣一千五百萬圓,(三)本借欵係九一交欵,付息經手費給千分之六,還本給千分之三(四)利率爲週息八釐,每半年應付息一次,每屆付息,應於到期十五日前匯交,(五)本借款以滄石全路及其附屬財產爲抵押品,(六)借欵一千五百萬元,分四期交足,每三個月爲一期,第一期之三百七十五萬元,專供該路第一批購料包工之用,(七)本借欵以十五年爲期,每屆五年還本一次,至民國三十年扣足十五年,應全數清償,(八)本借款用途,應以建築渝石路爲限,不得移作他用,(九)該路工程處長,應由比國充任,會計處長則應由中法兩國各任,其除華處長外,法比兩處長,均由銀公司介紹派充,(十)關於工程所需之一切材料車輛傢具裝設等項,均須先向法比兩國購辦,工程處長有完全支配之權,(十一)所有該路一切收付欵項及支票付款單據,非由會計長法處長簽字,不生效力,會計處簿記,須華文法文合璧登記(十二)本借欵應備法文正合同一份,及法文附合同二份,計共三份,路局與銀公司各存一份,另一份送交部備案云云.

民辦福建全省鐵路股份有限公司之計畫

(續本卷八期)

(二)計畫書

交通之不容忽視,不自今日而然矣,蓋交通者,國家之命脈也,舉凡一切地方治安,教育,實業,農墾,鑛產,商務諸大端,旹非有賴於交通便利不爲功,誠以交通不便,萬事皆無從措手,此其例證,不待煩言,爰不揣力,有民辦福建全省鐵路股份有限公司之發起,惟公司應如何組織,路線應如何測定,工程應如何進行,方能於最短時間收效,誠爲重大問題,謹就調查與經驗所得,抒其管見,臚陳於下.

(甲)主要方略

(一)路鑛兼營

路與鑛本有密切之關係,本公司承辦漳廈鉄路,接抵龍岩,原爲運輸土產,開採鑛務起見,非僅謀旅客之便利已也,且本路行車,需煤甚鉅,西北兩線,沿途鑛產,有鉛鉄五金之類,而尤以龍岩鑛礦爲大宗,故將來路線所經之處,鑛產應先稟請農商部立案,歸與本公司開採.

(二)測定路線

按漳州接抵龍岩,有西北兩線,前經王工程師履勘,兩路比較,當以北路爲適宜蓋北路循九龍江沿溪而上,其地較平,可免鑿山開洞之勞,況由浦南經華葑,惟口,漳平,雁石,以至龍岩,沿途均係繁盛之區,物產富饒,如杉木,竹紙,木炭,石灰,水菓,糧食之屬,每年運銷海口者,殆以數百萬計,於將來鉄路之營業,有莫大利益,卽就木材而論,如枕木一項,爲本公司所必需之品,此項木材,多產自甯洋,及漳平境內,爲西路所絕無,其關於工程及經濟,亦甚重要,且漳平東連華葑,西接龍岩,南通溪南,北鄰甯洋,均爲縣城重鎮,其間農工商旅,跋涉往來者,常絡繹不絕,境內礦產豐富,若華葑之鉛,惟口洛洋之鉄,當地人民,不待開採,卽可取用,其蘊藏之富,可以想見,若走西路,則此種利益,均不能得,故將來路線當以北路爲標準,但爲審愼起見,不妨再聘專門家,前往實地考察,以資定奪,

(三)招股方法

大凡創辦事業,必須有統籌之計畫,而欲計畫之實行,不可不使多數人明瞭其內容,俾得各方之同情與諒解,此本公司所以取公開主義也,招股方法,擬定分向南洋羣島,暨本國各城鄉募集,南洋方面,委托中華商會,或中華會,館及殷實商店代理,至內地各界,則委托各縣商會,或農會,代爲招募,以期利益均霑,惟創辦伊始,端賴羣策羣力,踴躍投資,更須加以决心,持以毅力,而後可.

(四)規定股額

查鉄路敷設費,普通每公里平均約需銀四萬元,本公司由江東橋接抵龍岩,北路全綫,長約二百公里,當需國幣八百萬元左右,若由西路而上,雖較北路稍近,而沿途山嶺重疊,其需費亦略相等,是本路欲達抵龍岩,且兼營鑛產自非有一千萬元以上之資本不爲功,觀於曩昔福建鉄路之失敗,原因雖多而股本之不足亦居其一言成可爲前車之鑑

混凝土壓力強度與水量與水泥比率之關係

曹文奎

混凝土者,係由水泥砂粒石子三者,互相混合而成之建築材料也,當其混合之際,必用水,水泥遇水而成漿,砂粒石子藉此漿而結合為一體,如所用之水量適當則結合物之強度增加,如用過量之水,則黏性弱而強度減矣,下列之圖係摘自美國工程新聞雜誌中者,該圖曲線,即表示混凝土壓力強度,與水量與水泥比率之關係,每一曲綫,均係一定試驗情形而得,下面之曲綫係表示下混凝土手續,並不十分完善所得之極小而適當之強度是也,

(圖中註解28天誤為24天)

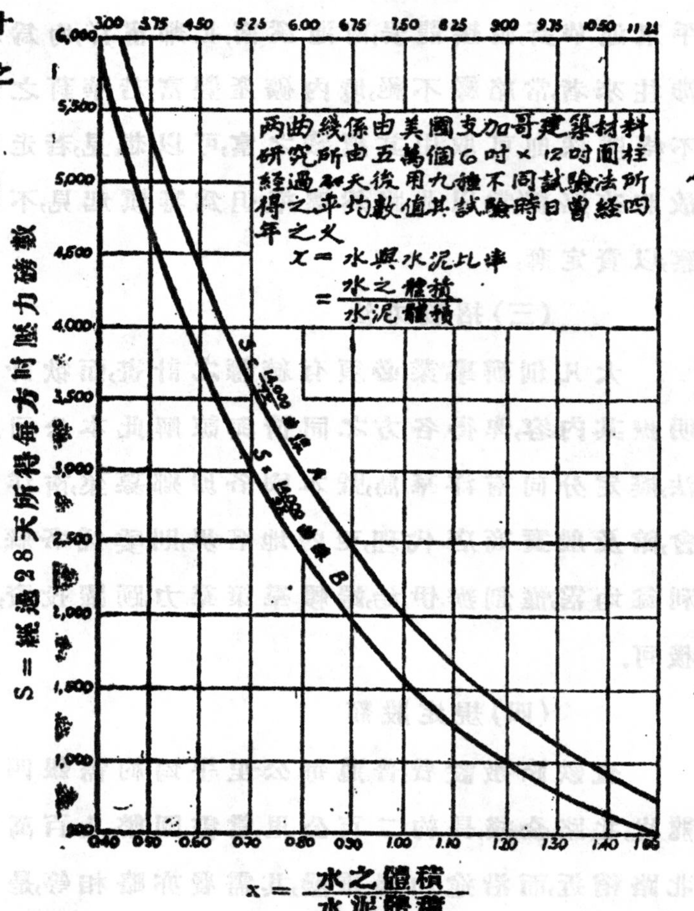

石子或砂堆體積之求法

顧同慶

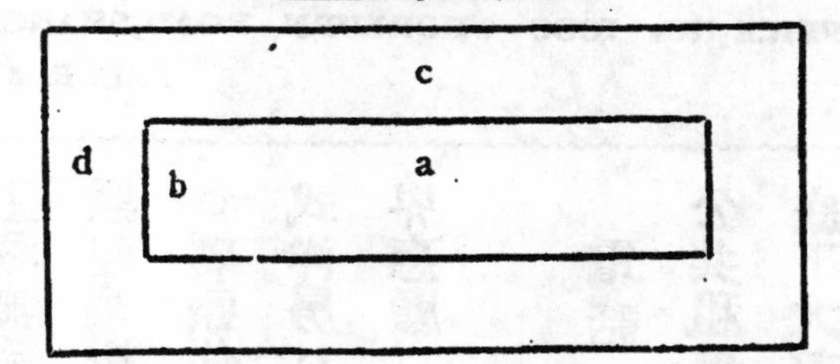

設令 c ＝堆之底面長度　　a ＝堆之頂面長度

d ＝堆之底面闊度　　b ＝堆之頂面闊度

h ＝堆之垂直高度

堆之體積 $V=\left\{d(2c+a)+b(2a+c)\right\}\frac{h}{6}$

今舉一例題如下

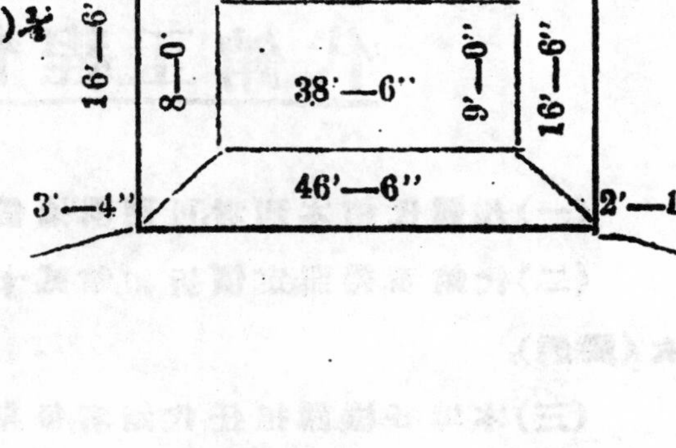

解法 c＝46.5呎，d＝16,5呎

$a=\left(37\frac{10}{12}+38.5\right)\frac{1}{2}=(37.83+38.5)\frac{1}{2}$

$=38.165'$

$b=(8+9)\frac{1}{2}=\frac{17}{2}=8.5$呎

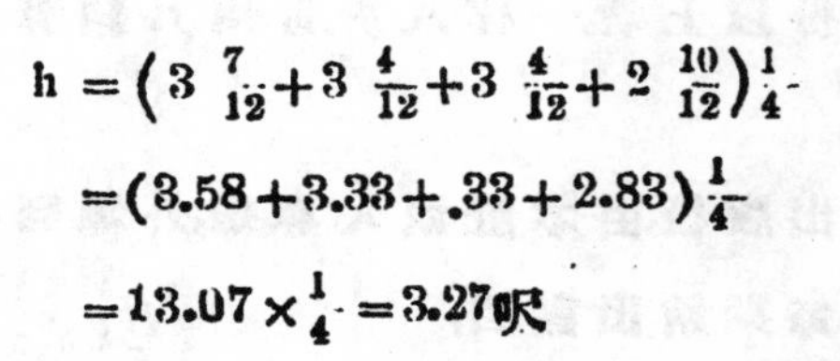

$h=\left(3\frac{7}{12}+3\frac{4}{12}+3\frac{4}{12}+2\frac{10}{12}\right)\frac{1}{4}$

$=(3.58+3.33+.33+2.83)\frac{1}{4}$

$=13.07\times\frac{1}{4}=3.27$呎

$\therefore V=\left\{16.5(2\times46.5+38.165)+8.5(2\times38.165+46.5)\right\}\frac{3.27}{6}$

$=\left\{(16.5\times131.165)+(8.5\times122.83)\right\}\times.545$

$=(2164.2225+1044.055)\times.545$

$=3208.2775\times.545=1748.5$立方呎，卽17方4角8（1方＝100立方呎）

15111

代銷工程旬刊簡章

(一)凡願代銷本刊者,可開明通信處,向本社發行部接洽,

(二)代銷者得照定價折扣,銷貳十份以上者,一律八折,每兩月結算一次(陽曆),

(三)本埠各機關担任代銷者,每期出版後,由本社派人專送,外埠郵寄,

(四)經理代銷者,應隨時通知本社,每期銷出數目,

(五)本刊每期售大洋五分,每月三期,全年三十六期,外埠連郵大洋貳元,本埠連郵大洋一元九角,郵票九五代洋,以半分及一分者為限,

(六)代銷經理人,將款寄交本社時,所有匯費,概歸本社担任,

工程旬刊社發行部啓

編輯主任：彭禹謨，會計主任 顧同慶，廣告主任 陸超

代印者：上海城內方浜路貽慶弄二號協和印書局

發行處：上海北河南路東唐家弄餘順里四十八號工程旬刊社

寄售處：上海商務印書館發行所，上海中華書局發行所，上海棋盤街民智書局
上海四馬路泰東圖書局，上海南京路有美堂，上海南京路文明書局，
暨各大書店售報處

分售處：上海城內縣基路永澤里二弄十二號顧壽茲君，上海公共租界工部局工務處曹文奎君，上海徐家匯南洋大學趙祖康君，蘇州三元坊工業專門學校薛渭川程鳴琴君，福建漳州漳龍公路處謝雪樵君，福建汀州長汀縣公路處羅履廷君，天津順直水利委員會曾俊千君，杭州新市場平海路新一號西湖工程設計事務所沈夔良君鎮江關監督公署許英希君

定價 每期大洋五分全年三十六期外埠連郵大洋兩元（日本在內惟香港澳門以及其他郵匯各國一律大洋二元五角）本埠全年連郵大洋一元九角郵票九五計算

廣告價目表

地位	全面	半面	四分之一面	三期以上九五折
底頁外面	十元	六元	四元	十期以上九折
封面裏面及底頁裏面	八元	五元	三元	半年八折
尋常地位	五元	三元	二元	全年七折

RATES OF ADVERTISMENTS

POSITION	FULL PAGE	HALF PAGE	¼ PAGE
Outside of back Cover	$ 10.00	$ 6.00	$ 4.00
Inside of front or back Cover	8.00	5.00	3.00
Ordinary page	5.00	3.00	2.00

15113

創新建築廠

CHANG SING & CO.,

GENERAL CONTRACTORS,

HEAD OFFICE'- NO. 54 TSUNG MING RD, SHANGHAI,

TEL. N. 3224

本廠寫字間設在上海崇明路五十四號專造各種鋼骨水泥或鋼鐵等建築物例如工廠堆棧河工海港碼頭堤壩鐵道或大道橋樑自來水塔涵洞以及中西房屋等工程倘蒙賜顧無不竭誠辦理

創新謹啓

電話北三二二四

新仁記營造廠

SING JIN KEE & CO.,

BUILDING CONTRACTORS

HEAD OFFICE;-NO450 WEIHAIWEI ROAD, SHANGHAI

TEL. W 531.

本營造廠。在上海威海衛路四百五十號。設立已五十餘年。經驗宏富。所包大小工程。不勝枚舉。無論鋼骨水泥或磚木。鋼鉄建築。學校校舍。公司房屋。工廠堆棧。碼頭橋樑。街市房屋。以及住宅洋房等。各種工程。莫不精工克己。各界惠顧。竭誠歡迎。

新仁記謹啓

電話　西五三一

工程旬刊

胡適題

THE CHINESE ENGINEERING NEWS

第一卷　第十期

民國十五年九月一號

Vol 1 NO.10　September 1st. 1926

本期要目

市政芻言　彭禹謨
水泥　彭禹謨
建築橋樑用之普通材料　顧同慶
福建漳龍公路近訊
各種水泥拉力試驗記錄　陸超

工程旬刊社發行

上海北河南路東唐家弄餘順里四十八號

中華郵政特准掛號認為新聞紙類

(Registered at the Chinese Post office as a newspaper.)

工程旬刊社組織大綱

定名　本刊以十日出一期,故名工程旬刊.

宗旨　記載國內工程消息,研究工程應用學識,以淺明普及爲宗旨.

內容　內容編輯範圍如下,

(一)編輯者言,(二)工程論説,(三)工程著述,(四)工程新聞,

(五)工程常識,(六)工程經濟,(七)雜　　俎,(八)通　　訊,

職員　本社職員,分下面兩股.

(甲)編輯股,　總編輯一人,　譯著一人,　編輯若干人,

(乙)事務股,　會計一人　發行一人,　廣告一人,

工程旬刊投稿簡章

(一)　本刊除聘請特約撰述員,担任文稿外,工程界人士,如有投稿,凡切本社宗旨者,無論撰譯,均甚歡迎,文體不分文言語體,

(二)　本刊分工程論説,工程著述,工程新聞,工程常識,工程經濟,雜俎通訊等門,

(三)　投寄之稿,望繕寫清楚,篇末註明姓名,暨詳細地址,句讀點明,(能依本刊規定之行格者尤佳)寄至本刊編輯部收

(四)　投寄之稿,揭載與否,恕不預覆,如不揭載,得因預先聲明,寄還原稿,

(五)　投寄之稿,一經登錄,即寄贈本刊一期,或數期,

(六)　投寄之稿,如已先在他處發佈者,請預先聲明,惟揭載與否,由本刊編輯者斟酌,

(七)　投稿登載時,編輯者得酌量增删之,但投稿人不願他人增删者可在投稿時,預先聲明,

(八)　稿件請寄上海北河南路東唐家弄餘順里四十八號,工程旬刊社編輯部,

工程旬刊社編輯部啓

編輯者言

我國各地市政，日事改良，而道路建設，亦年有進步，本刊特歡迎此類新聞記載，逐期登佈，俾工程家明曉一切情形，而聲氣或因是以通，如遇特殊工程計劃，亦可藉本刊作爲研究討論之場，凡我同志，盍興乎來。

本期登載之〔各種水泥拉力試驗記錄〕一篇，水泥產品，遍諸數國，試驗手續，彼此相同，攷其應力之多寡，亦可定一種取捨之標準，讀者請注意之。

市政芻言

（續本卷九期）

彭禹謨

（丙）房屋　新築房屋，須尙整齊，建築高度，須有限制，（根據道路幅員）庶使光綫溫度，兩得其宜，於人身衛生之上，亦有裨益，而觀瞻之美，猶其次也。

華界住屋，大都舊式，旣不整齊，又缺計算，建築材料，任意採用，其於衛生消防事宜，尙多不合，改良新市政者，不可不加注意也。

（丁）市政　市場爲近今市政工程中所不可缺之建築物，蓋其能使肩挑負販之流，有一歸宿之地，旣可以禦風寒，又可利便市民，而街頭巷尾之叫喊，車路人道之擁塞，或可因是而避免，匪僅衛生而已，交通之安全，實大有益也。

目下我國道路，鄉村無論矣，通都大邑，猥狹湫濘，轂擊映咽，不能旋踵，每日自晨入午,菜籃魚桶,隨地堆積,市民趨之,以通有無,肩摩背擦,習以為安,污穢之水,任其停阻,腥臭之氣,任其四佈,車輛因擁擠而妨礙,行人因穢氣而掩鼻,此實為市政上之一大污點也。

(戊)隄岸碼頭　凡遇河流,須築隄防,水流有束,水患不生,航運之區,多築碼頭,利以停泊,亦可增稅。

上海吳淞江畔,黃歇浦邊,凡是租界之區隄岸整齊,碼頭連續,其計劃之精,工價之巨,雖非尋常可比,惟航運之利,岸路擴充,其益當十百倍之,謨願我國之辦市政者,放開遠大眼光而進行,則亡羊補牢,其計尚有為也。

(己)溝渠　開闢道路,須顧排洩,基礎之先,須通溝渠,則陰雨之際,水可暢洩,既免潦患,甚亦保固,實要圖也。

(庚)自來水　自來水可歸商辦,然亦為市政工程之要題,水質既宜清潔,水量亦須充足,前者關於衛生,後者有關消防,均宜注意者也。

我人在申言申,閘北居民,感受自來水不良之痛苦,匪伊朝夕,而南市亦偶有缺水聞,際此疫癘催行,飲料之於衛生,關係尤鉅,而天旱物燥,倘有火警發生,水量尤為要素,故望公司方面,積極改良,而更望市政當道,特別注意,以謀猛進,庶使疫癘不致風行,治安亦可保持也。

(辛)公園　公園為市政工程計劃中之要件,蓋遊樂一事,乃人生所不可缺,市民雖以商務之繁,工作之勞,而事畢之後,得至公園舒展身心,淺復精神,以為次日或次期工作之預備,庶使市民永無疲倦之苦,而工商業之競爭,更進無已,而陶養品性,俾無凶惡之流,其於治安一方,亦多益處也,當計劃市政之初,即須根據區分之情形面積之大小,順序而開闢之。

(五)衛生工程　世界愈文明,衛生愈講求,而公眾衛生,尤為羣眾所不可缺,故市政當局,於其市政範圍之內,必須多設衛生處所,以謀人羣之健康與幸福,對於垃圾之搬運,穢水之排除,更須計劃種種設備,以應付之,

關於衛生工程各項之亟宜建設者,莫如公廁與排洩管 Sewer, 現在國

內,舉辦市政之區,對于公廁,已竭力佈設,然而尙未盡完善,且爲數不足,糞穢所積,蒸爲瘴癘,每一夏暑,斃者乃不知其幾,誤嘗服務於閩南之漳州,當陳炯明氏未入漳城以前,固一猥狹湫滯,穀擊咉咽,不能旋踵之區也,每當夏令,疫癘叢生,自市政舉辦,禁棄糞穢,公廁次第建築,其數在一百以外,街路旣治,汚垢漸減而人民因疫癘死亡之數,亦逐年遞減,至論排洩管之功用,專以排洩糞溺汚垢而設,目下我國,除靑島上海等處,已由外人舉辦,進行者外,尙不多見,誠以建築費巨,限於經濟,不易實行,然而利民之事,此其一端,我願市政當道者,亦有所注意也,

(完)

「更正」本卷九期第四頁第八項中,(惟b'爲T形樑幹部之闊度,)誤爲(惟b爲T形樑幹部之闊度,)5頁12項M_o誤爲Σ_o,末項範式「29」

$v=\frac{V}{bjd}$誤爲$v=\frac{v}{bjd}$

建築橋樑用之普通材料

（續本卷八期）

顧同慶

設計及構造鋼鐵建築物，常有一種疑問，即對於所用各種鋼材內究經含有炭質若干份，此項問題幾成懸案，因橋樑工程師未曾詳述炭質成份應含若干，所以一時不能決定，但鋼鐵鍊造廠，略能決定之，作者雖憑數年之經驗，略知應含炭質若干，究不能據以為證，最近由卡納乾（Carnegie steel Co.）鋼鐵公司內高級職員之一，詳述鋼鐵內應含灰質百分之幾，今特列表如下：

炭鋼（Carbon steel）

每方吋最後之強度磅數	鋼材內含有炭質 %
50,000	0.25 至 0.30
60,000	0.30 至 0.35
70,000	0.35 至 0.40
80,000	0.40 至 0.45
90,000	0.45 至 0.50

此項炭鋼內所含錳之總數，（Manganese）平均改變，約自軟鋼含有0.5%至硬鋼含有0.7%，

今將美國橋樑設計用之各種鋼材斷面之名稱分述如下，

鋼板（Plates,）角鉄（Angles,）工字鉄（I-Beams,）溝形鉄（Channels,）扁平鉄（Flats,）Z字鉄（Z-Bars,）弧形板（Buckled plates,）槽形鉄（Trough-sections,）皺紋板（Corrugated plates,）H字鉄（H-Sections,）T字鉄（Tees,）及鋼骨（Reinforcing bars）

鋼板最闊可輾至11呎，其最狹者之長度可至70呎，其最闊者僅長18呎，

其厚度至2¼" 爲限,有時欲得較大呎吋之鋼板,廠中亦可定造,但其價特別昂貴耳,

角鉄之最大者,槪至8"×8"爲限,而其厚度至1⅛"爲止,普通用之小呎吋角鉄,可得百呎以上之長度,但磅數極大者較之略短,有時須得較長之大角鉄,則廠內亦可承鍊,但其價昂貴耳,然定鍊之貨,必較現成者多延時日,因此工程不能進行,實非上策也,

普通工字鉄之高度,至24"爲限,但培塞雷姆鉄廠中所出者,有26",28",及30"之高度,該廠未鍊出之前,已經過許多困難,而竟能破此難關,實吾橋樑工程師及建築界之幸也,因此項高大之工字鉄,爲橋樑建築中之主要材料,

溝形鉄之深度,現在美國最深者,祇有15",近有廠中鍊造者云,可鍊成18"及20",但溝形鉄之深度超過15"者,冷時容易彎曲,而工字鉄與溝形鉄之長度,並無限制,所以設計橋樑者,均可任意定奪,

扁平鉄之長短闊狹亦無限制,任橋樑之需要,均能供給,Z字鉄最深者祇有6",其厚度爲⅞",此種式樣,極合柱子等用度,將來美國鍊鋼廠,或可鍊成較大之Z字鉄,

弧形板之闊度,至4呎爲止,長約30'-0",拱高以3¼"爲限,

槽形板乃由鉄板用帽釘聯成之物,大約6"深,8"開闊中到中,

縐紋板之闊度,自8"至12",其厚度至¼"爲止,拱高自1¼"至2¼",

大都大道橋樑橋面之下,均用弧形板與縐紋板,承受鉄道枕木及路床等,則用槽形板,

H字鉄,在美國近年來始鍊出,此種H字鉄,可用作大道橋樑之小柱子,及大柱子內之中豎物,H字鉄之呎吋,其深爲8",其闊亦爲8",將來該項材料用于橋上者,未可限量也,

T字鉄,對于橋樑設計上少有用之,昔時曾用作板桁橋上之小帖柱,(Stiffeners,)現已改用角鉄矣,　　（未完）

水泥

（續本卷九期）

彭禹謨

普士蘭水泥之組成　對于普士蘭水泥燒渣,暨製造所易覓得之各項物質,從最近光學上暨顯微學上之實驗,知普士蘭水泥之組成,大部分由於三種和合物,即 $3CaO.SiO_2$, $2CaO.SiO_2$, $3CaO.Al_2O_3$是也,從試驗中知三矽酸鈣 $3CaO.SiO_2$為最佳之粘性和合物,大概該質百分比例愈高者,該種水泥亦愈佳云,對于含有微量之鐵養質 FeO_3 鎂養質 MgO,鹼類等化合物,雖無影響於上述三大和合物,然因其質量之存在,可使石灰質在製造中與礬土質 Al_2O_3 及矽石質 SiO_2 趨於組合.

燒化完善之水泥燒渣,大約有下列之各種組合百分數:

三矽酸鈣 $3CaO.SiO_2$	二矽酸鈣 $2CaO.SiO_2$	三鋁酸鈣 $3CaO.Al_2O$	小部分和合物 Fe_2O_3等
36	33	21	10

考主要粘性和合物,三矽酸鈣 $3CaO.SiO_2$ 在普士蘭水泥製造中,係最後之完善組成物,該種和合物,係由 CaO 與 $2CaO.SiO_2$ 組成云.

如水泥燒渣,並未經完善燒化者,則其組合物中 $3CaO.SiO_2$ 減少,而 $2CaO.SiO_2$之量增多,同時尚有多量之單獨石灰 CaO 餘存,該餘存量之多寡,視燒化之程度而定.

普士蘭水泥之凝結與硬化　普士蘭水泥之凝結與硬化,主要原因,由於水化作用,其程序照所述之三大組合物,即 $3CaO.Al_2O_3$, $3CaO.SiO_2$, $2CaO.SiO_2$ 當水加入於普士蘭水泥之中,該種組合物,先成無定狀,後成結晶與無定水化材料,似通常之膠狀,惟因該種組合物,係鑛物原質,大都不易溶化,故雖在水中硬化作用,仍舊繼續進行,

福建民辦全省鉄路股份有限公司之計畫

（續本卷九期）

且世界鉄路，凡屬短線之營業，大部歸於失敗，故本公司規定，非招足股額，並照章收足第一期股本，確有把握，决不開工，以昭愼重，而固根本。

（乙）入手事業

（一）立案手續

民業鉄路法第二條，凡欲設立公司須自發起人先行開具稟請書，署名連同左列各款書類圖說，稟請交通部，暫行立案，

一，建築理由書，

二，假定章程，

三，路線預測圖及說明書，

四，行車動力之種類，

五，建築費用預計書，

六，營業收支預計書，

七，股本總額，

八，發起人之姓名籍貫職業住址，

按上列八款，尤以第三款應先着手進行，此外對於前漳廈鉄路，暫由交通部管理期間內所墊及倘欠交通粤行四十萬元，原係前任路局虧空之額，本公司當然不能代爲負責，

（二）籌墊開辦費

照前計畫第一步，旣須先聘專門家前往西北兩路，再行實地考察，測定路線，則在在需費，自不能不由各發起人酌爲籌墊，以便進行，

（三）承受舊股

本公司擬承辦漳廈鉄路，關於舊公司所有不動產，及各種物件，亟應請

部與舊公司商量,公司派人按照現在情形,切實估價,作爲舊股東,股本改換,新股票以示公允,

(四)分段敷設

本公司係承接漳廈舊路,擬分爲三大段,次第修築進行,先就嵩嶼至江東橋(計長二十八公里合華五十六里)妥爲修整,爲第一段,再由江東橋築至漳州,(計長十七公里合華三十四里)爲第二段,繼由漳州築至龍岩,(北路計長一百八十五公里合華三百七十里)爲第三段,但由嵩嶼至江東橋,修整完竣後,應卽呈請交通部,派人履勘,以便開車營業,一面積極進行,俾達全線之目的.

(丙)續辦事業

本公司係承接前,商辦福建漳廈鉄路,根據清光緒三十四年原案,以福建全省爲範圍,俟龍漳廈全路通車後,本公司之營業,略有成績,擬再進行第二部之計畫,繼續敷設一縱貫全省之幹路,卽由龍岩南行,至永定峯市,接通潮汕爲第二幹線,再由漳廈本路之石尾,北行經角尾涯口,出同安,越泉州莆田,以至福州,爲第三幹線,繼由福州,築至延平,過建甌以至浦城,期與浙江之江山相接,爲第四幹線,另由泉州築一支路至安溪,其間如永定泉州莆田福州延平建甌,人煙稠密,物產豐富,而安溪浦城之鉄,延平之煤,其產額不亞於龍岩,邦人君子,其急起而圖之.

以上數端,略舉梗概而已,至於此後人才,應如何物色,工程應如何進行,材料應如何採擇,車輛應如何選配,倉庫應如何設置,客貨應如何招徠,運輸應如何改良,員額應如何規定,皆於鉄路有莫大關係,自應徵集大衆之意見,參酌社會之情形,日求完備,海內外不乏明哲之士,幸進而教之. (完)

福建漳龍公路近訊

福建漳龍公路,水潮至龍岩,一百三十里,工程由鄭畢山(議會副會長)

周醒南(廈門市政會辦)等,發起組織龍湖路礦公司,招商積極進行,業已籌足股欵,委托賈書河工程師,親自率領測量隊,即日前往,先行測量水潮至和溪一段,大約二月內即須開工,茲述其工程辦法,及進行程序如下.

(一)工程辦法　此路線從水潮起點,經和溪,永溪,柄寮,國公橋,十八灣,適中,蘆美坑,莒潮,達王莊,由王莊至龍巖二十里,業經築竣不計外,全路一百一十里,分爲二十二段,民國十一年,時經一度測勘,約費工程費七十餘萬元,本公司現旣定股本約四十八萬元,自不能全路同時並舉,茲擬先從水潮築至和溪,計二十五里,又從王莊築至適中,計四十里,其適中至和溪四十五里一段,須視此後股本增加之多寡,再定興築之里數,照此辦法,漳州至和溪汽車兩小時可達,和溪至適中步行六小時可達,適中至龍巖汽車一小時可達,從漳至巖僅須九小時,以四日之程途,縮爲一日,由汽車載貨,至和溪,每百斤約大洋五角,又從和溪以人力挑至適中,每百斤七角,由適中至龍巖三角,統計由漳至巖,每百斤貨物祇須一元五角,比現時減輕一半,即使以後股本僅收此數,於營業上亦有利益,絕不致受微小股本之影響,此種辦法似較穩當,龍巖物產豐饒,以載重論,小鐵路勝於汽車,況燃料又爲本地所特產,利權不致外溢,惟國公橋以下,山勢高峻,斜坡太大,恐不能敷設鐵軌,茲擬由巖至國公,計工程師計劃兩種路線,一爲汽車路,一爲小鐵路,互相比較,擇善而從,始臻完美.

(二)進行程序　上述辦法以爲可行,應討論進行程序,在普通築路辦法,先由工程師測繪完畢,設計清楚,確定預稅,然後從事招工興築,查王莊至水潮百一十里,室外工作須三個月,室內工作最速半年方能興工,本公司急於觀成,期以一年通車,自應變通辦理,分巖潮兩段,分交工程測繪,一皇莊至和溪爲巖段,一水溪至和溪爲潮段,此段分文善和至適中爲上段,先行工作,適中至莊溪爲下段,俟上段完畢,再從事下段,又定五里爲一小段,每段圖則預算辦妥即行招工競投,照此辦法,經常費固可節省,營業上易於見利,且可

以短促時間收此繁雜之工作,此種程序,實不容或紊也,

太湖水利委員會之簡章草案

孫傳芳陳陶遺對於蘇浙人民反對太湖放墾,曾表示由兩省各推代表加入調查,日前江浙協會開會,曾擬組織太湖水利委員會,茲簡章草案大致已定,爲錄如下,(一)本會爲協助計劃太湖水利而設,以江浙兩省瀕湘各舊府州屬之代表組織之,(二)代表每屬一人,由江浙協會推舉之,(三)本會除討論關於水利工程之計畫對於官廳得隨時建議外,並得受官廳之委託,施行測量規定濬線,及其施工程序,(四)本會得延聘工程顧問或工程師一人辦理『三』之會務(五)本會實施工程時,凡有關係之各縣,得延當地明於水利之士紳加入爲委員,(六)本會經費之籌集,一由瀕湖各邑籌集,二陳請官廳撥定,(七)本會每年開常會四次,於一三七十月內行之,(八)本會設主席常務委員一人,均於會內公推之,(九)委員任期二年,連被推者得連任,(十)本會各種細則另訂之,(十一)本章程如有變更,由江浙協會議決之,

淞滬市政摘要

淞滬商埠衛生局規則(第一條)淞滬商埠衛生事務,悉由衛生局管理,定名爲淞滬商埠衛生局,直隸於淞滬商埠督辦公署,從前淞域滬區內原有各機關所辦理之衛生事務,悉歸併衛生局,(第二條)淞滬商埠衛生局管轄區域,以淞滬商埠督辦公署轄區域爲準,(第三條)淞滬商埠衛生局分設一二三各科及化驗所,(第四條)第一科掌理清道清潔稽核衛生勤務,(第五條)第二科掌理疫病死亡之統計醫生藥劑師藥商藥攤産科等之稽核,或發給執照及不屬他科之衛生事宜,(第六條)第三科掌理稽核公衆衛生事項,預防傳染疾病,檢查食品取締毒藥,又掌理施醫檢診種痘救治時疫等事宜,(第七條)除上設三科外,另設事務員若干人,掌理本局文牘收發管卷計庶務

事宜,(第八條)淞滬商埠衛生局附設化驗所,掌理化驗藥品食品飲水等事宜,(第九條)淞滬商埠衛生局設局長一員,副局長一員,承淞滬商埠督辦公署之命,處理局務,局長以淞滬警察廳長兼任,(第十條)各科設科長一員,科員若干人,承局長副局長之命,處理本科事務,(第十一條)化驗所設所長一員,承局長副局長之命,處理本所事務,並設化驗員,佐理本所事務,(第十二條)淞滬商埠衛生局得設衛生醫士,承局長科長之命,就指定事項,分任稽查衛生事務,(第十三條)淞滬商埠衛生局各科所,得設辦事員,承各科長所長之命,助理科所事務,(第十四條)淞滬商埠衛生局因繕寫文件得雇用錄事,(第十五條)淞滬商埠衛生局因辦理衛生事務,如檢診種痘化驗注射防疫針發給執照等,得徵收衛生費,徵收費規則另定之,(第十六條)淞滬商埠衛生局為集思廣益起見,附設衛生委員會,以備局長副局長之諮詢,淞滬商埠衛生局委員會之規則,另定之,(第十七條)淞滬商埠衛生局處理衛生事務,應按月繕具報告,呈淞滬商埠督辦公署查核,(第十八條)本規則如有未盡事宜,得隨時呈請改正,(第十九條)本規則自公佈之日施行,

衛生委員會規則(第一條)淞滬商埠衛生局依淞滬商埠衛生局規則第十六條設衛生委員會,(第二條)衛生委員會委員,由淞滬商埠督辦公署聘請素孚衆望者五人有專門衛生學識者四人組織之,(第三條)衛生委員會委員,均為名譽職,(第四條)衛生委員會各委員,互選會長一人,為開會時主席,(第五條)衛生委員開會時,局長副局長或所派人員,得出席於衛生委員會,(第六條)衛生委員會除處理淞滬商埠衛生局交議或諮詢事項外,並得以委員多數之同意,建議於淞滬商埠衛生局,(第七條)衛生委員會到會人數,不足三分之二以上者,不得處理或會議該會事務,(第八條)衛生委員會所有庶務紀錄管卷等事務,悉由淞滬商埠衛生局事務員兼理,(第九條)本規則如有未盡事宜,得隨時呈請修正,(第十條)本規則自淞滬商埠衛生局開辦日施行,

各種水泥拉力試驗記錄

陸 超

水泥爲近代重要建築材料本刊登載關於是項材料試驗之記錄已有數次茲又由一材料試驗處寄來各國出品之水泥拉力試驗之記錄十種結果頗爲新鮮亟爲宣佈以貢國內工程家之查考

編者附誌

水泥種類		每方吋拉力強度磅數				附記
中名	西名	純粹水泥		1:3膠灰泥		
		七天	廿八天	七天	廿八天	
馬牌	Red Horse	665	752	248	314	
寶塔牌	Pagoda	628	632	253	300	
泰山牌	Taishan	635	736	240	310	
象牌	Elephant	603	658	228	295	
紅龍牌	Red Dragon	415	500	140	208	
黑龍牌	Dragon	601	649	214	273	
船牌	Asano	577	634	202	263	
…………	Kiln	500	598	177	268	比國出品
…………	Novorosick	478	543	187	276	俄國出品
…………	Salona	503	613	158	204	法國出品

表內十種水泥大概紅龍牌與Salona兩種法國工程師喜用之而Ktln與Novorosick兩種在上海不甚多云

量　法

（續本卷八期）

彭禹謨編

例題　設有一直線一弧線包圍之地用50呎等分距離量得諸縱距離爲19, 18, 14, 12, 13, 17, 23（以呎計）求該地之面積

解　$a=19'$,　$n=23'$

$\sum h=18'+14'+12'+13'+17'$　　$d=50'$

代入「35」式則面積 $A=\left(\frac{19+23}{2}+18+14+12+13+17\right)\times 50$

$=4750$ 方呎

（丙）杉氏規律 Simpson's Rule　此規律測法與（乙）同惟基線之等分其數須偶（卽成雙數是也）

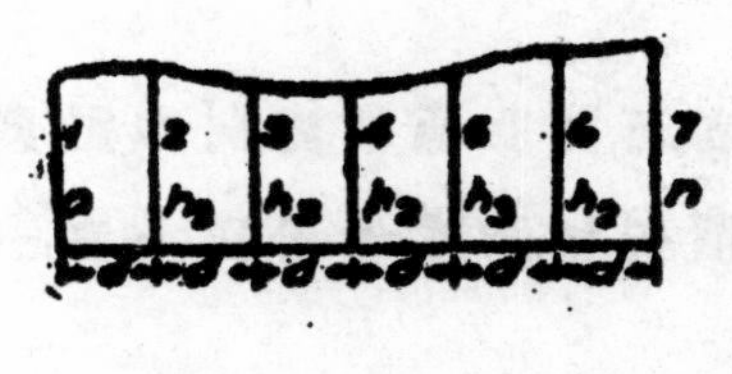

第九圖

面積 $A=(a+n+4\sum h_2+2\sum h_3)\frac{d}{3}$「36」

式內 $a+n=$ 兩外邊縱距離之和

$4\sum h_2=$ 諸偶數內面縱距離和之4倍

$2\sum h_3=$ 諸奇數內面縱距離和之2倍

（待續）

15129

代銷工程旬刊簡章

（一）凡願代銷本刊者，可開明通信處，向本社發行部接洽，

（二）代銷者得照定價折扣，銷貳十份以上者，一律八折，每兩月結算一次（陽歷），

（三）本埠各機關担任代銷者，每期出版後，由本社派人專送，外埠郵寄，

（四）經理代銷者，應隨時通知本社，每期銷出數目，

（五）本刊每期售大洋五分，每月三期，全年三十六期，外埠連郵大洋貳元，本埠連郵大洋一元九角，郵票九五代洋，以半分及一分者為限，

（六）代銷經理人，將欵寄交本社時，所有匯費，概歸本社担任，

工程旬刊社發行部啓

編輯主任：彭禹謨，會計主任 顧同慶，廣告主任 陸超

代印者：上海城內方浜路貽慶弄二號協和印書局

發行處：上海北河南路東唐家弄餘順里四十八號工程旬刊社

寄售處：上海商務印書館發行所，上海中華書局發行所，上海棋盤街民智書局上海四馬路泰東圖書局，上海南京路有美堂，暨各大書店售報處

分售處：上海城內縣基路永澤里二弄十二號顧壽蓀君，上海公共租界工部局工務處曹文奎君，上海徐家匯南洋大學趙祖康君，蘇州三元坊工業專門學校薛渭川程鳴琴君，福建漳州漳龍公路處謝雪樵君，福建汀州長汀縣公路處羅履廷君，天津順直水利委員會曾俊千君，杭州新市場平海路新一號西湖工程設計事務所沈襲良君鎮江關監督公署許英希君

定價：每期大洋五分全年三十六期外埠連郵大洋兩元（日本在內惟香港澳門以及其他郵匯各國一律大洋二元五角）本埠全年連郵大洋一元九角郵票九五計算

廣告價目表

地位	全面	半面	四分之一面	三期以上九五折
底頁外面	十元	六元	四元	十期以上九折
封面裏面及底頁裏面	八元	五元	三元	半年八折
尋常地位	五元	三元	二元	全年七折

RATES OF ADVERTISMENTS

POSITION	FULL PAGE	HALF PAGE	¼ PAGE
Outside of back Cover	$ 10.00	$ 6.00	$ 4.00
Inside of front or back Cover	8.00	5.00	3.00
Ordinary page	5.00	3.00	2.00

創新建築廠

CHANG SING & CO.,

GENERAL CONTRACTORS,

HEAD OFFICE - NO. 54 TSUNG MING RD, SHANGHAI,

TEL. N. 3224

本廠寫字間設在上海崇明路五十四號專造各種鋼骨水泥或鋼鐵等建築物例如工廠堆棧河工海港碼頭堤壩鐵道或大道橋樑自來水塔涵洞以及中西房屋等工程倘蒙賜顧無不竭誠辦理

創新謹啓

電話北三二二四

新仁記營造廠

SING JIN KEE & CO.,

BUILDING CONTRACTORS

HEAD OFFICE;-NO450 WEIHAIWEI ROAD, SHANGHAI

TEL. W 531.

本營造廠○在上海威海衛路四百五十號○設立已五十餘年○經驗宏富○所包大小工程○不勝枚舉○無論鋼骨水泥或磚木○鋼鉄建築○學校校舍○公司房屋○工廠堆棧○碼頭橋樑○街市房屋○以及住宅洋房等○各種工程○莫不精工克己○各界惠顧○竭誠歡迎○

新仁記謹啓

電話 西五三一

工程旬刊

胡適題

THE CHINESE ENGINEERING NEWS

第一卷　第十一期

民國十五年九月十一號

Vol 1 NO.11　September 11th. 1926

本期要目

閒話　曾世英

鋼筋混凝土設計標準條例　胡振業

水泥　彭禹謨

上海公共租界乍浦路橋工程略述　顧同慶

三合土鐵道路基之新發明

奉天市政新聞

工程旬刊社發行

上海北河南路東唐家弄餘順里四十八號

◀中華郵政特准掛號認爲新聞紙類▶

(Registered at the Chinese Post office as a newspaper.)

工程旬刊社組織大綱

定名　本刊以十日出一期,故名工程旬刊.

宗旨　記載國內工程消息,研究工程應用學識,以淺明普及爲宗旨.

內容　內容編輯範圍如下,

(一)編輯者言,(二)工程論說,(三)工程著述,(四)工程新聞,

(五)工程常識,(六)工程經濟,(七)雜　俎,(八)通　訊,

職員　本社職員,分下面兩股.

(甲)編輯股,　總編輯一人,　譯著一人,　編輯者干人,

(乙)事務股,　會計一人　發行一人,　廣告一人,

工程旬刊投稿簡章

(一)　本刊除聘請特約撰述員,担任文稿外,工程界人士,如有投稿,凡切本社宗旨者,無論撰譯,均甚歡迎,文體不分文言語體,

(二)　本刊分工程論說,工程著述,工程新聞,工程常識,工程經濟,雜俎通訊等門,

(三)　投寄之稿,望繕寫清楚,篇末註明姓名,暨詳細地址,句讀點明,(能依本刊規定之行格者尤佳)寄至本刊編輯部收

(四)　投寄之稿,揭載與否,恕不預覆,如不揭載,得因預先聲明,寄還原稿,

(五)　投寄之稿,一經登錄,即寄贈本刊一期,或數期

(六)　投寄之稿,如已先在他處發佈者,請預先聲明,惟揭載與否,由本刊編輯者斟酌,

(七)　投稿登載時,編輯者得酌量增刪之,但投稿人不願他人增删者可在投稿時,預先聲明,

(八)　稿件請寄上海北河南路東唐家弄餘順里四十八號,工程旬刊社編輯部,

工程旬刊社編輯部啓

編輯者言

言爲心聲,文者所以代言語而作也,凡物有惰性,人亦不能脫此律,有惰性,則動作之初,不易活潑,旣動矣,若無阻礙,則依直線進行,永無止境,此係物理,亦卽俗稱習慣是也,本期所載「閒話」一篇,曾君所述工程週報中之言,確係惰性作用,亦卽習慣使然,爲工程師者,苟能毅然發表其心得,貢諸同好,於是新理新法,新製新器,日出月盛,進步無量矣.

閒話

曾世英

第九十七卷第四號的美國工程週報 Engineering News-Record 內有一篇小品,中間一段說:

凡做工程師的,應當時常把他的工作上所得的經驗,或他自己想出來的方法,記載下來,當作一種筆記,或短篇的論文.但是說這句話的人,雖常想去實行他的思想,却總是沒有去實行.

他說:他自己正像其餘的一般工程師,當預備寫的時候,總恐怖自己的文字,不能够達意,終於不幹了;間然有的時候,工夫不够,也是不幹的一個原因.

我想我們現在工程界吃飯的人,總有一大部分,也曾有過這一層見解,并且碰到同樣的難關.我自己也是不能跳出這個範圍的一個人:我不是留學生,英文當然是不高明的,但是記載工程上專門方面事情的時候,如果要我用中文,尤其覺得我的一只手,一支筆,一張紙,這三樣東西,總不肯親親熱熱的連絡起來,把我想到的東西,做成一點連接的句讀.

我想我的猜想不致於大錯吧,所以就是到了今日的中國,工程的設施,固然不多,總是有幾處,其中主要的工程師,中國人也還占有一部分的勢的,然而試看所有「鳳毛麟角」的中文工程雜誌,中間的文字,除去直接翻譯人家的東西,或合并人家的幾種學識,當作一種介紹外,對於自己國內的東西,實在不甚容易看到的.

曾經到過中國來的美國橋樑專家 Waddell 有一篇演說,其中詳細,我現在已經記不起來,大概是說:現在美國工程專門學校裏邊的英文一科,應當全圖畫,算學等基本科學,一樣的注重,這樣畢業出來的學生,一定可以比沒有文學的學生,更有作爲,他的見識當然比做上文所述小品的人,更進一層.一個工程專門學校畢業出來的學生,自己固然不願終身做一個工人,人家也不願他終身做一個工人,他當然要站到這一步地位,需要想法傳遞他的意見,方法,上面到高級的管理人員,做一種建議或報告,下面到工作的工人,來指示并且管理他們,旁邊還要及於社會,來求互相研究.這種傳遞,一定要用文字.如果文字做得好,他的效率一定大一點,這是中外相同的,所以他老先生主張工程專門學校,也應當注重文學. (待續)

鋼筋混凝土設計標準條例

(續本卷九期)

胡振業

19 凡承受均匀分佈載重之樑,在剪力等於零處之切面內,至少亦須有該樑端部剪力抵力之四分之一之強度,換言之即該切面上,至少亦須有

能承受該樑端部剪力之四分之一之鋼筋在內,在該切面起至該樑兩端之剪力假定為均匀變量,

20　腹部鋼筋,可概括為下列數種,

(a)　許多垂直鐙形鉄,或腹部鋼筋,

(b)　傾斜鐙形鉄,或與縱向鋼筋成30°度,或30度以上角度之腹部鋼筋,

(c)　與縱向鋼筋方向上,彎成15度或15度以上角度之縱向鋼筋,

當剪應力不大於 0.06fc' 時,則由樑之軸向在兩條相鄰之鐙形鉄間,或鋼桿兩相鄰上彎點間,或由一鋼桿上彎點至支體之邊間等處,量得之距離S,不得小於由下式所計之值,即,

$$S = \frac{4sd}{a+10} \cdots\cdots \lceil 30 \rfloor$$

a＝彎桿角度,如剪應力超過 0.06fc' 則距離S不得超過用範式30所得之值之三分之二,

21　樑內縱鋼筋,在兩端處如未置特別鈎住者,則用範式29所求得之單位剪應力,不得超過用範式31或32所求得之值,無論如何,不得超過 0.06fc' 之值,當 a 角在45與90度之間,則

$$V = 0.02fc' + \frac{fv'Av}{bs\ \mathrm{Sin}\ a} \cdots\cdots \lceil 31 \rfloor$$

當a角小於45度時,則

$$v = 0.02fc' + \frac{fvAv}{bS}(\mathrm{Sin}\ a + \mathrm{Cos}\ a) \cdots\cdots \lceil 32 \rfloor$$

22　樑內縱向鋼筋,在兩端處,如用彎鈎,或其他之法者,用範式29所得單位剪力,亦不得超過用範式31或32所得之值,惟範式31或32中之 0.02fc' 須以 0.03fc' 代之,無論如何,仍不得超過 0.12fc' 之值,

23　腹部鋼筋,諸桿如一單獨點上上彎起彎之點,與支體邊之距離S,

不得大於由20節內範式所得之值,而用於設計時之$\frac{fvAv}{bs}$(Sina+Cosa)之值,不得超過每方吋75磅,

24 如樑之腹部鋼筋,有兩種以上樣式同用者,則樑之總剪抵力一定等於每式剪抵力之和,在此等計算之中,混凝土之剪抵力,(即範式「31」及「32」中之0.02fc'或0.03fc'項)僅計入一回,無論如何,極大剪應力,不得大於「21」及「22」兩節之限制數值, (待續)

水泥

(續本卷十期)

彭禹謨

對于此種水化物和合物,三鋁酸鈣($3CaO.Al_2O_3$)混以水後,凝結與硬化,均極迅速,三矽酸鈣($3CaO.SiO_2$)凝結與硬化似較遲緩,而二矽酸鈣$2CaO.SiO_2$之反動,更爲遲慢.

對于硬化之開始,須先經過一長久之時間,最初凝結,由於$3CaO.Al_2O_3$之水化,最初硬化,及粘結强度,由於$3CaO.SiO_2$之水化,至其徐徐增加强度,由於上述兩和合物起更後之水化,與$2CaO.SiO_2$之水化相合而成.

和合物$3CaO.SiC_2$所以稱爲一羣中最佳粘性材料者,因其加入水後,在適當之時間中,可以凝結及硬化,成爲塊狀,並能使普士蘭水泥,有相當之硬度與强度,此乃比較其他兩大和合物之特點,雖$3CaO.Al_2O_3$之凝結與硬化爲時極速,然易溶解水中,故無特著之堅度與强度,和合物$2CaO.SiO_2$其本身雖爲一有價值之粘性材料,然其硬化時間太久,故亦爲一種缺點也.

普士蘭水泥之製造.

(甲)原料 普士蘭水泥之主要成分,爲矽石質礬土質石灰質,在天然

材料中,其量雖多,其性質或因產地之不同而有差異,且在製造普士蘭水泥時,對于三種成分,尤不易得確實之比例,於是將若干之材料,採集,用人工混合法行之,下面諸原料,大部用於製造水泥者.

(1)石灰岩及石灰石

(2)石灰泥及粘土(或殼類)

(3)石灰石及粘土(或殼類)

(4)爐渣及石灰石

(5)墨岩及粘土

石灰岩為一種有膠性之石灰石,其成分含有炭酸石灰,約68%,或72%,粘土約18至27%,及不超過5%之炭酸鎂,此類石灰岩,係黑色板狀石灰石,其結構頗柔軟,因其容易採取及磨製,故頗適用於水泥製造,又因其組合成分,頗均勻,故通常不過需用少量純粹石,灰石加入其中云.

石灰石所以採為製造水泥材料者,因其主要成分,含有炭酸鈣,暨其他多少之雜物故也,下面表中,係指示石灰石內,各種成分之百分計算,倘有微

炭酸鈣 $CaCo_2$	矽養質 SiO_2	礬土質及鈥養質 $Al_2O_3+Fe_2O_3$	炭酸鎂 $MgCo_3$
88.0至98.0	0.3至8.0	0.2至2.1	0.2至4.2

量之硫養質SO_2,暨各種鹼類,存在石灰石之中.

石灰泥,係純粹之炭酸鈣,該類柔軟而潮濕,在枯乾之湖底,或低濕之區內,可以尋得之,其生存之由來,或經化學作用,或經物理化學作用,從各類植物質或動物質造成之.

粘土與殼類,為同一普通之組成物,惟對于凝固程度,彼此有不同耳,

粘土之組成,由於殼類之腐爛,其與粘土岩石相像,其主要成分,為矽石質(SiO_2)暨礬土質(Al_2O_3,)惟時常含有鈥養質(Fe_2O_3.)

適合於製造水泥用之粘土,其所含之矽石質比例,不得小於55至65%,而礬土質與鉄養質之併合量,須在等於矽養質一半或三分之一之間,粘土含有上面主要成分比例,其中矽量多者,所成之水泥燒渣比較容易磨製,粘土如含多量之礬土質,則產生堅硬之燒渣,及快度凝結水泥,如在海水中更受重大之影響.

爐渣係由鉄礦苗中雜物合成,而石灰石又為煅煉爐中之溶劑,下面表中,係由用於製造水泥之爐渣,分析結果,(百分計)

矽石質 SiO_2	礬石質與鉄養質 $Al_2O_3+Fe_2O_3$	石灰質 CaO	鎂養質 MgO
33.10	12.60	49.98	2.45

粘土燒後,如經快度冷結,則變成一堅硬之透明物體,其性柔韌而堅固,製造之法,即將溶了之燒渣,置於大號水池之內,使其變成粒狀物體,混於水中,此種不分解之燒渣,其顏色形狀,甚似黃色砂糖,是即製造普士蘭水泥之原料也.

堊岩係含有炭酸鈣之各種柔軟土質,由於細微之有機物所成,有時亦含微量之矽石質,礬土質鎂養質,堊岩之用於製造水泥,其範圍頗狹,

(乙) 原料之分配　製造普士蘭水泥用之原料分配法,有下面兩種規律.

納氏規律 Newberrg's rule

$$極多之石灰量=2.8(\%SiO_2)+1.1(\%Al_2O_3)$$

依氏規律 Eckel's rule (又稱結合指數)係上律之改良者,將鎂養質鉄養質等量,加入於式中計算之而已,

$$\frac{2.8(\%SiO_2+1.1(\%Al_2O_3)+0.7(\%Fe_2O_3)}{\%CaO+1.4(\%MgO)}=1$$

結合指數之數值,如小於1,則指示石灰質,與鎂養質太多,其結果使該

種原料容易澎漲,且不堅結,通常實用中減去由上述規律所生之石灰,約該比例10%,以免去所得之水泥,有不堅之弊。

(丙)磨製與混合　原料未經煆燒以前,其混合法及磨製物,有乾法濕法兩種。

濕法之手續,係將原料磨細,然後置入旋轉窰中,加以適量之水,使其成爲流狀,燒結物,製造廠中,如採用石灰泥爲原料者,濕法最好,

乾法之手續,對于原料之磨細與混合等項,均免用水,此其區別也。

(丁)燃燒及水泥混合　旋轉窰之裝置,與水平線做有傾斜,其旋轉速度,大約每分鐘一次,磨細之原料,從其上端裝入,由窰之傾斜與旋轉之作用,使其運轉與向前不已。

當原料相前進行時,因窰之下端,放入之燃料,發生熱汽,致受一種影響,所成之燒渣,其圓經,大小約自$\frac{1}{4}$吋至1$\frac{1}{2}$吋,尋常實驗,對于原料,由窰口放入,至出口,其間所費時間,約一小時。

(戊)燒渣之處置　待水泥燒渣變冷後,然後粉碎,並經過初步之磨製第二步手續,加入石膏質,重行磨製細粉,考石膏粉之加入,可使所成之水泥,不致有太速,凝結,大約每100磅之燒渣,加石膏粉(CaSc₄)(或精製石膏粉)2磅云。

天然水泥之製造

(甲)原料　製造天然水泥所用之原料爲一種含有粘性材料自13至35%之天然膠性石灰石該項粘性材料大約有15%爲矽石質其餘物爲礬土質與鐵養質通常所用之石灰石種類大概含有多量之炭酸鎂成分在內以替代炭酸鈣石灰岩之組成各地不同採運之後最好能使其有均勻一致之料者愈佳。

上海公共租界乍浦路橋工程略述

顧同慶

(一) 緒言

上海爲工商會萃之區,水有汽輪,陸有機車,輸運利便,經營工商業者,趨之若鶩,因此人口有加無已,行人往來如鯽,公共租界市政當局,有鑒於此特將前規定之路寬四十呎者,現已改爲六十呎或八十呎,所有跨過蘇州河之橋樑,除外白渡橋及老垃圾橋外,均係木質,現已次第改建鋼骨混凝土,已成者如四川路橋新垃圾橋,及天后宮橋,至于乍浦路橋工程,尙在進行中,其所以改建之原因有二,一因人口增加,交通複雜一因電車事業發展,推放無軌電車路線,向有之木橋,斷不能擔此重任也,今將乍浦路橋工程之大概情形,略述如下以資査攷,

(二) 概說

該橋全部工程,由上海創新建築廠承包計造價銀十一餘萬兩,於民國十四年十月動工,將原有木橋,先行卸去,重建鋼骨混凝土橋,工作時期,除雨工不計,限一年完工,大約年內或可竣工,開始交通,橋身全長,共計二百三十六呎,橋分三孔,故有橋墩(Pier)兩只,岸墩(Abutment')兩只,中孔跨度,自橋墩中心至中心,計長一百二十呎,兩邊孔之跨度較小,自橋墩中心至岸墩頂邊,計長五十八呎,三孔均成平弧形,橋之闊度,自橋欄中心至中心,計六十呎,兩旁人行道各九呎,中央四十二呎,爲車輛行駛路橋之縱向坡度,除橋頂中心兩旁各二十呎,係用五百呎半徑之弧線外,餘則接以1比25之坡度,人行道横切面坡度爲1比30,車路弧形,中心之拱高,爲路寬之八十分之一,橋之中心線與河流成直角,

(三) 上部結構

橋面厚六吋,人行道厚四吋半,橋面下共有桁樑十根,每根互相連接,跨

過三孔,樑之深度,愈近支點處愈深,外觀如平弧形,桁之闊度不等,自岸墩至橋墩中心伸出十四呎計闊14"再接十一呎闊爲12"再過十呎爲10",中央部爲8",中孔雖係伸臂式而各桁內部之鋼筋,互相銜接,所以中央並無伸縮縫,該縫設在橋之兩端岸墩上,人行道下面,每隔十呎有一8"×10",之橫樑,以備承支水管及電線等,經過橋上也,

(四) 橋礅結構

橋礅高度,自起拱線至底面計22呎,頂部闊9呎,底部寬20呎,長85呎8吋,底脚厚3呎橋礅週圍,以平均12吋厚之鋼骨混凝土板牆,包圍而成,中間空處,惟桁樑經過頂部處,均有混凝土直壁到底,與桁樑結成一塊,直壁之厚,與桁樑相等,每一直壁上均有18吋徑之圓孔,人可往來壁間,查察內部狀況,人行道經過橋礅中心處,設有2呎方之陰井蓋,可以隨時啓閉視察礅身內部情形,及電線水管等排列狀況,以便修理礅之下部板牆上,設有4吋徑之洩水孔,該孔塞以石塊,所留空隙甚多,當潮水漲落時,礅內之水,亦隨之升降而橋礅得以均衡水壓力,橋礅基礎,益覺穩固,

(五) 岸礅結構

岸礅之高度,自頂至踵,計22呎6吋,頂面闊2呎,底面闊12呎,形式與混凝土擁壁相似背面垂直而成階級形,前面傾斜其斜度爲1比8',在起拱綫處,均用2呎6吋高之蘇州花剛石鑲口,橋礅亦然,

(六) 基礎工程

橋礅基礎之施工法,先將14吋方之花旗松做成壩箱,架一皮,浮至所定地位,然後再造第二及第三皮,箱架造成後,卽打14吋闊50長之鋼質企口板樁於四圍,箱內裝置邦浦兩只,將水抽出使箱內時常乾燥,於是開始挖泥工作,挖平後,將14吋方40呎長之洋松樁183根一一打入河底,樁與樁間之中心距離約4呎(梅花式)打齊後,各樁頂須一律鋸平,上做6吋厚之碎磚混凝土,上部工程依次進行,壩箱架之橫撑穿過橋礅板牆處,另以鐵筋混凝土塊

代之,將來拆去壩箱時,不致碍及橔身,

岸橔所築之壩箱用12"×6"×30'-0"之洋松機鋸企口板樁,聯合而成,箱內裝置邦浦一只,箱內之水抽出後卽可開始工作,共打入10吋方30'呎長之洋松樁,155根樁與樁間之中心距離,約3呎,(梅花式)打齊後各樁頭一律鋸平,上做6吋碎磚混凝土,上部工程卽可依次進行,

(七)橋欄之設計

橋欄之形式,外視似實質矮牆,其實內部中空,每距8呎,建一小方柱,該柱鋼骨插入桁樑內,然後將預先搗成之混凝土板形塊物,及凹凸之扶手塊形物,互相配合,包於柱上,連成一氣,而矮牆形狀因是以成,其高約三呎三吋,燈杆形式尙未定奪,各杆大約立於橋欄之上,

三合土鐵道路基之新發明

美國鐵路工程司多人,新發明一種三合土鐵路基,以代現在所用之枕木及石子,預料改用此種新式路基後,車行其上,必較前平穩快捷,(每小時可達一百英里)且可免去塵土飛揚,現擬在披亞麻括司鐵路,由狄特列至傍遮克間,建築此項新路基,以資實驗,披亞麻脫鐵路總理,亞爾佛來氏,宣言此項試驗路線,將於九月間開始建築,此項路基之圖樣,係寬十尺厚十八寸之三合土厚片,建築之後,可一勞永逸,所用之鐵軌,亦可較現在所用者減輕,蓋以鐵軌爲一種限制物,不如以前之鐵軌爲樑也,裝置時以鐵軌與嵌在三合土內之鋼版相銜合,故極其堅固,亞爾佛來氏云,此項新路基,可減少保養費,雖載重增加,亦無妨也.

現在用枕木及石子爲路基,無論安置鐵軌如何小心,亦時有灣曲之虞,若用三合土路基,則軌道可歷久不曲,並可減少機頭之拉力,每年所節省之費用,等於鐵軌費百分之十云

奉天市政新聞

奉天省城,建築電車,現在正在進行,茲將各項敍述如下,(一)軌道,此期電車軌道係用新式溝形者,取其便於鋪路,又較爲經濟,溝以外軌側略低,敦路上浮土,易於排出,然馬路車馬過多,積土甚厚,此種鋼軌,仍感困難,此後即將敷以煤渣,再將馬車,設法行於另一道路,則電車軌道,庶可便利,軌條每碼重九十三磅,爲較重之式,因省垣馬車旣多,鐵輪毀軌過劇,軌條若輕,殊難持久,況又利用鋼軌,導反電流,亦須較重者爲宜,(二)軌寬,軌寬係中標準式,寬英尺四尺八寸半,與普通火車相同,將來與火車可以聯絡,而車行平穩,運轉亦較安全,歐洲最近,競將舊日狹軌,改爲寬軌,其故在此,(三)電柱,柱有木柱鋼柱洋灰柱之別,木柱價廉,易致腐朽,鋼柱雖較耐用,成本頗昂,洋灰柱最爲耐久,價格昂於木而廉於鋼,惟重量頗鉅,架線不如木柱鋼柱之便,三者雖互有利弊,然洋灰柱爲最適宜,近世新設之電車,多採用之,(四)架線,架線之法甚多,中央柱者,立於道中,車由兩側通駛,此法儆省,然非寬廣道路,足爲其他車馬之障碍,易發危險,道旁立柱雖較多一木,而附屬機件較省,架設又爲省工,最宜於狹道,因其不爲交通障碍,此期電車即採用此式,(五)電線,此次電線用有溝式者,以免墮落之虞,線之斷面積頗大,因奉省天氣殊寒,冰雪旣多,暴風亦烈,非較粗之線,難保安全也,費價較細線略多,而節省電力,則獲益不淺,(六)車輛車輛分二種,設電動機者,曰機車,其不設電機,隨機車拖引而行者,曰拖車,車不宜過重,重則耗電較多,車體過長,於曲線轉折處不便,過寬則於將來兩車往復通行之時不便,過高易致軌搖,宜用密閉式者,以阻風雨塵沙,至於拖車,體重較輕,耗電較少利一也,吾不用拖車而出兩輛機車,須用御夫二人,若用拖車,僅一御夫即可,利二也,斟酌客貨多寡,臨時制宜,或加拖車,或去拖車,運輸能率,可以任意伸縮,利三也,然一遇機車機器損傷不能前進,拖車亦須隨之停止,此亦一弊也,(七)電流,電流有交流直流之分近時長途電車,及地下電車,用交流者日多,而市內仍以直流爲安全,電壯尤不可過高,市內以六百位電壯爲常用,電車用電,其不自設發電廠,而用變電廠,法以甚妥,此有二式,一用廻轉變流機,此法發生電力,頗爲經濟,而運轉較難,且須另備變壓器,亦不爲省款,一法用交流電動機,連接直流發電機,此法消耗電略多,然運轉便利,又不須另設變壓器,故此法較良也.

南通張季直經歷略錄

張氏生於海門常樂鎮,少有才名,與朱銘盤范鏞范當世並稱通州四子,光緒八年隨清提督吳長慶赴朝鮮,參與軍事,旋以文字見賞於翁同龢,十一年乙酉中順天鄉試南元,二十年甲午恩科狀元,是年九月丁憂回里,絕意仕進,廿二年與兩江總督劉坤一議辦大生紗廠於唐閘,二十六年拳匪之亂,建議保衛東南之策於張之洞劉坤一,二十七年辦通海墾牧公司,二十八年辦師範學校,培植全縣小學師資,又籌辦農商醫紡各校,二十九年赴日本考察實業教育,三十年任商部頭等顧問官,辦大達外江輪船公司,三十一年創辦沿海漁業公司,三十二年與鄭孝胥等議設立憲公會,任蘇路協理,江蘇省學務總會推爲會長,卅三年與湯壽潛蒯光典籌辦立憲國會,宣統元年任江蘇教育總會會長,江蘇諮議局長,設江淮水利公司於淸江,三年任中央教育會會長,光復後任江蘇省議會會長,總理兩淮鹽政,民國元年臨時政府任實業總長,二年任農商總長兼水利局總裁,與美公使議導淮事,三年設河海工程大學於南京,與荷工程師貝龍猛同勘淮河,四年授中卿,任政事堂參政,五年中國銀行股東推爲聯合會會長,七年組設實業銀行,八年任國際聯盟同志會理事,任運河工程局督辦,九年組織蘇社,被推爲理事,中央特派督辦吳淞商埠局事宜,與各實業機關合籌一百萬元,協辦直魯豫工賑,造黃河鐵橋,十年受聘太平洋會議高等顧問,赴揚勘視水災,阻開昭關壩,議浚王家港,十一年被推爲交通銀行總理,十五年八月二十四日作古,年七十四歲,

量 法

（續本卷十期）

彭禹謨編

由杉氏規律所算得之結果比較由梯形規律算得爲準確今再舉例題如下仍用杉氏規律之圖（第八圖）照該節之例數目計算ABCD之面積卽

$a=19 \quad n=23$

$4\Sigma h_2=4\times(18+12+17)$

$2\Sigma h_3=2\times(14+13)$

$d=50$

故 $A=[19+23+4(18+12+17)+2(14+13)]\times\frac{50}{3}$

$\doteq 4733$ 方呎

（九） 不規則曲線內之面積

如遇一不規則之邊線所包圍之面積其計算之法如下述

先沿該曲線作一斷綫AEFMGHIA（參看第十圖）能愈近該曲線者愈佳在曲線方向改變之處作垂縱距至諸直線之上則AEFMGHIA多邊形之面積可採用前述許多方法分別計算其餘一直線一弧線包圍之面積可採用第八節中諸法計算之

於是 不規則曲線內之面積

=（多邊形AEFMGHIA面積）—（許多一直線一弧線包圍之面積）

角點A處三角ABC與ABD之面積可量底邊AC與AD暨高BC與BD

而計算之所有四邊形如QRST等均可假定爲梯形而計算之所有三邊形如MPN等均可假定爲三角形而計算之

（待續）

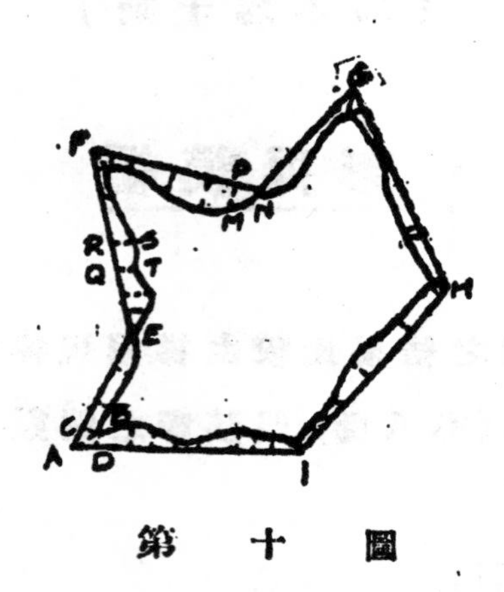

第十圖

編輯主任：彭禹謨，會計主任 顧同慶，廣告主任 陸超

代印者：上海城內方浜路貽慶弄二號協和印書局

發行處：上海北河南路東唐家弄餘順里四十八號工程旬刊社

寄售處：上海商務印書館發行所，上海中華書局發行所，上海棋盤街民智書局
上海四馬路泰東圖書局，上海南京路有美堂，暨各大書店售報處

分售處：上海城內縣基路永澤里二弄十二號顧壽玆君，上海公共租界工部局工務處曹文奎君，上海徐家匯南洋大學趙祖康君，蘇州三元坊工業專門學校薛渭川程鳴琴君，福建漳州漳龍公路處謝雪樵君，福建汀州長汀縣公路處羅履廷君，天津順直水利委員會曾倓千君，杭州新市場平海路新一號西湖工程設計事務所沈變良君鎮江關監督公署許英希君

定價　每期大洋五分全年三十六期外埠連郵大洋兩元（日本在內惟香港澳門以及其他郵匯各國一律大洋二元五角）本埠全年連郵大洋一元九角郵票九五計算

創新建築廠

CHANG SING & CO.,

GENERAL CONTRACTORS,

HEAD OFFICE'- NO. 54 TSUNG MING RD, SHANGHAI,

TEL. N. 3224

本廠寫字間設在上海崇明路五十四號專造各種鋼骨水泥或鋼鐵等建築物例如工廠堆棧河工海港碼頭堤壩鐵道或大道橋樑自來水塔涵洞以及中西房屋等工程倘蒙賜顧無不竭誠辦理

創新謹啓

電話北三二二四

新仁記營造廠

SING JIN KEE & CO.,

BUILDING CONTRACTORS

HEAD OFFICE;-NO450 WEIHAIWEI ROAD, SHANGHAI

TEL. W 531.

本營造廠○在上海威海衛路四百五十號○設立已五十餘年○經驗宏富○所包大小工程○不勝枚舉○無論鋼骨水泥或磚木○鋼鉄建築○學校校舍○公司房屋○工廠堆棧○碼頭橋樑○街市房屋○以及住宅洋房等○各種工程○莫不精工克己○各界惠顧○竭誠歡迎○

新仁記謹啓

電話西五三一

胡適題

工程旬刊

THE CHINESE ENGINEERING NEWS

第一卷　第十二期

民國十五年九月二十一號

Vol 1 NO.12　September 21St. 1926

本期要目

閒話　曾世英

建築物基礎力學圖解法四則　彭禹謨

鋼筋混凝土設計標準條例　胡振業

算術簡易法　顧同慶

工程旬刊社發行

上海北河南路東唐家弄餘順里四十八號

〈中華郵政特准掛號認為新聞紙類〉

(Registered at the Chinese Post office as a newspaper.)

工程旬刊社組織大綱

定名　本刊以十日出一期,故名工程旬刊.

宗旨　記載國內工程消息,研究工程應用學識,以淺明普及爲宗旨.

內容　內容編輯範圍如下,

(一)編輯者言,(二)工程論說,(三)工程著述,(四)工程新聞,

(五)工程常識,(六)工程經濟,(七)雜　組,(八)通　訊,

職員　本社職員,分下面兩股.

(甲)編輯股,總編輯一人,譯著一人,編輯若干人,

(乙)事務股,會計一人　發行一人,廣告一人,

工程旬刊投稿簡章

(一) 本刊除聘請特約撰述員,担任文稿外,工程界人士,如有投稿,凡切本社宗旨者,無論撰譯,均甚歡迎,文體不分文言語體,

(二) 本刊分工程論說,工程著述,工程新聞,工程常識,工程經濟,雜組通訊等門,

(三) 投寄之稿,望繕寫清楚,篇末註明姓名,暨詳細地址,句讀點明,(能依本刊規定之行格者尤佳)寄至本刊編輯部收

(四) 投寄之稿,揭載與否,恕不預覆,如不揭載,得因預先聲明,寄還原稿,

(五) 投寄之稿,一經登錄,即寄贈本刊一期,或數期

(六) 投寄之稿,如已先在他處發佈者,請預先聲明,惟揭載與否,由本刊編輯者斟酌,

(七) 投稿登載時,編輯者得酌量增删之,但投稿人不願他人增删者可在投稿時,預先聲明,

(八) 稿件請寄上海北河南路東唐家弄餘順里四十八號,工程旬刊社編輯部,

工程旬刊社編輯部啓

編輯者言

美國工程週報內,有一欄名From Job and Office,專載各種工程處,暨工程機關之記錄,供給工程師與營造師之參考,俾經濟與時間兩項,得有相當之利益,故該欄頗可名之曰常識欄,又可名之曰經濟欄,本期「閒話」中,曾君提及對於此類材料,在今日中國,想不難得到,本刊同人,亦深望讀者諸君,時將自已在工程上所得之記錄,與意見,投登本刊.

本期常識欄登載「算術簡易法」,心筆互用,頗有趣味,故特介紹於讀者,以供研究.

閒話

（續本卷十一期）

曾世英

現在我們當工程師的,固然大多數說不到用確切的中文來做建議,報告,因爲如果要用中文來做建議,報告的時候,用不到確切——能够寫得確切,當然是好的——「等因奉此」已經綽乎有餘,要確切的時候,用外國文字是照例可以的;至於指示,管理工人,就其說不到文字,並常總是用一個舌頭,兩層嘴唇來告訴工頭,再由他去告訴工人,否則就是用「四不像」的文字,連自已都看不懂的文字來告示大衆.但是報告社會一層,還有實行的可能,并且我以爲應當亟力用中文去做,來求互相研究的利益.

我的所以主張用中文,並不是因爲中國人應當用中文,覺得祇能讀中文的工程師,並不少於能讀洋文的工程師,而一般不知洋文的人民中間,留心工程學識的人數,想來尤其不在少數,亟需我們來介紹科學的工程學識.

要每個人能够寫好的文字,固然要像 Waddell 所說的,專門學校也應當注重文學,但我們不是教育當局,用不到我們來定教育的大政方針,固然我們有督促建議的權利仝義務,然而我們自已是可以來實行的,只要照孫文的「知難行易」的精神去做,雖則是「忘羊補牢」,總還可以得到一點效果罷.

一般人所說的中文不確切,不適用於專門科學這句話,不問他是對的或不對的,我以爲如果我們就把他來應用,經過較長的時間,傳到較廣的地方,用於各種科學以後,一方面文字的句法,一定可以漸漸的合用於科學——如果上面所說的不確切,不適用的話是對的——再一方面人腦的惰性,也可以漸漸轉過來,說這種文字,也還不差.這樣一來,我們中國人的科學智識,可以因爲有適用的文字的宣傳,更加普遍一點,豈不好麽!

寫文字是要漸漸練習的,如果一上手恐怖自已的文字不能達意,或覺得「難爲情」去寫,那麽就先去做短篇的,極短篇的筆記,多寫後自然能够做常篇的文字,一個人總有關於一種學問的連續的有條理的見解,只要肯寫,總可以寫出來的.如果有人肯拿這種筆記來發表,給我們「觀瞻」實在是一種利國利民,功德無量的義舉.像美國工程週報上 From Job and Offce 欄內一類的材料,在今日的中國,想不難得到,我敢拿十二分的誠意,敬請本刊的閱者,就先拿來做個初步的試驗. (完)

建築物基礎力學圖解法四則

彭禹謨譯

建築物之基礎工程,最爲重要,其受力之程度,不可不有限制,下面基礎力學圖解,係譯自美國工程新聞週報者,其法先由一美國海軍中人員名威斯 Joseph A. Wise 者,投登該報,旋有海氏 W. w. Hay 林氏 Thore Lindbere 施氏 H. A. Schirmer 同時各布意見,宣其法則,以供研究,茲特介紹於此,以饗讀者.

(甲)威氏圖解法　吾人設計擁壁基脚,以及其他建築物時,如採用一線尺規則 Linear law(即假一呎長計算)則下面之圖解法,可使由於離心載重 Eccentric loading 所生之壓力,或分佈應力,易以計算,如圖(A)一擁壁有一總壓力(垂直分力)30,000磅,該力穿過底部A點,距離底之中線,為 e=2呎,

壓力分佈圖上之E點,係由底之中心向下作垂直線,其距離之長短,照磅數比例呎,等於平均壓力數,(以底部面積除垂直分力即得)

本篇所論,係採用一呎長之壁,壁底之闊為15呎,平均壓力每方呎為2,000磅,該分佈圖其餘各部,係應用著名範式而求得之,即

$$p=\frac{P}{A}+\frac{6M}{bd}\cdots\cdots\cdots\cdots「A」$$

P/A 一項,代表平均壓力,上已求得,該式中之第二項,可用計算或本篇之法求之,法取一距離等於3e,與 e 同向從底部中線起,量得之,再由底部交,並交底部延長線於D點.

作 DF 線,延長與由底之外邊垂直下向之線相交於F,

則所求之依比例力學圖為FEGPMN.

該力學圖作法之證明如下:

△BCM與△MCD相似,

故 $\frac{BM}{CM}=\frac{CM}{MD}$

或 $MD=\frac{CM^2}{BM}=\frac{d^2}{12e}\cdots\cdots\cdots\cdots「B」$

又△NFD與△MED相似,

故 $\frac{NF}{ND}=\frac{ME}{MD}$

或 $NF=\frac{ND}{MD}ME=\frac{d}{2}\frac{ME}{MD}+ME\cdots\cdots\cdots\cdots「C」$(註一)

故 $NF-ME=\frac{6M}{bd^2}=\frac{d}{2MD}.ME$……………………「D」(註二)

M 爲離心力率 $=Rve=ME.d.e$ 以此值代入「D」式以求MD則

$MD=\frac{bd^3ME}{12.d\cdot e.ME}=\frac{d^2}{12e}$ 因b爲一呎,故不列入,

本篇所作之MD距離,適合「D」式中之情形,

如D點在底部以內,則此法不生問題,如拉引抵抗力不得允許存在者,則上法雖能應用於一部分之建築物,而有時仍未能有十分之功効,是爲實際上之缺點.

(註一) 讀按上面解述,並不明白,玆再由E點(圖A)向左作EX線,與DN平行.

則 $NF=NX+XF=ME+XF$

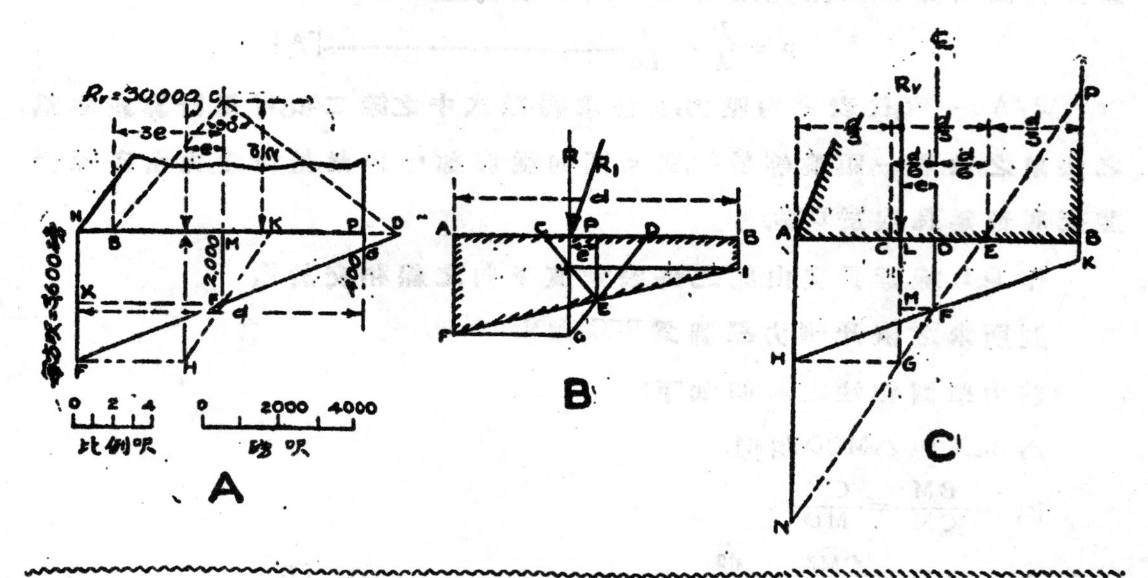

△DME與△EXF相似,

故 $\frac{ME}{MD}=\frac{XF}{XE}$

$XF=\frac{ME}{MD}XE=\frac{ME}{MD}\frac{d}{2}$

故　$NF=\frac{d}{2}\frac{ME}{MD}+ME$

(註二) $NF-ME=\frac{d}{2}\frac{M}{MD}=\frac{d}{2}\frac{\frac{Rv}{bd}}{\frac{d^2}{12e}}$ 從「B」

$=\frac{d}{2}\frac{Rv}{bd}\frac{12e}{d^2}=\frac{6Rve}{bd^2}$

$=\frac{6M}{bd^2}=\frac{d}{2MD}ME$

(乙) 海氏圖解法　海氏仍用圖(A)與威氏之記號,其法先從底中線,量得平均壓力之距離ME,再由底部三分點K上,(A點另一向)經過E點,作直線與Rv之延長線交於H點,從H作HF線,與底線平行,並垂直於NF線,從F點經過E作直線FEG,於是應力圖PNFGP完竣,可照前法用比例尺量之.

此法之證明,大概相似,而

△KME與KAH相以

故　$\frac{KM}{KA}=\frac{ME}{AH}$

或　$AH=\frac{ME\times KA}{KM}$

惟　$KM=\frac{1}{6}d$, $KA=\frac{1}{6}d+e$, $ME=\frac{Rv}{d}$

故　$AH=NF=\frac{Rv(d+6e)}{d^2}$ ……………………「E」

上式爲任何兩平面間承受垂直力時,關於壓力之基本方式.

此法應需之計算手續,不過平均壓力ME之值,而三分點K爲查察基礎安全時,應有之手續,其外則僅作一交點,故比較威氏作一直角,更爲簡單,惟其原理猶未盡詳,故亦不能謂之完善.　(待續)

鋼筋混凝土設計標準條例

(續本卷十一期)

胡振業

25　在平板上之單位剪應力,不得超過用下列範式所得之值:

$$v=0.02fc'(1+r)$$

無論如何,不得超過0.03fc'之值,單位剪應力,須根據下列規定而計算之:

a 厚度(以英吋計)等於⅞(t_1-1½)並距柱頭之邊際爲t_2-1½(以英吋計)處之垂直截面上計算.

b 厚度(以英吋計)等於⅞(t_2-1½)並距下滴部之邊際爲t_2-1½(以英吋計)處之垂直截面上計算.

無論如何,r之值不得小於0.25,

根據(a)計算剪應力時,r之值,須假定爲橫過柱頭,在柱間一條內,負鋼筋量之比例值.

根據(b)計算剪應力時,r之值,須假定爲橫過下滴部,在柱間一條內,負鋼筋量之比例值.

26　剪應力之採用,不得小於由範式「29」所得之值.

對于基脚Footings之有直鋼筋者,在一標準切面上之應力,不得超過0.02fc'.

對於基脚之兩端鋼筋,用彎鈎或其他之法緊住者,在一標準切面上之應力,不將超過0.03fc'.

27　地上基脚內,對于對角線拉力所生之標準切面,必須從穿過有底角45度角之圓錐或稜錐截體Frustum of a cone or Pyramid下層底周Perimeter of the lower base之垂直截面上計算,該項圓錐或稜錐截體之頂,又須適爲臺柱之底,其底層又須適爲在縱向鋼筋重心之平面.

28　樁上基脚內,對於對角線拉力所生之標準切面,必須從完全在臺柱面,與上節地上基脚所定截面之中間,一截面外邊,第一排樁裏邊處垂直截面計算,無論如何,該標準截面,决不在上節所定之截面之外邊.

若樁爲無規則排列,則基脚內對角拉力所生之標準切面,可取柱面與上節所述之截體底周中間之垂直截面.

粘著與緊住

29　如鋼筋專用爲抵抗樑所發生之拉力者,則粘應力不得小於用下列範式所得之值,即:

$$u=\frac{V}{\sum ojd}$$ ……………………「34」

在標準切面處之上彎鋼筋,如距離所欲計算之水平鋼筋爲 $\frac{d}{3}$ 以內者,當計算 $\sum o$(即在一組內諸鋼筋周圍之和)之時,可同直鋼筋包括在內.

30　樑中如照第33節所述有特別之緊住者,其粘應力,超過上節之值,亦可用之,惟應力變更點處之總拉應力,或極大應力點處之總拉應力,不得超過下式F之值,即:

$$F=Qu\sum oy+u\sum ox$$ ……………………「35」

式中F=鋼桿內總拉力,

$\sum o$=計算時鋼桿之周圍,

Q=在距離y以內平均粘應力,與用範式「34」所得之極大粘着力之比率.

u=法許粘應力=0.04f'c(光形鋼筋用)及0.05fc'(皺形鋼筋用)

x=用於緊住所增加之鋼桿長度,(如有彎鈎,亦包括在內)

y=自引力計算點起,至緊住點止,中間之距離.

用於緊住所增加之鋼桿長度,直彎均可,桿之彎曲半徑,不得小於桿之直徑之4倍.

31　對于基脚或相類之肢,有兩向以上之鋼筋者,其法許應力,不得超過上面兩節(29及30)之值之百分之七十五,75%.

（待續）

世界汽車之統計

據美國商務部最近精確之統計,世界各國所使用之汽車,共有二千四百五十八萬九千二百四十九輛,以人口平均,每七十一人中有汽車一輛,其中二千零八十三萬七千一百四十六輛爲客車,三百四十萬三千八百六十六輛爲貨車,十七萬二千六百十七輛爲大四輪車及脚汽車,美國所有汽車之數,不獨佔世界第一,且其與人口之比率,亦爲最高,計每六人中有汽車一輛,夏威夷第二,每十一人中有一輛,加拿大第三,每十三人中有一輛,新西蘭第四每十四人中有一輛,澳大利亞第五,每二十人中有一輛,丹麥第六每五十人中有一輛,他如法國每五十三人中有一輛,阿富汗每一百十二萬人中始有一輛,爲世界最低率,汽車銷路最暢之處,當爲人口繁多之地,中國有人民四萬三千六百萬,然汽車之數,不過三萬一千八百七十一人中占車一輛,印度有人口一萬四千七百萬,然汽車之數,亦僅三千五百七十三人中始有一輛,此實因人民購買力之薄弱,及物質上猶未至發達之境,故對於汽車之需要反不若人民稀少之南美諸邦,英國有汽車八一五九五七輛,僅次於美國,法國有七三五〇〇〇輛,位居第三,其次則加拿大有七一五九六二輛,德國有三二三〇〇〇輛,澳大利亞有二九一二一二輛,阿根廷有一七八〇五〇輛,意大利一一四七〇〇輛,此皆超過十萬輛以上者,新西蘭僅差此數五百輛,比利時與瑞典與此數亦甚接近云。

福德汽車創造略史

美國福德汽車,在世界頗負盛名,世人祗知其發達之神速,獲利之豐厚,而不知其創造時,實費盡若干心血也,聞享瑞福德當二十四歲時,即超首研究蒸汽車,屢次試驗汽缸,終未成功,但彼每日仍赴城中,充任晚班之機師於某電燈公司,月薪由四十五元增至一百二十五元,蓋以其據有奇才故也,彼歷任七年之久,每於黎明時,彼即從事創造煤汽之車,其所創造者,即現代所風行之兩缸,與每小時能駕駛二十五至三十英里之汽車也,由是遂有某公司成立,福德被聘爲總機師,嗣以條件不合,于一九〇一年辭職,至一九〇三年福德汽車公司,遂完全成立,起初資本,不過十萬元,至一九一九年,其子愛慈爾繼承父業,從新改組,規定資本美金一萬萬元,此卽現日之組織也,目下之機廠,方圓約三百五十美畝,而廠屋所佔之地,則爲一百二十三英畝,工人則在五萬餘人,規模宏大,莫與比倫,並聞該廠所製出之車,易於駕駛,材料堅固,取價低廉,

南京市政督辦公署成立

南京市政督辦公署,經孫總司令陳省長照淞滬市政督辦公署大綱,組織就緒,今日(十一)特公布成立,其內容大概情形,正副督辦由孫陳二氏自兼,總辦一席,現經會銜委令王伯秋充任,原有市政籌備處,同時訓令裁撤,至南京地方公會.馬路工程處官產處脉產經理處.電燈廠.電話局.捐務處等機關,一概歸併市政公署辦理,處長一職,仍由各該機關現任長官擔任,其餘職員除科長外,科員事務員書記等職均依甄拔試驗手續錄用,

淞滬商埠公署規劃蘇州河岸碼頭

淞滬商埠公署布告云,查蘇州河一帶商船往來,異常擁擠,所有沿岸碼頭,不下數十餘處,近來艇隻愈多,每至不敷應用,甚或停泊中流,竟不泊近岸者,往往有之,而較大行商,又非有相當埠頭,不便搬運貨物,是以擁擠不堪,馴至壅塞河道,貨物積岸,阻碍交通,莫此爲甚,查該河沿北岸一帶埠頭,均係前工巡捐局修築,現歸本公署接管,應卽設法整頓,分別規劃,定爲公共專用兩種,如沿岸線各商家行號,原來占用埠頭者,經本公署考查情形,酌准呈領專用執照,以便大批商貨得有裝卸之處,零星商貨,仍可在公共埠頭上下,庶幾各得其便,爲此布告各商家行號一體週知,自通告之日起,限十日內,仰各迅將原來占用埠頭地點,據實詳報,以憑核辦,萬勿遲誤,

算術簡易法

顧同慶

下列各種算術簡易法,對于計算時,頗有價值,不諳此法者,學之非難,稍加研究,即能應用比較常法節省時間:

(a)心算乘法

兩整數之積,可由心算求得之,法將兩整數之因數提出,求該因數之積,即得,例如

(1)$32\times28=16\times8\times7=896$ (2)32立方碼$\times27=16\times6\times9=864$立方呎

倘乘數爲百數之因數,乘以百數,再以相當之數除之,例如:

(3)$68\times25=6800\div4=1700$ (4)$98\times50=9800\div2=4900$

(5)$76\times75=3800+1900=5700$ (6)$41\times150=4100+2050=6150$

心算除法,適與上法相反,例如

(7)864立方呎$\div27=$864以9除之再以3除之$=$32立方碼

(b)多位數乘法照上例亦可用簡捷法,例如

(1)

```
  2875
   273
  ----
  8625
 77625
 -----
784875
```

(2)

```
    2468
  0.3183
  ------
 7404
 44424
  7404
 --------
785.5644
```

說明 第一式先以3×2875即得8625再以9×8625即得77625因$27=9\times3$

第二式先以左邊$3\times2468=7404$再以$6\times7404=44424$因$18=6\times3$

(3)265894×497328按常法須乘6次今用簡法祇乘4次例如

$32=4\times8$,又$49=7\times7$,演算如下

15162

```
         265894
         497328
  ─────────────────────
        2127152………………(8×265894=2127152)
      8508608…………………(4×2127152=8508608)
      1861258 …………………(7×265894=1861258)
      13028806 ………………(7×1861258=13028806)
  ─────────────────────
      132,236,531,232
```

(c)多位數除法

此法亦可應用簡捷法,惟除數須可分作兩個除數,而每個除數之數目字,又不能超過12,例如,48926÷63, 63=7×9簡法演算如下

```
7|48926
 └──────
  9|6989.4
   └──────
    776.6
```

照上式共用十六個數目,倘用常法計算,至少須有29個數目,

(d)設遇兩數相乘之積,指明應求數目若干位,則可應用簡略乘法演算,方法列述如下,

(1)將乘數之排列次序,顛倒排列,位於被乘之下,

(2)任何乘數乘被乘數時,其起點卽在該乘數上之被乘數,相乘時,仍照尋常乘法,應用時,須用心算法加某數量于相乘之積,小數點由視察而定,

說明 設令52.13乘140.66小數點祇求一位足矣今將常法與簡法並列于下

```
     140.66              140.66
      52.13               31.25
  ──────────          ──────────
      42198               70330
     14066                 2813
    28132                   141
   70330                     42
  ──────────          ──────────
   7332.6058              7332.6
```

(注意)上式1×140應等于140而以141代之,其理無他,因0.6近于1之故.

(e)註;若求某答數至n位數,最好將乘數之右邊第一數列於被乘數

n+1位數之下,換言之卽照所求之位數多算一位,此法說明如下,所求結果,爲四位數或兩位小數,

48.6678	48.6678	48.6678
1.0623	3260.1	3260.1
146 0034	4866 8	486 7
973 356	292 0	29 2
29200 68	9 7	1 0
486678	1 4	1
5.169980394	51.699	51.70

右邊一式,算出小數點後之數目,大略相似,但欲求五位數目,如中央一式,其結果間四位數目,(本式巧合五位數目)

〔待續〕

上海建築材料最近市價之摘要

顧同慶

啓新馬牌水泥	每桶銀	3.00兩
湖北塔牌水泥	”	2.90”
泰山牌特種水泥.	”	3.80”
泰山牌水泥	”	2.90”
上海象牌水泥	”	2.80”
法貨紅龍牌水泥	”	3.10”
日貨船牌水泥	”	2.70”
⅜"至1"鋼骨	每噸銀	58.00”
¼"至⅜", 鋼骨	”	64.00”
甯波黃砂	每方銀	9.50”(1方=100立方呎)
石子	”	10.00”
留安木	每千呎銀	80.00”
新加坡紅樹	”	85.00”
花旗松	每千呎扯價銀	58.00”
機鋸企口板6"×1"頭號貨	每千呎銀	80.00”
” ” ”貳號貨	”	72.00”
平頂板條子	每萬銀	75.00”
青磚1⅝"×4¼"×8¼"	每萬洋	82.00元
紅磚	”	92.00元
石灰	每擔洋	2.00元
紅瓦	每千銀	45.00兩

15165

代銷工程旬刊簡章

(一)凡願代銷本刊者,可開明通信處,向本社發行部接洽,

(二)代銷者得照定價折扣,銷貳十份以上者,一律八折,每兩月結算一次(陽歷),

(三)本埠各機關担任代銷者,每期出版後,由本社派人專送,外埠郵寄,

(四)經理代銷者,應隨時通知本社,每期銷出數目,

(五)本刊每期售大洋五分,每月三期,全年三十六期,外埠連郵大洋貳元,本埠連郵大洋一元九角,郵票九五代洋,以半分及一分者爲限,

(六)代銷經理人,將欵寄交本社時,所有匯費,槪歸本社担任,

工程旬刊社發行部啓

編輯主任：彭禹謨，會計主任 顧同慶，廣告主任 陸超
代印者：上海城內方浜路貽慶弄二號協和印書局
發行處：上海北河南路東唐家弄餘順里四十八號工程旬刊社
寄售處：上海商務印書館發行所，上海中華書局發行所，上海棋盤街民智書局上海四馬路泰東圖書局，上海南京路有美堂，暨各大書店售報處
分售處：上海城內縣基路永澤里二弄十二號顧壽萱君，上海公共租界工部局工務處曹文奎君，上海徐家匯南洋大學趙祖康君，蘇州三元坊工業專門學校薛渭川程鳴琴君，福建漳州漳龍公路處謝雪樵君，福建汀州長汀縣公路處羅履廷君，天津順直水利委員會曾俊千君，杭州新市場平海路新一號西湖工程設計事務所沈襲良君鎮江關監督公署許英希君
定價 每期大洋五分全年三十六期外埠連郵大洋兩元（日本在內惟香港澳門以及其他郵匯各國一律大洋二元五角）本埠全年連郵大洋一元九角郵票九五計算

創新建築廠

CHANG SING & CO.,

GENERAL CONTRACTORS,

HEAD OFFICE'- NO. 54 TSUNG MING RD, SHANGHAI,

TEL. N. 3224

本廠寫字間設在上海崇明路五十四號專造各種鋼骨水泥或鋼鐵等建築物例如工廠堆棧河工海港碼頭堤壩鐵道或大道橋樑自來水塔涵洞以及中西房屋等工程倘蒙賜顧無不竭誠辦理

創新謹啓

電話北三二二四

新仁記營造廠

SING JIN KEE & CO.,

BUILDING CONTRACTORS

HEAD OFFICE;-NO450 WEIHAIWEI ROAD, SHANGHAI

TEL. W 531.

本營造廠○在上海威海衛路四百五十號○設立已五十餘年○經驗宏富○所包大小工程○不勝枚舉○無論鋼骨水泥或磚木○鋼鉄建築○學校校舍○公司房屋○工廠堆棧○碼頭橋樑○街市房屋○以及住宅洋房等○各種工程○莫不精工克己○各界惠顧○竭誠歡迎○

新仁記謹啓

電話　西五三一

胡適題

工程旬刊

THE CHINESE ENGINEERING NEWS

第一卷　　第十三期

民國十五年十月一號

Vol 1 NO.13　　October 1St. 1926

本期要目

大江隄防譚　　陸　超

建築物基礎力學圖解法四則　　彭禹謨

福建修治公路工程規則

建築工程用之天氣表式　　陸　超

算術簡易法　　顧同慶

工程旬刊社發行

上海北河南路東唐家弄餘順里四十八號

◀中華郵政特准掛號認爲新聞紙類▶

(Registered at the Chinese Post office as a newspaper.)

工程旬刊社組織大網

定名　本刊以十日出一期,故名工程旬刊.

宗旨　記載國內工程消息,研究工程應用學識,以淺明普及爲宗旨.

內容　內容編輯範圍如下,

(一)編輯者言,(二)工程論說,(三)工程著述,(四)工程新聞,

(五)工程常識,(六)工程經濟,(七)雜　　俎,(八)通　　訊,

職員　本社職員,分下面兩股.

(甲)編輯股,　總編輯一人,　譯著一人,　編輯若干人,

(乙)事務股,　會計一人　發行一人,　廣告一人,

工程旬刊投稿簡章

(一)　本刊除聘請特約撰述員,担任文稿外,工程界人士,如有投稿,凡切本社宗旨者,無論撰譯,均甚歡迎,文體不分文言語體,

(二)　本刊分工程論說,工程著述,工程新聞,工程常識,工程經濟,雜俎通訊等門,

(三)　投寄之稿,望繕寫淸楚,篇末註明姓名,暨詳細地址,句讀點明,(能依本刊規定之行格者尤佳)寄至本刊編輯部收

(四)　投寄之稿,揭載與否,恕不預覆,如不揭載,得因預先聲明,寄還原稿,

(五)　投寄之稿,一經登錄,卽寄贈本刊一期,或數期

(六)　投寄之稿,如已先在他處發佈者,請預先聲明,惟揭載與否,由本刊編輯者斟酌,

(七)　投稿登載時,編輯者得酌量增删之,但投稿人不願他人增删者可在投稿時,預先聲明,

(八)　稿件請寄上海北河南路東唐家弄餘順里四十八號,工程旬刊社編輯部,

工程旬刊社編輯部啓

編輯者言

水之爲患，在我國無代無之，而江淮河漢，在歷史上尤爲著聞，蓋山洪暴發，水勢奔騰，霪雨之降，天實爲之，人事設防，有賴隄櫬，今世科學昌明，水利工程，定爲專學，我國水利工程機關亦先後設立，或從事測量，或已施工作，然而頻年內亂，致重要工程，幾無發展之餘地，局部之改良，其効難見，而恪守成法，因陋就簡，爲數實多，一旦有警，頃刻災成，讀「大江堤防譚，」頗有所感也，

本刊同人現擬搜集國內各工程機關，各種規章，逐期登佈，俾讀者諸君，多所參考，如有辯難，亦可投寄本刊，尤得攻錯之益，

大江隄防譚

陸　超

大江自宜昌而下，兩岸平地，得以墾植者，不可勝計，居民之賴以生活者，可萬萬人，但江水浩蕩，江流湍急，每値冬季，上游山中，積雪不融，水源頓減，低水面與岸差，約三四丈，一至夏季上游山中雪消冰解，於是水勢大增，水位增高兩岸淹沒，隄既卑薄，泛濫橫溢，一片汪洋，不堪耕種，我國古時相習之普通防水法，凡屬平坦之區，均築土堤，以禦水災，所謂禦外水，莫如厚隄防是也，但隄岸雖到處皆是，而頻年破隄決口，田廬被淹，人民漂亡，牲畜死傷者，動輒萬千，流離遷徙，生產因之頓減，老弱轉乎溝壑，壯者散諸四方，餓莩載道，盜賊橫行，此雖天時之所致，亦由人事之不力，而其重大原因，大概不外（一）築隄者缺工程智識，（二）人民缺工程常識而已，嘗見沿江隄工，進行之際監工包工，均多輕忽，一任小工之堆土壓土，既不察洪水位之高度，又不明水壓力對於隄身之關係，某處填高數尺，某部增高數尺，習守常法，任意指揮，以重不

逾二三十斤之石塊,壓實隄身,每當霪雨連朝,隄身漸鬆,急流衝撞,決口頓呈,致水勢橫溢,不可遏止,如金口以上,沙湖之隄,前歲決口,今歲又復重遭,雖有數處結實之隄,但其高度尚嫌不足,洪水來時,卽成泛溢,樊口之隄,卽其例也.綜觀沿江隄,岸之建築,除主隄以外,其內部大都復築私隄,各圍其田,錯綜紛雜,莫可言狀,旣無主隄之堅固,又無主隄之高度,其結果徒耗面積,人我均無利益,然人民自私自利之心,已可想見矣,

築隄工程,監工之責,最爲重要,選派缺乏工程智識,與實地經驗之監工人員,任包工所爲,而包工者,祇知惟利是視,其後患何堪設想,我願沿江治水利者三致意焉.

補白

水之爲物,蓄而停之則害,決而流之乃爲利耳,(宋范仲淹上宰相書)

隄旣高峻,無基以培之,歲久必頹,(明史鑑吳江水利議)

水之爲物,流則去淤,停則成淤,(明翁大立請水利疏)

泥沙盡掃,則洩瀉自駛,(淸馬某水利條陳)

水之爲物,惟下之趨,惟隙之乘,(淸震澤縣志)

濬河港,必深闊,築隄岸,必高厚,置閘竇,必衆多,設遇水旱,三者乘除之,自然有利而無害,(元任仁發治水論)

合衆水以入一港,其勢不能不互有强弱,此强而駛,則彼弱而阻,必有受其患者矣,(淸應寶時分水港記略)

種田先做岸,種地先做溝,(農諺)

15172

建築物基礎力學圖解法四則

（續本卷十二期）

彭禹謨

（丙）林氏圖解法　林氏對于威氏之圖解法,指爲比較常應用者爲繁複,並謂如遇總壓力貼近底部中線時,圖解頗佔地位,其結果或多不確,下面之法,氏謂可以更爲簡單,既易明曉,又不佔地位云.

假定壁係單位之長度;

在底部中線（圖C）上作DF線等於平均應力$\left(\frac{Rv}{d}\right)$,

定三分點之一點(本篇係E點),

作E F線延長與L下向垂線相交於G點,

作G H,與A L平行,且相等.

作H F,延長與B下向垂線相交於K點.

則A B K H卽爲應力圖.

欲證明上述,先求A邊之受力關係線(Influence line)NP,

假定D點爲直線坐標法Rectangular Co-ordinate system之原點Origin,以A B爲x軸,底部中線之左爲正(+),以底部中線爲y軸,D點向下爲正(+).

則在此坐標法內NP線之方式,當爲

$$y = mx + a \text{……………………}「F」$$

在本題中變值Variables y與x,卽爲p與e.

其交部a等於D F,亦卽等於平均應力$\frac{Rv}{d}$,

式中斜坡線m,等於

$$\text{Tan FED} = \frac{DF}{DE} = \frac{6.Rv}{d^2} \text{……………………}「G」$$

用代入法,卽得NP線方式如下:

$$P=\frac{Rv}{d}+\frac{6Rve}{d_2}\text{ .... 「H」}$$

此卽等於在A邊之受力關係線,亦卽總壓力下面之縱坐標,等於A邊之應力是也,

再用幾何法證明如下:

設△DEF與MFG相似,

$$\text{則}\frac{MG}{MF}=\frac{DF}{DE}$$

以MF＝e, DF＝R_v/d, DE＝d/6代入上式,得

$$MG=\frac{6Rve}{d^2}\text{ .... 「I」}$$

且 $AH=DF+MG=p=\frac{Rv}{d}+\frac{6Rve}{d_2}$

(丁) 施氏圖解法

設AB＝d(圖B)＝應力分佈於上之建築物之底,

R＝爲R_1之垂直分力,穿過底部於P點.

名離心距PM＝e,

b＝底部闊度,假定係單位(＝1).

作圖法如下:

AC＝CD＝DB＝d/3

從AB之中點,M作

ME＝P A＝P/d(因b爲1)

作CE與DE延長R交於G,H兩點,

由G與H兩點,作兩條水平線,交底邊兩向下垂直線於F及I,

則FEI線爲所求之包蹈線,而FABI,卽爲所求之依比例尺之應力圖,

上面作法,可由下面證明之.

PM＝e

MD＝d/6

$\triangle MED$ 與 $\triangle PGD$ 相似

故　$PG:ME=(e+d/6):d/6$

$$PG=AF=\left(1+\frac{6e}{d}\right)\frac{p}{d}$$

威氏法中範式「A」,實爲由於著名範式中化得者:

$$S=\frac{P}{A}+\frac{Mc}{I}$$

$$PG=AF=\frac{P}{A}+\frac{Pec}{I}=\frac{P}{d}\left(1+\frac{6e}{d}\right)$$

對于距離 $PH=BI=\frac{P}{d}\left(1-\frac{6e}{d}\right)$ 之證明,其法與上述相似,

當 I 點在 B 點之上時,則拉力經過底部 AB,此不在假定之內,故不能實現可勿過慮.　　(完)

福建修治公路工程規則

第一條　福建公路修治之工程,悉依本規則辦理之,

第二條　路基路面所需之材料,就各地情形適宜採用之,

第三條　本規則所稱尺度,以英尺計算之,

第四條　公路寬度三十尺,兩旁護路地各十五尺,但地非衝要,地質堅石,深度達十尺以外者,得縮寬度爲二十四尺,兩旁護路地,得比較縮減之,

前項但書縮尺之路,而最長不得過二千五百尺,兩端至少須接寬路二千五百尺,

第五條　路面作弧形,由中部向兩旁傾斜,中部應高出水面八寸,至一尺以上,

前項弧形,自路兩邊起,作一水平綫,每隔三尺,插一小樁,如高八寸者,第一樁,比路邊高三寸,第二樁高五寸,第三樁高六寸五分,第四樁高七寸五分,第五樁即路之中央,高八寸,如高十寸者,第一樁高三寸五分,第二樁高六寸三分,第三樁高八寸三分,第四樁高九寸五分,中高十寸,餘類推,

第六條　道路兩旁,應置淺水明溝,底寬至少須二尺以上,面寬與深,因地勢酌定之,但至少傾度,每百尺應斜三寸,以不積水爲準,

第七條　路綫傾度,每百尺不得超過五尺,不得已時,得加至七尺,每百尺斜六尺者,其長度不得過四百尺,每百尺斜七尺者,其長度不得過一百五十尺,傾度改換處,當用曲綫聯接之,

異向二傾綫之間,至少須有一橫平綫,長一百尺,

第八條　公路之曲綫半徑,最小不得小於一百五十尺

異向二曲綫之間,至少須有一直綫,長一百尺以上,

前兩項之限制,於城市內得變通之,

第九條　曲綫最大傾度,與最小半徑,不得同在一處,

第十條　公路挖高填低之處,應於斜面培植草皮,及其他保護方法,

第十一條　挖高處之斜面坡度,就地質適宜定之,

第十二條　填低處之斜面坡度,土質佳者,用一一坡,高一尺,底寬一尺,次用四五,坡,高四尺,底寬五尺,土質劣者,二三,坡高二尺,底寬三尺,

第十三條　掘高填低處之斜面,如係沙土,應減少坡度,或另造石基,

第十四條　路面陷凹之處,均須新料補築,與原路高低一致,

第十五條　橋梁之設置,應取直線,與水道成直角形,若在路之曲線內,橋梁端曲線起點,宜距橋梁略遠,

第十六條　橋梁寬度,應與路面同,但非重要橋梁,其長達三十尺以外者,面寬得縮爲二十四尺,兩旁應設欄杆,

第十七條　橋梁工料之勘合,以能經過身重三萬磅之輾地機者爲度,

第十八條　横過道路之溝渠,及路旁岡坡者水處,應各設暗渠,以宣洩之,

前項暗渠,最高處須在路面下二尺,渠身之大亦二尺,

第十九條　隧道寬度,應在二十尺以上,洩水溝寬度,不在其內,

第二十一條　隧道昏晚者,應燃返照燈,以防危險,

第二十二條　公路兩旁,應栽植樹株,與路綫平行,距明溝二尺以上,

第二十三條　道路新塡土方,應超過原定高度十分之一,

第二十四條　前列各條工程之設計,有應備具圖書者應,由主辦工程人員,查照下列各項備具呈由公路處核定之,

(一)實測平面圖

(二)實測縱斷面圖

(三)實測橫斷面圖

(四)橋梁渠溝隧道圖

(五)土方計算書

(六)工料詳細計算書

(七)工程計劃說明書

第二十五條　實測平面圖,依下列各款塡註,

(一)界址　山川,河渠,湖沼,市鎭,鄉村,鉄路橋梁,墳塚,及其他表示地形之重要物,

(二)計劃綫以紅色標識之,

(三)地形綫　在計畫綫左右高低六尺以上者,

(四)丁字樁,

(五)直綫長度及方向,

(六)曲綫長度及半徑,

第二十六條　實測縱斷面圖,依下列各款塡註

(一)界址　山川河渠,湖沼市鎭,鄉村,鉄路,橋梁,及其他表示地形之重要物,

(二)計畫路綫中地面之高低及坡度,

(三)中心丁字樁及水平距離,

(四)挖高塡低部分之高低,及長度,

(五) 水平路綫,及坡路綫之水平距離,

(六) 橋梁溝渠,及隧道之長及高,

(七) 直綫之長,與曲線之長與半徑

第二十七條　每百尺計畫線,須畫一實測橫斷圖,高低相差過鉅之處,計算填用土方,應分別繪製說明之,

第二十八條　橋梁應製平面側面,及構造上必要之圖式,并架設橋梁處之河川橫斷面圖,(詳記橋梁前後河川之形狀)

第二十九條　隧道溝渠等,須製構造上必要之圖式,

第三十條　土方計算書應造具表式,分別詳列,橫斷面號數,及寬高距離,平積立積等,并附註計算法,

第三十一條　工料計算書,須造具表式,塡註工料詳細價目,及需款總數,

第三十二條　工程計畫說明書,應詳記下列事項,

(一) 勘定路線之重要理由,

(二) 工費及運輸上比較之利益,

(三) 說明橋梁隧道等之構造,及選定理由,并詳具强力算法,其水流方向最高水位所占面積及流量均應一併詳註

第三十三條　本規則,自呈准日施行,

「更正」本卷十二期13頁

馬牌水泥每桶銀 3.30 兩誤爲3.00 兩

塔牌水泥每桶銀 3.10 兩誤爲2.90 兩

泰山牌水泥每桶銀 3.10 兩誤爲2.90 兩

上海象牌水泥每桶銀 3.30 兩誤爲2.80 兩

建築工程用之天氣表式

陸　超

凡一建築物,其建築工程時間,在承攬章程上明文規定,或幾天,或幾月,對於氣候之影響,阻礙工作之日期,另行除去,重要工程,根據日期,另訂賞罰之數,如先期完工者每天加銀若干,過期完工者每天罰銀若干,於是建築工程用之天氣表式不可不備,監工人員,照天氣記錄,可無假借,茲特刊行於此,以作參考耳,

(一)格式記載之說明:

○　指示晴天

雨　指示雨天

冰　指示冰凍天

雪　指示下雪天

(二)格式時間之說明

每日分一大格,每大格又分四小格,

第一小格,指示上午六時至九時,

第二小格,指示上午九時至正午,

第三小格,指示正午至下午三時,

第四小格,指示下午三時至六時,

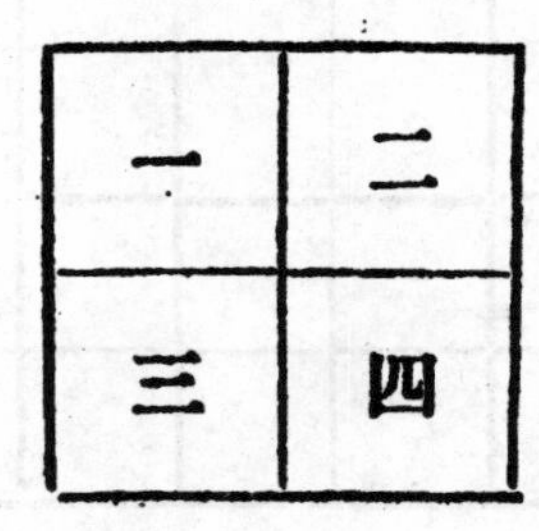

天氣表式（一部分）

日期	正月		二月		三月		四月		五月		六月	
一號		冰		○		○						
			○									
二號												
三號										雨		
									雨			
四號												
		雪			雨							
五號										○	○	
										雨	○	
六號												
七號												
八號			雪	冰								
			○	雨								

算術簡易法

（續本卷十二期）

顧同慶

（f）註,兩數相乘時,其乘數上之右一被乘數,須用心算法加于相乘之積,例如所得之積,小于5時,則無數可加,若大於5而小於15時,則加1,大於15而小於25時,則加2,依此類推,上列中央一式,當6乘被乘數時,其法因6×6=36即近於4,則(6×6)+4=40,所以第一數得0,上列右邊一式,當2乘被乘數時,因2×8=16,即近於2所以(2×4)+2=10,

（g）簡略除法,將第一商數求出後,以後每一商數,即將除數扣去一位,今將簡法與常法並列,演算如下:

```
3.1416)4 1689348(13.27          3.1416)41,689348(13.27
  3.1416                          31416
  ------                          ------
  10273                           102733
   9425                            94248
  ------                          ------
    848                            84854
    628                            62832
  ------                          ------
    220                           220228
    220                           219912
  ------                          ------
                                     316
```

說明　商數乘除數時,須將除數扣去一位,但扣去之數,仍須與商數由心算乘之加入,商數與除數相乘之積,如3乘除數時,實則由6起頭,但此數由心算扣入第二數,3×6=18即近于2,故(3×1)+2=5,所求出之積爲0425,同法7乘除數時7×4=28,即近于3,故(7×1)+3=10即爲○所求出之積爲220

（h）核對乘法之法則

核對乘法之法則,凡能成爲9數者,悉去之,(1)先在被乘數內尋出9,數,(2)在乘數內尋出9數(3)在所得之積內尋出9數,但(3)之結

15181

果,須等于(1)(2)兩結果相乘之積

譬如有一數爲4867428首先檢出者卽爲4,8,6及2與7,因$4+8+6=18=(2\times9)$, $2+7=9$,尙留4與8兩個數目,$4+8=12$,則$12-9=3$(或作$1+2$亦等于3)倘用各數相加,其結果亦同,如$4+8+6+7+4+2+8=39$,則$39-36=3$(或$3+9=12$,$1+2=3$)又一法用加法手續銷去9數如$4+8+6=0$,則$0+7+4+2=13=1+3=4$于是$4+8=12=1+2=3$此法練熟後,核對所求之積,極爲便利,今再列式如下:

```
  2875   = 4              2468    = 2
   273   = 3              3183    = 6
784875=12=12           7855644=21=12
                                3= 3

 14066 = 8              486678 = 3
  5213 = 2               10623 = 3
73326058=16=16         5169980394=0=9
```

說明　上列各式,將乘數被乘數,及相乘之積內,所有9數均銷去如$7848=27=0$(因$7+8+4+8=27=2+7=9=0$)餘如5169980394先將3個9銷去,次及6與3,8與1剩留5與4等於0,

此種法則無他,卽須檢出一個數,或兩個以上之數,其數之和,爲9,或18或27,手續上覺非常簡單,

附註　此法不能完全合用,如遇數內一數多1,他一數少1豈非核對時,難以尋出錯誤,

(i)核對除法之法則

核對除法之法則,與前法略同,不過相反耳,(1)先將被除數內之9數銷去,(2)除數內9數銷去,(3)商數內9數銷去,(4)其餘數若爲1,以(3)之結果乘(2)之結果,加於(4)之結果,此最後之結果須等於(1)之結果,

說明　將(g)節內演算之被除數除數及商數與餘數列述如下

被除數，　41.689348＝7
除數，　3.1416　＝6
商數，　13.27　＝4
餘數，　316　＝1＋24＝7（對）

（待續）

上海建築材料最近市價之摘要

啓新馬牌水泥	每桶銀	3.30兩
,, ,,袋貨	每兩袋銀	3.10 ,,
,, ,,散灰	每桶	2.80 ,,
象牌水泥	每桶銀	3.30 ,,
湖北塔牌水泥	每桶銀	3.10 ,,
泰山牌水泥	每桶銀	3.10 ,,
1/2吋至1吋鋼骨	每噸銀	60.00 ,,
1/4吋至½吋 ,,	,,	65.00 ,,
黃砂	每方銀	9.50 ,,
石子	,,	10.00 ,,
留安木	每千呎銀	80.00 ,,
新加坡紅樹	,,	85.00 ,,
洋松	每千呎址價	58.00 ,,
頭號企口板(6"×1")	每千呎銀	80.00 ,,
二號 ,, ,,	,,	72.00 ,,
平頂條子板	每萬銀	75.00 ,,
青磚 1 5/8"×4 1/4"×8 3/4"	每萬洋	82.00元
紅磚 ,, ,,	,,	92.00元
石灰	每擔洋	2.00元
紅瓦	每千銀	45.00兩

編輯主任：彭禹謨，會計主任 顧同慶，廣告主任 陸超
代印者：上海城內方浜路貽慶弄二號協和印書局
發行處：上海北河南路東唐家弄餘順里四十八號工程旬刊社
寄售處：上海商務印書館發行所，上海中華書局發行所，上海棋盤街民智書局
上海四馬路泰東圖書局，上海南京路有美堂，暨各大書店售報處
分售處：上海城內縣基路永澤里二弄十二號顧壽萱君，上海公共租界工部局工務處曹文奎君，上海徐家匯南洋大學趙祖康君，蘇州三元坊工業專門學校薛渭川程鳴琴君，福建漳州漳龍公路處謝雪樵君，福建汀州長汀縣公路處羅履廷君，天津順直水利委員會曾俊千君，杭州新市場平海路新一號西湖工程設計事務所沈襲良君鎮江關監督公署許英希君
定價 每期大洋五分全年三十六期外埠連郵大洋兩元（日本在內惟香港澳門以及其他郵匯各國一律大洋二元五角）本埠全年連郵大洋一元九角郵票九五計算

創新建築廠

CHANG SING & CO.,

GENERAL CONTRACTORS,

HEAD OFFICE' NO. 54 TSUNG MING RD, SHANGHAI,

TEL. N. 3224

本廠寫字間設在上海崇明路五十四號專造各種鋼骨水泥或鋼鐵等建築物例如工廠堆棧河工海港碼頭堤壩鐵道或大道橋樑自來水塔涵洞以及中西房屋等工程倘蒙賜顧無不竭誠辦理

創新謹啓

電話北三三二四

新仁記營造廠

SIN JIN KEE & CO.,

BUILDING CONTRACTORS

HEAD OFFICE;-NO450 WEIHAIWEI ROAD, SHANGHAI

TEL. W 531.

本營造廠○在上海威海衛路四百五十號○設立已五十餘年○經驗宏富○所包大小工程○不勝枚舉○無論鋼骨水泥或磚木○鋼鉄建築○學校校舍○公司房屋○工廠堆棧○碼頭橋樑○街市房屋○以及住宅洋房等○各種工程○莫不精工克己○各界惠顧○竭誠歡迎○

新仁記謹啓

電話 西五三一

工程旬刊

胡適題

THE CHINESE ENGINEERING NEWS

第一卷　第十四期

民國十五年十月十一號

Vol 1 NO.14　October 11th. 1926

本期要目

近世建築工程基礎問題　頌　謀

水泥　彭禹謨

上海公共租界交通開車章程摘要

甎料估計法　醒　民

算術簡易法　顧同慶

工程旬刊社發行

上海北河南路東唐家弄餘順里四十八號

〔中華郵政特准掛號認為新聞紙類〕

(Registered at the Chinese Post office as a newspaper.)

工程旬刊社組織大綱

定名　本刊以十日出一期,故名工程旬刊.

宗旨　記載國內工程消息,研究工程實用學識,以淺明普及爲宗旨.

內容　內容編輯範圍如下,

(一)編輯者言,(二)工程論說,(三)工程著述,(四)工程新聞,

(五)工程常識,(六)工程經濟,(七)雜　俎,(八)通　訊,

職員　本社職員,分下面兩股.

(甲)編輯股,　總編輯一人,　譯著一人,　編輯若干人,

(乙)事務股,　會計一人　發行一人,　廣告一人,

工程旬刊投稿簡章

(一)　本刊除聘請特約撰述員,担任文稿外,工程界人士,如有投稿,凡切本社宗旨者,無論撰譯,均甚歡迎,文體不分文言語體,

(二)　本刊分工程論說,工程著述,工程新聞,工程常識,工程經濟,雜俎通訊等門,

(三)　投寄之稿,望繕寫清楚,篇末註明姓名,暨詳細地址,句讀點明,(能依本刊規定之行格者尤佳)寄至本刊編輯部收

(四)　投寄之稿,揭載與否,恕不預覆,如不揭載,得因預先聲明,寄還原稿,

(五)　投寄之稿,一經登錄,即寄贈本刊一期,或數期.

(六)　投寄之稿,如已先在他處發佈者,請預先聲明,惟揭載與否,由本刊編輯者斟酌,

(七)　投稿登載時,編輯者得酌量增删之,但投稿人不願他人增删者可在投稿時,預先聲明,

(八)　稿件請寄上海北河南路東唐家弄餘順里四十八號,工程旬刊社編輯部,

工程旬刊社編輯部啓

編輯者言

近世各國都市之交通,日漸進步,道路加闊,房屋增高,房屋之下,地土所受之重量,因以增多,天空體積,固可任意伸估,而地之載重終有限制,是以近世工程家,對于建築基礎工程問題,急宜研求新法,增固基礎,否則紐約四五十層之大廈,在他處之地力 Bearing Capacity 終不克勝任矣,

本期所載磚料估計法頗切實用,本刊特搜集此項稿件,以供讀者,尚望研究工程者,時賜此類,稿件尤所歡迎,

近世建築工程基礎問題

頌謀

一城一市商務之盛否,可由其建築之高度而知,蓋商務繁盛之地,地價有增無減,欲得大地,勢必不貲,惟空中之體積,但能購得一定之平面,則此平面以上之空處,雖高至萬尺,亦不加納租稅,故商務愈盛,則空中之建築愈高,七八層之房屋,在今日巳司空見慣,不以爲奇,而建築物對於基礎上所增加之重量,實爲一新生之問題,

舊時方法,對于房屋等重量,或多或少,均勻佈於連續基礎之上,惟較新式之架式房屋建築,其重量集中於一組之柱上,而極大之載重,從一簡單之柱,運入基礎之上,其值普通常有一百至三百噸,且時有過之者,

集中載重,既若是之大,各處地層,是否均能勝任,我知其在實地,有能有不能也,從實際之考察,知堅硬地層,大都距離地面極遠,有時且有不能達到

為建築許多基礎之用者,

有許多工程師,經種種考察後,乃從事設計一種筏式Raft"基礎,或通用之樁基,以承支建築物之重量,惟筏式基礎,必須支撐堅固,其缺點容易發生不均平之下沈,而建築費亦巨,舊法之木樁工程,耗費亦太大,時間亦不經濟,欲得確實之基礎,如用木樁,為數須多,排例須密,打至堅硬地層,樁頭須在地下水位之下,方有效力,

近世建築工程,對於木樁,行將摒棄,而以強有力之方法代之矣,

最初之新法,在實地上採用者,厥為預鑄之混凝土樁,"Pre-Cast Concrete Piling",今日之下,其用已極普遍矣,此類預鑄之混凝土樁,其優點如下,

(一)無需深掘泥土,

(二)不受白蟻等之損害,

然其不便利之點亦頗多,即:

(一)預鑄時,須有廣積之工場以容之,應用時必須完全待其硬結方可,時間上因此必遲延,

(二)不易運輸,如遇撓曲,成破壞,打入之際,必需極重之裝置,

(三)樁因鏈擊,樁頭損壞,影響之部,約有二三尺,

(四)應需深度,不易預知樁之長短,不易巧合,耗費必多,

對于預鑄之樁,其長度為工程師者恆多備,然在實地,樁之入土,有不能至所計之深度者,其結果乃有一部分之樁伸出地面,必須從事削去,工勞費耗,無可免也,

預鑄之樁,既有上述不便利之點,今日之下,於是乃有所謂實地鑄就Cast in Site"之混凝土樁者發明也,從種種之考察,工程家謂時省而工簡,價廉而質堅,既無移動陷淤之險,又免撓曲中斷之虞,故其採用之處,正在擴充不已,是亦建築工程基礎方面之新記錄也,

(待續)

水泥

(續本刊第十一期)

彭禹謨

(乙)製造法　天然水泥製法,大概都用直立窰,窰之內部,砌有火磚,該類火窰,係混雜裝置式,岩石(未經粉碎者)與燃料相互間隔裝入,所需之火力,比較製造普士蘭水泥爲低,因此類原料,如火力超過攝氏表1300度,則熔解,並失去其水化性云其所用之火力,以能使矽石質與石灰質僕養質等相和合爲標準,燒渣由窰底取出,然後經過壓碎與磨細諸工作,對于磨製,大概並不完全照磨製普士蘭水泥之精美手續,惟近來新設之製造廠,亦用製造普士蘭用之同樣磨製機云,

水泥之試驗

(甲)試樣　試驗必須製就一定之試樣,以作標準,

(乙)劃一　試驗水泥,欲求得有價值之結果者,對于採用之方法,必須確定與劃一,蓋試驗結果之優劣,不僅限於水泥品質之佳與不佳,尙有溫度之高低,混合水量之多寡,混合所用之方法,試樣所用之模型,空氣之溫度,與濕度,所用砂料之品質,試驗器具之樣式等,亦均有密切之關係在也,

(丙)個人關係　對于試驗水泥,必須需用有經驗有資格之人任其事,蓋試驗者之關係,一有疏漏,影響於試驗結果實大,由不謹愼暨無訓練之人,從事試驗,其結果等於零,其危險殆尤甚焉有經驗之試驗者,其所得之結果,頗能相符,而有價値,故欲試驗此類材料,必須設立完善之專門試驗所,庶其可,

(丁)試驗之種類　下面所列各項水泥試驗,係爲重要工程所用水泥,暨採用之水泥不滿意者,

（a）細度

（b）凝結時間

（c）標準膠泥之拉力强度（標準膠泥之壓力强度係最佳規範）

（d）堅度

在不甚重大工程中,可直接採用著名出品之普士蘭水泥,無須另行試驗,惟對于堅度有時單獨試驗之,

（戊）細度　精細之磨製,影響於水泥性質匪淺,因精細而可以使水與水泥之間生迅速反應之能力,並能使水泥分子與砂粒,更易密接粘着,換言之水泥愈細者,對于其他情形仍舊一樣,不過使與一定之砂粒,產生更强之膠泥耳,

水泥細度之測量,視其百分重量,若干可以經過200眼篩而定,（按200眼篩,即每方吋中有200根絲,其篩眼等于0.0029吋）其剩餘之量,不得超過22%,近來各廠對于磨製,更趨精細,其剩餘之量,可以小於10%云,

水泥中較粗之物體,其作用頗遲鈍,最先之粘力作用,由於能經過200號篩之物體,此研究已成公認之理,現今工程日精,所求之標準細度試驗,更須精良,於是有空氣分析器之發明,可將經過200眼篩之水泥,再分爲四種一定大小,該種器具之用途,已日漸普及矣,

對于增加細度,其影響可使水泥增快凝結與硬化,含有多量礬土質之水泥,更愈易受影響,精細之水泥,又可容易乾固,簡接又可增加水泥之堅度,

（巳）標準固結　關于凝結時間試驗,强度試驗,堅度試驗等,均與混合時所用之水量,有極大之影響,將各項所得之結果,互相比較,則可以决定每項試驗應用之水量,而求得一已知標準固結,

求標準固結之簡便法,先混合若干之水泥爲水泥漿,用此漿做成一圓徑,約2吋之球,將此球由2呎高處擲下,至一試驗桌上,如該球不發現裂痕,其扁平之度,不大于原來圓徑高度之半,則該水泥漿有標準固結度矣,水泥

愈細者,欲得標準固結,更須多加水量,對于此種試驗,所用之試驗室,與所用之水,均須保持標準溫度始可,

倘有一法,以求水泥之標準固結者,即用一種試驗凝具,名費克脫針器 vicat needle apparatus者是,其所得之結果,更能一致云,

（庚）凝結時間　對于混凝土之凝結時間,無狹義之限制,故對于所成之品質,亦少一定之標準,然于採用之時,必須考其強度,是否適於尋常建築工程,水泥凝結之時間,可使極快,惟不適用於建築工程,（因凝結作用在取用之先,則必弱而不堅,分而不結,）又可使其極緩,惟延誤工作時期,所謂過猶不及皆非所宜,適當時間,惟在有經驗者處之泰然耳,

水泥之年代,亦與凝結時間有極大之影響,故水泥運至工作區域即須作一種之試驗,有若干之水泥,因儲藏太久,吸收空氣中濕氣,致失却一部分之水化性質,有時對于在製造時,所加入之石膏粉,在一極短時間中,失却功效,其結果使水泥變爲快度凝結,考石膏粉功效失去之緣故,大概由於水泥之組成有關係,可增加石灰量,以免此弊云,

除年代之問題擱起一邊外,考凝度之加速,其原因有數種,即磨細燒輕之材料,乾燥之火氣,量水計用微量之水,空氣與水中之高溫度等是也,凝結時間,既有許多之原因,可以發生影響,故在試驗之中,必須十分留意,以保持其標準態度始佳,

考凝結時期,可分兩期,即（一）初次凝結,（二）硬度或最後凝結是也,優良之水泥,初次凝結,爲期須慢,最後硬結,爲期須快,如用費克脫針器試驗,對普士蘭水泥所需之初次凝結,不得少于45分,最後凝結,不得多於10小時云,考初次凝結時間,由於製造水泥時,加入硫化物量（石膏粉或精製石膏粉）之多寡,而發生關係,

水泥調製後,若見其對于裂縫處,並不發生完全結合作用者,則該水泥已起初次凝結矣,如發生適當之硬度與強度者,則該水泥已最後凝結矣,

試驗凝結時間,普通有兩種方法,卽(一)費克脫針器試驗法(二)加爾碼針器 Gillmore needls 試驗法是也,(試驗當另論之,)

(辛)拉力强度　水泥拉力强度之試驗,係指求確實建築工程中材料之强度數値,換言之,初次試驗水泥之拉力强度,專爲確定該項材料在工作進行中,是否有連續不斷,暨一致均勻之不硬化作用,並查察由該項材料,成爲膠泥或水泥凝土後,如施以外力,是否可以發生相當之應力,以承支之,

爲試驗所製成之小塊,稱之曰試塊,或曰小磚,有極小之截面積一方,吋,該極小之截面積,係指在試驗中將斷裂之處也,大概標準膠泥試驗,所用之成分,爲 1 分水泥,3 分標準砂云

(待續)

日本鐵道院建築大貨棧計劃

東京通訊,日本鐵道院,爲增進鐵路運輸,及經濟效率起見,決於下屆年度將貨棧大加改良,初步於長崎附近,設立貨棧,地基約一千九百日畝,建築費二百萬元,由長崎鐵路會社,積極籌備,其他各地,如東京神戶門長崎司等,亦須按同樣之計劃進行,限於五個年內告竣,其建築費爲一〇,三〇〇,〇〇〇元日金云,

江北長途汽車之發展

清江函,清江江北長途汽車公司,自清淮西壩兩路通車以來,日收票價達百元左右,線路共長五十里,現只有車十輛,復添置十輛,仍有續添之必要,以便行旅,漣水綫路工已竣,定十月一日通車,車價一元二角,每日往返共開四班,該公司擬將其餘淮寶.淮泗.淮沭各大幹線在十月內一律通車,惟於通過鹽河運河黃河六塘河等處時,或用船橋,或用渡船,諸,感不便,擬一律造橋,免除障碍除各大幹線外,並設若干分站,如板閘.西壩.王營.河下.漁溝.丁集.五里莊.新安鎮.響水口.湯成工.來安集.徐溜.錢集.黃浦.金河.平橋等各站人員,前派實習生分往揚.滬.實集完竣,經甄別後分別任用,各線路基,現添鋪沙石,雖有陰雨,仍可通車,車廠借清江鐵路局,擬在附近建築新式大洋房一座,能容車百輛,又有推廣南北線之計劃,北線發展至洋河,與徐屬接線,聞已得陳儀總司令之同意,雙方積極進行,南線通過高寶,已與瓜揚公司接洽,縣公司設淮揚道署東一宅,車價每里取二分,與瓜揚較,僅及半數,每客只准帶行李兩件,重三十斤,軍警長官一體保護,主任吳席儒爲原發起人,並由軍道兩署聘爲全權主任,每日工程之進行,營業之收入,均加稽考,各縣股分均作購置費不作消耗費,淮淮漣泗寶各認三萬元,鹽阜未確定,現由軍道通令各縣知事趕修縣道,務使與幹道交通,裨益人民,又擬添通蔣壩.馬頭.楊莊等路,以通皖北,以後脈絡全通,交通便利,拭目俟之矣,

紹東省道近訊

浙江紹嵊省道已在計議之中現經官紳一度之商議對于該段省道紹城方面與紹蕭線之交接地點及路線問題如下（一）由偏門邊繞出五雲門經過之處冷地頗多故犧牲可以減少（二）由北海坡街出大路大小江橋沾王家山脚穿城繞五雲門經過之處熱地頗多故犧牲頗大但於交通方面觀察前者不如後者之便利至今尚無固定主張云

創辦楓臨汽身路先聲

浙江諸暨楓橋鎮近因市政日漸改新惟交通方面尚欠便利近有該邑士紳駱察安（省議員）等擬發起建築汽車路定名爲楓臨路組織有限公司先集資本三萬元先造自楓至輪船販船碼頭須達三江口而抵臨浦云

浙東水利工程近訊

浙東頻年水災農田大受損害上年華洋義賑會早有疏浚曹娥江流域之意嗣因經費問題難以解決致未進行今歲紹蕭水災奇重故已由華洋義賑甯波分會電告總會急籌根本救濟辦法另函甯紹士紳旅外商人力籌賑款俾早日疏浚曹江以重浙東水利云

太湖水利近聞

近來江浙兩省水利專家對於湖田放墾一案聚訟紛紜江浙協會推定勘視湖田代表褚輔成沈田莘袁觀瀾暨江浙兩省實業廳技術員等同赴東洞庭山勘視聞督辦江浙太湖水利工程局亦早已派有工程人員測量浴駐山以便解决現已勘視完畢將呈省核奪云

滄石汽車路行將建築

茲聞直督聯軍爲聯絡京漢津浦兩路交通起見特由滄州至石家莊修築汽車路一條經過滄州大城交河獻縣武強深縣魏鹿晉縣新城各縣路幅極大彎道曲線半徑至少須有八米達現已通知各縣克日興工建築云

上海公共租界交通開車章程摘要

上海爲東亞巨埠,交通極繁盛,公共租界市政當局,對于交通開車章程,規定頗嚴密,故特摘錄於此,以供內地市政機關之參考,　　編者附註

一　大路交通開車章程內所載各名目,分別說明於下:

交通　凡車輛及步行人等,在大路來往,統稱交通,

大路　爲車輛及步行人所通之地即爲大路,故路或街,或通行公路,名稱均同,

公路　大路之一份,專爲車輛之用,即名公路,

路旁小路　大路之一份,專爲步行人所用者,

街沿　公路之路邊無論標明與否,

安穩地點　公路之一份,其間並無車輛開行者,

路上停頓處　公路之一份,稍爲加高者,即爲安穩地點,包括以下兩種:(甲)交通停頓處,用爲步行之人,暫時停頓,或爲車輛調頭轉灣分路之處.(乙)電車停頓處,用爲電車乘客上下,停立之處,

車輛　任何車輛,(但馬不在內)倘若(一)小孩滚蹐之車,小孩臥車,及病人椅,在公路行動,即算車輛,如在路旁小路,即作行人論,(二)按此章程內所載車輛之名目,無論說明與否,其在軌道內開行者,即指電車言,

馬　任何牲畜,用爲車輛或拖拉之用,

開車人　無論何人,當時照管一車,在大路上者,

(待續)

磚料估計法

王醒民

磚數之估計無定法,大概視各地建築上之習慣及磚料之大小而異,其計算之單位,用Perches($16\frac{1}{2}$立方吋至25立方吋不等)或Rod計,後者大小更無一定,約自$16\frac{1}{2}$呎見方(卽$272\frac{1}{4}$平方呎)至18呎見方(卽324平方呎)爲止,估計磚塊數目,常以體積乘每立方呎所需磚料之數卽得,但磚料之大小,參差不一,灰縫之厚薄各殊,未能一定,故普通恆以每立方呎20磚或每立方碼600塊爲律,上述之數,實一約數,而以後者爲更甚,蓋600一數,乃20之30倍顯,非確數也,

磚數之計算,有時隨牆垣之大小而定,普通4吋厚之牆,每平方呎內之磚數爲7塊,由是9吋牆爲14塊,13吋牆爲21塊,餘可依此類推,換言之,卽每平方呎牆垣之磚數,恆爲牆厚容磚數之7倍,今,以算式表之如下,

$$\text{一平方呎牆垣之磚數} = 7 \times \frac{\text{牆垣之厚度}}{\text{磚料之闊度}}$$

上式或有可驚之差誤,然尙稱合用,因磚料之大小,在式內爲未定數故也,

磚料之大小,灰縫之厚薄,旣如上述,漫無一定,欲得精密之數,實非易事,玆就普通所常用者略述如下,設磚料之大小爲$8\frac{1}{4}'' \times 4'' \times 2\frac{1}{4}''$,灰縫厚度爲$\frac{1}{4}$吋或$\frac{5}{8}$吋,則每立方碼,約需磚料410塊,或一千塊可砌牆$2\frac{1}{2}$立方碼,若灰縫厚度爲$\frac{1}{4}$吋或$\frac{3}{8}$吋,則每立方碼所需磚料爲495塊,或一千塊可砌牆2立方碼

上述所需磚料之數,恆因破損等患,致不敷用,須視工程之性質,酌加百分之一二至百分之四五,以補不足,

算術簡易法

（續本卷十三期）

顧同慶

(J)簡單自乘方

(1)法將已知數,加入一數量,或減去一數量,使其結果,幾為一十進位之被乘數,

(2)減去或加入同數量於已知數

(3)將,(1)與(2)之結果相乘,再加(1)與(2)內所加或減之數量之自乘方,例如:

$(84)^2=80\times88+16=7056$……………………(1)

或 $(84)^2=90\times78+36=7056$……………………(2)

$(48)^2=50\times46+4=2304$……………………(3)

$(8\frac{1}{2})^2=8\times9+(\frac{1}{2})^2=72\frac{1}{4}$……………………(4)

$(8\frac{1}{4})^2=8\times8\frac{1}{2}+(\frac{1}{4})^2=68\frac{1}{16}$……………………(5)

說明

(1)式 $84-4=80$,　$84+4=88$,　加或減之數量為4則 $4^2=16$

(2)式 $84+6=90$,　$84-6=78$,　加或減之數量為6則 $6^2=36$

(3)式 $48+2=50$,　$48-2=46$,　加或減之數量為2則 $2^2=4$

(4)式 $8\frac{1}{2}-\frac{1}{2}=8$.　$8\frac{1}{2}+\frac{1}{2}=9$,　加或減之數量為$\frac{1}{2}$則 $(\frac{1}{2})^2=\frac{1}{4}$

(5)式 $8\frac{1}{4}-\frac{1}{4}=8$,　$8\frac{1}{4}+\frac{1}{4}=8\frac{1}{2}$,加或減之數量為$\frac{1}{4}$則 $(\frac{1}{4})^2=\frac{1}{16}$

若5乘之數,則應用上法,更覺簡易,例如

$(25)^2=20\times30+25=625$,　　$(35)^2=30\times40+25=1225$

$(45)^2=40\times50+25=2025$,　　$(55)^2=50\times60+25=3025$

(K)簡單平方根

下列方法求出之答數,頗能近似,但小數點後之數,不能十分正確,然有時此數已能合用,法將已知數用某數量除之,但該數量之自乘方須近似已知數,然後求出商數與除數,下列範式即可應用:

使N＝已知數量　　S＝近似平方之數量　$r=\sqrt{S}$

則 $\sqrt{N}=\left(\frac{N}{r}+r\right)\div 2$

例如 $\sqrt{84}=\left(\frac{84}{9}+9\right)\div 2=(9.33+9)\div 2=9.17$(正確數爲9.1652)

,, $\sqrt{47}=\left(\frac{47}{7}+7\right)\div 2=(6.71+7)\div 2=6.86$(正確數爲6.8557)

(L)欲求大數量之平方根,亦可由上法同樣求出,但須另備一自乘方表,並將上列範式變化如下較,爲適用,

$\sqrt{N}=r+[(N-s)\div(2\times r)]$　今舉一例題如下:

$\sqrt{32200}=179+[(32200-32041)\div(24179)]=179.444$　(正確數爲179.44558)

$\sqrt{175440}=419+[(175440-175561)\div(2\times 419)]=418.856$(正確數爲418.85558)

說明　式內s之值即近似之平方數,此數由平方表內查得,此法較之常法未必十分簡單,但其結果恆能得三位或四位之小數,

(m)用第二差校對法

此法略有限制,僅適用含有二次方程式之問題,故校對自弧線至弦之垂直距離,(Ordinates)最爲適用,如遇此種情形,祇須求出兩隣垂直距離之第一相差,然後求出第一差內之第二相差,其第二相差須各相等,並用代數符號標明,

說明

校對下列垂直弧線之水平高度,其第二相差均各相等,故知水平高度無誤,

水平高度	第一相差	第二相差
98.6000		
	+.4125	

		+1750
98.1875		
	+.2375	
		+1750
97.9500		
	+.0625	
		+1750
97.8875		
	−.1125	
		+1750
98.0000		
	−.2875	
		+1750
98.2875		
	−.4625	
		+1750
98.7500		
	−.6375	
		+1750
99.3875		
	−.8125	
100.2000		

(n)校對算術之另一法

加法　普通每行由上至下再由下至上,共加兩次,又一法卽算出後,再演算一次,

減法　被減數與餘數相加,應等于減數,

乘法　前述用去 9 法校對,今用 11 除之,其法詳下列例題

2875÷11=	261+	餘數 4
273÷11=	24+	,,,, 9
784875÷11=	71352+	,,,, 3
9×4=36于是36÷11=	8+	,,,, 3(對)
2468÷11=	224+	,,,, 4
8183÷11=	289+	,,,, 4
7855644÷11=	714149+	,,,, 5
4×4=16于是16÷11=	1+	,,,, 5(對)

如遇兩數相乘之積不求過詳,則上法可以不用,最好之校對法,將乘數與被乘數之各數目,順倒排列卽得,

除法　前述用去 9 法,今用除 11 之法代之,如遇不求過詳時,其校對法祇須除數乘商數,加于餘數卽得,　完

代銷工程旬刊簡章

(一)凡願代銷本刊者,可開明通信處,向本社發行部接洽,

(二)代銷者得照定價折扣,銷貳十份以上者,一律八折,每兩月結算一次(陽歷),

(三)本埠各機關担任代銷者,每期出版後,由本社派人專送,外埠郵寄,

(四)經理代銷者,應隨時通知本社,每期銷出數目,

(五)本刊每期售大洋五分,每月三期,全年三十六期,外埠連郵大洋貳元,本埠連郵大洋一元九角,郵票九五代洋,以半分及一分者爲限,

(六)代銷經理人,將欵寄交本社時,所有匯費,概歸本社担任,

工程旬刊社發行部啓

編輯主任：彭禹謨，會計主任 顧同慶，廣告主任 陸超
代印者：上海城內方浜路貽慶弄二號協和印書局
發行處：上海北河南路東唐家弄餘順里四十八號工程旬刊社
寄售處：上海商務印書館發行所，上海中華書局發行所，上海棋盤街民智書局上海四馬路泰東圖書局，上海南京路有美堂，暨各大書店售報處
分售處：上海城內縣基路永澤里二弄十二號顧壽岩君，上海公共租界工部局工務處曹文奎君，上海徐家匯南洋大學趙祖康君，蘇州三元坊工業專門學校薛渭川程鳴琴君，福建漳州漳龍公路處謝雪樵君，福建汀州長汀縣公路處羅履廷君，天津順直水利委員會曾俊千君，杭州新市場平海路新一號西湖工程設計事務所沈襄良君鎮江關監督公署許英希君
定價 每期大洋五分全年三十六期外埠連郵大洋兩元（日本在內惟香港澳門以及其他郵匯各國一律大洋二元五角）本埠全年連郵大洋一元九角郵票九五計算

工程旬刊

胡適題

THE CHINESE ENGINEERING NEWS

第一卷　　第十五期

民國十五年十月二十一號

Vol 1 NO.15　　October 21st. 1926

本期要目

近世建築工程基礎問題　頌謀
鋼筋混凝土建築工程用板模之設計　彭禹謨
南洋大學工業展覽會參觀記略　卓民
法蘭克椿　記者
量法　彭禹謨

工程旬刊社發行

上海北河南路東唐家弄餘順里四十八號

◁中華郵政特准掛號認為新聞紙類▷

(Registered at the Chinese Post office as a newspaper.)

工程旬刊社組織大綱

定名　本刊以十日出一期,故名工程旬刊.

宗旨　記載國內工程消息,研究工程應用學識,以發明普及為宗旨.

內容　內容編輯範圍如下,

（一）編輯者言,（二）工程論說,（三）工程著述,（四）工程新聞,

（五）工程常識,（六）工程經濟,（七）雜　俎,（八）通　訊,

職員　本社職員,分下面兩股.

（甲）編輯股,　總編輯一人,　譯著一人,　編輯若干人,

（乙）事務股,　會計一人　發行一人,　廣告一人,

工程旬刊投稿簡章

（一）本刊除聘請特約撰述員,担任文稿外,工程界人士,如有投稿,凡切本社宗旨者,無論撰譯,均甚歡迎,文體不分文言語體,

（二）本刊分工程論說,工程著述,工程新聞,工程常識,工程經濟,雜俎通訊等門,

（三）投寄之稿,望繕寫清楚,篇末註明姓名,暨詳細地址,句讀點明,（能依本刊規定之行格者尤佳）寄至本刊編輯部收

（四）投寄之稿,揭載與否,恕不預覆,如不揭載,得因預先聲明,寄還原稿,

（五）投寄之稿,一經登錄,即寄贈本刊一期,或數期

（六）投寄之稿,如已先在他處發佈者,請預先聲明,惟揭載與否,由本刊編輯者斟酌,

（七）投稿登載時,編輯者得酌量增删之,但投稿人不願他人增删者可在投稿時,預先聲明,

（八）稿件請寄上海北河南路東唐家弄餘順里四十八號,工程旬刊社編輯部,

工程旬刊社編輯部啓

編輯者言

板模爲鋼筋混凝土建築工程之一部,昔時工程家,多輕忽之,既無一定之結構,又無相當之計算,任匠人之所爲,而不加精細之限制,致建築之物,未經完全之凝結,而發生破裂,或因載重過度,板模無力支承,而中宕立現,凡此種種缺點非經精確之計算,實地之考察,不易免去,故不可不加以詳細之研究也.

際此干戈擾攘之秋,雙十節實無可慶之事,惟本埠南洋大學卅週紀念會中之工業展覽會,在我國實爲創舉,提倡工業,研究科學,普及常識,一舉而數善備焉.

法蘭克樁係實地鑄成之樁,其法頗新穎,讀者請注意之

近世建築工程基礎問題

（續本卷十四期）

頌　謀

關于實地鑄就之混凝土樁,在近世十五年或二十年來,歐美各國,已有七八種式樣發明,因鑄就之方法不同,混合之比例有異,而凝結之硬度,地力之情形,均有參差,雖均根據實地鑄就之原則,於功効上,仍互有高底也,

有數種式樣,採用一輕質之鋼模,埋沉於地下,塡以混凝土,並無一定之打結,鋼模卽留下,而不取出.

又有數種式樣,則採用一個或數個之鋼管,打入地中,至一定之深度而止,然後以混凝土塡入,同時用重鎚打堅,而鋼管隨時拔出,於是可得一地力較大之基礎矣.

另有一法,則於管之底部,用炸藥炸土成孔,俾混凝土下入後,下面可得

一較大之基礎,而地力更可增加矣.

所鑄樁之形式,或係圓柱狀,或其底端係錐狀,然樁之目的,不過承支上部建築物之用,能增加基地之承受力量,及能插入至堅硬地層者,即爲合格,其於柱身之形狀,或係圓柱,或係圓錐,實無討論之價值,故可不必斤斤於此也.

然欲使樁能插入至堅硬之地層,大都有所不能,蓋我人在實地上之考察,所謂無底之地者,處處皆是,欲得所求之承受量,須根據下面之因素即:

(一)皮面摩擦 Skin Friction (或周圍地土之粘結)

(二)樁脚下面用擴充基積後所生之人工地土壓力 Artificial Compression

考皮面摩擦,乃爲側面問題,其強度之大小,視樁之圓經,暨其長度而定,然樁之表皮,是否平滑,或係皺曲,周圍土質是否堅實,或係鬆軟,其所受之影響,尤爲重要.

至論上述第二因素,乃與樁下基礎面積之大小,基下地層之軟硬,成一定之比例,

凡此種種,均於採用木樁之外,有所改良,以圖進步,各種新發明之方法,大都各有其特殊之利益,欲求堅固之基礎,全在工程師之採用新式方法,適當與否而定.

關於新法基樁之種類,近世各國,均有發明,茲特介紹二種,以饗讀者,

(一)法蘭克制 Franki Compressed Concrete piling System

(二)維薄制 Vibro System

上面兩種新制,均係實地鑄就之混凝土樁,因其工作簡易,工價較低,埋于土中,不易移動,受重之量,又大,故其採用範圍,日漸增廣,此後建築物愈趨高大,基礎問題,愈爲重要,新式基樁,行將改良不已,以應時勢之採求,當無疑義也. (完)

鋼筋混凝土建築工程用板模之設計

彭禹謨譯

第一章　板模建築概論

各種鋼筋混凝土建築工程之初步，即宜預備建築模子，以便混凝土之下入，該模子通常稱之曰板模 Form work 或殼子 Shuttering 實為水泥建築工程承辦者之重要工作也，承辦人對於板模之結構，已得有充分之經驗，則無困難問題發生，當然彼能應手施展以成適宜之板模，如承辦人係初次接攬是項水泥工作，或不嘗承攬者，則於板模設計，暨建築之法，定多生疏，而業主之不諳工程者，亦有同樣情形也。

關於建築板模之智識，在工程界如能普及，則鋼筋混凝土建築工程，當更有發展之希望，蓋採用甎塊暨鋼鐵以為建築之輩，對于鋼筋混凝土，建築時有發生疑問，以為難尋熟悉板模工作之工匠，致所成之建築物，於觀瞻之上，頗多不雅，而經濟一方，又多耗費云云。

本篇之作，主要之目的，專供未諳板模設計，暨建築方法者之參考云爾。

第一節　概要

對於鋼筋混凝土用板模工作，至今尚少專書，可供吾人之查考，其故爲此類工作，不過暫時性質，改良之法，僅爲單獨零碎問題是也。

然混凝土之建築，爲用日廣，成績亦已有年，其間不乏優美之板模方法，可作吾人之標準，惟因建築物種類之不同，其優點亦各有異，欲將此類工作方法，與夫設計理論，完全寫出，事實上亦屬難能，而況混凝土之建築，日新月盛，變化萬態哉。

建築任何之板模，利用木材，使各部承就之載重，有相當之比例，而無耗費之缺點，則爲最佳之方法，同時再於板模建設之手續，拆卸之次序，加以研究,得其便利之點,庶可益臻盡善矣.

第二節 拙工

工匠與承辦人,因缺少板模適當之建築方法,其工拙劣,其結果常能使建築物破壞,蓋横撐不足,支柱太少,所用木材不够任重,拆卸太快等等情形,皆爲致壞之因也

如無適當之板模結構,建築物即無破壞發生,其於觀瞻上,亦多不雅,於建築營業廣告一方,亦多有影響,凡遇牆壁之隆起,樓板之中窅,樑柱之波曲,以及種種凹凸不平之點,均由不諳板模建築與設計方法之故也,如欲將此類缺點補救於混凝土已下之後,其手續實難,工拙費耗,智者不爲也.

第三節 模匠

較大之營造廠,常年僱用許多木匠,專製板模工作,日就月將,其經驗宏富,配置精詳矣,在歐美之工程界,對於板模工作成爲一種專門營業,故木匠之欲從事學習是項結構機會亦頗多,

板模工作,關於混凝土建築工程,既若是之重要,於是大部分之混凝土建築看工,有屬於專營板模之木匠任之者.

木匠之屬於內部建築與裝修者,不論其工作若何精美,决不能適用於建造板模,蓋板模之性質,係暫時,而分配須合法,僅用釘子打入,使其牢固,拆卸之法,不過用一斧耳,此乃另有一種技藝在也.

少經驗之承辦人,如須接辦鋼筋混凝土工程,必須先僱二三有經驗之板模匠工,則事半而工倍其工効當有期矣.

第四節 視察

當板模製造已畢,預備下混凝土之前,必須經過打樣師或工程師之詳細視察,對於工作之程度,負重之能力,均須有滿意之審查.

當工作進行之際,板模匠頭,必須時常視察各部横撐支柱,如否完全,緊桿等類,是否足够,如有缺點,立即改正,庶免凹凸不平,或破壞之虞.

南洋大學工業展覽會參觀記略

卓民

南洋大學，爲吾國最完備之工科學府，創立迄今，已屆三十週紀念，因于月之九十十一三天，舉行慶祝，其紀念程序，除各種集會游藝娛樂外，並創設工業展覽會，即於九日同時開放，延至十七日下午閉會，會所有二，一在該校圖書館，一在西部平屋內，滬埠中外各工廠洋行，工程處所，均各出其新式製品設計圖樣，陳列其中，各部均有陳列招待員，指示一切，參觀者如有疑問，均樂爲詳細解釋，舉凡未聞未睹之品，均得瞭然於目，是會既可增進普通人民之工業常識，又可增加研究科學者之興趣，誠一舉而數善備焉．

在圖書館門首，懸以工業展覽會五字，以電燈裝嵌，入夜照耀奪目，計陳列之品，面門有中國水泥公司建築一似伸臂式之鋼筋混凝土碼頭，上面平台極薄，置泰水牌水泥三桶，其重量可千餘磅，籍以表示該項材料建築物之強度，以喚起觀客之注意，此廣告中之含有科學思想者也，入口處有伯葛汔鑪模型，其旁有泰山公司泥磚標本，再次爲啓新洋灰公司所製之各式花磚，暨鋼筋混凝土柱之樣本，其成績極佳，次爲中國製瓷公司之水瓷磚，下層室內均陳列各項電氣器械，西門子洋行，大華科學儀器公司，開洛公司等，關於無線電話無線電機，靡不裝置完備，以供參觀，中國電氣公司之電報電話機，接線機以及各種電線模型，亦陳列其間，慎昌洋行之奇異公司出品，電燈機件×光儀器測繪儀器，商務印書館之美術品，上海銀行旅行部之各地風景照片，他如利商洋行之計算機，郭祿晉之自由車橡皮胎等，亦均陳列於下層，二層樓所陳列者，有南洋大學擬築之工業館模型，該圖爲本埠凱泰建築公司所製，頗爲美觀，又聞該館建築材料，已有啓新洋灰公司允捐助水泥及舖地磚，泰山磚瓦公司，捐助面磚，中國製瓷公司，捐助瑪賽克磁磚，振蘇磚瓦公司,捐助普通礦,云,將來該館築成,對於工業試驗上,於社會定多有所報告,其經費由文化基金委員會三年內撥十五萬元,另募五萬元,共需建築費二十萬元,想三年之內,我人當可見該項新建築成立矣,右室陳列者,均係書畫照片等美術品,其次爲該校學生成績品,機械設計圖均極精細尤以火車頭剖面構造圖爲最多,尙有各國水力比較圖表,蘊蓄礦產比較圖表,均多詳明確實,他若該校上院木製模型,以及各項機械製造頗多完善處,左旁室內爲鐵路經濟成列室,有各種國有鐵路圖表,三層樓爲揚子江技術委員會,及浚浦局之水利工程陳列品,兩機關之旗幟分開佈於壁上,右樓係揚子江技術會之陳列品,內有揚子江之地形圖,與宜昌沙市漢口九江水位漲落圖,而鄂省水災情形照片,亦懸掛牆上,使人注意,水利工程之極宜進行,該會又陳列一最精確之放縮儀及一流速儀器,懸掛空中,以電風扇之風,代水流,使該器隨時因風力而轉動不已,以明其用途,法至善也,而量雨計,水準標等亦陳列其中,壁上懸各種曲線圖表,周圍繞以五色旗紗,頗足引人注意,左室爲浚浦局物品內有自動測汛機,四周壁上,懸有各種船隻及挖泥機船照片,樓梯之旁,置有圖表及上海商埠淞滬水區等圖,綜觀三樓全部,實爲一水利工程之成列室也.

西部平屋,亦裝有工業展覽會五字電燈,入門有慎運洋行之道馳牌無空氣注射之狄思爾引擎一座,可發生一百至二千四馬力,正在工作,後部尙有抽水機,(均已定售) 室內電炬通明,裝有西門子之新式電燈一座,華東機器廠所製之各項車床印刷機,頗爲精巧,愼昌洋行陳列之K式電織機機,及各項機械,茂生洋行陳列皮帶,及保險箱等,該校畢業生創辦之新中工程公司,亦將製造之抽水機等,陳列其內,餘如維昌怡和洋行之鋼珠軸領等,亦有陳列.

迷宮之旁,又有愼昌洋行之農業器械,別具生面,觀者均注意之,我中華以農立國,如能應用新式機械,將來之發展,可操左券.

統觀全部,可概別為電氣機械建築材料水利學生成績五部,電氣部無線電話,佔多數,而中國電氣公司之一線電話電報,同時傳達機,為最新式,餘如慎昌洋行之X光,亦屬奇巧,機械部以德國漢運洋行陳列者最受觀者歡迎,我國華東新中二工廠所製機械,亦可與舶來品媲美,建築材料部,如花磚瓷磚水泥等,均為國產之上品,學生成績,優美異常,水利方面,揚子江測量成績,可推獨步,可與各國相抗衡,濬浦之自動潮汎機,及自動流量圖表,亦極精美,以上所述,不過舉其大者,草草成篇,以實旬刊,文之工拙,匪所計也。

南洋大學三十週紀念會中之工業展覽會

自雄

本埠徐家匯南洋大學,自前清光緒二十二年,創立至今,已屆三十週年,該校于本月九號十號十一號,舉行紀念慶典三天,同時並開工業展覽會十天,凡上海各大洋行,及我國自製機器行廠,建築公司,莫不將優美出品,建築圖樣,陳列其中,供學者之觀摩,起社會之注意,不僅提倡工業,輔助工程教育,且足以促進國產工業,製造之改良,工程設計之進步,事屬創舉,意尤深遠,該展覽會之陳列處,有四,其中中國行家,最著名者有:(一)華東機器廠之印刷機器,(二)益中公司之電器料,(三)新中公司之抽水幫浦,(四)中國鐵工廠之紡織機器,(五)意成造紙廠之紙張,(六)中國水泥公司之水泥,(七)凱泰建築公司之南洋大學工業模型,關於水利工程之陳列,有揚子江技術委員會之圖表,濬浦局之照片,機械,足供研究水利者之參考,外國行家之陳列品,尤以美商慎昌洋行為豐富,其次怡和洋行,羅森德洋行,天利洋行等家,陳列品亦不少,禪臣洋行並裝輕便鐵道,在場中開行,可坐十餘人,亦頗靈便有趣,陳列處,各部均有招待員,在旁說明,並有價目單樣本,可以索閱,有許多之機器,均實地開演,以供來賓之研究,光怪離奇,目迷五色,實我國展覽會之別開面者也。

法蘭克樁

記者

有一種新制之混凝土樁名曰法蘭克制係由法蘭克諾氏 Frankignoul 所發明,在一九〇九年,已得有專利之權,至一九二四年,在歐洲曾採用該項新樁 100000 個以承受七百萬噸之載重其成績之佳,令人注意,香港建築公司 Hongkong Engineering & Construction Co., Ltd 鑒於地基之重要,與夫遠東各地,營築地基之困難,特向歐之法蘭克樁公司請其授與代理之權即於香港各地開始實驗頗得美滿之結果今春又來滬地試辦聞曾在滬留車路工場之內打入該樁十餘根由種種方面觀察此制因係就地落成之樁比較預鑄打入之樁爲優,其價格尙廉,其質地堅實,埋於土中,無移動或陷落之虞,其工作之法,先以鋼管用兩噸重之鎚打之,使其下降,至遇堅實土質,然後用1:3:5混凝土灌入,使成樁底再以兩噸重之鎚將該底打堅結,直,至在十五至二十呎高處該鎚落下時,不生顯明之下沈而止,關於此類之限制,有經驗之工程師依管內挖出之土質,種類而定樁底圓徑之大小,大概爲2'6"至4'6",底旣做成,次乃下入混凝土,以成樁身同時鋼管,逐漸拔出,全樁完成,鋼管全部亦出地矣。

吳淞江改道出海之提議

寶山水利研究會陶慶豐,提議函請太湖水利工程局,將吳淞江下游改道蘊藻河出海,以免蘇境水災,而興吳淞商市,玆錄其提議案如下,查吳淞江爲太湖中條洩水要道,其下游卽今之蘇州河,自外白渡橋至新閘以西,兩岸廠棧林立,河中船舶密佈,加以鐵橋重重,以致水流不暢,易於淤淺,今雖開浚,祗因鐵橋關係,不能浚之過深,蘇崐一帶,頻見水災,職此故也,蓋地形東高西下,太湖形如釜底,平時旣有積水,一經多雨,東流不暢,蘇郡遂成澤國,證以上寶多棉田旱地,蘇崐多種稻水田,因其不能種棉,地形之低下可知,今從黃渡流東,改由顧岡涇,經南翔,接蘊藻河以出海,則無蘇州河之阻塞景象,則東流自暢,而西來之急流衝抵,可以減殺澤湖之內灌,本邑各幹河,既可省開浚之費,蘇郡各縣,又可免泛濫之災,實一舉而兩利焉,蘊藻既爲吳淞江出海之口,則吳淞鎮及城南一帶,商務之興盛,指日可待,今見報載王丹揆督辦會同蘇紳馮夢花張仲仁等,電請農商部,於江海各關,帶徵蘇省水利經費,已啓財政部核辦,定可照准,經費不患無着,似應及時請求,以便先行規劃,倘得事成,豈但寶邑之幸,實六郡人民之幸也,

上海公共租界交通開車章程摘要

(續本卷十四期)

步行人	無論何人,在大路步行者,惟小孩嬉路之車,小孩臥車,及病人椅,如在路邊行則算行人,如在公路行則以車輛論,
乘客	任何乘車之人,其開車人,或車主之僕年車管事者,不在其內,
電車	任何車輛,凡專在公路軌道內開行者,
無軌電車	除電車外,任何車輛,凡以電開駛,或全份或一份,倚恃頂上電線得電力者,
摩托車	任何車輛,凡以內面機器或電力開駛者,惟電車及無軌電車,不作摩托車論,
並排車輛	將車與街沿並排,
橫排車輛	將車與街沿橫排,
停車處	公路之一份,或其他特備地段,專爲排車之用者,

二　凡在大路行走之人,無論爲開車人,步行人,或乘客,俱應顧及交通

便利,保持公安,

三　凡在大路行走之人,不准有危險,及疏忽或不正當之舉動,

四　凡在大路行走之人,不准阻礙其他行人及車輛交通,

五　凡在大路開駛車輛,不准疏忽疾馳,致生危險,或有不正當行動,

六　凡在大路開車之人,不准佔路,致阻礙他人之交通,

七　無論何人,不准在大路中於車行動時,上車落車,阻礙他人來往交通,除非將其車靠近路邊方可,惟電車不在此例,

八　無論何人,不准在大路裝卸貨物,阻礙其他交通,

九　無論何人,不准在路中肩挑,或安放貨担物件,阻礙其他交通,

十　凡在大路開車,或步行,均須遵照巡捕指示記號而行,

十一　開車之人開行不得過速,須定有穩妥速率,顧及路上其他行人,與車輛來往之利權,及當時交通情形,以及路面如何,並有無危險地點,無論指明與否,均應注意,

十二　開車人須靠近路之左旁而行,其開行越慢越要靠近街沿,

十三　開車人向左轉灣時,須靠近左旁街沿愈近愈佳,

十四　開車人向右轉灣時,須大轉灣,向其中線之左而入新路,

十五　開車經過路中停立處,或在開行方向中線之右者,應向左邊行,

十六　開車人如遇迎面開來之車,須向左邊經過,

十七　開車人如欲經過同一方向開行之車,(除電車外)須向右邊經過,

十八　開車人如欲經過或行動或停滯之電車,在同一方向者,應向右邊經過,

十九　開車如遇同方向開駛之電車暫停,以便乘客上下時,須緩行,如遇必要時,亦須暫停,一俟路上毫無阻礙,方可再行,

二十　凡開車人欲越過同方同開駛之車,如前面看勿清楚,則不准開行,

(待續)

上海大馬路外灘之新建築

上海大馬路外灘,義品銀行舊址,已由老沙遜洋行,翻造十四層鋼骨水泥房屋,(後部九層)標價為一百三十萬兩,由上海新仁記營造廠得標,限期二十個半月完工(裝修並不在內,)現在基礎工程,將次完工,上部工程不日即須動工云,

徐屬水利之新設施

徐州通信云,徐州河道,年久失修,今歲春季,官廳督促疏浚河道,徒以人民安常習故,而鄰境又發生阻隔,工事因之作罷,夏秋之交,陰雨連綿,遂竟成災,總司令陳儀,特派諮議劉振國等分往各地調查河道,以期開濬,劉等現已歷沛豐碭三縣,於前日回徐,據言沛縣災情最重,水勢彌漫,河道無從調查,豐縣因清咸豐年間黃河在城南蟠龍集決口,地盡沙堆起,所有河道,皆北流入東境,目下豐縣人民已與山東魚台鄰處人民商量妥洽,將水送入蘇魯連界之南陽昭陽二湖,不久即可施工,碭山減河與利民河,皆入河南永城地界,開挖時糾紛迭起,劉等意擬改道,避免糾紛,一俟其他各縣調查完竣後,一同疏濬,微山湖為徐北巨浸,周圍二百餘里,風景絕佳,菱藕魚蝦出產甚富,徐海道尹高爾登近曾偕同僚屬往遊,對於該處景物甚為贊許,因擬購買他處魚蝦佳種,在湖內試養云,

徐州居長江黃河兩流域中間,氣象變化,為南北天文台氣象台所重視,江蘇省立第二農事試驗場所設氣象觀測所,業於前日開始與上海徐家匯天文台.南通山氣象台.青島膠澳氣象台.北京中央觀象台.農商部觀測所.電達氣象,每日上午六時一次,下午二時一次,電報氣象為風速風向氣壓溫度濕度五項云,

量　法

（續本卷十一期）

彭禹謨編

（十）橢圓

第十一圖　第十二圖　第十三圖　第十四圖　第十五圖

橢圓圓周如無精細之計算不易十分準確下面之式可得概值而已（參看第十一圖）即

$$p = \pi\sqrt{\frac{D^2+d^2}{2} - \frac{(D-d)^2}{8.8}} \text{..................} (37)$$

尙有一式求橢圓圓周其結果當較上式所得者爲準確即

$$p = \pi(a+b)K \text{..................} (38)$$

式中 $a = \frac{D}{2}$　$b = \frac{d}{2}$

而 $k = \left(1 + \frac{c^2}{4} + \frac{c^4}{64} + \cdots\cdots\right)$ 之縮項

$$K = \left(1 + \frac{C^2}{4} + \frac{C^4}{64} + \frac{C^6}{256} + \cdots\right) \quad c = \frac{(a-b)}{(a+b)}$$

下面之表載明各種 c 值對于 K 之關係數

c	R	c	R
0.05	1.0006	0.55	1.0768
.10	1.0025	.60	1.0922
.15	1.0054	.65	1.1083
.20	1.0100	.70	1.1267
.25	1.0158	.75	1.1466
.30	1.0215	.80	1.1677
.35	1.0311	.85	1.1903
.40	1.0404	.90	1.2154
.45	1.0516	.95	1.2430
.50	1.0635	1.00	1.2732

$$A = \frac{\pi}{4} Dd = .7854\ Dd \quad \cdots\cdots(39)$$

例題 設橢圓形之大圓徑為 6 呎小圓徑為 4 呎試求該圓之圓周

$a = 3'$ $b' = 2'$

$$C = \frac{(3-2)}{(3+2)} = \frac{1}{5} = .20$$

查表得 $K = 1.0100$

由〔38〕式得

$p = \pi(3+2) \times 1.010.0 = 15.865$ 方呎

由〔37〕得

$$p = \pi\sqrt{\frac{36+16}{2} - \frac{4}{8.8}} = 15.708 \text{ 方呎}$$

代銷工程旬刊簡章

(一)凡願代銷本刊者,可開明通信處,向本社發行部接洽,

(二)代銷者得照定價折扣,銷貳十份以上者,一律八折,每兩月結算一次(陽歷),

(三)本埠各機關担任代銷者,每期出版後,由本社派人專送,外埠郵寄,

(四)經理代銷者,應隨時通知本社,每期銷出數目,

(五)本刊每期售大洋五分,每月三期,全年三十六期,外埠連郵大洋貳元,本埠連郵大洋一元九角,郵票九五代洋,以半分及一分者爲限,

(六)代銷經理人,將款寄交本社時,所有匯費,概歸本社担任,

工程旬刊社發行部啓

編輯主任：彭禹謨，會計主任 顧同慶，廣告主任 陸超

代印者：上海城內方浜路貽慶弄二號協和印書局

發行處：上海北河南路東唐家弄餘順里四十八號工程旬刊社

寄售處：上海商務印書館發行所，上海中華書局發行所，上海棋盤街民智書局
上海四馬路泰東圖書局，上海南京路有美堂，暨各大書店售報處

分售處：上海城內縣基路永澤里二弄十二號顧壽玆君，上海公共租界工部局工務處曹文奎君，上海徐家匯南洋大學趙祖康君，蘇州三元坊工業專門學校薛渭川程鳴琴君，福建漳州漳龍公路處謝雪樵君，福建汀州長汀縣公路處羅履廷君，天津順直水利委員會曾俊千君，杭州新市場平海路新一號西湖工程設計事務所沈襞良君鎮江關監督公署許奕希君

定價 每期大洋五分全年三十六期外埠連郵大洋兩元（日本在內惟香港澳門以及其他郵匯各國一律大洋二元五角）本埠全年連郵大洋一元九角郵票九五計算

創新建築廠

CHANG SING & CO.,
GENERAL CONTRACTORS,
HEAD OFFICE - NO. 54 TSUNG MING RD, SHANGHAI,
TEL. N. 3224

本廠寫字間設在上海崇明路五十四號專造各種鋼骨水泥或鋼鐵等建築物例如工廠堆棧河工海港碼頭堤壩鐵道或大道橋樑自來水塔涵洞以及中西房屋等工程倘蒙賜顧無不竭誠辦理

創新謹啓

電話北三二二四

新仁記營造廠

SIN JIN KEE & CO.,
BUILDING CONTRACTORS
HEAD OFFICE;-NO450 WEIHAIWEI ROAD, SHANGHAI
TEL. W 531.

本營造廠○在上海威海衛路四百五十號○設立已五十餘年○經驗宏富○所包大小工程○不勝枚舉○無論鋼骨水泥或磚木○鋼鐵建築○學校校舍○公司房屋○工廠堆棧○碼頭橋樑○街市房屋○以及住宅洋房等○各種工程○莫不精工克己○各界惠顧○竭誠歡迎○

新仁記謹啓

電話 西五三一

胡適題

工程旬刊

THE CHINESE ENGINEERING NEWS

第一卷　第十六期

民國十五年十一月一號

Vol 1 NO.16　November 1st. 1926

本期要目

軍事聲中之長途汽車談　厲尊諒

鋼筋混凝土建築工程用板模之設計　彭禹謨

節錄上海公共租界交通委員會報告書

鋼骨水泥桀場承攬章程　顧同慶

工程旬刊社發行

上海北河南路東唐家弄餘順里四十八號

◀中華郵政特准掛號認為新聞紙類▶

(Registered at the Chinese Post office as a newspaper.)

工程旬刊社組織大綱

定名　本刊以十日出一期,故名工程旬刊.

宗旨　記載國內工程消息,研究工程應用學識,以淺明普及爲宗旨.

內容　內容編輯範圍如下,

(一)編輯者言,(二)工程論說,(三)工程著述,(四)工程新聞,

(五)工程常識,(六)工程經濟,(七)雜　　俎,(八)通　　訊,

職員　本社職員,分下面兩股.

(甲)編輯股,　總編輯一人,　譯著一人,　編輯若干人,

(乙)事務股,　會計一人　發行一人,　廣告一人,

工程旬刊投稿簡章

(一)　本刊除聘請特約撰述員,担任文稿外,工程界人士,如有投稿,凡切本社宗旨者,無論撰譯,均甚歡迎,文體不分文言語體,

(二)　本刊分工程論說,工程著述,工程新聞,工程常識,工程經濟,雜俎通訊等門,

(三)　投寄之稿,望繕寫淸楚,篇末註明姓名,暨詳細地址,句讀點明,(能依本刊規定之行格者尤佳)寄至本刊編輯部收

(四)　投寄之稿,揭載與否,恕不預覆,如不揭載,得因預先聲明,寄還原稿,

(五)　投寄之稿,一經登錄,即寄贈本刊一期,或數期

(六)　投寄之稿,如已先在他處發佈者,請預先聲明,惟揭載與否,由本刊編輯者斟酌,

(七)　投稿登載時,編輯者得酌量增删之,但投稿人不願他人增删者可在投稿時,預先聲明,

(八)　稿件請寄上海北河南路東唐家弄餘順里四十八號,工程旬刊社編輯部,

工程旬刊社編輯部啓

編輯者言

我國頻年內戰,至今尤甚,到處破壞,不遑建設,而外人在租界之內,對於各項市政,日從事於改良,應時勢之需求,設立各項專門委員會討論之,於是日新月盛,光華燦爛,進步無窮,轉觀我華市政,雖有機關之設立,際此軍書旁午之秋,建築上已難發展,而我市民坐食不安,已同驚弓之鳥,貧者散諸四方,富者遷寓租界,內地市政,愈趨蕭條,租界交通,愈形擁塞,爲淵驅魚,爲叢驅爵,觀本埠公共租界之整理交通,深有感慨者矣.

本期刊有鋼骨水泥築埸承攬章程,可備實用之參考,閱者請留意焉.

軍事聲中之長途汽車談

厲尊諒

吾國自秦建長城,隋鑿運河,後此卽鮮有大工程之興築,尤以清代數百年,滿帝秉政,官吏貪污,人民處淫威之下,拑口愼行,且大獄恆興,於是只要自掃門前雪,休顧人家瓦上霜之說,竟成爲識時務者之成語,官民隔不相近,數萬萬之人民,若散沙一盤,百藝就荒,工業廢蕪,交通事業則更無人問津,致千年一日,阻閡依然,溯自民國成立,舉國之人,莫不欣欣然,謂百業勃興有望,吾民可安居樂業矣,奚知兵禍連年,戰雲蔽天,吾民東遷西避,呻吟奔走者,已十有五年,而於此擾亂之世,突言交通事業,似非其時,且以工程界放棄責任,漠不關心,甘作外人代庖,坐視皇皇大夏處於劣國之地位,誠可痛也,幸吾國民性堅忍耐勞,而好自動,故雖環境惡劣,仍能奮鬥進展,不爲中輟,試觀近年來長途汽車路之增闢,已可概矣,計先後設立之長途汽車公司,共有六十餘處,連年公私築成之道路,約計四萬里,若以此數較諸美國,固無異倉廩一粟,惟在吾內訌頻仍之中國,可稱難能焉,然亦不足以自豪,惟望將來逐漸增築使全國道路交通利便,觀夫吾國地大物博,地藏豐饒,農產富足,即三尺學童,類能道之,合此因土地之平坦,氣候之適宜,人民之秀慧,異日受文化之鑄溶環境之逼迫,自能百業振興,交通因此發達,蓋世界日趨文明,則競爭愈烈,競爭烈,則生活愈艱,生活艱,則競爭更烈,於是舉以為普通之事業,新進者決不能與資深望碩者抗,力薄者決不能與財富者爭,惟有創人所廢棄,而以己之能力振興之別,起門戶始能樹業社會,人同此心,則藏者用焉,廢者興焉,而斯時之交通事業,有不得不發展之勢,蓋當社會競爭猛烈之時,經濟與時間均成極重要之問題,舉凡商品轉運,旅客往返,靡不以交通便利與否,而定其需費需時之多寡,耗費多,在商品則失競爭之能力,在旅客則增加其生活困難,費時多,其弊亦如之,以時間即金錢也,由是可知遲笨之騾車,稜鈍之帆船,決不適用於此時,而藉機力運輸之機關,將滿布於中國矣,或曰,此乃百年後之中國乎,不佞曰,否,百年後之事,吾所不及見,今吾所料者,將來一二十年中之事耳,苟於此二十年中,軍閥覺悟,自動能戰,解甲歸田,則交通事業之進展,固無異雨後春筍,前程未可限量,苟不幸而一若已往之十四年者,其受其阻折者固焉,但逼於時世之需要,當亦蒸蒸日上,一如上述,唯交通事業範圍廣大,種類浩繁,其發展或退化,當決不同在一水平線上,故勢難枚舉詳述,茲不佞所指者,匪工浩費鉅,本高利薄之鉄路航輪,乃輕而易舉,本微利重之長途汽車也,蓋此項交通事業,受戰爭之損害少,創設易,工程簡,距離長短俱宜,資本大小不拘,數萬可,數千萬亦可, (待續)

「更正」本卷十五期第十二頁量法末兩項應照下式

$$K=\left(1+\frac{c^2}{4}+\frac{c_4}{64}+\frac{c^6}{256}+\cdots\cdots\right)$$ 之縮項,

$$c=\frac{(a-b)}{(a+b)}$$

又13頁縮式「39」應照下式 $A=\frac{\pi}{4}Dd=0.7854Dd$

鋼筋混凝土建築工程用板模之設計

（續本卷十五期）

彭禹謨譯

當混凝土下入之際，至少須留一板模匠，從事視察板模一切情形，楔形之板，是否密緊，斜横之條，是否已足，如有弱點，即刻修補，以免危險，防患於未然，混凝土工作，尤為重要，不察其初，待混凝土下入以後，已嫌過晚矣。

第五節　經濟

關於上面諸節，已趨於經濟之討論，惟吾人尤須再進而研究設計上之經濟。

監工與匠人，因缺少材料力學之智識，若非確有真正之經驗者，不能將設計板模之責任，完全歸之於彼，有真正經驗之監工，或匠人，能選擇正當之材料，應付各部之載重，惟須時常留心，各點，以備不虞，方不敗事。

如遇特殊之工程，有特別之加重者，將設計之事，付諸工地之人，其結果必生弱點，故欲得材料經濟之旨，則須將擱柵柱撑横木等等，距離大小，先由工程師或承辦人，在工程處，一一計算之，庶其可。

至於架式之構結情形，仍可由有經驗之機匠等，在工地舉行之，如遇特殊重要諸點，可隨時隨地指揮教導之。

關於板模拆卸上之經濟問題，極為重要，須知板模，不僅堅固，任重，即為合格，必須易以拆卸，並無危險，方為盡善。

對於材料經濟上着想，則在設計之時，即宜審察何項木材，可用幾次，何部板模，應行改換，庶使材不虛耗，費不濫增。

如欲建第二層之房屋，必須等待第一層之板模，完全拆卸後，而用者是大不經濟也,適當之法,可將第一層分部建築,逐漸拆卸,板模,以備第二層之完全應用,或一部分之採用.

第六節 拆卸

關於板模之拆卸,由經驗而決定,其時,然通常大概,由打樣師或工程師規定之,拆卸時間,恆與天氣情形,建築部份,有相互之關係.

因工作時間上之需要,板模必須從速拆卸,然拆卸以後,對于重行支撐之手續,亦為一普通經濟問題,有經驗之營造師,可在極早之時間,用極速之方法,將板模拆去,而加以支撐,並不影響於新成立混凝土內部之應力,無經驗之營造師,則不能與之較,此即經濟上之競爭也.

關於建築物,必需重撐者,其計劃之時,即須註明,俾建築物開工之初,可預先多備支撐之柱,以俟拆卸板模之後,以為重撐之用,則無臨渴掘井之晚矣.

第七節 制度

無論大小,工程營造者若缺乏經驗之輩,則一切設計,手續,均須先由工程處中,有經驗人員,從事為之,關於主要板模之建築詳圖,亦須由內部預備一定之制度,發給監工,於是強度之計算,建築之結構,得有一定之指示,監工者可以專心從事於指揮實地工作之建立矣.

待一種之工程完竣,證明所用之板模方法,為完善合格者,此後亦可應用於各種工作,於是板模之制度,產生矣,有一定之制度,即可免去監工者,無謂之辯論,而任意之板模構造,亦可省而不用矣.

板模建築,既有制度,則估價亦可定,而監工人員,與匠人間之比較,亦可因是明顯.

監工者如能預備一草圖,指明樑柱等之式樣,與數目,交給匠工,最為利便,苟乏一定之制度,則監工者終日奔走於各部,而匠工則終日遲滯,以待其來,指示次步之工作,勞命傷財,匪計之得也. (待續)

順直水利委員會發行地形圖

天津順直水利委員會自從着手測量直隸,山東,河南一帶的地形以來,已經測竣的面積,計有六萬七千三百平方公里,卽一千零九百餘萬頃;換句話說,就是直隸全省暨山東,河南北部的平原,已經大部測竣.

他們的製圖方法,第一步是用平板儀,直接在野外繪就一萬分一的原圖,以後再從這項原圖,用縮繪儀縮到五萬分一,就是現在所說發行的地形圖.

說到這項地形圖的精確率,我們可以從下列的標準推算:—

平面導線之閉塞差率,不得大於一萬分之一,

水準差不得大於.007$\sqrt{K}$公尺,其中的K是以公里計算的導線長度.

圖上除平面地形外,平原區域有半公尺間隔的同高線,山地看地形的情形,來定同高線的間隔.印刷是用三色精印的,凡是人工的建設用黑色,天然的地形棕色,水形藍色.每張圖計占東西經度半度,南北緯度十五分,卽約占面積一千二百平方公里,或約十九萬頃.

這項地圖現在已經印成的,有「天津及其附近」一張,其餘的正在積極進行印刷中.據經管製圖的人員說:以後印出來的圖,可以非常精美——準確固然不用說——大概可以同美國Coast and grodetic survey地圖相仝.

這項地圖每張定價洋二元,如果有人想購買,可以直接寫信給,「天津順直水利委員會秘書處,」再天津及北京的法文圖書館,也有出售,價格相同.

旅京蘇人反對導河入運

旅京蘇人淩文淵,秦瑞玠,吳鍾齡,張相文,陸才甫,辛漢,李思愼,諸翔,羅鴻年,張文廉,季龍圖,李宗理等聞蘇魯皖三省當局有導河入運之議,特縷述四大不可理由,阻止實行.原呈如左.

敬呈者,自劉莊河決,魯省荷澤,嘉祥,魚台,鉅野,濟甯各縣,均成澤國,議者乃謀導河入運,聞之不勝駭然,茲聞劉莊決口,業已堵築,具見決策精詳,施工迅速,無任欽佩之至,惟導河入運,異說尚未取銷,而運河工程局不知輕重,亦竟派員調查,以備計畫,誠恐措施失當,貽害無窮,思患預防,幸惟裁決,文淵等竊査黃河自宋紹熙至淸咸豐七百餘年間,由山東南行,卒以全量奪淮,淮失入海,故道假運入,江運旣不足容淮,淮海復低於江,退無所歸,進有所阻,遂致江淮之水,上承山東沂泗,下承皖淮,動輒橫溢,運河以東,沉淪城市至十餘縣,奇災橫禍,世所罕聞,當是時旣無法使黃北歸故道,遂竭極財力,以施漕河相資爲用之法,或蓄淸以刷黃,或建閘以利運,或啓壩以宣淮,此皆因時制宜之策,而非久安長治之方,顧支給常年經費,竟動需五六百萬兩,一遇大工,至需千數百萬兩,幾佔國家歲入十分之一二,凡工資物價,均不及今日二十分之一,用款如此其鉅,朝野已覺交困,但其所以不避艱難之故,雖以漕運問題關係至大,而因鞏固河防,不使黃於奪淮之後,加害運河,至今尤足供三省交通灌溉之所需,不能不歸功於曩者治黃當局之苦心也,幸淸咸豐以後,河復故道天下莫不相慶,雖山東適當其衝,然費省而工程較易,東撫丁寶楨張曜皆以治河著名,考其費用多不過二三百萬兩,而收效則過於南河,今如導河入運,運受河害,河亦不能無患,同時並治,即使不惜勞費如咸豐以前,亦不應開此自困之途,况以今日財政經濟而論,安可歲得千數百萬兩以爲此,豈非徒使水災慘酷歷史重見於今,不至淮南北數千萬田畝數百萬人民生命財產蕩然無存不止,夫亦何忍,用將導河入運必不可行之故,爲鈞座陳之.

河流所經,以南河舊道觀之,深度雖不可考,而兩堤相距,大半自二里至五里,且有十數里者,若運岸相距不過數丈,以河導入,欲使運底濬深,運岸擴寬,容納河流,回旋其間,談何容易,此不可者一也,自漕運廢,而公家視運關係旣不如從前之重,舉凡修濬工程,均無考成可言,以致近年運底日高,運身日狹,姑論中運,僅承沂泗,已不能容,偶值淫雨連綿,則必泛漲四溢,決岸潰圩,所過汪洋,慘不忍覩,最近徐海災情,即以此故,遂令邳沛銅山宿遷沭陽豐蕭睢灌雲泗陽十數縣縱橫數百里間,悉成澤國,災民餓溺而斃,舉目皆是,根本救治,方謂非導沂泗入海不爲功,若再益之以河,豈以沂泗禍此十餘縣而猶以爲未足耶,揆諸人情,其何以安,此不可者二也,昔者黃河奪淮,以云去路,雖失之於海,猶可得之於江,然已不能盡承沂泗淮,以期安然而無恙,導河入運,若不先爲運所固有之沂泗淮,籌一運外相當去路以讓之,則河苟貿然入運,必致沂泗淮受擠無歸,其患何堪設想,最近二十年來,合蘇皖魯三省人才財力以謀導淮,導沂泗,至今猶莫能決,復欲引入禍魁之河,竊恐將來導淮導沂泗計劃,亦受大累,永無解決之期,而三省所受水災損失,終不知其所屆,此不可者三也,治水之道,忌以鄰國爲壑,今之主張導河入運者,以感觸魯南一時水災甚慘,故急則治標,無暇審擇,豈知導河入運,當先爲河謀暢尾閭,尤當先爲河沙所流,謀去阻滯,始可達於尾閭,嘗聞美國費禮門工程師云及運河中韓莊臺兒莊一帶,河底石灰質之凝合,砂粒不易開浚,最爲工程上可懼之事,此猶指運而言耳,若導河入運,自非先行浚運,仍用蓄清刷黃方法,則河沙必積,河流必不能暢,今既發現韓莊台兒莊一帶河底難以開浚,即可斷定河流至此,不能南行,勢必激而北返,魯南之災,或更甚於今日,今雖防運受害,亦正所以防魯南受害也,故導河入運,即爲魯計,亦須審愼,此不可者四也,

夫任大事者,必統籌全局,權其輕重,審察利害關於時間暫久之別,斟酌損益於新舊方策之中,乃克有功,乃足爲法,考察現在情形,河流絕非歷久淤淺之運所能容納,最顯著,亦何待河局之調查,而計運河之疏導,即欲疏導其又何解於以上四不可耶,故欲處置河流,莫如仍就魯省現在入海河道切實挑挖,以期河流順軌,國省財政雖皆支絀,然遇災不救,如政體何,應請先從國家稅入有餘部分範圍以內,力籌相當經費,以濟要需,而三省利害相同,亦應各盡財力所及,分擔以助,務請毅然主持,取銷導河入運之議,以安人心而維大局.

節錄上海公共租界交通委員會報告書

本埠公共租界市政當局,因租界交通,日形擁塞爲患,特延工程專家多人,組成一交通委員會,研究其事,歷時頗久,近已編成一報告書,內容不下數萬言,茲特節錄於此,以供讀者.

工程局應設立永久性質之道路交通委員股,股員並不限定,爲該局董事,專以研究該報告書等所言之交通事宜.

建造房屋之章程應加改訂,其目的有二(一)限制丙等房屋之密度,(二)限制辦公房屋等之高度與四周之空地.

上述兩項主張,乃爲限止住宅區域,與辦公區域之人口過多.

將來開發新地面,宜照分區原理,商業區域以後不得再設貨棧,俾商業區域不致爲運行貨物所限碍,界內東西兩區,應指定住家區,各一處,公司商家,於午餐時刻,應彼此略異,使中午之時,不致擁擠.

委員會以現在及將來道路之建築,詳爲研究,其主張尙須多添道路數條,蘇州河上,尤應多建橋樑,而鐵路亦應添架一橋,凡六十呎寬以下之道路,兩階之寬,須及路寬之六分一以上,若車輛往來較多,尙應加寬階路,凡居住區域,其階路不及八呎者,不種樹木,商務區域之路階不及十二呎者亦然,無關緊要之木桿,不得立於路階之上,路上燈火,宜用電車路燈爲標準,路階之上如隨時有障碍之物,應由巡捕房取締,若建造房屋,其籬笆間架,務須推進,在重要交叉地方,宜多立高岸,以便行人,電車停處,均立高岸,寬不得少於四呎,近碼頭處小車多處,宜另開石條路或鐵條路,汽車不得停於附近之路旁,菜場應再添建,以後碼頭工廠,均須自備車運貨物之各種便利物具,往來交通之符號,應試驗以定去取,英法兩界尤應一式,在九十呎以上之道路中,各種車輛,均宜分類往來,更應設法使大衆咸知步行之時,宜行於階上,且向左邊繁盛之路,其穿過處須指定地方,脚踏車不得加載一人,公共脚踏人力車,不得再准開辦,因此項車輛不適用於上海也,在切實時期以內,應將人工推行之車輛廢棄不用，或於有替代物可用時卽去之，十年以內，應將公私人力車逐漸減少至五千輛，人力車夫均令領取執照，小車裝貨，亦應取締，凡人工運輸之車，在上午八時至下午六時之間，應於十年內完全革除之，摩託車之大者，應加收捐費，其燈火有一定格式，用機力運輸之車輛，不論在兩界內何處領照，宜使均可通行，各種公共客車，於大小輕重快慢及佔路之寬狹，均應明定章程，最多不得載逾若干人，若有多載，宜使乘客亦負其責，各路電車須有雙軌，以下所言，均屬改革電車路之方向，法界華界，應各由當局接洽，通行電車及公共汽車，北路應添電車，直達法界之浦灘，中間經過民國路，租界內管理交通之警務，應自成一機關，不理尋常警務，其上特立正副總巡長，其人數至少須三分之一，工部局應向外洋添聘此項交通專家為正巡長，所有交通往來之章程，以及領取執照章程，尙須嚴為改訂，由工部局專設一種取締道路往來之法庭，以處置非極重大之違章案件，一面報告會審公堂及各領署，以現下所定處罰之法太輕，致使管理為難，該報告於汽車停頓及水陸交接之兩要事，亦各有獻議，於汽車則限制停頓，於河畔則多造小碼頭，楊樹浦一帶多設公共上落處所，工部局巡捕與海關巡警之聯絡，應再擴充範圍云云。

對于導淮之主張

安徽全省水利局諮議賓應張鎮南，精研水利，垂二十年，對於江北水利，尤為詳晰，昨特本其心得，上河工局督辦王叔相一呈，主張導淮由運入江，原文甚長，其緊要者，為查江潮盛漲之年，未有高加於湖面者，道光初年，陶文毅公治淮沂目的，善辦邵陽，其所以重在歸江十壩，減湖量之最大捷徑也，璧虎壩昔為水滚壩，年久無存，經兩淮運署蓄水濟行鹽航，閉以虛掃，啓無壩底，慮及來源不旺，宣洩無餘地步，當啓不啓，每以留過量之水數十日之久，驟起而又宣洩不及，致有氾濫運堤成災，相沿流弊，年支閉壩庫款五六萬千文之，多反作蓄水殃民之事，莫如將璧虎壩建還水滚石壩石子為之，經費無多而祗堵壩之功用百倍，滾水壩蓄有用之濟行暢航，減為害之水，去諸江海，洩蓄自如，流長勢緩，下則江洲無暴漲之憂，湖消源納，上則運堤無潰決之險，而下河數縣受益何如，其擱江鳳凰諸壩，相機啓放，次第建築，淮揚民生有慶，毫厘千里，何樂不為。（下略）

本刊歡迎投稿

鋼骨水泥菜場承攬章程

顧同慶

緒言　任何建築物,雖有圖樣表明一切,而承攬章程尤爲重要,本卷一二三期,早已詳述,玆不多贅,今將鋼骨水泥小菜場承攬章程,舉述于下,以資參攷,

某市政局,現招人投標,建築鋼骨水泥菜場一座,約計面積14000方呎,各項工作,須照圖樣及承攬章程進行,

一切工料,均歸承包人包辦,

小菜場係兩層建築物,所有廁所,陰溝,及彈地等工作,一應在內,

自來水工程並不在內,

各承包人投標時,須將承攬章程完全讀過,並須察看工作地點,及熟悉當地情形,

修理期限　全部工程正式完工,並經市政處驗收後,須保三個月修理期,

估計工作　各項工作,必須詳閱圖樣及承攬章程,細心核算,及種種額外費用,均須併入標價,倘因工作困難等情,無論如何不准加賬,

工程進行時,倘有更動處,另出圖樣,而該圖樣與原圖上相仿者,亦不得加賬,

承包人動工　承包人動工時,須照圖樣精確規劃,各部位置,不能有誤,均須負責辦理,

未動工前至完工撤清地場　承包人對于工作地點,必須撤清,餘留之樁木物料等等,均須搬去,

工具及物料　承包人對於該工程進行時,所必需之各項工具,脚手木等,及一切工料,均須早爲預備,免誤工程進行,

裂痕或工作不佳　無論工程進行時,或在修理期限內,倘然發見裂痕,或不良之工作,則承包人必須重行做好,此項費用,須由承包人負擔,總之全部工程,須正式完工,而各部工作良好,方可驗收,

遵照當地市政局章程　承包人工程進行時,須遵照當地市政局章程辦理,

負擔意外損失　承包人在工程進行時,倘有損及他人財產或意外危險等情,均歸承包人負責,

工作限期　該工程限若干月完工,自得標後簽字日起算,不准過期,倘過期一天,須罰銀若干兩,

付款　付款分三期,最後一期,須扣去標價銀十分之一,所扣之銀,俟修理限期過後,即可照付,

加賬　工程進行時,照原圖樣有增删者,即可加賬或減賬,但此加減之款,須併入最後一期照付,

合同以外之工作不准付銀,倘經監工員之許可,亦得照付,

動工　一經簽字後,即須動工,照圖進行,

看作場　承包人須用若干人,日夜看守作場,該作場如沿路者,夜間須掛紅燈,

保證人　承包人投標時,須將保人名姓住址,詳細填入標單內,該保人須殷實商舖,確能擔保此項工程完全完工為合格,信用擔保銀若干兩,

其他承包人及物料可用　市政局若認為該工程所必需而不在合同內者,市政局可另招他人工作,及用他人物料,承包人不能干涉,

（待續）

量　法

（續本卷十五期）

彭禹謨編

（十一）立方體

$$V = a^3 \cdots\cdots「40」$$

式中 a 爲立方體一邊之長度因六面皆方形也

（十二）直圓柱（參看第十二圖）

$$C = \pi dh \cdots\cdots「41」$$

$$S = 2\pi rh + 2\pi r^2 \cdots\cdots「42」$$

$$= \pi dh + \frac{\pi}{2} d^2 \cdots\cdots「43」$$

$$V = \pi r^2 h = \frac{\pi}{4} d^2 h \cdots\cdots「44」$$

$$= \frac{p^2 h}{4\pi} = .0796 p^2 h \cdots\cdots「45」$$

（十三）圓柱截體（參看十三圖）

$h = \frac{1}{2} \times$ 最高高度與最低高度之和

$$c = ph = \pi dh \cdots\cdots「46」$$

$S = \pi dh + \frac{\pi}{4} d^2 +$ 橢圓形頂面積⋯⋯「47」

$$V = Ah = \frac{\pi}{4} d^2 h \cdots\cdots「48」$$

代銷工程旬刊簡章

(一)凡願代銷本刊者,可開明通信處,向本社發行部接洽,

(二)代銷者得照定價折扣,銷貳十份以上者,一律八折,每兩月結算一次(陽歷),

(三)本埠各機關担任代銷者,每期出版後,由本社派人專送,外埠郵寄,

(四)經理代銷者,應隨時通知本社,每期銷出數目,

(五)本刊每期售大洋五分,每月三期,全年三十六期,外埠連郵大洋貳元,本埠連郵大洋一元九角,郵票九五代洋,以半分及一分者爲限,

(六)代銷經理人,將款寄交本社時,所有匯費,概歸本社担任,

工程旬刊社發行部啓

版權所有 ◉ 不准翻印

編輯主任：彭禹謨，會計主任 顧同慶，廣告主任 陸超

代印者：上海城內方浜路貽慶弄二號協和印書局

發行處：上海北河南路東唐家弄餘順里四十八號工程旬刊社

寄售處：上海商務印書館發行所，上海中華書局發行所，上海棋盤街民智書局 上海四馬路泰東圖書局，上海南京路有美堂，暨各大書店售報處

分售處：上海城內縣基路永澤里二弄十二號顧壽萱君，上海公共租界工部局工務處曹文奎君，上海徐家匯南洋大學趙祖康君，蘇州三元坊工業專門學校薛渭川程鳴琴君，福建漳州漳龍公路處謝雪樵君，福建汀州長汀縣公路處羅履廷君，天津順直水利委員會曾俊千君，杭州新市場平海路新一號西湖工程設計事務所沈襄良君鎮江關監督公署許英希君

定價：每期大洋五分全年三十六期外埠連郵大洋兩元（日本在內惟香港澳門以及其他郵匯各國一律大洋二元五角）本埠全年連郵大洋一元九角郵票九五計算

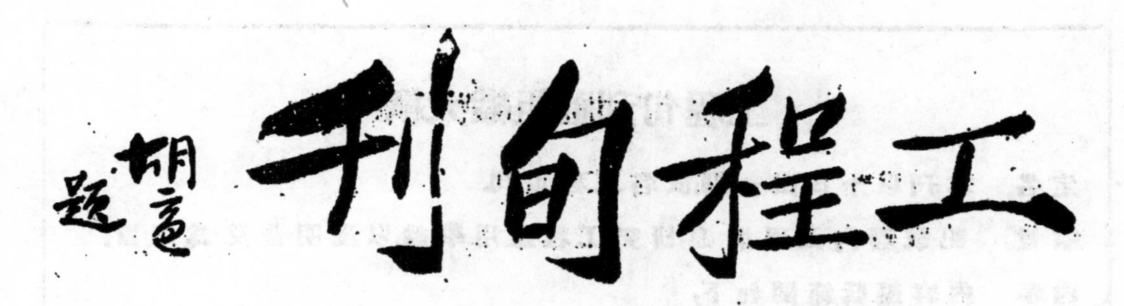

THE CHINESE ENGINEERING NEWS

第一卷　　第十七期

民國十五年十一月十一號

Vol 1 NO.17　　November 11th. 1926

本期要目

軍事聲中之長途汽車談　厲尊諒

水泥　彭禹謨

上海縣清丈局測丈實施規則

鋼骨水泥菜塲承攬章程　顧同慶

工程旬刊社發行

上海北河南路東唐家弄餘順里四十八號

◀中華郵政特准掛號認爲新聞紙類▶

(Registered at the Chinese Post office as a newspaper.)

工程旬刊社組織大綱

定名　本刊以十日出一期,故名工程旬刊.

宗旨　記載國內工程消息,研究工程應用學識,以淺明普及爲宗旨.

內容　內容編輯範圍如下,

(一)編輯者言,(二)工程論說,(三)工程著述,(四)工程新聞,

(五)工程常識,(六)工程經濟,(七)雜　　俎,(八)通　　訊,

職員　本社職員,分下面兩股.

(甲)編輯股,　總編輯一人,　譯著一人,　編輯若干人,

(乙)事務股,　會計一人　發行一人,　廣告一人,

工程旬刊投稿簡章

(一)　本刊除聘請特約撰述員,担任文稿外,工程界人士,如有投稿,凡切本社宗旨者,無論撰譯,均甚歡迎,文體不分文言語體,

(二)　本刊分工程論說,工程著述,工程新聞,工程常識,工程經濟,雜俎通訊等門,

(三)　投寄之稿,望繕寫淸楚,篇末註明姓名,暨詳細地址,句讀點明,(能依本刊規定之行格者尤佳)寄至本刊編輯部收

(四)　投寄之稿,揭載與否,恕不預覆,如不揭載,得因預先聲明,寄還原稿,

(五)　投寄之稿,一經登錄,卽寄贈本刊一期,或數期

(六)　投寄之稿,如已先在他處發佈者,請預先聲明,惟揭載與否,由本刊編輯者斟酌,

(七)　投稿登載時,編輯者得酌量增删之,但投稿人不願他人增删者可在投稿時,預先聲明,

(八)　稿件請寄上海北河南路東唐家弄餘順里四十八號,工程旬刊社編輯部,

工程旬刊社編輯部啓

編輯者言

凡事之治理,有標本兩途,標本兼治,固屬盡善,或有因時勢而僅僅治標以補救之者,然治標僅可以補目前,而不能弭患於無窮,我國固宜提倡多築長途汽車路,同時實業界,應宜組織汽車製造廠,雙方並進,庶有功效,可言,不然徒爲外人謀發展,其危險不堪設想,人無遠慮,必有近憂,願我國人,加注意焉

年來我國市政,漸趨改良,清丈一事,尤宜首先經營,力求完備,上海爲通商口岸,經界辦法,不可不詳,實施規則,不可不確,本期刊佈之「上海縣清丈局測丈實施規則,」頗能作內地清丈事業,或市政測量者之一種資料也.

軍事聲中之長途汽車談

（續本卷十六期）

厲尊諒

故個人或行號工廠,均可自由購備,一出宅門,欲達若干距離之地,往返自由,以應人世間之繁忙獲得無窮之利便,此其於社會生活上發生如是之影響,其他於個人精神肉體上,應受各種之影響,姑不必論,而長途汽車運輸貨物有益於產業界者,其功匪淺例如某地之農產物,昔日因以舟運,至能達遠二三十里之市場,自汽車開駛以來,其距離可延長至一二倍,其範圍可增至五六倍矣,長途汽車,運輸貨物,於鐵路有直接間,接之互助利益,汽車之推行,愈廣鐵路之獲益愈多,查美國自利用汽車後,至今已有二千萬輛,關於鐵道事業之考察,凡客貨之運送,遂由鐵道以移諸汽車之事實,就此事實,推察鐵道之將來,多抱杞憂,然以考察所得之結果,縱使汽車事業發達,不已,而鐵道事業定無若何之損害,且覺新舊兩運輸事業,互相調濟相輔而行,協定共

求進行,其勢力當比昔日僅有鐵路事業者為更大矣.

長途汽車發達,則道路修治者日多,非特有益於商務工業農事,而於造成國民之品性,尤有莫大之關係焉,我國各省,言語風俗,彼此不同,隔閡太甚,於是缺少合羣之力,國家思想,使我國之道路交通便利,如美國,則混合愁遷,自能使言語風俗,漸歸一轍,其增厚國民之團結力大矣.

吾國實業之不興實國家衰弱之所自,而實業之不興,實由於交通之梗阻,凡有鑛產與一切原料之區,機械無由運去,工廠無由設立,即以土法開採製造,又以交通滯塞之故,不能暢銷國中,毋論普及海外,如能多辦長途汽車路,則汽車可以替代人工,又可補助鐵路之不足,於是各地農產品,無困積腐壞之虞,而深山窮谷之鑛產森林,奇珍藥物,亦可運銷各地,貨品無窮,可與外人競爭,而國富可期矣.

我國目下各地之長途汽車,雖多商辦,專利運輸,然以軍事關係,而開辦者亦屬不少,惟有面積四百萬方里之大國,必須建築數百萬里之道路,方能往來靈便,經濟時間,發展實業,普及文化,願我國人,羣起而提倡之.

今有人曰,我人從事奔走提倡道路,發達長途汽車事業,其結果不過幫助外人多銷幾輛汽車,及多賣幾桶格司林而已,其言諷而有警者也,蓋欲提倡長途汽車事業,不可不從速發起組織大汽車製造工廠,招雇汽車製造技師,先從仿造入手,次從事改良,以圖發明,然後可與外貨相抗衡,道路延長,運輸利便,火油產品入市之量,亦可增加,一方多設製造廠,以從事精煉,則根本實業,歸諸國人,其效力豈僅能拒人於千里之外哉.

際此軍事聲中,南北戰爭,未止,而忽忽談及長途汽車者,蓋深願諸大軍人,早日息兵,以定國是,實行化兵為工,從事多築長途汽車路,以共正當實業運輸之用,凡我國內諸大實業家與資本家,羣起提倡,創辦基本工廠,實行製造,從此南北和平,人民安居樂業,行將與歐美列强,並駕齊驅,則我當以馨香以祝之矣.　　　　(完)

水泥

（續本卷十四期）

彭禹謨

尋常待試塊製成後，卽先儲放於潮濕空氣中，經過二十四個小時，然後浸入水中，直至試驗時取出，此種手續，可使水泥凝結均勻，同時不易乾燥太快，發生裂痕，減少强度。

關於水泥拉力强度之條例，其限制在七天及二十八天後，必須有應需之極小强度，方稱合格，從各種不同日期試驗後所得之結果，卽可推定該項水泥之最後强度。

上等水泥試驗所得之每方呎拉力强度，若其標準試塊，係用1分水泥，3分標準砂粒，以重量配合而成者，不得小於下表所載之數。

製成至試驗經過之時間	試塊儲放之情形	每方英吋拉力强度（磅數）
七　天	在潮濕空氣中一天在水中六天	200
二十八天	在潮濕空氣中一天在水中二十七天	300

經過二十八天之標準膠泥，其平均拉力强度，必須比經過七天者爲高。

（壬）拉力强度與壓力强度間之關係　拉力之於水泥，並不十分應用，惟拉力强度與壓力强度之間，發生密切之關係，於是拉力强度試驗，亦成爲一種標準工作矣，考水泥在任何時期內，經過幾次之試驗，二種强度間之比率，不變，如所用之水泥種類不同，混合比例有異，則其試驗所得之結果相差頗大，吾人對於拉力强度，亦不能任意假定，比較同一水泥所定之壓力强度之約值爲大。

（癸）壓力强度　膠泥之壓力强度試驗報告，因其對於工程上極關重要，不得不詳爲判定，由試驗之記錄，卽可判定水泥材料之優劣，以定取捨，對

於普士蘭水泥壓力强度之標準條例,摘錄於次:

緩性凝結之普士蘭水泥,用三份(以重量計)標準砂粒混合,經過七天結硬後所試得之壓力强度,至少每方糎有120瓩(等於每方吋1710磅,)所謂七天者,乃指1天在潮濕空氣中,6天在水中是也,再在溫度在攝氏表15至20度之室中,存放二十一天後,其壓力强度,至少每方糎須有250瓩(即每方吋3570磅,)此種試驗,均以二十八天為斷,並無有定再長之時間者.

如採用之水泥,須為水內工程材料者,則該項水泥之壓力强度,經過1天之潮濕空氣,二十七天之水中浸潤結硬後,至少每方糎須有200瓩(等於每方吋2850磅.)

(子)堅度　水泥必須具有完全之堅度,静言之,即體積不得變更,不得膨漲,不得溶解,不得碎壞是也,如含過量之石灰,與鎂或硫化物,則水泥堅度減低,普通水泥堅度試驗法,先製成一約3吋圓徑之純粹水泥塊,其中心厚度½吋,漸向邊際傾斜,成一簿邊,該塊須存放於潮濕空氣中二十四小時,在溫度攝氏98與100度間之蒸汽空氣中五小時,須置放於距離沸水1吋上面架上為之,欲證明該項水泥之堅度合格者,該水泥塊,必須仍舊堅硬不變,無裂縫發現,無歪扭之狀態,無溶解之情形,庶其可.

用蒸氣試驗,又名之曰加速試驗 Accelerated Test.

(丑)比重　從前對于普士蘭水泥之比重試驗,因其可以證明該類材料,是否純粹,燃燒是否合度起見,故極重要,旋因另有較善方法,故比重試驗手續,已成不重要問題矣,且有時比重之量減輕,未必僅為材料之純粹與否,燃燒之合度與否所致,故比重試驗,仍留有一困難問題在也.

關於水泥或爐燼之風化,雖屬認為適當,且有時務須行之者,然其影響於比重,使其減低實大也,且有燃燒過度之材料,其比重,或反有較標準條例所定為高者,如遇混雜之料,其比重與純粹水泥之比重相近者,則水泥比重試驗所得之結果,仍舊不足以致證也,故欲得極確實之結果,必須有極小心之試驗,精密之觀察,方可實用,不然雖有多量之混雜物,存留其間,恐亦難以發現矣.

如水泥之比重在3.10之下者,標準條例中允許再以燒過之水泥,舉行第二次之試驗,其理由以爲燃燒可以減低混雜料之比重,然此第二次之試驗,太概亦無甚價值,因燃燒之混雜料損失極低,而燒過之試料比重,比較原來之試料比重,並不有所增高也.

(寅)化學分析　水泥經過凝結時間,強度,堅度等試驗如疑其成分混雜者可用化學分析以補助之惟此項分析手續在通常商業中未必均有經過化學分析後不但可以減去一切混雜質料並能確定水泥之中含有鎂養質(MgO)暨無水硫化物(SO_3)之分量通常條例中限制鎂養質量爲5%硫化物量爲2%蓋過量則水泥材料之堅度銳減云.

水泥條例　對于水泥標準條例篇幅太長當另詳論之.

水泥之裝置　水泥可用布袋或紙袋暨木桶等裝載而木桶尤爲通常用後如無損壞廠中仍可收用減輕價值紙袋一用即壞無退還之價值木桶最適用於潮濕工作地點其外尚有散運不裝桶袋者惟須有適當之手續方可

水泥之儲藏　水泥無論裝在袋中裝在桶中均須儲藏於緊密不受氣候變化之棧房中須離面至少有8吋之距離對于任何牆壁亦須有同樣之距離如是可使空氣流通其間也如棧房中之地板直接置於地面之上者最好將地板做成空虛再加8吋空間使水泥之下部更有適宜之通風作用水泥儲藏在棧中又須有適宜之路徑以便視察暨搬動如水泥未經廠內試驗者須允許承辦人先有充分之視學及試驗時間.

水泥裝在袋中往往堆積棧房之中形如高阜如爲期太久則下層之袋因重量下壓作用轉爲堅硬此種情形名曰棧房變形此種水泥仍可應用惟在使用之前須將每袋在堅固之處使其拋擲則水泥依然可復原狀云

水泥之風化　在不受氣候影響之室中有適宜之風化可使水泥品質

有有益之改良新鮮之水泥含有微量之未經化合之混合石灰該類灰待物體已經凝結能發生澎漲作用,頗於用該料之建築物有許多之危險,如經過風化時間,則該項未經化合之石灰,先起水化作用,次成炭酸石灰,該種石灰在潮濕時並不澎漲云,

大概水泥在未經裝運以前,先在廠中經過風化合宜之水泥雖能成塊然易碎之如含有過量水分或已經潮濕則其所成之團塊硬化而不易碎用時非用篩篩過去其硬化部分不能用於建築工程.

散載之水泥 從前水泥製廠與工作地點接聯之處所用水泥常不裝桶或袋直接散裝於貨車之中運往應用其結果既省人工又免裝桶等損失

水泥之重量 一桶之普士蘭水泥,除去桶重,約重376磅,一袋之水泥,答重94磅,換言之,桶等於四袋是也,

一桶之天然水泥,因其出產地點之不同,故其重量因之有異,尋常一袋水泥,大概等於三分之一桶,

一桶之普兆論水泥,尋常淨重330磅,四袋等於一桶,

一只水泥桶其平均重量大概約等於20磅.

(完)

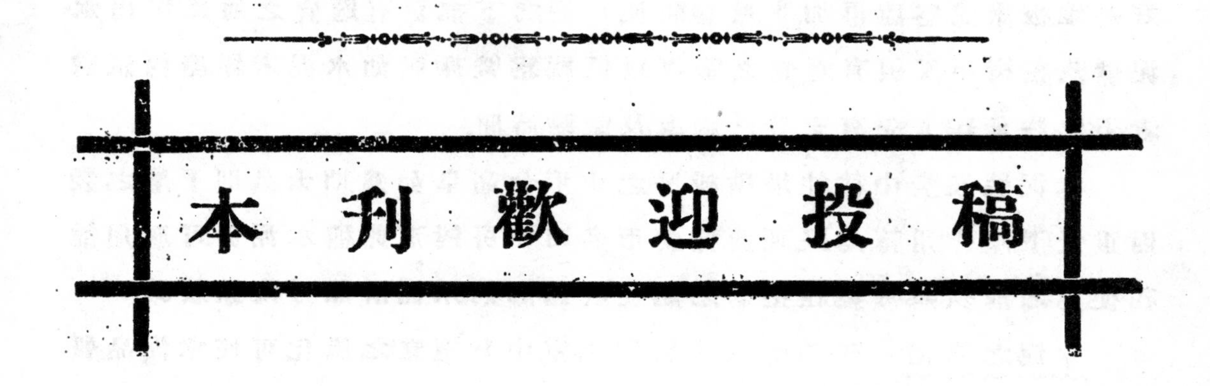

上海縣清丈局測丈實施規則

上海市清丈局,由上海紳董協力組織而成,公推姚文枬君總其事,三年以來,成績斐然,識者稱全國各縣清丈之冠,對於測丈實施規則,頗屬精詳,閱係該局城廂區唐石圃君所議訂,玆特登載於此,以供關心清丈事務者之參考也。

編者附註

第一章　總則

第一條　本縣清丈之業務計分三項如左

一　圖根測量

二　道綫測量

三　戶地測量

第二條　分本縣十九市鄉爲三區

閔行馬橋北橋塘灣顓橋曹行爲第一區

漕河涇法華蒲淞上海閘北引翔鄉爲第二區

高行陸行洋涇楊思塘橋三林陳行爲第三區

第三條　測量時長之單位以公尺爲標準

第四條　關於各項測量之諸計算符號及註記等概以規定之表式而施行之

第二章　圖根測量

第五條　在規定區域內用三角網法進行擇其主要之位置分配圖根點逐依此以測定基綫及子午綫且順次施行方向角測量並以所測之結果而計算縱橫線因以決定各點之位置

第六條　圖根測量所用之器械其種類如左

二十秒讀經緯儀　平板儀　鋼捲尺　布捲尺　標桿　標旗望遠鏡　其餘各種附屬物品

第七條　施行圖根測量時先須巡視區域內之地形以定圖根點編製之順序

第八條　圖根點各點相互之距離約為一千至二千公尺遇困難時得酌量增減之

第九條　選定圖根點時應擇展視良好之開闊地以期互相通視

第十條　圖根點所選之各角以正三角形為最好不得已時則限制其最小之角應在三十度以上最大之角應在一百二十度以下

第十一條　圖根點分為主點及補點二種

第十二條　圖根點之位置須埋設標石以表示之並須於緊要地點建設覘標以便觀測

第十三條　石標分甲乙兩種凡遇港口大道市鎮子午綫及重要地點均埋設甲種石標

第十四條　圖根點選定時須附以名號以附近地名名之並依預定之順序附以數號用亞拉伯數字註記之

第十五條　在一區內設置二條以上之基綫

第十六條　選擇基線務於平坦開闊之地勢且易於通行者並依選定之次序而以數號區別之

第十七條　基線之長為一千至二千公尺用鋼捲尺實測二次以上依所測之中數而採用之

前項二次實測之差數不得超過次式$0.005\sqrt{K}$序之限制但式中之K為以十公尺為單位之基線長

第十八條　前項規定基線之長如遇地勢困難得縮短基線之距離而以基線網增大之但基線之長不得在五百公尺以下

第十九條　子午線測量須俟極星在東方或西方最大偏倚之際而施行之

第二十條　觀測子午線之地點須用圖根點之主點且擇其在基線之一端者但為地勢所限時得於其接近基線之圖根點行之　（待續）

上海公共租界交通開車章程摘要

（續本卷十五期）

二十一　如欲經過橋梁路角轉灣，與對直穿街，或路之灣曲處，觀看前面不甚明瞭者，開車人即須緩行。

二十二　摩托車開車人如行近大路中有一馬之處，即須緩行，惟如遇必要，或有人請求時，必須停止。

二十三　如遇在大路發生事端，其所開之車有關係者，開車人即須停車，查明有無損傷，或相助一切，必須靜待巡捕知照，方可再行，如果路上一時並無巡捕在該處，應將發生之事，即行報明巡捕房，不得遲延。

二十四　開車人不准將車與他車並肩而行，免致阻礙他車來往。

二五十　開車人不准將車停在任何房屋門首，阻礙進出之路，祇須從速在門首，將乘客上下，或裝卸貨物。

二十六　開車人不准將車向後開行，或在路上兜轉，致阻礙他車交通，或生危險。

二十七　開車人在路上停車，於乘客上下時，除遵照巡捕一切指示外，須將車靠近路邊街沿。

二十八　開車人除遵照巡捕一切指示外，不准在路上停頓處，與附近街沿之中間，公路上停車讓乘客上下，或在路中之停頓處，與街沿之中間。

二十九　開車人可在以下載明各地段停車讓乘客上下（地段名略）

三十　開車人於非需要時，不准用喇叭警鈴，或其他警告物件，免取衆人之厭。

三十一　開車人准用以下載明各記號，在需要時，知照其他開車者，及上差巡捕。

（待續）

代銷工程旬刊簡章

（一）凡願代銷本刊者，可開明通信處，向本社發行部接洽，

（二）代銷者得照定價折扣，銷貳十份以上者，一律八折，每兩月結算一次（陽歷），

（三）本埠各機關担任代銷者，每期出版後，由本社派人專送，外埠郵寄，

（四）經理代銷者，應隨時通知本社，每期銷出數目，

（五）本刊每期售大洋五分，每月三期，全年三十六期，外埠連郵大洋貳元，本埠連郵大洋一元九角，郵票九五代洋，以半分及一分者爲限，

（六）代銷經理人，將欵寄交本社時，所有匯費，概歸本社担任，

工程旬刊社發行部啓

鋼骨水泥菜場承攬章程

（續本卷十六期）

顧同慶

繳還圖樣 所取各項圖樣及承攬章程,俟完工後,須一併歸還,

標價用總數 另有投標單一紙,承包人須照該單條件,一一填就,標價用上海銀兩,寫一總數,無用細賬,

承包人既得標後,須訂立合同,雙方簽字,

工作太慢須罰 若承包人不能照所定期限完工,或做工不良,本市政局有全權取消合同,或另招他承包人及工人繼續完工,所有一切費用,須由原承包人負擔,

報告工數 承包人每星期,須將場內所用各種工人,詳爲報告,以便查核,

施工方法及材料

掘溝 基礎工程,須照圖樣掘溝,深闊呎吋不能有誤,溝內須使乾燥,

碎磚 基礎溝內,及地板下面,須舖六吋厚碎磚,並用極重之木錘排堅,

石子 石子須要堅硬,所有坭塊等雜質,必須除去,拌三和土時,即可取用,

黃砂 黃砂須用甯波粗黃砂,不可含有坭塊等雜質,

瓦筒 陰溝用瓦筒,均用水泥做,尺寸照圖所示,

混凝土 混凝土之成分,用水泥一分,甯波黃砂二分,石子四分,

不有鉄筋之混凝土,28天後之最高壓力,強度每方吋不能小於2,000磅,

拌混凝土時,須用拌機,

搬取混凝土時,須用不漏水之桶,

拌混凝土時,所加之水量須適當,不可過多,使混凝土受輕擊後,即有水浮于表面者爲合度,所有垃圾,木屑及木片等雜質,不能混入,須加注意,混凝土拌好後,必須立刻取用,混凝土放入板模內,每皮不能過6吋厚,並用錘排塑,至水浮出表面爲度,

不在同日做之工作,欲使其相互間得較富之粘着力,則其面上必須做成粗糙形當新混凝土放上之前,所有舊混凝土面上之垃圾等物,必須掃清,並用水澆透,

菜場樓地板均用水泥一分,¾" 石子二分,合成之水泥漿粉面,厚度爲¾吋,

未曾硬化之混凝土,在熱天必須以蘆席等物蓋之,以避日光,混凝土已硬化後,至少八日之內,每天須灑水兩次,寒天寒暑表在冰點以下時,對于未硬化之混凝土,須用稻草等物蓋之,以防結冰,如遇大雨,亦須預防,否則未硬化之混凝土,將被雨水衝去,

已做好之混凝土樓地板,必須妥爲保護,法將木板架于其上,使工人往來即用木板,

鋼筋　鋼筋須用中等鋼,(Medium Steel)並須具下列諸條件,

最高拉應力,每方吋不得小於60,000磅,

彈性限度,每方吋不得小於30,000磅,

伸長度不能小于百分之二十,(20 %)鋼筋冷時,能由180度灣成一弧形,該弧形之內半徑,即等於該鋼條全徑之一倍半,而不現裂痕或折斷者爲佳,

拉力等種種强度,由12吋長之鋼條,試驗而得,

試驗　混凝土未做之前,所有鋼筋,須要試驗,試驗費,由承包人負擔,

紮鐵　一切鋼筋,須照圖樣灣成正確式樣及長度,

鋼筋遇必須接時,須互相搭過鋼條全徑之40倍,並用鐵絲紮緊,鋼條在相接處之一端,須灣成90度,其長等於鋼條之全徑,

紮鉄均用22號鉄絲,使鋼條位置,不致移動,

鋼筋等鉄器,均不能附着坭土等污物,如有傷痕之鋼條,概不准用,紮鉄紮好後,須請工程師驗過,否則混凝土不准私下,

板模　板模均由板料造成,板之厚度不能小於1¼",其外必須多用支撑,承受水泥等重量,板模接縫處,須要密切,

完工　該建築物完工後,其下面板模必須除去,並用水泥漿刷光,不准用混凝土修補,

欄杆　欄杆係鉄質,均由承包人照圖様裝好,

投標單列述如下

建造鋼筋混凝土菜塲投標單,

市政局督辦　鈞鑒,

…………營造廠,今願投標建造鋼筋混凝土小菜塲一座,一切做品,均照圖様及承攬章程辦理,所有一切應用工具,以及工料等,為該菜塲所需要者,一律供給,共計銀…………兩正,

…………營造廠,准照承攬章程所訂期限內完工,並請…………公司或行號擔保,訂立正式合同,

承包人簽字或蓋印…………

住址…………

日期…………

標單填就後,須封入信売內,外面用火漆加印,以昭鄭重,

(所取圖様,須連承攬章程,一併歸還,)

(完)

15255

量　法

（續本卷十六期）

彭禹謨編

（十四）圓錐體（參看十四圖）

側面積 $C=\frac{1}{2}\pi dl=\pi rl$ ……………………「4

總共外面積 $S=\pi rl+\pi r^2=\pi r\sqrt{r^2+h^2}+\pi r^2$ ……「50」

圓錐體體積 $V=\frac{\pi d^2}{4}\times\frac{h}{3}=\frac{.7854d^2h}{3}=\frac{p^2h}{12\pi}$ ……「51」

（十五）球體（參看十五圖）

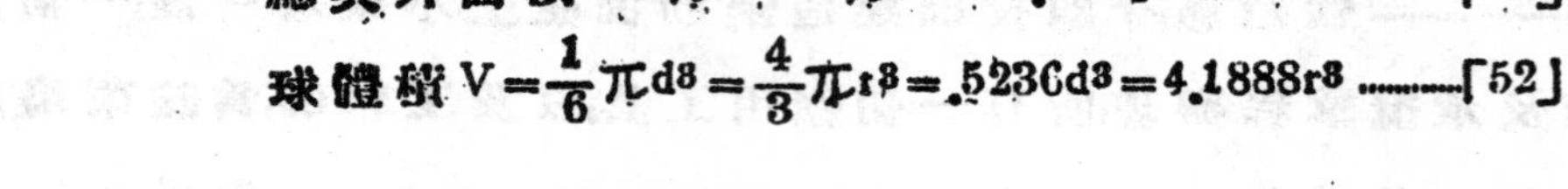

總共外面積 $S=\pi d^2=4\pi r^2=12.5664r^2$ ……………「52」

球體積 $V=\frac{1}{6}\pi d^3=\frac{4}{3}\pi r^3=.5230d^3=4.1888r^3$ ……「52」

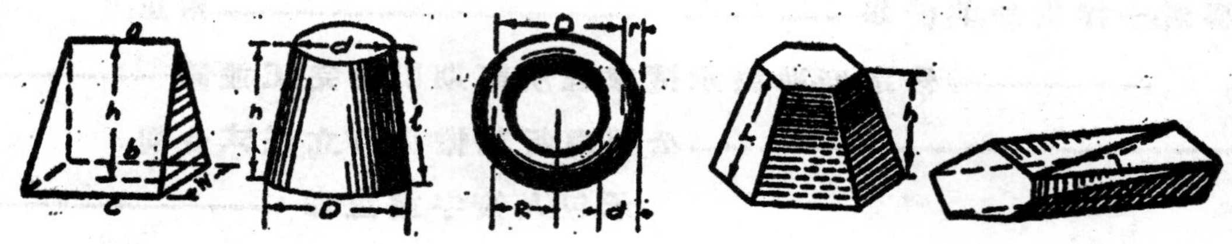

第十六圖　第十七圖　第十八圖　第十九圖　第二十圖

（十六）楔體（參看第十六圖）

楔體積 $V=\frac{1}{6}wh(a+b+c$ ……………………)…「53」

（十七）圓錐截體（參看第十七圖）

側面積 $C=\frac{1}{2}l(P+p)=\frac{\pi}{2}l(D+d)$ ……………………「54」

總共外面積 $S=\frac{\pi}{2}[l(D+d)+\frac{1}{2}(D^2+d^2)$……]…「55」

（待續）

編輯主任：彭禹謨，會計主任 顧同慶，廣告主任 陸超

代印者：上海城內方浜路貽慶弄二號協和印書局

發行處：上海北河南路東唐家弄餘順里四十八號工程旬刊社

寄售處：上海商務印書館發行所，上海中華書局發行所，上海棋盤街民智書局
上海四馬路泰東圖書局，上海南京路有美堂，暨各大書店售報處

分售處：上海城內縣基路永潭里二弄十二號顧壽茲君，上海公共租界工部局工務處曹文奎君，上海徐家匯南洋大學趙祖康君，蘇州三元坊工業專門學校薛渭川程鳴琴君，福建漳州漳龍公路處謝雪樵君，福建汀州長汀縣公路處羅履廷君，天津順直水利委員會曾俊千君，杭州新市場平海路新一號西湖工程設計事務所沈變良君鎮江關監督公署許英希君

定價：每期大洋五分全年三十六期外埠連郵大洋兩元（日本在內惟香港澳門以及其他郵匯各國一律大洋二元五角）本埠全年連郵大洋一元九角郵票九五計算

胡適題

工程旬刊

THE CHINESE ENGINEERING NEWS

第一卷　　第十八期

民國十五年十一月二十一號

Vol 1 NO.18　　November 21st. 1926

本期要目

魯省運河之近況及其疏濬後之利益　程伯輝

鋼骨三和土橋面板設計上之一問題——集中荷重之有效分佈寬度　俞子明

浙江省道局消息一束

上海縣清丈局測丈實施規則

上海水泥瓦筒市價之調查　顧壽茲

工程旬刊社發行

上海北河南路東唐家弄餘順里四十八號

中華郵政特准掛號認爲新聞紙類

(Registered at the Chinese Post office as a newspaper.)

工程旬刊社組織大綱

定名　本刊以十日出一期,故名工程旬刊.

宗旨　記載國內工程消息,研究工程應用學識,以淺明普及爲宗旨.

內容　內容編輯範圍如下,

(一)編輯者言,(二)工程論說,(三)工程著述,(四)工程新聞,

(五)工程常識,(六)工程經濟,(七)雜　　俎,(八)通　　訊,

職員　本社職員,分下面兩股.

(甲)編輯股,　總編輯一人,　譯著一人,　編輯若干人,

(乙)事務股,　會計一人　發行一人,　廣告一人,

工程旬刊投稿簡章

(一)　本刊除聘請特約撰述員,担任文稿外,工程界人士,如有投稿,凡切本社宗旨者,無論撰譯,均甚歡迎,文體不分文言語體,

(二)　本刊分工程論說,工程著述,工程新聞,工程常識,工程經濟,雜俎通訊等門,

(三)　投寄之稿,望繕寫清楚,篇末註明姓名,暨詳細地址,句讀點明,(能依本刊規定之行格者尤佳)寄至本刊編輯部收

(四)　投寄之稿,揭載與否,恕不預覆,如不揭載,得因預先聲明,寄還原稿,

(五)　投寄之稿,一經登錄,即寄贈本刊一期,或數期

(六)　投寄之稿,如巳先在他處發佈者,請預先聲明,惟揭載與否,由本刊編輯者斟酌,

(七)　投稿登載時,編輯者得酌量增删之,但投稿人不願他人增删者可在投稿時,預先聲明,

(八)　稿件請寄上海北河南路東唐家弄餘順里四十八號,工程旬刊社編輯部,

工程旬刊社編輯部啓

編輯者言

集中荷重,在鋼骨混凝土板上分佈問題,對於橋梁工程師,極關重要,因其設計橋面車路時,必須顧及輾路機或電車等之經過也,惟此類荷重之經過,每時與橋板之面相接觸者有限,而橋板實有之面積,比較極大,吾人如欲將接觸面積上之單位荷重以計算全部橋板,則事實上太不經濟,如欲將輾路機或電車等荷重,用全部橋板之面積分之,有時因面積過大,所得之單位荷重太小,有時因面積過小,所得之單位荷重太大,過猶不及,皆匪所宜,於是工程家作種種之實驗,以求得一種有效寬度以備橋板之設計,然以試驗之不同,或所用之理論有別,致所成之圖表,所立之範式,亦各有殊,本期所載(鋼骨三和土橋面板設計上之一問題)對於集中荷重之有效分佈寬度,集論頗廣,亦足以為橋梁設計者之一種參考也,

魯省運河之近況及其疏濬後之利益

程伯輝

吾國運河穿貫南北,自北京以達杭州,計長九百四十英里,海禁未開,交通至為重要,歲糜鉅款,以資修理,自津浦車通,而此河北段就廢,益以黃河改道北趨,(在七十年前)泛濫為災,淤塞更速,其在黃河南北兩岸,早成平地,欲其舟楫常通,不可復得,魯省山湖林立,每逢夏季,山洪暴發,流入諸湖而趨運河,以運河淤塞,不易宣洩,甚至災重之年,沿運一帶,頓成澤國,村落為墟,當此時也,遙望青燐徧野,見水光之接天,白骨成堆,嘆哭聲之震地,紅花野草,藉以療飢,糠餅樹皮,聊資度日,如此情形,慘不忍覩,故疏濬之議,急不容緩,民國八年冬,有運河工程局之成立,借美款以疏濬之,以運河兩旁湖沼所涸田畝為

抵押品，從事測量及計畫，共三載而蕆事，復因美人不能履行合同，延不交款，致開工中輟，功虧一簣，殊可惜也，

魯省運河，自臨清以達江蘇邊界，計長二百五十三英里，中隔黃河，北自臨清起，至黃河之陶城堡一段，長約七十英里，不通航運，已及二十年，蓋自黃河改道北趨，奪取大清河舊槽，自姜溝（東阿縣境）以達於海後，此段運河，既少山洪，又乏湖沼，無供水之來源，雖設法挹取黃河之水，然其挾淤甚重，遂致淤高日甚，舟楫不通，自黃河北岸陶城堡至十里堡一段，爲運穿黃之處，即黃河本身長約十英里，自十里堡南至安山鎮一段，長二十餘英里之河槽，亦已淤成平地，自安山再南至濟甯，約五十英里，亦久不能通航，自濟甯至台莊，（蘇魯交界處）長約一百英里在夏秋間，可通船隻，但日漸淤塞，長此以往，不久亦須廢止，此魯省運河之大概情形也，

黃河以北之運河，誠如上文所述，既少湖沼，其大河之流入運河者，如徒駭，馬頰，金線，等河，故待運河疏濬後，舟楫可通，亦能減少水患，黃河以南，自安山鎮以迄濟甯，有東平，南旺，馬踏，及蜀山，四湖，大清河，與小清河，（在東平縣境）則由東平湖入運，汶河（在汶上縣境）則由馬踏湖入運，洸河與府河，（均在滋縣境即前兗州府地）則在濟甯附近入運，泗河（經過泗水縣及曲阜縣境）則在魯橋入運，（魯橋鎮名在濟甯下游十八里）牛頭河則在王貴屯（鎮名在濟甯南約十三里）越西沉糧地而入運，自濟甯以至臺莊運河兩岸有東，西沉糧地，獨山湖，南陽湖，及微山湖，在運河疏濬後，河底既深，湖鮮積水，山洪暴發時，一瀉入運，湖水既不停留，則各湖之四週，所涸田畝，俱成熟地可以耕種，免災增稅，兩得其益，更有進者，運河若經疏濬，能航行後，則昔日名城大鎮之衰落者，如臨清，縣聊城縣，（即東昌府）阿城縣，安山鎮，濟甯縣，（前州名）南陽鎮，夏鎮，韓莊，及臺莊等，水患既減而收穫必豐，交通恢復而運輸便利，沿河一帶，無不日見繁盛，爲魯省沿運居民計，深望該省當局，急起爲謀，莫視年年水災，無關痛癢，敢爲魯民請命，不勝馨香以祝之矣，

鋼骨三和土橋面板設計上之一問題

集中荷重之有效分佈寬度

俞子明

在鋼骨三和土橋面板上，經過一輾路機或一汽車時，其輪重爲集中荷重，所生之彎權（Bending Moment）佔橋面板設計上重要部份，在理論上此集中荷重所佔之地位，爲兩者之接觸面積，即輪重對於橋面板直角方向內均佈之寬度，爲該輪於該方向上接觸面之寬度，如（圖一）設橋面板之跨度爲L，

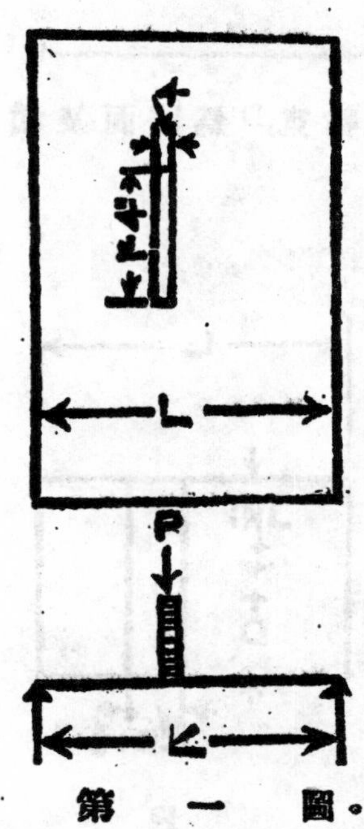

第一圖。

接觸面4"×1'−4,"則荷重p可視爲均佈於1'−4"橋面板上，即橋面板每呎寬之荷重爲 $\frac{P}{1\frac{1}{3}} = \frac{3}{4}P$,

但實際上橋面板爲一致之結構，無論如何，在接觸面附近之部，可以輔助支載此荷重，而此有效寬度之假定，人各一說，相差至巨，今列舉著名各式，

而比較之如下

（1）倫敦工部局章程

原文雖限於房屋樓板，而英國設計家多遵守之，其有效寬度，如（圖二）所示，可列為下式

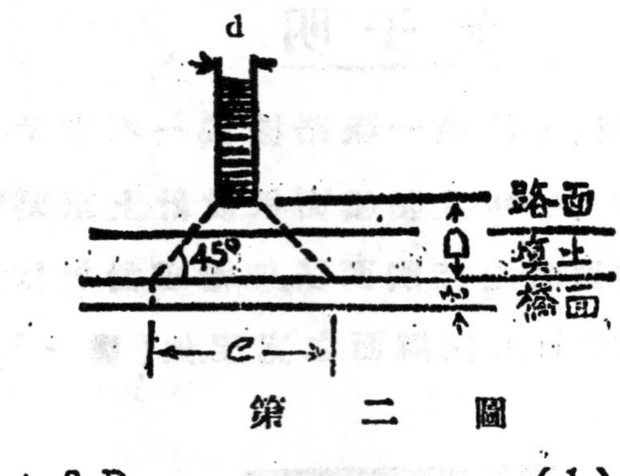

第　二　圖

$$e = d + 2D \quad \cdots\cdots(1)$$

式中e為有效寬度，d為輪寬，D為路面及填土總厚

（2）法國政府章程

如（圖三）可列為下式：

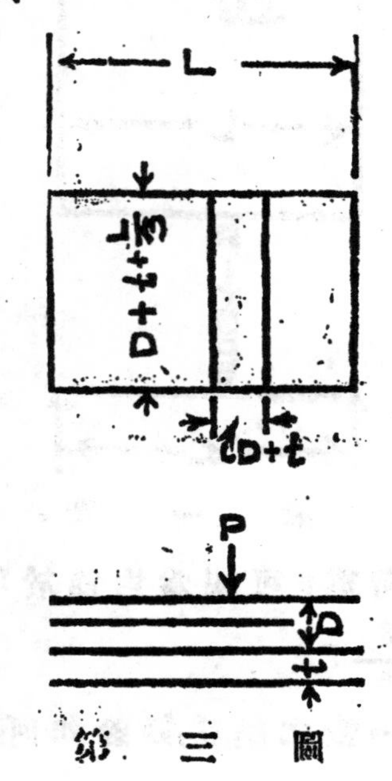

第　三　圖

（待續）

浙江省道局消息一束

浙江省道浙皖副綫,前先行開工四十里,即至安溪鎮爲止,橋梁土方現正積極工作,至安溪鎮以後大小橋梁(跨度自十呎至七十呎)現亦招工投標,計有甲段安溪至湖州三十二座,乙段妙喜市至泗安二十三座,又安溪大橋一座,業由總工程司設計告竣,該橋跨度爲一百呎,係桁構式,用木質建築,惟引力部分(Tension Members)則用鋼質,聞即日亦將招工投標云,

基本綫經過萬松嶺一段,土方工程甚巨,最深處須挖去四十餘尺之多,現該處業已鋪設輕便鐵道加工進行,預計明年竣工,地下排水設備之陰溝響井等亦擬即日興工云,

蕭紹段省道通車已久,營業甚佳,近復于相當地點建設水塔,以備水需,計高二十八呎者九座,高四十呎者二座,并聞該線將延長至紹城五雲門云,

(逸)

廈門工訊

廈門來訊,現在廈門新建自來水工程,尚未竣工,聞爲西門子洋行包辦,清水池及工廠等,均造在山腰,另擇五里外山谷廣闊之處,築堤取水,此處之水導至清水池然後通至用戶云,

廈門之盤石砲台,於上月建造無線電台,高二百四十尺,至今尚未竣工,

(猇)

上海縣清丈局測丈實施規則

（續本卷十七期）

第二十一條　觀測子午線於極星最大偏倚時施行二次之觀測而採用其中數前二項之觀測其差不得過四十秒

第二十二條　旣測定極星之方向則依其角度推定子午線之方向而埋設石標於其北端是爲北點

第二十三條　子午線方向決定後卽於其點覘視一個隣近之圖根點測定其覘線與子午線所成之角値以爲原方向角

第二十四條　圖根測量應繪製圖根選點圖使用平板儀依二萬分一之縮尺而繪製之

第二十五條　選點圖上應記載之事項如左

一圖根點及覘線

二基線及子午線測站

三市及鎭著名之村莊重要之道路河川橋梁

四各種經界線之槪形

五各種註記

第二十六條　測量方向角在圖根主點上安置經緯儀以隣近之主點爲原方向順次覘視四週之圖根點以測定各覘線之方向角但此項角度係由原方向而起算者

第二十七條　圖根測量對於一方向角應施行正反各二次之觀測

第二十八條　測量方向角其每次旋轉之閉塞差若在四十秒以下者得將此差誤分配於各角又每次所測之各方向角若其誤差在四十秒以下者得採用其下數

第二十九條　連接隣近三個主點卽成三角形但其各內角之和對於百八十度之差若在四十秒以下可將此誤差分配於各角而施行

改正

第三十條　聚三角形之計算若其閉塞在 0.00012K √T 以下時得改正之但式中之K爲該閉塞邊之長且十公尺爲單位者T爲三角形之個數

第三十一條　圖根點之縱橫線依二個主點已知之縱橫線而算定之並採用其二値之中數

第三十二條　圖根點之縱橫線算定後即將各數轉列於成果表復由成果表計算展開縱橫距製成圖根點明細表

第三十三條　圖根點之縱橫線數値算至公分爲止

圖根測量簿另詳之

第三章　經緯道線測量

第三十四條　在規定區域及其附近用經緯儀配置道綫點於各圖根點之間並準據圖根點依經緯道綫測量法而測定各點之位置並用平板儀測繪其地形

第三十五條　經緯道線測量所用之器械其種類如左

一分讀經緯儀　平板儀　布捲尺　標桿　其餘各種附屬物品

第三十六條　施行經緯道線測量須先巡視其區域以定作業之次序並調查圖根點之覘標應否重行修理或另行建設標旗並須調查該區域之界線

第三十七條　道綫點各點相互之距離其平均約爲一百公尺但係地形之關係可將此數酌量增減之

第三十八條　道線點之位置須埋設木樁亦可利用固定之物體以表示之

第三十九條　選點圖依二千五百分一之縮尺而繪製之

第四十條　道綫選點圖應記之事項如下　（未完）

上海公共租界交通開車章程摘要

（續本卷十七期）

一	我係停車	伸出臂舉直或横伸向右而上下之.
二	我係向右轉灣	伸出右臂,並直至右邊.
三	我係向左轉灣	伸出右臂,並直至右邊,而向左搖過其身.
四	我係向前	伸臂平舉直前.
五	來前或過去	伸出右臂平直至右,向前搖動表示之

（凡摩托車用左手開駛者,同樣記號須用左手行之.）

三十二　無論何人,乘車行動時,概不准或坐或立在踏脚板上.

三十三　不論何人,並非乘客,於車行動時,概不准拉住無論車身之何處.

三十四　無論何人,如未領得工部局或法工部局執照者,不准在大路開駛摩托車,此種執照,由兩工部局捕房給發於考驗合格後之年過十七歲者,如捕房索閱時應即交出.

三十五　無論何人如果酒醉,或體質不甚合宜者不准開車.

三十六　凡車如其建造裝配,發生危險,阻礙交通,分散所載者,過分損壞路面任,意作聲喧鬧,或致開車者不穩,或不能看清前面者,此項車輛,不准在大路開駛,或因軋頭不靈,或因其他機器不全,不在完全取締之內者.

（甲）無論何種車輛,其裝載物件,超過車身,或其他機件二尺以上者,該車於路角轉灣,對直穿街,或調頭時,其開行之速度,對於其他交通,不得增加危險或使之不便,或有所阻礙,此種裝貨車,在日出後日入前,須懸掛至小一尺見方之紅旗,於所裝貨物之後面,在日入後,日出前,換掛紅燈一盞,其紅光於後面或兩邊之相當距離內,須顯明易見.

（乙）電車無軌電車拖車四輪車或車之某部份內應載乘客若干，由捕房總巡核定，其數目用顯明之華英文，以油漆書於車上，易見之處，無論何種車輛，載客不得逾所定之數，如有違犯此項條件者，車主及管車人均應受懲治.

（丙）如欲行駛運輸重量機器之鐵輪四輪拖車，須先向工程司領取特別允照，再此種車輛，不准用機器動力拖行.

三十七　無論何車，若非有工部局或法工部局給發之對證同樣之號牌卡片者，不准在大路開行.

三十八　除跑冰鞋，小孩臥車，及病人椅之外，任何車輛，不准在街沿上行走，又不准經過擅入安穩界限以內.

三十九　凡在日入至日出時，在大路開行之車，須依執照章程點明一二盞燈，如不點燈，致發生種種防礙，或於路上來往之他人，發生危險，所點各燈，均須由工部局核准方可，在公路開行之車輛，除救火車外，不准裝置車前或車旁之綠玻璃燈.

四十　摩托車須裝置器具，足數警告，使人一聞，即知其來，此種器具，須先得工部局核准，如用警鐘，發聲汽筒皮叫或鈴，在摩托車上除救火車所用之外，一概禁止.

四十一　救火會之各車，在路來往開赴起火之處者，在路繼續擊鈴，須得搶先經過之利，在其相近時，各項車輛，即須讓至路旁，停止進行使轉灣處，及車輛停立，一律讓清，至救火會之車經過爲止.

四十二　工部局之車，或公司修理車，及病人車，在緊急之時，均得比他車輛在路上先行經過.

四十三　除由電力開行之車輛外，一車祇准拖一車，其拖行相距，不得過十六尺.

四十四　凡載客之汽車，或機器脚踏車，不准越過前面同一方向開行之汽

15269

車,或脚踏車,及運貨汽車,亦不准越過前面同一方向開行之運貨汽車。

四十五　巡捕房總巡務司,發給命令禁止或限制車輛,及步行人,動用任何大路,或大路之一段時,無論何人,不准違背步行,或開車或停車於該路,或該路之一段,爲維持車輛往來交通便利起,見巡捕房總巡務司,按照必要情形,有權限止,或禁止行人,或車輛經過指明之大路,或大路之一段,或指明方向,或指明時刻以內,此種限止,或禁止交通應與工部局核准之大路車輛來往開車章程一律有效。

四十六　無論何人,收到巡捕官員禁止排車之通告後,不准再在大路任何地段,並排或橫排車輛。

四十七　無論何車,並排在路旁時,其裏面車輛,相距側石不得過四寸,

四十八　在大路過份由摩托車用汽管放出煙汽,一概禁止。

四十九　摩托車上,如用同聲汽管,或其他放汽出外之具,在大路上一概禁止。

五十　無論何人,不准於大路以馬拖之車,或他重載車輛,開駛較快,於平常步行之速率。

五十一　凡馬不論附帶車輛與否,不准遺留大路,或於不得完全約束之情形。

五十二　凡牽馬大路,須牽近面之韁,在車輛來往之對面,於大路之右邊,朝前行之方向。

五十三　凡牽馬之人,在大路上,自日入至日出時,須攜一點明之燈。

五十四　凡騎馬之人,或挑担工人,在大路行走,須遵大路來往交通,開車章程而行。

五十五　無論何馬,不准在大路裝卸馬鞍,至發生無需有之交通阻礙。(完)

量法

（續本卷十七期）

（十八）圓圈（參看第十八圖）

設D＝平均直徑

R＝平均半徑

則總共外面積 $S=4\pi^2Rr=9.8696\ Dd$ ……………… 〔56〕

圓圈之體積 $V=2\pi^2Rr^2=2.4674\ Dd^2$ ……………… 〔57〕

（十九）正稜錐截體（參看第十九圖）

設 a ＝上底面積

A＝下底面積

p ＝上底圓周

P＝下底圓周

l ＝斜高

h ＝正高

側面積 $C=\frac{1}{2}l(P+p)$ ……………… 〔58〕

總共外面積 $S=\frac{1}{2}l(P+p)+A+a$ ……………… 〔59〕

體積 $V=\frac{1}{3}h(A+a+\sqrt{Aa})$ ……………… 〔60〕

範式（60）可應用於任何稜錐截體

（二十）多面體（參觀第二十圖） 多面體者有兩個平行之平面爲兩端其邊或由三角形平面或多邊形側平面所連成

設A＝一端之面積

a＝他端之面積

m＝兩端中間截面面積

l＝兩端間之垂直距離

（待續）

上海水泥瓦筒市價之調查

顧壽茲

上海公共租界內,各種溝渠排洩等工程所用之瓦筒,均係工部局工務部瓦筒塲之出品,今將各種價目分述如下,以備工程家之查攷,

號碼	說明	每個銀兩價目
1B	24吋管子　3呎4吋長	3.00
2B	21吋　〃　3呎4吋〃	2.20
3B	18吋　〃　3呎4吋〃	2.00
4B	15吋　〃　2呎9½吋〃	1.50
1'	12吋　〃　2呎6吋〃	1.00
1C	12吋　〃　2呎長	0.80
2	9吋　〃　2呎6吋長	0.75
2C	9吋　〃　2呎長	0.60
3	6吋　〃　2呎長	0.40
4	4吋　〃　2呎〃	0.30
5	12"×9"　接頭	1.60
6	12"×6"　〃	1.35
7	12"×4"　〃	1.20
8	9"×6"　〃	1.15
9	9"×4"　〃	1.05
10	6"×4"　〃	0.90
11	6吋K字灣頭	0.50
12	4吋　〃　〃	0.50
13	6吋L字　〃	0.50

14　4吋 ,, ,, ……………… 0.50

15　4吋A圖無蓋天井溝頭 ……………… 0.55

15A　上項溝頭之水泥蓋 ……………… 0.20

16　6吋B圖無蓋天井溝頭 ……………… 0.70

16A　上項溝頭之水泥蓋 ……………… 0.35

17　4吋C圖無蓋天井溝頭 ……………… 0.60

17A　上項溝頭之水泥蓋 ……………… 0.20

18　上部溝頭連生鐵蓋 ……………… 0.90

19　3'0"×2'0"明溝 ……………… 2.30

20　2'3"×1'6" ,, ,, ……………… 2.00

（未完）

代銷工程旬刊簡章

(一)凡願代銷本刊者,可開明通信處,向本社發行部接洽,

(二)代銷者得照定價折扣,銷貳十份以上者,一律八折,每兩月結算一次(陽歷),

(三)本埠各機關担任代銷者,每期出版後,由本社派人專送,外埠郵寄,

(四)經理代銷者,應隨時通知本社,每期銷出數目,

(五)本刊每期售大洋五分,每月三期,全年三十六期,外埠連郵大洋貳元,本埠連郵大洋一元九角,郵票九五代洋,以半分及一分者為限,

(六)代銷經理人,將款寄交本社時,所有匯費,概歸本社担任,

工程旬刊社發行部啓

編輯主任 ： 彭禹謨， 會計主任 顧同慶， 廣告主任 陸超

代印者 ： 上海城內方浜路貽慶弄二號協和印書局

發行處 ： 上海北河南路東唐家弄餘順里四十八號工程旬刊社

寄售處 ： 上海商務印書館發行所，上海中華書局發行所，上海棋盤街民智書局上海四馬路泰東圖書局，上海南京路有美堂，暨各大書店售報處

分售處 ： 上海城內縣基路永澤里二弄十二號顧壽萱君，上海公共租界工部局工務處曹文奎君，上海徐家匯南洋大學趙祖康君，蘇州三元坊工業專門學校薛潤川程鳴琴君，福建漳州漳龍公路處謝雪樵君，福建汀州長汀縣公路處羅歷廷君，天津順直水利委員會曾俊千君，杭州新市場平海路新一號西湖工程設計事務所沈變良君鎮江關監督公署許英希君

定 價 每期大洋五分全年三十六期外埠連郵大洋兩元（日本在內惟香港澳門以及其他郵匯各國一律大洋二元五角）本埠全年連郵大洋一元九角郵票九五計算

廣告價目表

地位	全面	半面	四分之一面	三期以上九五折
底頁外面	十元	六元	四元	十期以上九折
封面裏面及底頁裏面	八元	五元	三元	半年八折
尋常地位	五元	三元	二元	全年七折

RATES OF ADVERTISMENTS

POSITION	FULL PAGE	HALF PAGE.	¼ PAGE
Outside of back Cover	$ 10.00	$ 6.00	$ 4.00
Inside of front or back Cover	8.00	5.00	3.00
Ordinary page	5.00	3.00	2.00

創新建築廠

CHANG SING & CO.,

GENERAL CONTRACTORS,

HEAD OFFICE'- NO. 54 TSUNG MING RD, SHANGHAI,

TEL. N. 3224

本廠寫字間設在上海崇明路五十四號專造各種鋼骨水泥或鋼鐵等建築物例如工廠堆棧河工海港碼頭堤壩鐵道或大道橋樑自來水塔涵洞以及中西房屋等工程倘蒙賜顧無不竭誠辦理

創新謹啓

電話北三二二四

新仁記營造廠

SIN JIN KEE & CO.,

BUILDING CONTRACTORS

HEAD OFFICE;-NO450 WEIHAIWEI ROAD, SHANGHAI

TEL. W 531.

本營造廠。在上海威海衛路四百五十號。設立已五十餘年。經驗宏富。所包大小工程。不勝枚舉。無論鋼骨水泥或磚木。鋼鐵建築。學校校舍。公司房屋。工廠堆棧。碼頭橋樑。街市房屋。以及住宅洋房等。各種工程。莫不精工克己。各界惠顧。竭誠歡迎。

新仁記謹啓

電話 西五三一